Robert Kunzig
Der unsichtbare Kontinent

SERIE PIPER

Zu diesem Buch

Erde, der Name unseres Planeten, ist eigentlich ein Paradox, denn drei Viertel sind von Wasser bedeckt. Unter den Fluten liegt ein unsichtbarer Kontinent, der jüngste Teil der Erde. In der ewigen Dunkelheit der Tiefsee, die lange als lebensfeindlich galt, existieren mehr Lebensformen als in den Regenwäldern. Dabei ist der Ozean noch weitgehend unbekanntes Terrain, dessen Erforschung im letzten halben Jahrhundert immer neue Überraschungen gebracht hat. Robert Kunzig nimmt uns mit auf eine Reise durch die Meere, in der wir Gebirge entdecken, deren Ausmaße die Rocky Mountains übertreffen. Flirrende Fischschwärme und die bizarren Bewohner der Tiefe ziehen an uns vorbei: Seegurken, Leuchtquallen und Röhrenwürmer. Die Bedeutung von Meeresströmungen für das globale Klima wird ebenso beleuchtet wie die exemplarische Geschichte des Kabeljau, dessen Überfischung in ein ökologisches Desaster führt.

Robert Kunzig, geboren 1957, studierte an der Harvard University. Er war Redakteur bei »Scientific American« und »Discover« und ist seit 2002 freier Journalist. Für seine Publikationen zum Meer wurde er mit dem AAS-Westinghouse Award, dem Walter Sullivan Award für Wissenschaftsjournalismus und für »Der unsichtbare Kontinent« mit dem renommierten Aventis-Preis ausgezeichnet. Robert Kunzig lebt in Frankreich.

Robert Kunzig
Der unsichtbare Kontinent

Die Entdeckung der Meerestiefe

Aus dem Amerikanischen von
Wolfgang Rhiel

Ein marebuch

Piper München Zürich

Ungekürzte Taschenbuchausgabe
Piper Verlag GmbH, München
August 2004

Titel der amerikanischen Originalausgabe:
»The Restless Sea. Exploring the World Beneath the Waves« und
in der hier veröffentlichten, erweiterten Fassung unter dem Titel:
»Mapping the Deep. The Extraordinary Story of Ocean Science«,
W. W. Norton & Company, New York / London 2000

Umschlagkonzept: Büro Hamburg
Umschlaggestaltung: Birgit Kohlhaas
Fotos Umschlagvorderseite: Linda Pitkin
Foto Umschlagrückseite: Dominica Herbin
Satz: Farnschläder & Mahlstedt, Hamburg
Druck und Bindung: Clausen & Bosse, Leck
Printed in Germany ISBN 3-492-23972-2

www.piper.de

INHALT

Vorwort Weitab vom Ufer 7

1. Kapitel Das All und der Ozean 17
2. Kapitel Die Tiefe loten 37
3. Kapitel Der Zentralgraben im Atlantik 53
4. Kapitel Eine Weltkarte 67
5. Kapitel Der Meeresboden bei der Geburt 83
6. Kapitel Das Königreich der Seegurken 101
7. Kapitel Inseln in der Tiefe 127
8. Kapitel Leben auf einem Vulkan 153
9. Kapitel Phantastische Quallen 193
10. Kapitel Tierlichter 219
11. Kapitel Das Meer grün färben 233
12. Kapitel Der Untergang des Kabeljaus 273
13. Kapitel Wie die Wasser fließen 315
14. Kapitel Der Klimawandel 343
15. Kapitel Die Zeit und das Meer 375

Anhang 381
Ausgewählte Literatur 382
Danksagung 387
Register 389

Vorwort WEITAB VOM UFER

Stellen Sie sich vor, Sie blicken eines Morgens aus dem Fenster und sehen Quallen. Nicht die üblichen Singvögel oder einen kreisenden Falken, der im nächsten Augenblick nach unten stößt, sondern einen Himmel voller schwebender gallertiger Tiere, Quallen und Salpen, die Plankton einfangen. Hin und wieder gleitet lautlos ein Hai oder Thunfisch vorbei; hin und wieder leuchtet eine der Quallen wie ein überdimensionales Glühwürmchen auf. Es müsste doch interessant sein, einen solchen Himmel zu erforschen, oder nicht?

Stellen Sie sich vor, Sie nehmen die Tageszeitung zur Hand und lesen auf der Seite eins von einem Gebirge, das man in der Schweiz entdeckt hat. Seine Gipfel sind laut Zeitungsbericht über 3000 Meter hoch; die Geographen sind erstaunt, Sie wären es auch, oder nicht?

Stellen Sie sich schließlich vor, Sie gehen nach draußen in Ihren Garten und entdecken eine neue Pflanzenart. Sie teilen dies den Experten mit und erfahren dabei, dass Ihre Pflanze, die noch niemand zuvor gesehen hat, weil niemand nach ihr gesucht hat, überall in den Gärten in solchen Mengen vorkommt, dass sie einen erheblichen Einfluss auf das Klima des gesamten Planeten hat. Vielleicht können Sie sich so etwas vorstellen, vielleicht auch nicht.

Der Ozean ist ein solcher Himmel, eine solche Landschaft, ein solcher Garten. Es sind über 1,3 Milliarden Kubikkilometer Wasser, die 365 Millionen Quadratkilometer Meeresboden bedecken, der seinerseits sieben Zehntel der Erde einnimmt. Dort sind noch bedeutende Entdeckungen zu machen, Entdeckungen, die so groß wie Berge sind – oder wie *Architheutis*, der Riesenkalmar. Riesenkalmare sind die größten wirbellosen Tiere der Welt, sie werden bis zu 18 Meter groß; das wissen wir, weil hin und wieder irgendwo ein toter Kalmar ans Ufer gespült wird. Aber man hat sie noch nie in ihrer natürlichen Umgebung beobachtet. 1999 organisierte die Smithsonian Institution in Washington eine Expedition, deren Hauptziel es war, in den Gewässern vor Neuseeland nach einem Riesenkalmar zu suchen, dort wo Fischer den sonderbaren *Architheutis* im Netz nach oben geholt hatten. Einen ganzen Monat waren die Forscher mit einem Fernsehteam auf dem Meer, täglich mit einem Tauchboot unten. Sie berichteten auf ihrer Website von den Walen und anderen Tieren, die sie beobachteten – doch einen *Architheutis* bekamen sie nicht zu sehen. Vielleicht ist es inzwischen jemandem gelungen. Vielleicht auch nicht. Das Meer ist ein Ort, wo sich ein Riesenkalmar, und einiges andere, noch verstecken kann.

Der Ozean ist noch weitgehend unerforscht – und doch hat die ozeanographische Forschung im letzten halben Jahrhundert unser Bild von ihm total verändert: Beide Aussagen sind richtig und gleichzeitig die miteinander verwobenen Fäden dieses Buches. 1950, als die bekannte Naturforscherin Rachel Carson in ihrem Buch *The Sea Around Us* über den Stand der Meereskunde schrieb, waren erst zwei Menschen tiefer in das Meer vorgedrungen als das Sonnenlicht, William Beebe und Otis Barton; in einer einfachen Stahlkugel, die unter einem Schiff im Wasser baumelte, waren sie 800 Meter tief getaucht. Am Tiefseeboden war noch nie ein Mensch gewesen. Niemand ahnte etwas von der immensen Vielfalt an Tieren, die dort lebten oder auch im Wasser darüber. Niemand wusste, dass eine Kette untermeerischer Vulkane, der mittelozeanische Rücken, sich rund um den

Planeten zog oder dass er mit Thermalquellen gespickt war, wo es von völlig neuen Lebensformen wimmelte – Formen, die sich im Jahr 1951 vermutlich kein Mensch vorstellen konnte. Niemand hatte das globale Netz der Strömungen an der Oberfläche und in der Tiefsee kartiert, die gemeinsam mit den im Wasser treibenden kleinen Pflanzen, dem Phytoplankton, einen starken Einfluss auf unser Klima ausüben. Die Tiefsee war kartographisch überhaupt noch nicht erfasst.

Der seither erfolgte Wandel ist in einigen Sätzen kaum wiederzugeben. Er ist dem Blick zum bedeckten und zum klaren Himmel vergleichbar oder dem zum Stadthimmel und dem zum Himmel auf dem Land; wo vorher nur ein einheitliches Schwarz war, funkeln jetzt die Sterne. Der Ozean ist im letzten halben Jahrhundert um einiges interessanter geworden. Als Carson ihr Buch schrieb, galt der Meeresboden als ein alter, ewig gleicher Ort, als ein Auffangbecken für den vom Festland gespülten Schutt; seine Berge waren sehr viel älter als die an Land und auch dazu ausersehen, Letztere zu überdauern. Heute wissen wir, dass das Gegenteil zutrifft. Der Meeresboden ist der jüngste Teil der Erde, weil er durch Vulkanausbrüche am mittelozeanischen Rücken ständig erneuert wird. Etwas Ähnliches ließe sich vom Ozean generell sagen: Er enthält offenbar in vieler Hinsicht mehr Bewegung und Energie, Leben und Wandel als gemeinhin angenommen.

Inzwischen steht fest: Wir selbst können den Ozean verändern. Vielleicht ist er so groß, dass wir das nicht so ohne weiteres begreifen, aber er ist doch klein genug, dass wir ihn zumüllen können. Wir haben immer so viel Fisch gefangen, wie wir konnten, das Meer immer als Abfalldeponie benutzt, doch jetzt sind wir doppelt so viele wie noch vor einem halben Jahrhundert, und unsere Technologie ist effizienter und unser Müll langlebiger. Tag für Tag bestätigen die Zeitungen den Trend. Im Sommer 1999 erreichte die «tote Zone» am

Grund des Golfs von Mexiko – ein Gebiet ohne Fische mit sauerstoffarmem Wasser, das es seit Mitte der 90er Jahre gibt und das durch Schadstoffe hervorgerufen wird, die der Mississippi mitführt – ein nie da gewesenes Ausmaß von 20 000 Quadratkilometern, was fast der Größe von Wales entspricht. Im November 1997, als in Nordspanien ein 70 Tonnen schwerer Finnwal an Land gespült wurde, ergab die Autopsie, dass der Verdauungstrakt mit 40 Pfund Plastikabfall verstopft gewesen war – Einkaufstüten, Müllsäcke, Bootsleinen, Joghurtbecher. Kunststoff, so berichteten 1999 französische Forscher, machte über 80 Prozent der Abfälle aus, die sie fanden, als sie systematisch den Schelf vor Frankreich und Nordeuropa absuchten. In einigen Teilen des Mittelmeers fanden sie alle paar Meter Müll, insgesamt eine halbe Milliarde Gegenstände.

Durch Verschmutzung und insbesondere Überfischen haben wir das Meer bereits verändert; es ist keine unberührte Natur mehr. «Der Schaden ist so allgegenwärtig», schrieb Paul Dayton, Meeresökologe an der Scripps Institution of Oceanography in Kalifornien, Anfang 1998 in einem Kommentar zum neuesten Überfischungsbericht,

> «dass es vielleicht unmöglich ist, das Ökosystem jemals kennen zu lernen oder wiederherzustellen. Tatsächlich hat jede Biologengeneration ganz andere Vorstellungen als die vorige darüber, was natürlich ist, weil sie zunehmend geänderte Systeme untersucht, die immer weniger Ähnlichkeit mit dem davor ausgewerteten Zustand haben. Mit diesem Verlust an Perspektive gehen auch immer weniger direkte menschliche Erfahrungen (oder gar Erinnerungen) von einstmals unberührten Systemen einher.»

Dayton schrieb aus direkter 25-jähriger Erfahrung, die er beim Tauchen in den Tangwäldern vor San Diego gesammelt hatte. Aber der Einfluss des Menschen reicht inzwischen weit über die Küstengewässer hinaus. Nach einer weithin anerkannten Theorie könnte die durch das Verbrennen fossiler Brennstoffe verursachte globale Erwärmung eines Tages sogar die großen Meeresströmungen umdirigieren – urplötzlich und mit Auswirkungen, die heute noch gar nicht absehbar sind. Nicht vielen Menschen ist bewusst, dass wir womöglich so viel Macht haben. Mich erstaunt das.

Unsere neue Macht, die Weltmeere zu schädigen, verleiht der Arbeit der Ozeanographen eine besondere Dringlichkeit. Vor allem um diese Arbeit geht es in diesem Buch, weniger um die Umweltschäden. Ich selbst bin kein Meereskundler. Meine Liebe zum Meer gleicht der, die die meisten Menschen empfinden und die man fast instinktiv nennen könnte, wenngleich sie in meinem Fall das Ergebnis zahlreicher Atlantiküberquerungen als Kind war (zu einer Zeit, als solche Fahrten noch häufig mit dem Schiff erfolgten). Später, als wissenschaftlicher Autor, bekam mein Interesse eine intellektuelle Ausrichtung: Mich faszinierte das, was die Wissenschaft uns über das Meer sagen konnte – insbesondere seine abgelegenen, verborgenen Regionen –, und ich opferte diesem Thema am Ende fast ein Jahrzehnt lang alle Wochenenden und meine Ferien.

Es geht in diesem Buch also um eine lange Reise mit Meereskundlern, denen ich an Bord oder auf dem Pier begegnet bin, aber auch in ihren Laboratorien und der Literatur. Es ist ein Buch über Ideen: Eine Darstellung unseres Verständnisses vom Meer, davon, wie wir es erlangt haben, wenngleich es noch immer unvollständig ist, auch wenn wir das Meer für immer verändern. Hier wird nicht viel über Haie, Delphine, Wale oder Korallenriffe geschrieben, auch nicht über Strände, Wellen oder Gezeiten. Auch wenn das alles wichtig ist, sind wir doch vergleichsweise vertraut damit. Es wird stattdessen viel über Gebirge auf dem Meeresboden und starke Tiefenströmungen sowie über Quallen berichtet, die weitab von der Küste im offenen blauen Meer treiben. Mein Hauptaugenmerk gilt dem

Fernen und Unvertrauten – weil es so vieles gibt, was uns noch fremd ist, so vieles, was auch heute noch unerforscht ist.

Die Meeresforscher müssen heute hart um Unterstützung ringen. Die amerikanische Regierung ist der größte Förderer, aber sie ist trotz der guten Wirtschaftslage knauserig. 1999 büßte die NASA bei zwei gescheiterten Flügen zum Mars über 300 Millionen Dollar ein, sehr viel mehr, als die National Science Foundation für die Erforschung des Ozeans ausgegeben hat. Natürlich geben auch andere Stellen wie die US-Marine, die National Oceanic and Atmospheric Administration (NOAA) und auch die NASA selbst Geld für die Ozeanographie aus. Das meiste davon fließt jedoch nicht in die Tiefseeforschung, sondern in praxisnähere Projekte in Küstengewässern. Und wenn man Dinge wie die Raumfähre in die Waagschale wirft oder bemannte Weltraumstationen, steht eins eindeutig fest: Die amerikanische Regierung hält den Weltraum für weitaus wichtiger als den Ozean.

Eine 1996 von Pew Charitable Trusts durchgeführte Telefonumfrage ließ darauf schließen, dass die Amerikaner anderer Meinung sind: 71 Prozent halten nach dieser Umfrage die Erforschung des Meeres für wichtiger als die des Weltraums. Bei Wissenschaftsautoren wie mir und bei Lesern wissenschaftlicher Zeitschriften trifft man jedoch wahrscheinlich eher auf faszinierte Anteilnahme an der Weltraumforschung und Unkenntnis vom Ozean. Mit den Zielen der Weltraumforschung kann man sich gewissermaßen leichter identifizieren; man kann sie vom eigenen Balkon aus mit oder ohne Teleskop sehen. Der Blick in die Tiefe der Meere ist schwieriger, und deshalb gibt es zahllose Hobbyastronomen, aber keine Hobbytiefseeforscher. Die Tiefsee ist immer unter Wasser verborgen.

– – –

Wasser ist ein ganz besonderer Stoff. Wie besonders, wurde erst im 20. Jahrhundert richtig erkannt, als der Aufbau der Atome und Moleküle enthüllt wurde. Der Aufbau des Wassermoleküls macht klar, warum wir nicht in die Tiefe blicken können, aber auch (im Sinne einer notwendigen Bedingung), warum wir und andere Organismen überhaupt auf der Erde leben können.

Wasser existiert, weil es ein Problem löst, das der Sauerstoff hat. Ein Sauerstoffatom hat in seiner äußeren Schale sechs negativ geladene Elektronen, die den positiv geladenen Kern umkreisen, es hat aber noch Platz für zwei weitere Elektronen und strebt auch danach, durch sie ergänzt zu werden. Zwei Wasserstoffatome liefern die fehlenden Elektronen und werden so fest an den Sauerstoff gebunden. Das Ergebnis ist ein viereckiges Molekül, ein Tetraeder. An zwei Ecken ragen die Wasserstoffkerne vor, einzelne Protonen; die beiden anderen Ecken werden von Elektronenpaaren aus dem Sauerstoffatom eingenommen. Die Protonen verleihen der einen Seite des Wassermoleküls eine positive elektrische Ladung, während die Elektronen die andere Seite negativ aufladen.

Diese elektrische Polarisation hat weitreichende Folgen. Die bloßen Elektronenpaare und Protonen ziehen ihre Gegenstücke in anderen Wassermolekülen an und bilden so genannte Wasserstoffbrücken. Diese intermolekularen Bindungen sind sehr viel schwächer als diejenigen, welche die Atome in einem einzelnen H_2O-Molekül zusammenhalten. Aber solange die Chaoskräfte – also die Wärme – nicht extrem sind, verknüpfen die Wasserstoffbrücken Wassermoleküle in einer losen Assoziation. Jede Verknüpfung ist flüchtig; sie ähnelt einer kurzen Berührung, wie Tänzer sie bei einer Quadrille austauschen, wenn sie ständig die Partner wechseln. Wassermoleküle tauschen die Partner in einer Sekunde viele Milliarden Male.

Bei ihrem Tanz geht es allerdings nicht so geordnet wie bei einer

Quadrille zu, und die Regeln werden auch erst allmählich einsichtig. Die Auswirkungen sind allerdings bekannt. Wasser kann auf der Erde als Flüssigkeit vorkommen. (Ohne Wasserstoffbrücken ginge jedes Molekül seinen eigenen Weg, und es gäbe Wasser nur als ein Gas – wie etwa Schwefelwasserstoff, dessen Molekül sehr ähnlich ist und zufälligerweise keine Wasserstoffbrücken bildet.) Der flüssige Ozean ist seinerseits der wichtigste Wärmeverteiler der Erde. Das Sonnenlicht bringt die Wassermoleküle dazu, an ihren Wasserstoffbrücken zu zerren und ihre Nachbarn hin und her zu scheuchen. Die Wärme, die bei diesen Schwingungen gespeichert wird, kann über weite Strecken transportiert werden – durch Meeresströmungen, die von der Wärme angetrieben werden, durch Änderungen der im Wasser gelösten Salzmenge (was sich auf die Dichte des Wassers auswirkt) und durch Winde. Der Ozean nimmt in den Tropen Wärme auf und transportiert sie in höhere Breitengrade, wodurch der gesamte Planet ausgeglichener wird – und was einigen Ländern ganz besonders zugute kommt. England wäre zum Beispiel eine triste, eisige Insel, gäbe es keine Wasserstoffbrücken und Strömungen wie den Golfstrom.

Die Kehrseite dieser wunderbaren Eigenschaft des Wassers ist allerdings die Undurchlässigkeit des Ozeans. Wenn Sonnenlicht in die oberen Wasserschichten eindringt, werden zuerst die roten Wellenlängen absorbiert; das blaue Licht wird zerstreut, weshalb das Meer häufig blau aussieht. Mit jeder weiteren Schicht wird entweder immer mehr Licht absorbiert oder reflektiert. In 150 Meter Tiefe ist nur noch etwa ein Prozent des Lichts übrig. In Tiefen von mehr als 900 Metern dringt überhaupt kein Sonnenlicht vor. Jenseits dieser Tiefe herrscht absolute Finsternis. Taucher ohne Tauchboot müssen schon vorher stoppen, damit sie sich keine Caissonkrankheit zuziehen; die Grenze für normale Sporttaucher liegt bei etwa 60 Metern. Die Tiefsee auf eigene Faust zu erkunden ist nicht praktikabel.

Wir leben also durch das Wasser in einer geteilten Welt. 30 Prozent davon können wir sehen, 70 Prozent nicht, weil sie von Wasser bedeckt sind, und daher neigen wir dazu, sie links liegen zu lassen. Wenn wir auf dem Mars oder der Venus lebten, wiese unsere Welt keine unüberwindlichen Grenzen auf. Wir könnten in unser sportliches Geländefahrzeug steigen, kreuz und quer auf dem Planeten herumfahren und müssten nur irgendwelchen Bergen und Schluchten ausweichen. Wir könnten alle Gebiete gleich gut kartieren – und wir haben die Venus ja auch schon kartiert –, statt das meiste davon unter einheitlichem Blau zu verstecken. Unsere Welt würde nicht willkürlich an Küsten enden, wie sie es heute tut, wobei die gewaltigen Unterwasserpanoramen sich in unserer Vorstellung auf Computerbilder und Schnappschüsse reduzieren, die im kurzen Scheinwerferlicht eines Tauchbootes gemacht wurden. Wir verdanken der Struktur des Wassermoleküls und seiner Neigung, Wasserstoffbrücken zu bilden, unser Dasein auf der Erde – auf dem Mars oder der Venus könnten wir definitiv nicht leben. Aber gleichzeitig ist H_2O der Grund dafür, dass wir den größten Teil unseres Planeten kaum kennen.

Unsere Unwissenheit beginnt mit einer scheinbaren Kinderfrage, die jedoch die erste Frage ist, die sich jeder stellen sollte, wenn er am Strand steht: All das Wasser, Milliarden Billionen Tonnen, dieser Stoff, der unseren Planeten zu dem gemacht hat, was er ist, und auch uns zu dem, was wir sind – woher kommt es eigentlich? Und wie ist es hierher gekommen? Wie sich zeigt, muss man, wenn man diese Geschichte erzählen möchte, im Weltraum beginnen, und zwar vor sehr langer Zeit.

1. Kapitel DAS ALL UND DER OZEAN

300 000 Jahre nach dem Urknall, als der primordiale Feuerball sich auf etwa 5000 Grad abgekühlt hatte, gerieten die Elektronen in eine Umlaufbahn um die Protonen. Im Moment noch rasten die Elektronen wild durcheinander, wie Kinder auf einem Schulhof, im nächsten Augenblick hatte sich das Universum ausgedehnt und abgekühlt, und die negativ geladenen Elektronen hatten sich so weit verlangsamt, dass sie der positiven Anziehung der Protonen erlagen. Die Teilchen reihten sich zu jeweils zweit auf. Die Astronomen sprechen von diesem Augenblick als dem, an dem sich der Nebel lichtete und das Licht sich endlich ungehindert im Universum ausbreiten konnte. Doch für den, der sich für die Weltmeere interessiert, hat dieser Augenblick eine andere Bedeutung. Ein einzelnes Elektron, das ein einzelnes Proton umkreist, ist ein Wasserstoffatom. Und auch wenn sich die einzelnen Teilchen in den Jahrmilliarden, die folgten, unzählige Male teilten und wieder vereinigten, bekam das Universum in diesem frühen Zeitraum seinen Grundvorrat an Wasserstoff.

Als das Licht nicht mehr ständig von Materie abgefangen wurde, wurde die Materie auch nicht mehr vom Licht umhergestoßen. Die Urstrahlung war wie ein Wind aus allen Richtungen gewesen, und wie ein Wind hatte sie alles niedergedrückt. Als die Materie schließlich von diesem lastenden Druck befreit war, konnte sie ihrer natürlichen Neigung folgen und sich zusammenballen. Der Wasserstoff verdichtete sich zu immer größeren Wolken, die bald unter der Gewalt der eigenen Schwerkraft kollabierten und rudimentäre Galaxien bildeten. In den großen Wolken kollabierten Fragmente und bildeten Sterne. In den Kernen der Sterne wurde die Geschichte umgekehrt. Die Temperaturen stiegen wieder auf Werte wie wenige Minuten nach dem Urknall, der Druck wurde sogar noch höher. Doch jetzt wurden diese außergewöhnlichen Bedingungen konserviert, nicht für einen flüchtigen Augenblick, sondern für Jahrmillionen. Jetzt hatte der Wasserstoff Zeit, zu Helium mit zwei Protonen zu verschmelzen, und drei Heliumkerne konnten sich zu Kohlenstoff verbinden. Der Kohlenstoffkern hatte ebenfalls Zeit, ein weiteres Helium aufzunehmen und zu Sauerstoff zu werden.

Im Verlauf ihrer Entwicklung trugen die Sterne nacheinander sämtliche Elemente zusammen, auf der Tabelle des periodischen Systems bis hinauf zum Eisen. Wenn der Kern eines Sterns allerdings aus massivem Eisen besteht, endet die Fusion. Ohne innere Wärmequelle kann der Stern nicht länger gegen die Schwerkraft ankämpfen. Er fällt in sich zusammen, verdichtet sich, prallt an einem 20 Kilometer großen Kern zurück, der nicht weiter komprimierbar ist, zerplatzt und hinterlässt nur dichten Zinder – und das alles in Millisekunden. Schichten aus heißem Sternengas, Millionen Kilometer dick und mit Fusionsprodukten aus Millionen Jahren durchsetzt, schießen mit Millionen Kilometern pro Stunde ins All. Dort prallen sie auf Wolken aus Urwasserstoff, die noch vom Urknall herstammen. So werden interstellare Wolken mit schwereren Elementen geimpft.

Und so traf vor Milliarden von Jahren irgendwo in unserer Galaxie und wahrscheinlich auch in Milliarden anderer Galaxien Wasserstoff erstmals auf Sauerstoff.

– – –

Einige Tage vor Weihnachten 1968 sah Albert Cheung Wasser im Weltall. Er studierte Astronomie an der University of California in Berkeley. Sein Berater war ein Physiker namens Charles Townes, der gerade erst zur Astronomie gewechselt hatte. Schon einige Jahre zuvor hatte Townes den verwegenen Gedanken geäußert, dass es im All reichlich Moleküle geben könnte, auch Wasser.

Der Gedanke kam den meisten Astronomen dennoch gewagt vor. Das All, so ihre Überlegung, ist riesengroß, Atome dagegen sind winzig. 30 Liter unserer Galaxie enthalten nur einige hundert Atome, die jedes nur einige milliardstel Zentimeter groß sind. Zwei Spatzen, die an entgegengesetzten Seiten der Erde aufs Geratewohl losfliegen, stoßen mit größerer Wahrscheinlichkeit in der Luft zusammen als zwei Atome in den meisten Bereichen des interstellaren Raums, wo sie ein Molekül bilden könnten. Außerdem ist das All in ultraviolettes Sternenlicht getaucht – die Strahlung, vor der uns unsere Ozonschicht in der Atmosphäre noch schützt –, das die Moleküle auseinander treibt. Seltene Geburten und schnelle Tode müssten zu einem vergleichsweise kleinen Bestand an Molekülen zwischen den Sternen führen, das jedenfalls meinten die meisten Astronomen. «Das Problem bestand darin, dass die Astronomen sich einbilden, den interstellaren Raum besser zu kennen, als es tatsächlich der Fall war», erinnert sich Townes nicht ohne eine gewisse Genugtuung. «Sie meinten, stabile Moleküle könnten nicht vorkommen, und es sei sinnlos, nach ihnen zu suchen. Und deshalb suchten sie auch nicht.»

Townes war kein gelernter Astronom, sondern ein Physiker, der nach einer neuen Herausforderung suchte. 1953 hatte er den Maser erfunden, den Mikrowellenvorläufer des Lasers. In jenem Gerät wurde eine Anzahl Ammoniakmoleküle in einen hochenergetischen Zustand schneller Rotation gepumpt; dann wurden alle mit Mikrowellenstrahlung angeregt, damit sie auf ein niedrigeres Energieniveau fielen. Dabei gaben sie einen Puls kohärenter Mikrowellen ab, der die gleiche Frequenz wie der Auslöseimpuls hatte, aber viel stärker war. Maser – die Kurzform für microwave amplification by stimulated emission of radiation – fanden bald weite Anwendung. Astronomen verstärkten damit schwache Signale aus dem All. Als Townes 1964 den Nobelpreis erhielt, hatte er von Masern und Lasern allerdings die Nase voll. 1967 ging er nach Berkeley und traf dort einige der wenigen Astronomen, die seine frühere Anregung aufgegriffen hatten und nach Molekülen im All suchten. Townes beschloss, mitzumachen und nach seinem alten Freund zu suchen, dem Ammoniak.

Mit Albert Cheung und den zwei Kollegen David Rank und Jack Welch installierte Townes einen Empfänger für die Ammoniakfrequenz am neuen Parabolspiegel der University of California in Hat Creek. Sie richteten den Spiegel auf das Zentrum unserer Galaxie aus und fingen das Megahertz-Signal 23 870 von Ammoniak auf, das gleiche Signal, das in all den Jahren zuvor im ersten Maser von Townes aktiv gewesen war. Dann stellten die Forscher ihren Empfänger auf 22 235 MHz ein. Auch auf dieser Frequenz wurden sie fündig: Sie empfingen das Signal, das ein Wassermolekül aussendet, wenn es im All schwebt und rotiert, mit Schlagseite wie ein Hasenohr, wobei die Elektronen sich hin und her bewegen wie die Elektronen in einer kleinen Radioantenne.

An einem Abend im Dezember 1968 in Hat Creek hatte Cheung den Parabolspiegel auf den Orion-Nebel gerichtet, jene großartige leuchtende Wolke in 1600 Lichtjahren Entfernung, die man ohne Teleskop als den mittleren «Stern» im Schwert des Himmelsjägers erkennt. Townes war zu Hause in Berkeley und feierte mit den übrigen Studenten und Mitarbeitern Weihnachten. Im Verlauf des Abends klingelte das Telefon. Cheung war am Apparat, sehr aufgeregt. «Im Orion muss es regnen», berichtete er. «Da ist überall Wasser!»

Das Signal vom Orion war weit stärker als alles, was Cheung und Townes bisher aus dem galaktischen Zentrum empfangen hatten. Die Wassermoleküle im Orion gaben auf einer einzigen Frequenz so viel Energie ab wie die Sonne auf sämtlichen Frequenzen emittiert. Townes brauchte nicht lange, um herauszufinden, was da vor sich ging. Er und Cheung benutzten in ihrem Empfänger einen Maser, um die schwachen Signale zu verstärken, die sie erwarteten, aber in diesem Fall war das ankommende Signal bereits verstärkt. Cheung und Townes hatten im All einen Wassermaser entdeckt.

Inzwischen war klar geworden, welchen Fehler die Astronomen gemacht hatten, als sie all die Jahre angenommen hatten, dass sich im interstellaren Raum wohl kaum Moleküle bilden könnten und sie zu schwach seien, dem ultravioletten Ansturm zu widerstehen. Diese Annahmen trafen auf den größten Teil unserer Galaxie zu, nicht jedoch auf die verstreuten dunklen Flecken, wo die Astronomen überhaupt keine Signale auf den von einzelnen Atomen bevorzugten Frequenzen hatten empfangen können. Die dunklen Flecken waren geheimnisvoll geblieben. Im Orion gab es einen solchen Fleck: Er war schemenhaft im Umkreis des sichtbaren Nebels und dahinter zu erkennen, wie die verborgenen Tiefen eines Eisbergs.

Jetzt stellte sich auch heraus, dass es eine Wolke war: eine riesige Wolke aus Gasmolekülen, in der Materie eine Million mal dichter gepackt ist als im normalen interstellaren Raum. Das ist aber immer noch nur ein Hundertbilliardstel der Dichte der Luft in unserer Atmosphäre. Es ist jedoch so dicht, dass sich ohne weiteres Moleküle bilden können; und es ist so dicht, dass bei einem angenommenen Durchmesser der Wolke von 100 oder mehr Lichtjahren weder ultraviolettes noch irgendein anderes Licht in sie eindringen kann. Deshalb erscheint die Wolke auch dunkel. Sie ist außerdem kalt, etwa –240°C. Und wie die Astronomen in den letzten drei Jahrzehnten erkennen konnten, sind die Molekülwolke im Orion und andere ähnliche Wolken – es gibt viele in unserer Galaxie – mehr als nur Merkwürdigkeiten. Es sind die Orte, wo die Sterne geboren werden. Ihre Dichte und Kälte ermöglichen der Schwerkraft, über die Wärme zu triumphieren, was die erste Voraussetzung dafür ist, dass eine Gaswolke in sich zusammenstürzt und einen Stern entstehen lässt.

Darüber hinaus strotzen Molekülwolken vor Wasser. In ihren geschützten Tiefen verbinden sich ununterbrochen Wasserstoff und Sauerstoff – Wasserstoff, der beim Urknall entstanden ist, und Sauerstoff, der im Innern von Sternen entstanden ist. So entsteht H_2O, wahrscheinlich auf der Oberfläche gefrorener Staubkörner. Die Wassermenge in allen Wolken unserer Galaxie entspricht etwa der Masse von einer Million Sonnen. In den meisten Fällen, wie im Orion, wirkt das Wasser wie ein Maser. Heiße, junge Sterne in einer Molekülwolke können Maser bilden, indem sie Ströme aus Gas und Strahlung verbreiten, die die umgebende Wolke komprimieren und erhitzen.

Vor viereinhalb Milliarden Jahren, als unsere eigene Sonne zündete und mit ihrem Planetengefolge aus der Schwärze auftauchte, hat sie sich vielleicht mit einem Wassermaser angekündigt. Sicher wäre der Solarnebel – die molekularen Wolkenfragmente, die unser Sonnensystem entstehen ließen – mit Wasser durchsetzt gewesen. Und irgendwie landete eine Menge davon in flüssiger Form zufällig auf einem der neun Planeten, dem der Sonne Drittnächsten – der Erde.

– – –

In den etwa letzten drei Jahrzehnten hat sich die Vorstellung über die Entstehung der Erde und insbesondere darüber, wie sie zu einem Ozean gekommen ist, vollkommen gewandelt. Bis in die 60er Jahre hatte man sich den Vorgang als relativ gemäßigt, kühl und allmählich gedacht. Nach dieser Sichtweise verdichtete sich die Erde aus einem riesigen, gasförmigen Urplaneten, der sich erst nach und nach erhitzte, als Uran und andere in ihm vorhandene radioaktive Elemente zerfielen und Wärme freisetzten; erst allmählich trieb die Wärme Wasserdampf – der sich auf steinigen Mineralien im Solarnebel abgesetzt hatte – aus dem Erdinneren. Der in mächtigen Wolken aus Vulkanen schießende Wasserdampf kondensierte und regnete aus der Atmosphäre ab. Im Verlauf von Hunderten von Millionen Jahren füllte sich der Ozean. Rachel Carson schrieb 1950, dieser Urregen sei in leere Meeresbecken geflossen, die schon damals in etwa die Form hatten wie heute.

Das Szenario von der «vulkanischen Entgasung» am Anfang des Ozeans findet sich noch immer in Lehrbüchern und Enzyklopädien. Aber es ist wahrscheinlich falsch. Die vorhandenen Beweise lassen vermuten, dass es in der 4,6 Milliarden Jahre alten Geschichte der Erde nicht genug Vulkantätigkeit gegeben hat, um einen Ozean auszuspeien. Sie legen auch nahe, dass die Entstehung der Erde, zumindest im Endstadium, alles andere als sanft und kühl verlaufen ist – die Geburt der Erde und ihres Ozeans war äußerst heftig.

Die Geburt unseres Sonnensystems begann, als eine Staubwolke, ein kleines Fragment einer riesigen Molekülwolke wie der im Orion, sich aus irgendeinem Grund stärker verdichtete als ihre Umgebung und auf irgendeine Weise zum Kollaps gebracht wurde, vielleicht durch die Explosion eines nahen Sterns. Als die Masse im Zentrum der Wolke in etwa 100 000 Jahren zu einer Sonne zusammenstürzte, begann der Rest schnell zu rotieren und behielt dabei den gesamten Drehimpuls der ursprünglichen Wolke. Die Zentrifugalkraft der Rotation bewahrte dieses mit Staub durchsetzte Gas davor, von dem neugeborenen Stern verschluckt zu werden. Es trieb vielmehr hinaus und rieselte allmählich auf die Fläche des Sonnenäquators, wo es eine breite flache Scheibe bildete. Der Staub in dieser Scheibe bestand aus Gesteins- und Eiskörnern, einschließlich Wassereis.

In der heißen, dichten Region in der Nähe der jungen Sonne jedoch, wo die Temperatur bis 1200 °C betragen haben kann, überdauern nur Gesteinskörner. Eis hätte im Innern dieser Körner überstehen können, nicht aber auf ihrer Oberfläche und auch nicht als reine Eiskörner; letztere wären verdampft. Die sonnennahen Planeten – Merkur, Venus, Erde und Mars – bestehen daher überwiegend aus Gestein. Heute glaubt man nicht mehr, dass sie durch Verdichtung aus riesigen, gasförmigen Urplaneten entstanden sind. Sie wurden vielmehr Stein um Stein zusammengefügt, wobei es mit ganz kleinen Steinen angefangen hat.

Als die Staubkörner hinunter auf die Sonnenscheibe rieselten, und mehr noch, als sie sich dort befanden, kollidierten sie und klebten zusammen; dieses wirbelnde Staubgemisch könnte so viel statische Elektrizität erzeugt haben, dass es dann und wann von Blitzen zerrissen wurde. Es entstanden Klumpen, immer größere Klumpen, dann Milliarden von Felsen von der Größe von Asteroiden. Felsen auf derselben Umlaufbahn begannen sich aufgrund der Schwerkraft gegenseitig anzuziehen und leicht aufeinander zu prallen. In den eine Million Jahren, nachdem die Sonne zum ersten Mal zusammengewachsen war, hatte sich der meiste Staub im inneren Sonnensystem auf rund 30 Planetenembryos jeweils etwa von der Größe des Merkurs gesetzt.

Jetzt wich alles Moderate; nun zählte nur noch das Überleben der tüchtigsten und glücklichsten Embryonen. Das innere Sonnensystem, das heute vier Planeten beherbergt, war nicht groß genug für 30 Merkure, die auf konzentrischen Bahnen kreisten. Aber die Embryonen blieben nicht lange auf sicheren konzentrischen Umlaufbahnen. Die gegenseitige Anziehungskraft zwischen ihnen erzwang bald die Entscheidung. Die Umlaufbahnen der Embryonen wurden elliptischer und begannen sich zu kreuzen – und so kam es zu Kollisionen mit Geschwindigkeiten von Zehntausenden von Kilometern pro Stunde. Nur die Embryonen, die von Anfang an etwas größer als die anderen waren, konnten solche Zusammenstöße überstehen und wurden sogar noch größer, indem sie ihre Opfer absorbierten. Innerhalb von zehn bis 100 Millionen Jahren hatte die planetarische Rauferei zwei Sieger hervorgebracht, die Erde und die Venus. Die sehr viel kleineren Mars und Merkur überlebten nur, weil sie sich abseits der Wege der Raufbolde in stille Winkel verkrochen.

Nachdem der Erdembryo die Größe des Merkurs hatte, wäre jeder ankommende Felsen, ob von der Größe eines Asteroiden oder eines kleinen Planeten, durch die Erdanziehung auf eine derart wahnsinnige Geschwindigkeit beschleunigt worden, dass er beim Aufschlag zertrümmert worden und geschmolzen oder gar verdampft wäre. Die Explosion hätte nicht nur sehr viel Hitze freigesetzt, sondern auch sofort alles im Gestein eingeschlossene Wasser. Wenn die Erde durch die Kollision von Embryonen entstanden ist, war ihre Entstehung nicht kalt, sondern höllisch heiß. Und wenn man annimmt, dass im Gestein Wasser eingeschlossen war, war die Entstehung von Anfang an feucht.

Wenn man sich einmal vorzustellen versucht, wie viel Hitze und Wasser durch das Bombardement der Planetoiden freigesetzt worden sein könnte, das während der wilden Jugendjahre der Erde auf sie niedergegangen ist, kommt man auf eine erstaunliche Möglichkeit, die 1986 erstmals von Takafumi Matsui und Yutaka Abe von der Universität Tokio aufgezeigt wurde. Die Wolke aus Wasserdampf hätte wie eine dicke Decke über dem jungen Planeten gelegen und hätte die Hitze wie eine Decke festgehalten – so viel Hitze, dass das

Wasser verdampft wäre. Und wenn der Dampf mit jedem neuen Einschlag immer dichter geworden wäre, hätte kaum etwas von der Hitze, die durch die explodierenden Geschosse freigesetzt worden wäre, in den Weltraum entweichen können. Die Temperatur auf dem Planeten wäre unerbittlich gestiegen, bis irgendwann etwas nachgegeben hätte – bis die gesamte Erdoberfläche geschmolzen wäre. Der erste Ozean auf unserem Planeten wäre nach diesem Szenario aus flüssigem Gestein gewesen.

Das Meer aus Magma hätte verhindert, dass der Dampf dichter geworden und die Temperatur ins Endlose gestiegen wäre. Wenn einschlagende Felsen Dampf freisetzten, löste sich ein Teil davon im Magma. Bei einer Temperatur von 1260 °C hätten sich die beiden Prozesse nach Matsui und Abe im Gleichgewicht befunden: Es wäre die gleiche Menge Dampf in die Atmosphäre freigesetzt worden, wie ihr durch das Magma entzogen wurde. Der Luftdruck wäre zu dem Zeitpunkt einhundert Mal so hoch wie heute gewesen. Das Gewicht der Dampfhülle hätte rund eine Milliarde Billiarden Tonnen betragen.

Wie hätte dieser Ur-Hades wohl ausgesehen? Vielleicht wie eins der Farbfelder von Rothko in Groß: ein leuchtend roter Ozean von der Farbe der Lava, wie sie aus dem Kilauea auf Hawaii fließt, unter einem ewigen grauen Nebel. Ein grundloser Ozean aus brodelndem, kochendem Gestein, das dann und wann vom Einschlag eines kleineren Planeten aufgewühlt wird, der Flutwellen aus Magma in alle Richtungen schickt; ein dicker, zäher Ozean ohne Land, ohne festen Punkt für das Auge, selbst wenn es den dichten, erdrückenden Nebel mehr als ein paar Meter weit hätte durchdringen können. Ein grenzenloser, gleißender, hellroter Ozean aus Gestein unten, und darüber, wie eine aufblasbare Riesenkuppel, die durch die Hitze sporadisch explodierender Geschosse unsicher gestützt wurde, ein einziger kochender Ozean aus Wasser. Die Situation konnte keinen Bestand haben. Irgendwann musste der Geschosshagel nachlassen und die Oberfläche der Erde abkühlen. Irgendwann musste es anfangen zu regnen.

Nach den damaligen Maßstäben wäre es ein kühler Regen gewesen, dessen Temperatur aber 315 °C betragen hätte, denn das (und nicht 100 °C) ist die Temperatur, bei der Wasser bei 100 Atmosphären Druck zu einer Flüssigkeit kondensiert. Er wäre, sobald er eingesetzt hätte, unerbittlich gewesen, kein Regen, wie wir ihn kennen, ein Ereignis, das keine dauerhaften Spuren in der Atmosphäre hinterlässt; es wäre der Zusammenbruch der Atmosphäre gewesen. Es hätte sehr viel länger als 40 Tage und Nächte geregnet – vielleicht Jahrtausende, in denen praktisch alles Wasser aus der Atmosphäre auf die Erde fiel. Die Wassermenge, die eine Dampfhülle aufnehmen kann, kommt nach Berechnungen von Matsui und Abe der Wassermenge in den Weltmeeren von heute sehr nah – 1,4 Milliarden Billiarden Tonnen –, eine für ihr Szenario erfreuliche Übereinstimmung. Dieser erste Ozean aus Wasser wäre kochend heiß gewesen.

Vielleicht war es derselbe Ozean, den wir heute haben, vielleicht auch nicht. Nicht berücksichtigt beim Szenario von Matsui und Abe wurde die Doppelnatur der gewaltigen Geschosse, die auf der Erde einschlugen: Sie führten unserem Planeten Wasser zu, aber die ganz großen entzogen ihm auch Wasser, das ins All geschleudert wurde. Es wird insbesondere weithin angenommen, dass die Erde sehr früh in ihrer Geschichte, aber dennoch zu einer Zeit, als sie schon fast vollständig ausgebildet war, von einem Planetenembryo von der einfachen oder sogar doppelten Größe des Mars getroffen wurde. Dieser Einschlag ließ unseren Planeten bis ins Innerste schmelzen und verdampfte vielleicht auch einen Teil von ihm. Auch der aufprallende Embryo verdampfte, und bis auf den schweren Eisenkern, der ins Erdzentrum sank und dort mit dem Erdkern verschmolz, wurde das meiste zurück ins All geschleudert. Die Erdanziehung war damals aber so stark, dass die Trümmer des Embryos nicht restlos entweichen konnten. Sie vereinigten sich rasch wieder, in nur einem Jahr, und bildeten einen festen Körper auf einer Umlaufbahn um unseren Planeten aus, unseren heutigen Mond.

Ein solcher Aufprall hätte den Planeten sicher von jeder vorhandenen Dampfatmosphäre oder jedem Ozean befreit. Unser heutiger Ozean muss also, wenn dieses Szenario zutrifft, später als der Mond entstanden sein. Vielleicht wuchsen der Erde noch genügend Felsen aus dem All zu, und vielleicht waren sie feucht genug, ihr einen zweiten und dauerhafteren Ozean zu bescheren. Viele Wissenschaftler sind jedoch der Ansicht, dass unser Planet auch eine Menge Wasser von irgendwo anders her bekommen haben muss.

– – –

Die meisten Menschen sind beim Anblick des Meeres von der Wassermenge beeindruckt. Aus dem Weltraum betrachtet ist die Erde der Blaue Planet, der Wasserplanet. James Pollack, der NASA-Wissenschaftler, der 1979 starb, sagte, als er die Erde und ihre Wassermassen sah: «Es ist ein unglaublicher Aderlass. Die Erde hat fast nichts, was sie am Ende noch hätte vorweisen können.» Und dann betrachtete er das Sonnensystem als Ganzes und bemerkte einen eigenartigen Widerspruch: «Einerseits liegen die erdähnlichen Planeten und vor allem die Erde genau in der richtigen Temperaturzone und in der richtigen Entfernung von der Sonne, sodass man Ozeane aus Wasser haben könnte – Wasser in flüssigem statt in festem Zustand. Aber andererseits ist die Region, die wirklich mehr als ausreichend mit allen flüchtigen Stoffen einschließlich Wasser versehen ist, im äußeren Bereich des Sonnensystems angesiedelt, der irgendwo im äußeren Asteroidengürtel beginnt und sich dann weiter hinaus fortsetzt.»

Als Ausweg aus dieser Klemme brachte Pollack ein Bindeglied zwischen den beiden Regionen ins Spiel: Kometen. 1986, als ein Geschwader europäischer, russischer und japanischer Raumfahrzeuge den Halleyschen Kometen passierte, bestätigten sie das, was man seit langem über seine Zusammensetzung vermutete. Ein Komet ist im Wesentlichen ein Gemisch aus Felsbrocken und Wassereis im etwa gleichen Verhältnis – ein schmutziger Schneeball oder schneeiger Schmutzball, je nachdem, wie man es sieht. Die Monde der äußeren Planeten haben in etwa die gleiche Zusammensetzung; das haben die Missionen von Pioneer und Voyager gezeigt, an denen Pollack wesentlichen Anteil hatte. Diese Ähnlichkeit kann kein Zufall sein. Halley und die meisten anderen langperiodischen Kometen, die jetzt aus ihrer Heimat in der Oortschen Wolke zu uns kommen – einer kugelförmigen Schale, die weit jenseits des Pluto liegt und das gesamte Sonnensystem umgibt –, sind ursprünglich vermutlich im Gebiet von Uranus und Neptun zusammengewachsen.

Die festen Kerne dieser Planeten, sowie von Jupiter und Saturn, sind genauso wie die inneren Planeten entstanden, Stein um Stein – nur dass die Steine in ihrem Fall aus Eis waren, die bei den frostigen Temperaturen des äußeren Solarnebels gebildet wurden. Die größeren Steine müssen Ähnlichkeit mit Kometen und Trabanten äußerer Planeten gehabt haben. Nach Ansicht Pollacks sind die Kometen, die wir beobachten, lediglich vom Bau der äußeren Planeten übriggebliebene Steine. Nachdem etwa der Uranus seine jetzige Masse erreicht hatte, also fast das 15-fache der Erde, wäre sein Verhältnis zu einem Kometen so wie das von Herkules zu einem Diskus gewesen. Ein Komet, der am Uranus vorbeifliegt, aber nicht so dicht, dass er auf ihn stürzt, würde von der gewaltigen Schwerkraft des Planeten erfasst und in eine neue Umlaufbahn geschleudert. Er könnte fort zum äußeren Rand des Sonnensystems rasen und sich eine Bleibe in der Oortschen Wolke suchen. Er könnte aber auch in die andere Richtung zum inneren Sonnensystem katapultiert werden.

Jupiter und Saturn, noch herkulischer als der Uranus, hätten ihre verbliebenen Schneebälle zur gleichen Zeit fortgeschleudert. Viele dieser eisigen Geschosse müssen in den Tumult der Felsbrocken eingeschlagen sein, der gerade zu jener Zeit zu Gunsten der Erde und ihrer drei Schwesterplaneten entschieden wurde. Der Halleysche Komet kann Hunderte von Milliarden Tonnen Wasser enthalten; der typische Mond eines äußeren Planeten enthält das Vieltausendfache. Wenn nur ein kleiner Prozentsatz der eisigen Körper, die sich ursprünglich im äußeren Sonnensystem verdichteten, die Erde getroffen hätte, hätten sie ihr zu einem Ozean aus Wasser verhelfen können.

Hätten die meisten die Erde getroffen, als sich deren Gesteinsanteil noch zusammenballte, wäre das Ergebnis im Wesentlichen so gewesen, als ob die Felsbrocken selbst das Wasser ausgespieen hätten, wie Matsui und Abe es sich vorstellten. Die gleiche dichte Dampfatmosphäre und der gleiche Ozean aus Magma hätten sich gebildet, bis der Dampf in das Meer aus flüssigem Wasser gestürzt wäre. Es ist allerdings auch möglich, dass der Hagel der eishaltigen Planetesimale sich über Hunderte von Millionen Jahren erstreckte. Das Alter der Mondkrater, das aus Felsbrocken abgeleitet wurde, die die Apollo-Astronauten eingesammelt haben, lässt darauf schließen, dass der Mond bis vor 3,8 Milliarden Jahren unter heftigem Beschuss von Trümmern der sich herausbildenden Planeten stand. Die so nahe gelegene Erde muss das gleiche lange Bombardement erlebt haben. Viele dieser Geschosse sind womöglich eishaltige Planetesimale gewesen, die auf Umwegen aus dem äußeren Sonnensystem kamen, vielleicht nach einem kurzen Dasein als Kometen. Statt nur einer mächtigen Dampfatmosphäre könnte die Erde mehrere dünnere und flüchtigere Atmosphären gehabt haben, weil jeder explodierende Komet einen Teil des Ozeans verdampfte und dem expandierenden Teich eine eigene Atompilzwolke aus Wasser hinzufügte.

Das heißt jedoch nicht, dass der Ozean, den wir heute haben, nur aus Kometenwasser besteht. Nach Messungen an drei Kometen – Halley, Hyakutake und Hale-Bopp, die beiden Letzteren passierten die Erde 1996 und 1997 in geringer Entfernung – hat Kometenwasser eine andere chemische Zusammensetzung als Meerwasser. Es enthält doppelt so viel Deuterium, das schwere Wasserstoffisotop. Das lässt darauf schließen, dass der Ozean höchstens zur Hälfte aus Kometenwasser bestehen kann, das mit «leichterem» Wasser aus anderen Quellen verdünnt worden sein muss. Das Gestein, aus dem der Planet entstanden ist, ist eine mögliche Quelle, wie im Szenario von Matsui/Abe. Eine andere Möglichkeit sind kohlige Chondrite, Meteoriten, die vermutlich aus der äußeren Hälfte des Asteroidengürtels zwischen Mars und Jupiter auf die Erde gestürzt und normalerweise außerordentlich feucht sind. Vielleicht hat Jupiter früh in der Geschichte des Planeten ganze Geschwader dieser feuchten Felsbrocken zusammen mit den schmutzigen Schneebällen auf uns geschleudert.

Das weiß noch niemand. Der allgemeine Tenor und die große Änderung gegenüber der noch vor einem Jahrzehnt herrschenden Ansicht ist jedoch, dass die Erde ihr Wasser durch große Objekte erhalten hat, die mit hoher Geschwindigkeit aufgeprallt sind – also durch den gleichen äußerst heftigen Prozess, durch den der Planet selbst entstanden ist. Zumindest einige dieser Objekte waren Kometen, und das heißt, dass zumindest einige der Wassermoleküle in unseren Meeren wirklich ursprünglicher Herkunft sind: Sie entstanden noch vor der Erde im interstellaren Raum, sogar früher als die Sonne; sie waren in den kalten, äußeren Bereichen des Solarnebels zu festen

Eiskörnern gefroren und wurden schließlich von den eigenartigen Reisenden des Sonnensystems zur Erde gebracht, die der menschliche Geist sehr viel später zu Symbolen der Vorbedeutung machte.

Wasser ist auch nicht das einzige Überbleibsel der Mutterwolke, die die Kometen uns gebracht haben. Die aufregendste Neuigkeit von Halley, Hyakutake und Hale-Bopp war nicht, dass die Kometen sehr viel Wasser enthalten, woran ohnehin niemand gezweifelt hatte, sondern dass sie auch sehr viel organisches Material enthalten, also Kohlenstoff- und Wasserstoffverbindungen, die manchmal auch Stickstoff oder Sauerstoff enthielten. Rund ein Viertel der Masse des Halleyschen Kometen bestand aus organischen Verbindungen. Bemerkenswert waren dabei Formaldehyd (H_2CO) und Blausäure (HCN). Beide Moleküle hat man bereits in interstellaren Wolken entdeckt. Sie sind offenbar auch zwei der wichtigsten chemischen Vorläufer der komplexeren Moleküle – Proteine, Nukleinsäuren wie DNS und Lipide –, die zu den wichtigsten Molekülen des Lebens gehören.

Christopher Chyba von der Stanford University hat berechnet, dass Kometen den Planeten im Verlauf der Erdgeschichte mit organischer Substanz in einem Umfang versorgt haben, der fast dem Millionenfachen der gegenwärtigen Biomasse entspricht – der Gesamtheit aller Organismen einschließlich der von ihnen produzierten organischen Substanz. Kometen von der Größe des Halleyschen Kometen überziehen uns noch immer ununterbrochen mit organischer Substanz. Ihr langer Schweif besteht zum Teil aus mikroskopisch kleinen Staubpartikeln, die reich an organischen Stoffen sind. Wenn die Erde einen dieser Staubschweife durchquert, verglühen einige dieser Partikel in der Atmosphäre und werden als Meteoritenschauer sichtbar, andere landen dagegen sanft auf der Oberfläche. Nach einer neueren Schätzung führen diese Partikel der Erde pro Jahr trotzdem noch 300 Tonnen organischen Kohlenstoff zu.

Weit mehr organisches Material muss jedoch während des schweren Bombardements der Erde vor 3,8 Milliarden Jahren niedergegangen sein, als es im Sonnensystem von Kometen wimmelte. Wenn große Kometen tatsächlich mit der Erde kollidierten, wurde ihre organische Fracht vernichtet. Chyba schätzt jedoch, dass Kometen, die die Erde in dieser Zeit nur knapp verfehlten, pro Jahr zwischen 100 000 und 10 Millionen Tonnen organisches Material abgeladen haben könnten. Wie Schädlingsbekämpfungsflugzeuge flogen sie an der unwirtlichen Erde vorbei, aber sie streuten dabei Samen aus, kein Gift.

– – –

Die ältesten uns bekannten Fossilien der Erde sind 3,5 Milliarden Jahre alt. Gefunden wurden sie in der Wüste im Nordwesten Australiens von J. William Schopf von der University of California in Los Angeles, und sie bestehen aus Zellfäden, ein Dutzend oder mehr in einer Kette, die jeweils nicht dicker als einige Mikrometer sind. Schopf hat mindestens elf verschiedene Zelltypen gefunden, von denen einige normalen Bakterien ähneln, andere Zyanobakterien oder Blaualgen. Diese Vielfalt deutet darauf hin, dass die Evolution vor 3,5 Milliarden Jahren bereits begonnen hatte und der Ursprung des Lebens zeitlich noch weiter zurückliegt. Sehr viel weiter zurück reicht er aber wahrscheinlich nicht, denn bis das schwere Bombardement vor 3,8 Milliarden Jahren nachließ, wurde die Meeresoberfläche wieder und wieder aufgekocht und sterilisiert, wenn neue Planetesimale ins Meer stürzten. Das ist ein Grund, den einige Forscher in den letzten Jahren dafür angeführt haben, dass das Leben nicht an der Meeresoberfläche begonnen habe – in einem Gezeitentümpel etwa oder in dem von Charles Darwin so geschätzten «warmen kleinen Teich» –, sondern bei einer Thermalquelle auf dem Meeresgrund.

Wo und wie Leben auf der Erde entstanden ist und ob dabei von Kometen angeliefertes organisches Material eine bedeutende Rolle gespielt hat, ist nach wie vor eine hochspekulative und umstrittene Frage. Eins steht allerdings fest: Der Prozess erforderte Wasser. Die heute lebenden Organismen bestehen überwiegend aus Wasser. Wasser ist dank seiner elektrisch polarisierten Struktur – positiv geladener Wasserstoff und negativ geladener Sauerstoff an entgegengesetzten Seiten des Moleküls, beide bereit und in der Lage, sich andere Atome anzulagern – das universale Lösungsmittel, das Atome und Moleküle zusammenbringt und auch trennt. Wasser transportiert Nährstoffe in die lebende Zelle und entfernt Abfallstoffe. Alle biochemischen Reaktionen innerhalb und außerhalb der Zellen erfolgen im Wasser. Die chemische Evolution, die im ersten lebenden, sich selbst reproduzierenden Organismus gipfelte, musste ebenfalls im Wasser stattfinden.

In unserem Sonnensystem ist die Erde der einzige Planet mit Wasser auf der Oberfläche (wenngleich Europa, einer der Jupitermonde, einen mit Eis bedeckten Ozean haben könnte) und auch, soweit wir wissen, der einzige Planet mit Leben. Da Felsbrocken und Eis im Solarnebel in alle Richtungen geflogen sind, hätten Venus, Erde und Mars eine gemeinsame Versorgung mit Wasser gehabt. Aber nur der Erde ist es gelungen, es in flüssiger Form festzuhalten. Warum? Im Fall der Venus ist die Antwort relativ einfach: Sie befindet sich zu nahe an der Sonne. Wie die junge Erde hat vielleicht auch die junge Venus eine dichte Atmosphäre aus Kohlendioxid und Wasserdampf gehabt, die beide die Sonnenwärme erfolgreich festhalten können. Aber das Treibhaus auf der Venus erhielt fast doppelt so viel Sonnenlicht, da sie sich 40 Millionen Kilometer näher an der Sonne befindet als die Erde (108 bzw. 150 Millionen Kilometer). Deshalb blieb sie heißer. Aufgrund der Hitze konnte der Wasserdampf in die obere Atmosphäre aufsteigen, wo er von der Sonnenstrahlung aufgelöst wurde. Der Wasserstoff entwich ins All und nahm dem Planeten damit für immer die Möglichkeit, Wasser zu bilden. Heute besteht die Atmosphäre auf der Venus zu 96 Prozent aus Kohlendioxid und ist 90-mal so dicht wie die auf der Erde. Die Temperatur an der Oberfläche liegt im Mittel bei 454 °C.

Beim Mars ist alles ganz anders. Er ist anderthalbmal so weit von der Sonne entfernt wie die Erde, aber immer noch so nah, dass Wasser vorkommen kann. Das Netz aus Flusstälern, die das alte südliche Hochland durchziehen, beweist, dass der Mars früh in seiner Geschichte über Wasser verfügte. Vielleicht gab es auch einfaches Leben auf ihm: 1996 behaupteten NASA-Wissenschaftler, Mikrofossilien in einem Meteoriten gefunden zu haben, der vom Mars auf die Erde gestürzt war. Diese Behauptung ist umstritten, aber heute stimmen alle darin überein, dass der Mars völlig ausgetrocknet und ohne Leben ist. Das liegt nicht daran, dass der Mars zu weit von der Sonne entfernt wäre, wie Pollack und seine Kollegen James Kasting von der Pennsylvania State University und Owen Toon von der NASA vor einigen Jahren folgerten. Es liegt daran, dass der Mars zu klein ist.

Der Regen, der den frühen Ozean auf dem Mars füllte, spülte, wie sie meinten, auch Kohlendioxid aus der Atmosphäre und schloss es als Kalziumkarbonat im Gestein ein. Das Innere des Mars blieb hunderte Millionen oder gar Milliarden Jahre heiß, und ausbrechende Vulkane beförderten Kohlendioxid wieder in die Atmosphäre. Der Treibhauseffekt hielt die Oberfläche so warm, dass flüssiges Wasser vorkommen konnte. Doch dann erloschen die Vulkane. Da der Durchmesser des Mars nur halb so groß wie der der Erde ist, nahm der rote Planet bei den Kollisionen, die ihn formten, weit weniger Wärme auf. Da er nur knapp ein Sechstel des Erdvolumens hat, erzeugte er aus dem Zerfall der radioaktiven Elemente im Gestein entsprechend weniger Wärme. Als Folge ging dem Mars schlicht der Dampf aus. Das letzte Kohlendioxid, das aus seiner Atmosphäre entschwand, kam nie zurück. Heute ist die Atmosphäre auf dem Mars weniger als ein Hundertstel so dicht wie auf der Erde, und der Planet ist hart gefroren. Was vielleicht noch an Wasser vorhanden ist, ist im Dauerfrostboden und Polkappen aus Eis eingeschlossen.

Die Erde hat heute einen Ozean, weil ihr Inneres noch heiß ist. Die Hitze treibt den Vulkanismus, der Kohlendioxid zurück in die Atmosphäre befördert und so für eine angenehme Temperatur in unserem Treibhaus sorgt. Rund um den Pazifik sind Vulkane aktiv; ganz unten mitten im Weltmeer, den Blicken durch Kilometer von Wasser entzogen, bricht immer wieder, wenn auch sporadisch, in einer synkopierten Feuerlinie eine lange Kette von Vulkanen aus. An den Mechanismus, der diese gesamte Tätigkeit inszeniert, hat vor 50 Jahren kaum jemand auch nur gedacht. Damals betrachtete man die Meeresbecken als sehr alte und unveränderliche Gebilde – eintönige Einöden, nicht kartiert, aber auch kaum wert, kartiert zu werden, leere Flächen, auf die nur ein endloser Regen von Sedimenten niederging. Wenn die Meeresbecken so wären, hätten wir, wie wir heute wissen, überhaupt keine Meere. Heute gibt es Meere und Leben auf der Erde, weil der Meeresboden selbst jung und in Bewegung ist, sich ständig ändert und in diesem Sinne selber lebt.

2. Kapitel DIE TIEFE LOTEN

Wenn doch nur das Wasser nicht wäre! Wenn wir die Meeresbecken ablassen könnten! Dann könnten wir wie Balboa auf einem Gipfel der Sierra stehen, oder besser noch am Rande des Schelfs, wo das Land tatsächlich aufhört, und eine wirklich Neue Welt entdecken, wo die Spanier nur den weiten Pazifik sehen. Wir könnten ganz tief auf der Route fliegen, die Kolumbus nahm, und über all das staunen, über das er ahnungslos hinweggesegelt ist. Würden wir seiner Spur zu Fuß folgen, könnten wir durch einige der flachsten und weitesten Ebenen der Erde laufen, hinauf auf ihre jüngsten und am stärksten zerklüfteten Gebirgsketten und hinab in ihre tiefsten Täler. Bei einem Blick aus dem Weltraum auf unseren Planeten könnten wir ihn endlich einmal ganz sehen.

Doch diesen Blick werden wir nie haben, weil wir selbst in absolut klarem Wasser nicht weiter als etwa 100 Meter sehen können. Soweit wir uns für die Gestalt des Meeresbodens interessieren, ist das Wasser des Ozeans für uns lediglich ein Hindernis, das sich bis in unser Jahrhundert als fast unüberwindlich erwies. Wenn die Geologen nun im Begriff sind, sich ein Bild vom Meeresboden zu machen, das dem einer Welt ohne Wasser am nächsten kommt, verdankt sich das vor allem einem glücklichen Umstand: Wasser übermittelt Licht zwar nur schlecht, ist aber ein ausgezeichneter Leiter für Schallwellen.

– – –

Der Name Charles Bonneycastle taucht in kaum einem amerikanischen Wissenschaftslexikon auf, obwohl er ein amerikanischer Wissenschaftler war, und ein weitsichtiger dazu. Vielleicht wäre alles anders gekommen, wenn das eine Experiment, dessentwegen sich heute einige wenige Menschen seiner erinnern, erfolgreich verlaufen wäre. Bonneycastle, Professor an der University of Virginia, versuchte 1838 als Erster, per Echolotung die Tiefe des offenen Meeres zu bestimmen. Er war seiner Zeit 75 Jahre voraus.

Auf die Idee war Bonneycastle durch ein Experiment gekommen, das ein paar Jahre früher am Genfer See gemacht worden war. In einer klaren Nacht im November 1826 postierte der Schweizer Mathematiker Jean Daniel Colladon einen Helfer in einem Boot auf einer Seite des Sees. Vom Boot hing eine 140 Pfund schwere Kirchenglocke ein, zwei Meter ins Wasser. Der Helfer schlug mit einem Hammer an die Glocke und entzündete gleichzeitig ein Licht; Colladon saß derweil 13,5 Kilometer entfernt in einem Boot am anderen Ufer des Sees. Als er das Licht aufleuchten sah, horchte er mit einem fünf Meter langen Hörrohr auf den Schall, einem dünnen Rohr, dessen eines Ende verschlossen war und ins Wasser ragte, während das andere Ende offen war, sich konisch erweiterte und direkt an Colladons Ohr gehalten wurde. Der Glockenton kam klar, wenn auch abgeschwächt, an – wie zwei aufeinander treffende Messerklingen, sagte Colladon. Aus der Verzögerung zwischen dem Aufscheinen des Lichts und dem Eintreffen des Glockentons berechnete Colladon die Geschwindigkeit des Schalls im Wasser: Es waren 1448 Meter in der Sekunde, mehr als das Vierfache der Schallgeschwindigkeit in Luft. Aber auch wenn das Experiment dieser Zahl gegolten hatte, war sie doch nicht das Einzige, was Colladon beeindruckte. «Einen so kurzen und trockenen Ton zu hören, der aus einer Entfernung von vielen Kilometern kommt», schrieb er, «hinterlässt einen ähnlichen Eindruck, wie wenn man einen weit entfernten Gegenstand zum ersten Mal deutlich durch ein Teleskop auftauchen sieht.»

Zwölf Jahre danach schaukelte Bonneycastle auf dem Golfstrom und versuchte, mit Hilfe des Schalls den Meeresboden zu erkennen. Er saß in einem Boot, das von der Brigg *Washington* der amerikanischen Marine abkommandiert worden war, zwei Tagesreisen mit dem Schiff vor New York. Er hielt ein Zinnrohr ähnlich dem von Colladon ans Ohr gepresst, nur befand sich der Trichter diesmal am anderen Ende, unter Wasser, und war auf den Meeresboden gerichtet. 150 Meter entfernt brachte die Mannschaft der Brigg in ein paar Faden Tiefe einen gusseisernen Sprengmörser zur Explosion. Bonneycastle hörte die Explosion – es klang wie aufeinander treffende Messer, erklärte er später – und eine drittel Sekunde später eine Art Echo vom Meeresboden. Eine drittel Sekunde zwischen Explosion und Echo ergab nach Colladons Wert für die Schallgeschwindigkeit im Wasser eine Tiefe von etwa 160 Faden oder 292 Meter. Als Bonneycastle die Tiefe jedoch mit einem Bleilot maß, kam er auf einen Wert um die 540 Faden (987 m).

Der zweite Ton, den Bonneycastle hörte, war wahrscheinlich eine Art Nachbeben durch die Implosion einer Gasblase, das sich von der ersten Explosion nach außen fortpflanzte. Warum er kein Echo vernahm, ist nicht restlos geklärt. Vielleicht war die Explosion nicht stark genug, oder es war zu laut an der Meeresoberfläche, oder der Schalltrichter war zu klein, um das schwache Echo aufzufangen. Einige Jahre danach unternahm Colladon ein weiteres Experiment auf dem Genfer See, diesmal mit einer 1100 Pfund schweren Kirchenglocke, die er, wie sich herausstellte, noch in fast 35 Kilometer Entfernung hören konnte. Interessanterweise hat offenbar ein Begleiter von Colladon in einem einige Kilometer von der Glocke entfernten Boot ein Echo vom Seeufer hinter der Glocke gehört. Es müsste eigentlich auch Mitte des 19. Jahrhunderts möglich gewesen sein, ein Echo vom Meeresboden zu hören. Aber weder Bonneycastle noch Colladon haben die Sache offenbar weiterverfolgt. Für den Rest des Jahrhunderts war die Echolotung gestorben.

Loten auf die alte Art mit Leine und Senkblei war selbstverständlich noch aktuell und wurde jetzt auch wissenschaftlich betrieben, selbst als Bonneycastle damit scheiterte, eine Revolution einzuläuten. Schon in frühester Zeit hatten die Seefahrer Leinen ins Wasser gelassen, wenn ihr Schiff sich dem Land näherte, damit sie nicht auf Grund liefen. Bekannt ist die Geschichte des heiligen Paulus im Sturm, Apostelgeschichte 27,27–29:

> «Als aber die vierzehnte Nacht kam, seit wir im Adria-Meer fuhren, wähnten die Schiffsleute um die Mitternacht, sie kämen an ein Land. Und sie warfen das Senkblei aus und fanden zwanzig Klafter tief; und ein wenig davon senkten sie abermals und fanden fünfzehn Klafter. Da fürchteten sie, wir würden an Klippen stoßen, und warfen hinten vom Schiffe vier Anker und wünschten, dass es Tag würde.»

Diese Bemühungen hatten nichts mit Wissenschaft zu tun und erstreckten sich aus offensichtlichen Gründen nicht auf das offene Meer. Ferdinand Magellan soll 1521 im Pazifik aus reiner Neugier 400 Faden Lotleine ausgelassen haben und, da sie nicht auf Grund kam, etwas unlogisch geschlossen haben, die tiefste Stelle des Ozeans gefunden zu haben. Doch zum ozeanographischen Meilenstein taugt diese Anekdote wohl nicht; Magellan segelte damals mit der hungernden Mannschaft auf eine der nordöstlichen Tuamotu-Inseln zu und hielt offenbar vergeblich nach einem Ankerplatz Ausschau. Bis zum 19. Jahrhundert bestand keine Absicht, den Boden der Tiefsee um seiner selbst willen zu erkunden, und man hatte auch gar keine Möglichkeiten dazu.

Die technischen Hindernisse waren doppelter Art. Um den Boden ausloten zu können, muss man wissen, wann man ihn erreicht hat, und im offenen Meer sind die Tiefen so gewaltig, dass man aufgrund des Gewichts der Leine allein schon mit dem Einholen genug zu tun hat, auch wenn das Senkgewicht bereits im Schlamm sitzt. Das kann dazu führen, dass man die Tiefe irrtümlich für größer hält, als sie in Wirklichkeit ist. Auch das zweite Problem hat zur Folge, dass die Tiefe überschätzt wird: Schiffe driften, vor allem bei starker Strömung, und daher ist die Lotleine nie ganz senkrecht. In den 30er und 40er Jahren des 19. Jahrhunderts, als britische und amerikanische Kapitäne begannen, zum gelegentlichen Zeitvertreib willkürlich im tiefen Wasser zu loten, tischte man der Öffentlichkeit eine Reihe von Berichten mit unglaublichen Tiefen im Atlantik auf – etwa von 15 000 Metern ausgegebener Leine, ohne auf Grund gekommen zu sein. Alle Berichte waren falsch.

Im 19. Jahrhundert bestand die einzige Möglichkeit, driftbedingte Fehler zu korrigieren, darin, das Schiff in die Strömung zu steuern oder das Senkblei von einem Beiboot abzulassen, dessen Ruderer verhinderten, dass es driftete. Und die Möglichkeit festzustellen, wann man den Grund erreicht hatte, bestand darin, die Zeit der Abstände zu messen, in denen 100 Faden Lotleine ausgelassen wurden, und auf eine Verlangsamung zu achten, die anzeigte, dass das Senkblei nicht weiter sank. Mit Hilfe eines schweren Gewichts an einer dünnen Leine konnte man erkennen, wann sich die Sinkgeschwindigkeit änderte. Der Prototyp der Lotmaschine des späten 19. Jahrhunderts wurde 1853 von John Mercer Brooke erfunden, einem Offiziersanwärter der amerikanischen Marine: Sie verwendete dünnes Garn als Lotleine und eine 63 Pfund schwere Kanonenkugel als Senkblei. Das Geniale an ihr war ein System aus Haken und Leinen, das die Kugel beim Aufprall freigab. Das ermöglichte, die Leine zurückzuspulen – ansonsten wäre sie unter dem Gewicht der Kanonenkugel gerissen – und Proben vom Meeresboden mit nach oben zu holen, die in eine Vertiefung am Ende der Eisenstange gepresst wurden, an der die Kanonenkugel hing. Wenn man etwas Schlamm in der Hand hatte, konnte man sicher sein, den Grund erreicht zu haben.

Das amerikanische Marinedepot für Karten und Instrumente verwendete unter seinem Direktor Matthew Fontaine Maury die Lotmaschine von Brooke für die erste systematische Erfassung eines großen Gebiets auf dem Meeresgrund im Nordatlantik. Vom Vermessungsschiff *Dolphin* nahm das Marinedepot im Atlantik 200 Tiefenmessungen zwischen dem 52. nördlichen und dem 10. südlichen Breitengrad vor. 1854 veröffentlichte Maury die erste Karte eines ganzen Meeresbeckens. Sie zeigte Höhenlinien für 1000, 2000, 3000 und 4000 Faden Tiefe und gab richtig an, dass der Boden am Rand des Schelfs rasch abfiel und in der Mitte des Ozeans wieder zu einer breiten Erhebung anstieg, die Maury «Dolphin Rise» nannte. «Die Wunder der See sind genauso großartig wie der Ruhm der himmlischen Mächte», erklärte Maury, «und sie verkünden in göttlichen Liedern, dass auch sie das Werk heiliger Finger sind ... Könnten die Wasser des Atlantiks abgezogen werden, damit dieser gewaltige Meereseinschnitt den Blicken preisgegeben würde, der Kontinente trennt und sich von der Arktis bis zur Antarktis erstreckt, böte er uns ein höchst zerklüftetes, grandioses und eindrucksvolles Bild.» Maury hatte einen Hang zum Mystischen.

Wie sich herausstellte, hatte er Recht, was die Zerrissenheit anging, aber er hatte nur gut geraten. Noch einmal sei es gesagt: Maury hatte nur ganze 200 Lotungen vorgenommen. Sie lagen zig und sogar Hunderte von Kilometern auseinander, und jede einzelne – jede Tiefe und jeder Löffel voll Schlamm – musste für Zehntausende von Quadratkilometern unterschiedlichsten Geländes stehen. Die

Messungen waren auch nicht gleichmäßig verteilt; eine Hand voll lag in der Karibik, eine andere an den Schifffahrtswegen nach Europa. Mit nur 200 Messpunkten versuchte Maury, einen Ozean zu erfassen, der weit größer als Nordamerika ist. Wenn man die Höhe von 200 Punkten in Nordamerika kennt, erkennt man vielleicht, dass die Rocky Mountains höher als die Great Plains sind, aber man verpasst die Appalachen möglicherweise komplett. Man könnte bestimmt keine Bergschluchten erkennen, man könnte sie sich höchstens vorstellen, wie Maury es tat.

Er stellte sich anhand von 30 der Messwerte auch ein «Telegraphenplateau» zwischen Neufundland und Irland vor. «Der Meeresboden zwischen den beiden Messpunkten», schrieb Maury, «ist ein Plateau, das eigens dort angelegt worden zu sein scheint, um die Kabel für einen Unterseetelegraphen aufzunehmen.» 1858 verlegte die Atlantic Telegraph Company des amerikanischen Unternehmers Cyrus Field das erste Seekabel auf Maurys Plateau. Schon nach einem Monat fiel das Kabel aus. (Field empfing die letzte Übertragung, in der er gebeten wurde, die amerikanische Regierung zu benachrichtigen, wann das Kabel einsatzbereit sei, bei einem Bankett in New York anlässlich der Feier seiner Großtat.) Der Grund für den Ausfall war wahrscheinlich die schlechte Bauart des Kabels, aber man muss auch hinzufügen, dass das Telegraphenplateau überhaupt nicht existierte. Das erste Kabel war quer über Berge und durch Schluchten verlegt worden. Auf dem Weg über den Atlantik kann man ihnen nicht ausweichen.

– – –

Das Ausmaß der Gebirgskette, die der Länge nach mitten durch den Ozean läuft – heute unter dem Namen Mittelatlantischer Rücken bekannt –, wurde in den 70er Jahren des 19. Jahrhunderts von der

H.M.S. *Challenger*, dem Mutterschiff der Ozeanographie, entdeckt. Die *Challenger* war ein umgebautes britisches Kriegsschiff, eine 2300 Tonnen verdrängende, 70 Meter lange Korvette mit Segeln und Dampfantrieb, die bis auf zwei alle Geschütze ausgemustert hatte, um Platz für Naturwissenschaftler und ihre Gerätschaften zu machen. Im Dezember 1872 lief sie vom englischen Portsmouth zur ersten globalen ozeanographischen Expedition aus. Auf ihrer Fahrt kreuz und quer durch die Weltmeere (110900 Kilometer in dreieinhalb Jahren) sammelte sie 13000 Tier- und Pflanzenarten sowie 1441 Wasserproben. Sie nahm Hunderte von Tiefenmessungen vor und holte Hunderte von Boden- und Gesteinsproben ans Tageslicht.

Zum ersten Mal erfolgte die Erforschung der Tiefsee routinemäßig und umfassend. Das Messen der Meerestiefe an einem einzigen Ort und das Heraufholen einer Bodenprobe waren die Arbeit eines ganzen Tages, ein Tag, an dem man von früh bis spät von den Wellen durchgeschüttelt wurde und auf das Winseln der Dampfwinde horchte, wenn sie zuerst die Lotleine und dann die Dredsche einholte. Im Übrigen sah der Schlamm aus der Tiefsee immer ziemlich gleich aus. «Am Anfang, wenn die Dredsche hochkam, drängten sich alle Matrosen und Schiffsjungen auf dem Schiff, die sich davonstehlen konnten, um die Proben, um zu sehen, was wir heraufgeholt hatten», schrieb einer der Forscher auf der *Challenger* in sein Tagebuch. «Als der Reiz des Neuen nach und nach verflog, wurde das Gedränge im entscheidenden Augenblick merklich schwächer... vor allem wenn er mitten in die Essenszeit fiel, wozu er unglücklicherweise zu neigen schien. Selbst ein Naturwissenschaftler kann irgendwann von Tiefseeproben genug haben.»

Aber routinemäßige und umfassende Datenerfassung, wie die *Challenger* sie betrieb, war am Beginn der systematischen Erforschung der Meere unerlässlich. Bevor die *Challenger* lossegelte, glich der Meeresboden im Wesentlichen einer leeren Tafel – trotz der Arbeit von Maury und einiger anderer Expeditionen in der Mitte des 19. Jahrhunderts – und war damit das ideale Feld für Spekulationen aller Art. Was verbarg sich unter den Wellen des Atlantiks? Vielleicht ein versunkener Kontinent, wie so bedeutende Männer wie Thomas Huxley meinten, der Verteidiger der Evolutionstheorie, und Charles Lyell, ein Wegbereiter der modernen Geologie. Ein versunkener Kontinent passte nicht nur zu den Legenden, sondern half auch bei der Erklärung, warum Fossilien und Gesteine auf der einen Seite des Atlantiks so enge Verwandte auf der anderen Seite hatten. Wenn alte Kontinente versanken und zu Ozeanen wurden, hoben sich Meeresbecken und wurden zu Kontinenten, und aus dem Schlamm der Tiefsee, der voll von Kalkschalen kleinster Organismen war, wurden die weißen Klippen von Dover.

Der Glaube an untergegangene Kontinente und den «Fortbestand der Kreide» war weit verbreitet, jedoch keineswegs weltweit. Andere Wissenschaftler vertraten mit gleicher Leidenschaft und gleicher Unwissenheit die Ansicht, dass Kontinente und Meeresbecken wohl kaum die Plätze tauschen könnten, sondern fest und unverrückbar seien, so alt wie die Erde selbst. Die Diskussion zwischen diesen beiden gegnerischen Lagern spaltete sogar die Wissenschaftler auf der *Challenger*. Die Expedition der *Challenger* hätte die Frage zwar klären sollen, konnte es aber nicht: Sie stellte den Beginn echter Informationen über den Ozean dar, aber auch nur den Beginn.

Bei der fünfmaligen Überquerung des Atlantiks zwischen Breitenkreisen bei den Azoren im Norden und Tristan-da-Cunha im Süden sowie der einmaligen Überquerung des Indischen und Pazifischen Ozeans von West nach Ost entdeckte die *Challenger* die bedeutendsten geologischen Phänomene des Planeten. Das eine war der erste Tiefseegraben. Am 23. März 1875 spulte sie bei Guam an einer Stelle, an der man eigentlich nichts Besonderes erwartete, 4475 Faden Lotleine ab – mehr als acht Kilometer. Im Gegensatz zu den frühen und falschen Berichten von großen Tiefen im Atlantik, und anders als bei der Lotung von 4655 Faden durch das amerikanische Schiff *Tuscarora* aus dem Jahr zuvor (die sich später als korrekt erwies), wurde die Angabe der *Challenger* durch eine Bodenprobe untermauert. Das Challenger-Tief, wie es heute heißt, liegt im Marianengraben, einem von mehreren Tiefseegräben, die den Pazifik säumen. Etwa 80 Kilometer westlich der Stelle, wo die *Challenger* zufällig Halt machte, fällt das Challenger-Tief auf 6033 Faden oder 11 034 Meter ab. Es ist die tiefste Stelle im Ozean, tief genug, um den Mount Everest darin unterzubringen, und dann ist zusätzlich noch Platz für einen kleinen Alpengipfel.

Das andere bedeutende geologische Phänomen, das die *Challenger* entdeckte – eigentlich wiederentdeckte und weiterverfolgte –, war der Mittelatlantische Rücken. Auf der Heimfahrt 1876, als das Schiff nördlich von Tristan-da-Cunha zur Insel Ascension segelte, befand es sich in konstant und überraschend flachem Wasser; es segelte unmittelbar am Kamm des Rückens entlang. Der Gedanke, dass Maurys Dolphin-Rücken sich bis in den südlichen Atlantik erstrecken könnte, hatte sich auf der Hinfahrt aufgedrängt, auf der Überfahrt von den Kapverdischen Inseln nach Brasilien, als Temperaturmessungen ergeben hatten, dass das Tiefenwasser vor Afrika ein Grad wärmer als das vor Südamerika war. Die Annahme lag auf der Hand, dass die beiden Gewässer durch irgendeine physische Barriere getrennt wurden. Als die Lotleine nun wiederholt mitten im Ozean Tiefen von weniger als 2000 Faden (3660 Meter) anzeigte, setzte sich bei den Wissenschaftlern der *Challenger* der Gedanke an eine durchgehende untermeerische Gebirgskette durch, die parallel zu den Küsten von Island bis Tristan-da-Cunha lief.

Als die Nachricht von der Entdeckung in London eintraf, wurde sie wie die Entdeckung von Atlantis bejubelt. Ähnliche Reaktionen gab es auch bei anderen mittelozeanischen Rücken, die die *Challenger* entdeckte; so wurde zum Beispiel der Carlsberg-Rücken als Lemuria begrüßt, eine versunkene Landmasse, die einst die sich ähnlichen Tierwelten Indiens und Madagaskars vereint haben soll (wenngleich Lemuren nur auf Madagaskar vorkommen). Die *Challenger* sammelte zahlreiche Beweise, die diesen Phantastereien den Boden entzogen. Keine der Bodenproben aus der Tiefsee enthielt Organismen, die den Fossilien in den englischen Kalkklippen ähnelten (von denen man heute weiß, dass sie im Flachwasser abgelagert wurden). Bis auf einige wenige Gesteinsblöcke, die offensichtlich von Eisbergen aufs Meer transportiert und dort abgelagert wurden, war keine der Gesteinsproben, die die *Challenger* aus der Tiefe holte, aus Festlandsgestein – also etwa Granit. Kurzum, es gab keinen Beweis dafür, dass die untermeerischen Gebirgsketten einst Kontinente gewesen waren oder die Kontinente einst Tiefseeboden. Aber die Idee lebte dennoch fort. Sie hielt sich zum Teil deshalb, weil sie ein Bedürfnis erfüllte – das Bedürfnis zu erklären, warum Fossilien sich so ähneln konnten, obwohl ein Ozean zwischen ihnen lag. Sie hielt sich auch, weil die wenigen hundert Stationen, die die *Challenger* bei 368 Millionen Quadratkilometern Meer aufgesucht hatte, nicht ausreichten, tief sitzende Überzeugungen zu erschüttern.

An der Jahrhundertwende war es noch möglich zu glauben, und viele Geologen taten es auch, dass die Erde in dem Maß schrumpfe, in dem sie ihre ursprüngliche Wärme verlor; dass ganze Krustenblöcke bei diesem Kontraktionsprozess absackten und zu Meeresbecken wurden, während andere hochstiegen und Gebirgsketten und ganze Kontinente bildeten; und dass tiefe Stellen zu hohen wurden und hohe Stellen zu tiefen, wenn sich die Abkühlung fortsetzte und die erodierenden Kräfte von Wind und Regen ihre beharrliche Arbeit an Land verrichteten. Andererseits konnte man durchaus auch glauben, wie die Wissenschaftler der *Challenger* es mehr und mehr taten, dass die gegenwärtigen Meeresbecken permanente Einheiten der Erdoberfläche seien. Und schließlich konnte man auch glauben, was der visionäre deutsche Meteorologe Alfred Wegener glaubte, dass nämlich die Kontinente sich horizontal auf der Erdoberfläche verschieben und durch die Meeresbecken pflügen – die, wie Wegener behauptete, im Wesentlichen flach und konturlos seien –, so wie Schiffe durchs Wasser pflügen.

Man konnte in den Anfangsjahren des 20. Jahrhunderts vieles über den Ozean vermuten, weil so wenig bekannt war. 1904, acht Jahre bevor Wegener seine Theorie vorlegte, die sich später als so weitsichtig erweisen sollte, hatte das neu gegründete International Hydrographic Bureau die erste standardisierte Tiefenkarte der Weltmeere vorbereitet, die sämtliche verfügbaren Tiefenmessungen enthielt – 18400 an der Zahl. Doch das reichte nicht für das Verständnis des Meeresbodens, und so erfassten die Geologen den Gesamtaufbau des Meeresbodens – oder des Planeten insgesamt – auch erst ein halbes Jahrhundert später. Vorher wussten sie eigentlich nicht, wovon sie sprachen.

– – –

Wenn nur der Wunsch nach Verstehen die einzige treibende Kraft gewesen wäre, hätten sie es vielleicht nie herausgefunden. So wie das Ziel, ein Transatlantikkabel zu verlegen, der Grund und auch die Finanzierungsquelle für einige der ersten Tiefseemessungen war, so trieben auch eher rein praktische Erwägungen als purer Wissensdurst die Verwirklichung in dem Jahrhundert voran, in dem Bonneycastle von der Vermessung des Meeresbodens mit dem Echolot träumte. Diese Forderungen lassen sich in zwei Worten zusammenfassen: *Titanic* und *Lusitania*.

Nachdem die *Titanic* 1912 einen Eisberg gerammt und 1513 Menschen in den Tod gerissen hatte, traten vermehrt die Erfinder von Geräten zum Aufspüren von Unterwasserhindernissen auf den Plan. Einer von ihnen war Reginald A. Fessenden von der Submarine Signal Company in Boston, die seit etwa zehn Jahren Unterwasserglocken an Feuerschiffen anbrachte und Schiffe mit Mikrofonen ausrüstete, um die Glocken zu hören. Fessenden erfand eine Schallquelle, die sehr viel stärker als eine Glocke war – so stark, dass Schiffe damit etwa einen Eisberg per Echo loten konnten, der nicht mit einer Warnglocke ausgerüstet war. In dem Oszillator von Fessenden erzeugte ein Wechselstrom in einer Primärspule einen Sekundärstrom in einem Kupferzylinder, der den Zylinder zum Schwingen brachte und dabei eine große Metallmembran verformte, die ein lautes metallisches Geräusch abgab. Es war so laut, dass die Besatzung eines Küstenwachschiffs vor der Großen Neufundlandbank bei einem frühen Feldversuch des Geräts ohne Mikrofon in der Bootsmesse hören konnte, wie der Ton von einem drei Kilometer entfernten Eisberg reflektiert wurde. Sie konnte auch das Echo hören, das vom anderthalb Kilometer tiefen Meeresboden zurückkam.

Fessenden ging es in erster Linie darum, Eisberge und deutsche U-Boote aufzuspüren – wie dasjenige, das die *Lusitania* versenkte –, nicht den Meeresboden zu erforschen. Er baute auch weiter an einem Echolot, das aber kein Erfolg wurde. Sein Oszillator wurde jedoch die Schallquelle des ersten Tiefsee-Echolots, das von Harvey C. Hayes erfunden wurde, einem Physiker der US-Marine.

Im Prinzip ist es ganz einfach, die Meerestiefe mit einem Echolot zu messen: Man sendet einfach einen Ton nach unten und misst die Zeit, bis man das Echo hört. In der Praxis war es jedoch schwierig, dieses Zeitintervall exakt zu messen; ein Fehler von einer halben Sekunde ergibt bei der Tiefe einen Fehler von über 300 Metern. Das Echolot von Hayes überwand diese Schwierigkeit. Es sandte Schallimpulse mit einem Intervall aus, der vom Operator verändert werden konnte. Der Operator trug Kopfhörer, wobei ein Ohr mit dem Sender verbunden war, das andere mit dem Empfänger des Echos. Er regulierte den Impulsintervall, bis der Ton zentriert war, das heißt, bis das Echo eines früheren Impulses genau in dem Augenblick ankam, in dem ein anderer Impuls ausgesandt wurde. Die Anzahl der Schallimpulse, die in dem Augenblick durch das Wasser wanderten, war ganzzahlig. Die Strecke zum Meeresboden und zurück war gleich dieser unbekannten Zahl, multipliziert mit der bekannten Entfernung, die der Schall in der Zeit zwischen den Impulsen zurücklegen konnte. Um die Zahl und damit die Tiefe zu ermitteln, veränderte der Operator den Impulsintervall langsam, bis ein ausgesandter Impuls und ein empfangenes Echo wieder gleichzeitig an sein Ohr drangen. Jetzt hatte er zwei Gleichungen für die Tiefe: die erste gab die Tiefe mit Hilfe der ursprünglich unbekannten Zahl der Impulse im Wasser an, die zweite mit Hilfe dieser Zahl plus eins. Zwei Gleichungen mit zwei Unbekannten – das ist Algebra der Unterstufe, und der Operator brauchte sich nicht einmal mit Algebra herumzuschlagen, denn Hayes erarbeitete Tabellen, die diese Arbeit überflüssig machten. Eine einzige Tiefenmessung im Meer mit Leine und Senkblei hatte fast einen ganzen Tag gedauert; mit dem Echolot von Hayes konnte eine Lotung in einer Minute durchgeführt werden.

Das hieß, dass man jetzt ein praktisch durchgehendes Profil der Meerestiefe entlang der Route eines Schiffs erstellen konnte. Hayes selbst erstellte ein solches Profil für einen ganzen Ozean, als er vom 22. bis 29. Juni an Bord des Zerstörers U.S.S. *Stewart* von Newport nach Gibraltar fuhr. In dieser einen Woche führte er 900 Tiefenmessungen durch – dreimal so viel, wie die *Challenger* auf ihrer dreieinhalbjährigen Fahrt schaffte. Die Erfindung von Hayes hatte eine Tür zu jenem unbekannten Reich aufgestoßen, das den größten Teil unseres Planeten einnimmt.

Das erste ozeanographische Forschungsschiff, das diese Tür durchfuhr, war die deutsche *Meteor*, die von 1925 bis 1927 auf dem Atlantik kreuzte. Ihr eigentlicher Auftrag bestand darin, die Meereschemie zu erforschen; die Wissenschaftler an Bord sollten unter anderem feststellen, ob aus dem Meerwasser genügend Gold gewonnen werden könne, um Deutschlands erdrückende Schulden aus dem Ersten Weltkrieg zu lindern. (Das gelang nicht.) Aber die *Meteor* nahm alle 8 bis 35 Kilometer Echolotungen vor und erstellte so vergleichsweise detaillierte Profile vom Meeresboden. Die Profile bestätigten zum ersten Mal, dass der Mittelatlantische Rücken kein ebenes Plateau war, sondern eine wild zerklüftete Gebirgskette – wie Maury es 70 Jahre zuvor ohne den geringsten Beweis erahnt hatte.

Nach dem Zweiten Weltkrieg unternahm die *Atlantis* der Woods Hole Oceanographic Institution mehrere Expeditionsfahrten zum Mittelatlantischen Rücken. Das Schiff war mit einem Ultraschall-Echolot ausgerüstet, das ein fortlaufendes Bodenprofil erstellen konnte, solange die Stromzufuhr funktionierte. Aber die funktionierte nicht immer: Jedes Mal, wenn jemand den Kühlschrank auf dem Schiff öffnete, wurde der Strom zum Echolot unterbrochen, der daraufhin eine unendliche Tiefe anzeigte. Doch das war eine kleine Unzulänglichkeit. Das Ultraschall-Echolot und die anderen Echolote jener Tage waren alles andere als perfekt und unglaublich primitiv im Vergleich mit den heute verfügbaren Sonarkartierungsgeräten. Aber die Informationen, die sie lieferten, waren gut genug, um eine der wichtigsten geologischen Entdeckungen des 20. Jahrhunderts zu ermöglichen.

3. Kapitel DER ZENTRALGRABEN IM ATLANTIK

Marie Tharp empfängt Besucher heute nur etwa drei Meter entfernt vom Hudson River, an dessen breitester Stelle, wo er dem Meer am ähnlichsten scheint, bei Tappan Zee – in einem Zimmer, das zugleich Wohnzimmer, Schlafzimmer und Forschernest ist. Der Raum ist mit großen und kleinen Globen ausgeschmückt, mit afrikanischen Masken und Ölbildern vom Meer, dazu Bücher- und Papierstapel sowie geordnete Erinnerungszettel und vor allem Fotos von Bruce Heezen. Neben einem der Fotos erinnert eine Plakette an die NR-1, ein Forschungs-U-Boot der US-Marine, in dem Heezen 1977 an einem Herzanfall starb. Das U-Boot war damals gerade unterwegs zum Meeresboden im Atlantischen Ozean, Heezen starb also praktisch daheim. Er war Meeresgeologe, außerdem Tharps Kollege und Chef. Noch immer ist er in ihrem Leben und ihren Gesprächen gegenwärtig. Tharp erinnert sich noch genau an die Ereignisse aus dem Jahr 1952, als sie als Forschungsassistentin am Geological Observatory von Lamont für Heezen arbeitete, 15 Kilometer die Straße hinunter auf den Palisades. Es war das Jahr, in dem sie das Rift entdeckte, den Zentralgraben, der sich längs mitten durch den Mittelatlantischen Rücken zieht. Sie entdeckte es, und Heezen wusste, was das bedeutete.

Heezen, Sohn eines Truthahnfarmers in Iowa, wurde 1947 von Maurice Ewing, dem Gründer des Lamont-Laboratoriums, von der University of Iowa geholt. Wie Tharp erzählt, lernte Ewing, damals

Gastprofessor in Iowa, Heezen kennen, der damals im sechsten Semester stand, und fragte ihn ohne Umschweife: «Junger Mann, würden Sie gern eine Expedition zum Mittelatlantischen Rücken machen? Da draußen gibt es ein paar Bergketten, und wir wissen nicht, wie sie verlaufen.» Der Atlantik war in jeder Hinsicht ein weites Feld für einen jungen Mann aus Iowa. Innerhalb eines Jahres erforschte Heezen den Mittelatlantischen Rücken, und nach fünf Jahren kartierte er ihn. (Etwa 20 Jahre lang aß er keinen Truthahn.)

In Wirklichkeit zeichnete seine Forschungsassistentin Tharp die Karte. Was sie zunächst zeichnete, im zweiten Stock eines ehemaligen Familiensitzes in Lamont (Heezens eigenes Studienzimmer war ein Badezimmer mit Blick auf den Hudson), war gar keine Karte, sondern eine Serie von sechs detaillierten Tiefenprofilen. Jedes Profil stellte die Form des Meeresbodens an einer einzelnen Linie quer durch den gesamten Nordatlantik dar, und jedes musste mühsam aus Echolotungen zusammengesetzt werden, die die *Atlantis*, die *Meteor* und die *Stewart* auf ihren bahnbrechenden Fahrten vor drei Jahrzehnten gesammelt hatten. Tharps Profile stimmten mit den allgemeinen Merkmalen des Atlantikbeckens überein. Sie zeigten dessen grundlegende Ost-West-Symmetrie: der steile Abfall vom amerikanischen Schelf hinunter zu einem breiten Tiefseebecken, das durchsetzt war von einzelnen Bergen wie den Bermudas; der allmähliche Anstieg die Flanke des Mittelatlantischen Rückens hinauf, der das mittlere Drittel des Beckens einnimmt; und schließlich der Abfall die Ostflanke hinunter in einen abyssischen Bereich, der bis an die Schelfe von Europa und Afrika heranreicht. Die Profile stimmten mit diesen allgemeinen Merkmalen überein, aber keines ihrer Details passte zusammen – mit einer Ausnahme. Vor allem bei den drei nördlichsten Profilen bemerkte Tharp eine V-förmige Einkerbung genau am Scheitel des Mittelatlantischen Rückens.

Die Kerbe fällt niemandem, der das Profil heute betrachtet, besonders auf, das war bei Heezen nicht anders. Als Tharp ihn darauf hinwies, tat er es als «Kinderei» ab. «Das kann gar nicht sein», sagte er. «Das sieht viel zu sehr nach Kontinentalverschiebung aus.»

In den vier Jahrzehnten, seit Alfred Wegener aufgefallen war, wie erstaunlich gut die Küsten von Nord- und Südamerika auf der einen Seite und die von Europa und Afrika auf der anderen aneinander passten, und seit seiner Erklärung, dass all diese Kontinente einmal vereint gewesen wären, war die Reaktion auf diese Theorie der auseinander driftenden Kontinente von Skepsis in Spott umgeschlagen. Das galt vor allem auf Heezens Seite des Atlantiks. Sich als Geologe für die Theorie der Kontinentalverschiebung einzusetzen, konnte die Karriere kosten. Obwohl Wegener selbst wenig vom Mittelatlantischen Rücken gewusst hatte – er hielt ihn für einen Haufen Trümmer, die von den sich spaltenden Kontinenten zurückgelassen worden waren –, sah Tharps Kerbe in der zentralen Achse des Rückens einem Wegenerschen Rift verblüffend ähnlich. Heezen war allerdings nicht bereit, das auch so zu sehen.

Zwei Dinge öffneten ihm schließlich die Augen. Das eine war der ostafrikanische Grabenbruch: Die Geologen waren sich einig, dass es sich dabei um einen sich ausbreitenden Riss in der Erdkruste handle, der im topographischen Profil große Ähnlichkeit mit dem Profil des Mittelatlantischen Rückens von Tharp aufwies. Das andere, was Heezen die Augen öffnete, war das Muster von Erdbeben am Meeresboden. Der Mittelatlantische Rücken war als Erdbebengürtel bekannt. Als Heezen einen zweiten Zeichner die Daten von Epizentren im gleichen Maßstab einzeichnen ließ, in dem Tharp die Topographie des Meeresbodens erstellte, zeigte sich ein genauerer Zusammenhang: Fast alle Epizentren lagen innerhalb der von Tharp entdeckten V-förmigen Kerbe, genau im Zentrum des Rückens.

Die Schlussfolgerung schien nun klar zu sein. Diese Kerbe war ein Senkungsgraben, genau wie der in Ostafrika. Es war eine Stelle, wo der Meeresboden auseinander brach und dabei Erdbeben auslöste. Aber dieses Aufbrechen des Meeresbodens war nicht auf den Mittelatlantik begrenzt. Von dort hatte man lediglich die meisten und exaktesten Echolotungen. Doch die Aufzeichnungen von Erdbebenepizentren waren sehr viel umfassender und ließen Erdbebengürtel erkennen, die die Weltmeere in Gebieten durchzogen, in denen man noch nie Echolotungen vorgenommen hatte. Heezen vollzog einen kühnen, aber logischen Sprung: Wenn die Erdbeben im Atlantik in einem abgesenkten Graben erfolgten, dann war es bei denen in anderen Ozeanen wahrscheinlich genauso.

Daraufhin erklärten Heezen und Ewing, dass sich rund um den Erdball ein durchgehender Rücken mit einem Senkungsgraben in seiner zentralen Achse erstrecke. Er lief um das Kap der Guten Hoffnung, südlich von Australien durch den Indischen Ozean, quer über den Südpazifik und die Westküste von Süd- und Nordamerika hinauf. Im Indischen Ozean kam ein Sporn, der Carlsberg-Rücken – der von der *Challenger* und einer dänischen Expedition erforscht worden war –, im Golf von Aden an die Oberfläche und gabelte sich nach Norden in das Rote Meer und nach Süden in das afrikanische Rift. In Island, das, wie man wusste, ebenfalls einen ausgeprägten Senkungsgraben besaß, kam der Mittelatlantische Rücken an die Oberfläche. Er lief dann weiter durch das Nordpolarmeer nach Norden, am Nordpol vorbei, bevor er irgendwo in Ostsibirien verschwand. Wie die Nähte eines Baseballs zog sich das Rift um die Erde oder, wie Heezen es ausdrückte, wie eine Wunde, die nie verheilt.

Denn dieses Tal – eigentlich eine Schlucht: Der Absturz von den mittelatlantischen Gipfeln bis zum Grund des Rifts kann fast zwei Kilometer betragen, mehr als im Grand Canyon – war kein friedlicher

Flusseinschnitt. Und der Rücken selbst war sicher kein versunkener Kontinent und auch kein aufgehäufter Schutt, der von den Kontinenten gespült worden war. Ozeanographen, die nach dem Zweiten Weltkrieg am Rücken Proben genommen hatten, hatten dort ebenso wenig Festlandsgestein finden können wie die Forscher der H.M.S. *Challenger*; was sie fanden, war Basalt. Bekräftigt wurde die Diagnose durch eine dritte Art von Schallaufzeichnungen am Meeresboden, eine von Ewing eingeführte Technologie: Sprengseismik. Ewing verwendete Dynamitstangen, um einen so starken Knall zu erzeugen, dass er, statt wie ein Sonarimpuls vom Meeresboden abzuprallen, in den Boden eindrang und von darunter liegenden Schichten zurückgeworfen wurde. Mit dieser Methode konnten er und andere Meeresforscher ab den 50er Jahren die Dicke der ozeanischen Kruste und der Sedimentschichten bestimmen, die sie bedeckte. Die mit der Sprengseismik arbeitenden Forscher konnten auch die Schallgeschwindigkeit in den verschiedenen Lagen bestimmen, was ihnen eine Vorstellung von der Zusammensetzung der Schichten vermittelte. Am Mittelatlantischen Rücken war die Kruste fast gar nicht mit Sediment bedeckt und bestand aus Basalt und anderem vulkanischem Gestein.

Daher die «Wunde, die nie verheilt»: In den Augen von Heezen war das mittelatlantische Rift eine vulkanische Spalte, die sich ständig verbreiterte, den übrigen Atlantik nach beiden Seiten vor sich herschob und sich immer wieder mit Magma füllte, das aus dem heißen Gesteinsmantel der Erde quoll. Als Heezen diese Idee Ende der 50er Jahre vorbrachte, verlor das Tabu gegen die Kontinentalverschiebung allmählich an Wirkung. Es war vor allem durch Untersuchungen der Magnetisierung älterer Gesteine auf den Kontinenten erschüttert worden. Wenn Magma abkühlt und auskristallisiert oder Sediment sich ablagert, richten sich die magnetischen Minerale im entstehenden Gestein nach dem Magnetfeld der Erde aus und erstarren in dieser Lage. In den 40er und 50er Jahren entdeckten britische Geologen, dass diese versteinerten Kompassnadeln nicht unbedingt in die Richtung des heutigen magnetischen Nordpols wiesen. Entweder hatte sich der magnetische Nordpol erheblich verlagert oder die Kontinente, die das Gestein trugen – diese letztere Theorie erwies sich als die einzige Möglichkeit, die aufgrund der Daten aus verschiedenen Teilen der Welt einen zwingenden Sinn ergab. Alfred Wegener, der 1930 gestorben war, bekam somit allmählich posthum Gefolgschaft. Und diesmal musste man sich dank der Entdeckung von Heezen und Tharp keine Kontinente mehr vorstellen, die sich wie Eisbrecher ihren Weg über festen Meeresboden bahnten. Die Kontinente drifteten vielmehr auseinander, weil zwischen ihnen an den Rifts mitten im Meer ständig neue ozeanische Kruste entstand.

Nun erhob sich allerdings eine zwingende Frage. Was wurde aus der alten ozeanischen Kruste? Wohin ging sie? Heezen hatte eine Antwort: Die ozeanische Kruste ging nirgendwohin; die Erde dehnte sich aus. Einst, so erklärte Heezen, hatten Kontinente aus Granit in einer geschlossenen Hülle den gesamten Globus bedeckt: Aber als der Planet sich ausdehnte, war die Hülle aufgebrochen, und in den Spalten hatten sich Ozeane gebildet. Diese Vorstellung war noch kühner als die von einem die Welt umspannenden Rift. Doch in diesem Punkt ließ die Kühnheit Heezen im Stich. Als er 1957 in Princeton einen Vortrag über mittelozeanische Rifts hielt, kam der Rektor der geologischen Abteilung anschließend zu ihm und sagte, wie Tharp sich erinnert: «Junger Mann, Sie haben die Grundfesten der Geologie erschüttert.» Heezen rüttelte an den alten Grundfesten, nun gut, aber der Rektor, Harry Hess, sollte die neuen errichten.

– – –

Die Geschichte von Hess ist oft erzählt worden, die zu einem großen Teil aus seiner Zeit als Fregattenkapitän im Krieg bestand, als er das Sonargerät des Schiffs im Pazifik rund um die Uhr im Dienste der Meeresforschung laufen ließ. In Erinnerung bleibt er jedoch nicht wegen seiner Ausdauer als Datensammler, sondern als genialer Synthetiker – als ein Autor, der «Geopoesie» schrieb, um seine Worte zu gebrauchen. Hess fügte alles zusammen in einer Zeit, als er längst nicht mehr zur See fuhr.

1960, als Hess seinen folgenreichen Beitrag schrieb (der später unter dem Titel «History of Ocean Basins» veröffentlicht wurde), gab es einige unvereinbare Beobachtungen, die unter einen Hut gebracht werden mussten. Es gab die Entdeckung der mittelozeanischen Rücken mit ihrem zentralen Graben von Heezen, Tharp und Ewing. Es gab Messungen, die belegten, dass die Rücken aus Basalt bestanden, dass sehr viel Hitze aus ihnen entwich und sie sich von Norden nach Süden durch die Mitte der Meeresbecken zogen, zumindest im Atlantischen und Indischen Ozean. Es gab die fast dreißig Jahre alte Aussage des britischen Geophysikers Arthur Holmes, dass die gesamte von radioaktiven Elementen im Erdinnern erzeugte Hitze den Erdmantel eigentlich wie einen Kessel mit kochendem Wasser aufwühlen müsste. Ein mittelozeanischer Rücken, hatte Holmes spekuliert, könnte die Stelle sein, an dem einer jener Konvektionsströme an die Oberfläche trat.

Und dann gab es noch die Beobachtungen des niederländischen Geophysikers Felix Andries Vening Meinesz, eines Mannes, der so groß war, dass er nicht aufrecht in einem U-Boot stehen konnte, zwischen 1923 und 1938 aber dennoch 200 000 Kilometer in U-Booten zurückgelegt hatte. Dabei nahm er exakte Messungen vor, wie sich das Schwerefeld der Erde im Meer von Ort zu Ort änderte. Als graduierter Student hatte Hess Vening Meinesz 1932 auf einer Fahrt zum Puerto-Rico-Graben begleitet, der tiefsten Stelle im Atlantik, wo der Meeresboden bis auf 8605 Meter abfällt. Vening Meinesz hatte ermittelt, dass die Schwerkraft dort und in anderen ozeanischen Gräben ungewöhnlich niedrig war – vielleicht, so seine Vermutung, weil ein Graben ein Ort war, wo leichte Kruste mit geringer Schwerkraft nach unten gedrückt wurde und den dichteren Mantel mit höherer Schwerkraft verdrängte. Diese Beobachtung sollte sich für Hess 1960 als besonders bedeutsam erweisen, denn sie bescherte ihm etwas, was Heezen gefehlt hatte: einen Ort, wo man die Kruste verschwinden lassen konnte, die an den mittelozeanischen Rücken entstand, ohne auf die abenteuerliche Vorstellung zurückgreifen zu müssen, dass unser Planet sich ausweitete. Der einzige große Haken an der Theorie Heezens war der, dass sie nur eine der zwei wichtigsten Einheiten des Meeresbodens berücksichtigte, die mittelozeanischen Rücken. Die zweite wichtige Einheit, die Tiefseegräben, spielten in seiner Theorie noch keine Rolle.

Rückblickend erscheint das, was Hess aus all diesen Beobachtungen synthetisierte, fast selbstverständlich; der Marinegeophysiker Robert Dietz zum Beispiel entwickelte die gleiche Theorie gleichzeitig und unabhängig von Hess, und den grundlegenden Gedanken hatte bereits Arthur Holmes gehabt. Aber so ist es oft mit geistigen Durchbrüchen. Die Theorie von Hess, die heute als Faktum gilt, wird Sea-Floor-Spreading genannt (Ausweitung des Meeresbodens). Sie ist ganz einfach: Der Erdmantel ist tatsächlich in konvektiver Bewegung, wie Holmes angenommen hatte; es ist festes Gestein, aber so heiß, dass es plastisch kriecht. Es wogt wie in einem Topf mit siedendem Wasser. Heißes Mantelgestein steigt an einem mittelozeanischen Rücken an die Oberfläche – genauer, im Zentralgraben, der die Scheitelzone des Rückens durchzieht – und bildet neuen Meeresboden. Der Meeresboden strebt auf beiden Seiten vom Rücken fort und kühlt dabei ab, so wie Wasser in einem Topf nach außen strebt, wenn es aufkocht und an die Oberfläche kommt. Wo der Meeresboden auf einen Kontinent trifft oder einfach alt, kalt und dicht genug wird, versinkt er im Mantel. Das Ergebnis ist ein Meeresgraben mit der niedrigen Schwerkraft, wie Vening Meinesz sie beobachtet hat.

Der Meeresboden vermehrt sich mit anderen Worten nicht ständig, wie Heezen angenommen hatte. Alter Meeresboden wird vielmehr an den Gräben im Erdmantel ständig recycelt. Und was ist mit den Kontinenten? Sie driften, wie Wegener erklärt hat, sind aber nicht für das Driften verantwortlich. «Die Kontinente pflügen nicht, von unbekannten Kräften getrieben, durch die ozeanische Kruste», schrieb Hess, «sondern treiben eher passiv auf Mantelmaterial, das am Kamm des Rückens an die Oberfläche kommt und sich dann seitlich von ihm fortbewegt.»

Hess' Gedanke vom Sea-Floor-Spreading leitete eine Revolution in der Geologie ein, wie sie eine wissenschaftliche Disziplin selten erlebt hat. Allerdings musste noch zweierlei geschehen, um das abzuschließen, was Hess begonnen hatte. Erstens musste nachgewiesen werden, dass der Meeresboden sich tatsächlich ausweitet. Den Beweis erbrachten 1966 Beobachtungen magnetischer Spuren, die in den sich ausweitenden Meeresboden eingeprägt werden. Basalt, der aus Gesteinsschmelze an einem mittelozeanischen Rücken erstarrt, bildet das jeweils herrschende Magnetfeld ab und behält es auch bei, wenn er sich vom Rücken wegbewegt. Von Zeit zu Zeit, im Lauf von Jahrmillionen, polt sich das magnetischen Erdfeld um; die Pole tauschen den Platz. Dieses Umpolen fand seinen Niederschlag in der Magnetisierung des Meeresbodens, und zwar in magnetischen Streifenmustern, die beiderseits parallel zu den mittelozeanischen Rücken verlaufen. Jeder Streifen hatte ein Gegenstück mit der gleichen magnetischen Polarität und der gleichen Entfernung zum Rücken.

Ein solches Muster konnte nur durch Sea-Floor-Spreading entstehen: Die spiegelbildlichen, symmetrischen Streifen waren Gesteinsbänder, die zur gleichen Zeit am Rand auskristallisierten und dann in entgegengesetzte Richtung auseinander drifteten.

Die zweite Phase der Revolution bestand darin, sich vorzustellen, wie Sea-Floor-Spreading auf einem kugelförmigen Planeten mit seinem scheinbar ungeordneten Gewirr aus Rücken und Gräben vor sich ging. Es war ein geometrisches Problem und wurde 1967 vom Princeton-Geophysiker Jason Morgan gelöst (und unabhängig davon von einem Geophysiker der Universität Cambridge, Dan McKenzie). So wie Hess weiter geblickt hatte als Heezen, indem er sowohl Gräben als auch Rücken berücksichtigte, führte Morgan das zu Ende, was Hess begonnen hatte, indem er für den Meeresboden eine dritte Einheit hinzunahm: die ozeanischen Bruchzonen.

Diese tiefen Furchen durchschneiden den durchgehenden mittelozeanischen Rücken an vielen Stellen und rechtwinklig. Sie versetzen den Grat des Rückens bis zu mehrere hundert Kilometer zur einen oder anderen Seite. Einige von ihnen, zum Beispiel im äquatorialen Atlantik, setzen sich auf der anderen Seite des Rückens fort und durchziehen ein ganzes Meeresbecken. Die Bruchzonen sind gewaltige Störungen im Meeresboden, die zu Beginn der 50er Jahre durch Echolotungen entdeckt wurden. Aber es bedurfte der Hess-Theorie vom Sea-Floor-Spreading, um ihre Bedeutung richtig zu würdigen – der Theorie und eines Gedankenblitzes des kanadischen Geologen J. Tuzo Wilson. Wilson sah, dass der Teil einer Bruchzone, der zwischen zwei versetzten Segmenten eines Rückens lag, eine neue Art von Störung war, die er Transform-Störung nannte. Während an den Rücken neue Erdkruste entsteht und an den Gräben alte Kruste zerstört wird, verschieben sich die Krustenschollen an den Transform-Störungen lediglich gegeneinander. Die Bruchzonen jenseits des Rückens sind nichts weiter als die Überreste dieser Querbrüche – eingefrorene Strömungslinien, die die relative Bewegung der Schollen aufzeigen.

Drei Arten von Störungen und drei Richtungen von Bewegung reichten für Morgan aus. Die Bruchzonen, die alle mittelozeanischen Rücken queren, sind, wie er erkannte, Segmente konzentrischer Kreise; das heißt, die Krustenbewegung, die sie nachvollziehen, ist eine Rotation um einen gemeinsamen Mittelpunkt. Anhand der Südatlantikkarte von Heezen und Tharp wies er nach, dass alle Bruchzonen, die den Mittelatlantischen Rücken queren, durch konzentrische Bögen angenähert werden konnten, die ihren Mittelpunkt in einem «Rotationspol» bei 65 Grad nördlicher Breite und 35 Grad westlicher Länge hatten. Die Bruchzonen im Pazifik hatten dagegen einen gemeinsamen Mittelpunkt bei 79 Grad Nord und 111 Grad Ost. Morgan erkannte, dass, wenn man all die verschiedenen Rotationen – alle Rücken, Gräben und Bruchzonen – in einem einzigen widerspruchsfreien System unterbringen wollte, man sich die ganze Erdkruste in starre Schollen zerbrochen vorstellen musste. Die Schollen gleiten jede für sich auf dem darunter liegenden Mantel, stoßen gegen ihre Nachbarn und werden gleichzeitig von ihnen in einem sich ständig verschiebenden Mosaikverband lückenlos eingezwängt.

Am 17. April 1967, bei einer Zusammenkunft der American Geophysical Union in Washington, legte Morgan diese Theorie erstmals vor. Es war eine Theorie, an der er nur wenige Wochen fieberhaft gearbeitet hatte. Jetzt stellte er sie auf einer nur wenig besuchten Sitzung vor – die meisten Zuhörer waren beim Mittagessen –, auf der er eigentlich über etwas ganz anderes hätte sprechen sollen. Er kam gleich zur Sache:

Stellen Sie sich vor, die Erde bestehe aus einer Reihe starrer Krustenschollen, und jede Scholle ist durch Rücken (an denen neue Oberfläche entsteht), Gräben oder Faltengebirge (wo Oberfläche zerstört wird) und große Störungen begrenzt. Nehmen wir an, dass es in einer Scholle keine Spannungen, Faltungen oder andere Störungen gibt. Dann kann man die Bewegung einer Scholle (auf dem Mantel) auf einer Kugelfläche relativ zu einer anderen Scholle durch eine Rotation der einen relativ zur anderen beschreiben.

Man ersetze das Wort «Scholle» durch «Platte» und lese statt Morgans «großer Störung» «Transform-Störung» oder «Bruchzone», und man hat in knapper Form die Theorie, die wir heute Plattentektonik nennen, von dem Mann, der sie erfunden hat. Die Wissenschaftler reagierten an jenem Tag in Washington jedoch gleichgültig. Selbst Zuhörer, die das Sea-Floor-Spreading mit Nachdruck verteidigten, konnten nicht ganz einsehen, warum sie sich vorstellen sollten, dass «die Erde aus einer Reihe starrer Krustenschollen» bestehe, nur weil ein junger, kaum bekannter Theoretiker von Princeton das sagte. Morgan war seiner Zeit voraus – aber nur knapp. Innerhalb eines Jahres, nachdem er und McKenzie Artikel über das Thema veröffentlicht hatten, bekamen die Mauern der alten Vorstellung von der Erde Risse und stürzten fast über Nacht ein.

Mit der Plattentektonik war die von Heezen und Hess (und natürlich einigen anderen) ausgelöste Revolution komplett. Jetzt gab es eine völlig neue Sichtweise vom Planeten, die erste wirkliche Sichtweise vom gesamten Planeten, die auch eine global einheitliche Erklärung für die großartigsten Phänomene auf der Erdoberfläche bot. Geologie, das war nun klar, spielte sich zuallererst an den Plattenrändern ab. Die Wurzeln eines auf den Philippinen, in Japan oder auf den Aleuten ausbrechenden Vulkans konnten bis zum Philippinen-, Japan- oder Aleuten-Graben zurückverfolgt werden, wo die Pazifische Platte unter eine Nachbarplatte abtauchte und dabei Wärme und Gesteinschmelzen freisetzte, die den Vulkan speisten; und derselbe Vulkan hatte Wurzeln, die noch tiefer reichten, bis zum Ostpazifischen Rücken, wo der Boden des Pazifiks aus aufquellendem Magma entstanden war. Die Erdbeben, die Kalifornien mit so unerbittlicher Häufigkeit erschütterten, ließen sich ebenfalls bis zum Ostpazifischen Rücken zurückverfolgen, aber auch bis zum Mittelatlantischen Rücken, denn der Atlantik wuchs auf Kosten des Pazifiks, und die Westdrift Nordamerikas hatte dazu geführt, dass es eine der größten Bruchzonen des Ostpazifiks unter sich begrub – eine Verwerfung, die heute San-Andreas-Störung heißt. Im Roten Meer und den ostafrikanischen Senkungsgräben entstand aus einem gespaltenen Kontinent ein neuer Ozean. In Asien war ein alter Ozean, oder zumindest ein Teil davon, bereits verschwunden, als Indien mit solcher Wucht auf den Kontinent prallte, dass der Himalaja aufgefaltet wurde.

Keiner größeren geologischen Einheit blieb es erspart, durch die Brille der Plattentektonik neu interpretiert zu werden. Aber vor allem unser Verständnis der Meere änderte sich zwischen 1952 und 1967 auf ganz dramatische Weise. Der Wandel hatte mit Heezen und der Entdeckung von Tharp begonnen und sich durch die Entdeckung von Ewing und anderen beschleunigt, dass der Meeresboden nur eine äußerst dünne Sedimentdecke aufweist. Im Schnitt war sie weniger als 1,5 Kilometer dick. Das bedeutete: Selbst wenn das Sediment sich sehr viel langsamer angesammelt hätte, als sich Staub auf Möbeln absetzt, hätte der Meeresboden nicht Milliarden Jahre lang Sediment ansammeln können; nach den berühmten Berechnungen von Hess konnte er in seinen ältesten Teilen nicht älter als 260 Mil lionen Jahre sein. Der Ozean war somit nicht nur die Müllkippe der Kontinente, ein Sammelbehälter für kontinentalen Schutt und die toten Meeresorganismen (das war er selbstverständlich auch). Der Ozean war auch jung.

Und er war aktiv. Dank des Sea-Floor-Spreading und der Plattentektonik wurde die Vorstellung, dass die Geologie sich in Wirklichkeit an Land abspiele – eine Meinung, die sogar Alfred Wegener geteilt hatte –, endgültig widerlegt. Ein Grund, warum Wegeners Theorie nie größere Anerkennung gefunden hatte, war der, dass er keinen plausiblen Mechanismus für die Verschiebung der Kontinente auf dem Erdball vorweisen konnte. Das Problem lag rückblickend in seiner Unkenntnis (und der aller anderen) vom Meer. Es ging weniger darum, dass die Kontinente drifteten, sondern darum, dass der Meeresboden sich ausweitete. Die Kontinente waren einfach da und drifteten mit. Aber das eigentliche Geschehen spielte sich am Meeresboden ab, und in den 50er und 60er Jahren wich unsere gewaltige, auf das Festland fixierte Unwissenheit allmählich.

4. Kapitel EINE WELTKARTE

Als Bruce Heezen 1977 zum letzten Mal zum Mittelatlantischen Rücken hinausfuhr, hatte er die Chromalinabzüge für eine neue Karte bei sich, an der er und Tharp mehrere Jahre gearbeitet hatten: ein Panorama vom gesamten Meeresboden. Es war eine physikalische Karte, wie man sie von Kontinenten in Atlanten findet und die in etwa zeigt, wie das betreffende Gebiet an einem wolkenlosen Tag aus dem Weltraum aussähe. Selbst heute noch ist der Ozean auf solchen Karten meistens einheitlich blau, und das Gelände unter Wasser wird nicht dargestellt. Bei der Karte von Heezen und Tharp, der ersten ihrer Art, ging es darum, die blaue Lücke auszufüllen – den Ozean so zu zeigen, wie er ohne Wasser aussähe.

Bevor Heezen und Tharp auf der Bildfläche erschienen, waren Karten vom Meeresboden Höhenlinienkarten gewesen – beginnend mit der Karte von Maury im 19. Jahrhundert. Es waren eindimensionale Abstraktionen, gut dazu, Seefahrern zu zeigen, wo sie auf Grund laufen konnten, aber völlig ungeeignet darzustellen, wie der Meeresboden aussah. Als Heezen und Tharp Anfang der 50er Jahre mit ihrer Arbeit begannen, gab es zwei Gründe für ein anderes Vorgehen. Der erste hatte mit dem Kalten Krieg zu tun. Die amerikanische Marine, die sich auf die U-Boot-Kriegsführung vorbereitete, hatte für Höhenlinienkarten vom Meeresboden Geheimhaltung verordnet. Selbst wenn Heezen und Tharp gewollt hätten, hätte man ihnen nicht erlaubt, ihre Daten in Form einer Höhenlinienkarte zu veröffentlichen. Und an einem Tag im Jahr 1952 kamen sie zu dem Entschluss, es auch gar nicht erst zu versuchen. An diesem Tag setzte sich Heezen an den Schreibtisch und skizzierte in etwa einer Stunde in groben Zügen, wie der westliche Nordatlantik wirklich aussah, ohne Wasser und aus schrägem Blickwinkel, so gut es ihm seine begrenzten Fähigkeiten als Zeichner erlaubten. Er gab Tharp die Skizze und bat sie, sie zu verbessern.

Damit begann eine 25jährige Arbeit, die der Öffentlichkeit das erste annähernd realistische Bild von den unsichtbaren zwei Dritteln der Erde bescherte. Tharp und Heezen fingen in den frühen 50er Jahren mit dem Nordatlantik an, mit der Karte, die zunächst den Zentralgraben im Mittelatlantischen Rücken zeigte, gingen dann zum Südatlantik über und von dort zum Indischen und Pazifischen Ozean. Ab 1967, dem Jahr, in dem die Plattentektonik die geologische Szene überrollte, wurden die Karten vom Meeresboden in *National Geographic* veröffentlicht – das ideale Organ, um eine breitestmögliche Öffentlichkeit zu erreichen und die Phantasie einer Generation potenzieller, junger Meeresforscher zu fesseln. Auf der Grundlage von Tharps Strichzeichnungen schuf Heinrich Berann farbenprächtige Zeichnungen, ein österreichischer Künstler, der beruflich Alpenpanoramen für Wintersportorte anfertigte und wusste, wie man Berge wirkungsvoll darstellt.

Die Karten waren nicht nur sehr schön, sondern auch genaue Darstellungen der wichtigsten Gebiete des Meeresbodens: Rücken und Gräben, die Schelfe und Tiefseeebenen. Sie zeigten anschaulicher als jede Höhenlinienkarte, wie ein Gebiet in das andere überging – zum Beispiel wie die Sedimente von den Kontinentalsockeln die Kontinentalhänge hinunterglitten und in den Tiefseeebenen fächerförmig ausliefen.

Heezen und Ewing hatten Ende der 40er Jahre mit zum Verständnis dieses Prozesses beigetragen, als sie sich auf Verdacht die Unterlagen über ein eigenartiges Ereignis am Meeresboden angesehen hatten. 1929 hatte ein Erdbeben der Stärke 7,2 auf der Großen Neufundlandbank südlich von Neufundland rund ein Dutzend telegraphische Seekabel zerstört. Die Kabel waren allerdings nicht beim Beben selbst gebrochen, sondern Stunden später und dazu etwa 500 Kilometer vom Epizentrum entfernt; die Zerstörung hatte oben am Kontinentalhang begonnen und sich den Hang hinunter fortgesetzt, ein Kabel nach dem anderen erfasst, wie bei einer Kette von Feuerwerkskörpern, bis hinunter zur Sohm Abyssal Plain. Für Heezen und Ewing war dies ein unmissverständlicher Hinweis auf eine durch ein Erdbeben ausgelöste Lawine – einen Suspensionsstrom, um den Fachausdruck zu gebrauchen, der voller in Suspension gehaltener Sedimentpartikel war und mit großer Geschwindigkeit an untermeerischen Hängen abgehen kann. Die Geschwindigkeit des Suspensionsstroms an der Großen Neufundlandbank wird heute auf über 70 Kilometer in der Stunde geschätzt. Seine Reichweite war weit größer als die jeder Lawine an Land.

Suspensionsströme sind nicht immer so gewaltig, aber ihre Auswirkungen lassen sich im gesamten Panorama von Heezen und Tharp beobachten. Die Ströme sind wie Flüsse unter Wasser, treten allerdings periodisch auf und haben katastrophale Folgen, und wie Flüsse fräsen sie Schluchten in die Kontinentalränder und breite, mäandrierende Kanäle in die Kontinentalhänge bis hinunter in den abyssischen Bereich. Manchmal sind die Unterwasserströme die direkte Fortsetzung der Flüsse vom Festland, die die reichlich fließenden Quellen von Sedimenten sind; der Hudson Canyon zum Beispiel trägt den Schmutz des Bundesstaates New York über 300 Kilometer weit in den Atlantik. Nicht immer haben die untermeerischen Flüsse ein Gegenstück an Land; der Monterey Canyon, der vor der Küste Kaliforniens Sediment bis in über 4500 Meter Tiefe und etwa 300 Kilometer ins Meer hinausträgt, ist eindeutig nicht das Werk des trägen Salinas River.

Aber wie immer ihre Verbindung zum Festland ist, Suspensionsströme haben außerordentliche Auswirkungen auf den Tiefseeboden. Das ungewöhnlichste Beispiel beim Heezen-Tharp-Panorama sind die riesigen Schwemmkegel, die die Küsten Indiens säumen. Auch wenn der Himalaja durch die Kollision von Subkontinent und Kontinent weiter angehoben wird, werden die Gipfel doch Stück für Stück durch Wind, Regen und Schnee abgetragen. Diese Sedimente werden vom Indus ins Arabische Meer und von Brahmaputra und Ganges in den Golf von Bengalen transportiert. Dort verteilen Suspensionsströme sie über weite Flächen. Der Schwemmkegel des Indus bedeckt den gesamten Boden des Arabischen Meeres bis zur Südspitze Indiens. Der bengalische Schwemmkegel dehnt sich noch weiter aus, über Sri Lanka hinaus und weiter zum Tiefseebecken Ceylons – eine Strecke von rund 3000 Kilometern. Der bengalische Schwemmkegel ist etwa 1000 Kilometer breit, und die Sedimente sind an einigen Stellen 20 Kilometer dick.

Diese Suspensionsströme und die langsam von der Meeresoberfläche niedersinkenden abgestorbenen Organismen machen die Tiefseeebenen zur flachsten Landschaft der Erde. Die Ebenen haben eine Neigung von nicht mehr als einem Meter auf 1000 Meter. Ohne die Ablagerungen wären sie gar keine Ebenen. Die Sedimente bedecken das raue Gelände, das von den mittelozeanischen Rücken aufsteigt, füllen die Täler und Rinnen und begraben alles unter einer glatten, einheitlichen Decke. Wenn man jedoch den mittelozeanischen Rücken hinaufsteigt, kommt das raue Gelände allmählich wieder zum Vorschein, was die Karte von Heezen und Tharp auch wiedergibt.

Dieser Aufstieg ist ein Gang sowohl durch die Zeit als auch den Raum. Der weit von einem mittelozeanischen Rücken entfernte Meeresboden an den Rändern der Kontinente ist alter Meeresboden: Er hat sich aus Magma gebildet, das vor Millionen von Jahren am Rücken aufgestiegen ist und sich seitdem von ihm fortbewegt hat. Wenn Gestein sich ausbreitet, erkaltet es; wenn es erkaltet, zieht es sich zusammen; und wenn es sich zusammenzieht, senkt es sich ab. Daher die große Tiefe der Tiefseeebenen und ihre vergleichsweise dicke Sedimentdecke: Sie sind der älteste und kälteste Teil des Meeresbodens und hatten viel Zeit, sich abzusenken und unter Sedimenten begraben zu werden. Daher auch die große Höhe einiger mittelozeanischer Rücken. Anders als Gebirge an Land sind sie nicht über ihre Umgebung hinaus in die Höhe geschoben worden: Ihre Umgebung hat sich ihnen gegenüber gesenkt.

Die Rücken ragen bis zu 4500 Meter aus den Tiefseeebenen auf, doch der Anstieg ist sanft; in der Mitte der Flanke des Mittelatlantischen Rückens zum Beispiel ist der Hang etwa so steil wie die zu den Rocky Mountains ansteigenden Prärien. Würde man diesen kaum wahrnehmbaren Hang hinaufsteigen – was bisher noch kein Mensch getan hat, denn es gibt kein U-Boot, das lang genug so tief tauchen könnte –, stieße man nach und nach auf das Werk des Rückens, das aus dem Detritus vergangener Zeiten ragt. Man käme in eine Landschaft mit Tiefseebergen, die normalerweise nur wenige hundert Meter hoch sind. Es ist ein Gebiet, das weite Bereiche des Ozeans einnimmt. Der halbe Meeresboden des Atlantiks ist von Tiefseebergen übersät; im Pazifik sind es fast 80 Prozent, weil ein großer Teil dieses riesigen Ozeans weitab von Kontinenten und damit außerhalb der Reichweite von Suspensionsströmen liegt. Die Karte von Heezen und Tharp zeigt die Tiefseeberge, aber nicht besonders genau: Sie stellt sie als kreisförmige Gebilde dar, wohingegen man heute weiß, dass sie meistens länglichen Würsten ähneln, die parallel zu den mittelozeanischen Rücken aufragen.

Die Rücken sind die auffälligsten Merkmale auf der Karte. Sie bilden einen einzigen durchgehenden Grat, der sich um den Planeten schlängelt – untergetaucht bei Kalifornien, unterbrochen und in regelmäßigen Abständen durch lange Transform-Störungen versetzt, aber ansonsten ohne Unterbrechungen. Ihre Lage wird überall durch eine dunkle, zentrale Linie betont, die die schattigen Tiefen des Zentralgrabens darstellt. Auf der Karte von Heezen und Tharp sieht der Rücken mit dem Graben im Atlantik und Pazifik im Wesentlichen gleich aus. Das ist eine weitere der vielen Einschränkungen der Karte.

– – –

«Ich möchte Marie nicht kritisieren», sagt Bill Ryan, der bei Heezen promovierte und heute einer der dienstältesten Meeresgeologen am jetzigen Lamont-Doherty Earth Observatory ist. «Was sie geleistet hat, war für ihre Zeit großartig. Sie hatte bei ihrer Arbeit mit Bruce Heezen ein Gespür dafür, wie die Erde funktionierte – ein Sea-Floor-Spreading-Gespür, und da haben sie eine Menge richtig gemacht. Aber es war ein Gespür. Die Karten geben im großen Ganzen richtig wieder, wo die Rücken liegen, aber ihr Aufbau ist an vielen Stellen falsch dargestellt. Ihre Struktur ist falsch. Marie hat höchstens vielleicht ein Dutzend unterschiedlicher Landschaftstypen, und jeder ist stark stilisiert.»

Die offensichtlichste Abweichung der verschiedenen Karten von Heezen und Tharp von der Wirklichkeit ist etwas, was Geologen wie Ryan als unvermeidlich hinnehmen und nicht einmal bemängeln, die aber das Bild, das sich die Allgemeinheit vom Meeresboden macht, dennoch stark verzerrt hat. Die Karten stellen die vertikalen

Dimensionen aller Merkmale auf dem Meeresboden etwa um das 20-fache größer dar. Sie müssen übertreiben, weil der Meeresboden sonst so konturlos aussähe, wie die Menschen ihn sich einst vorgestellt haben. Ein im wahren Maßstab dargestellter acht Kilometer hoher Berg würde auf einer Karte, die 40 000 Kilometer erfasst (der Erdumfang am Äquator), verschwinden. Die Höhe des Berges muss übertrieben dargestellt werden, wenn er überhaupt erkennbar sein soll.

Aber die übertriebene Darstellung bringt auch einen schwerwiegenden Realitätsverlust mit sich. Wenn man die Senkrechten um das 20-fache streckt, die Horizontalen aber unverändert lässt, wird aus einem dreistöckigen Haus ein Wolkenkratzer, und ein nadelschlanker dazu. Es bedeutet, dass aus untermeerischen Vulkanen himmelstürmende Spitzen werden, die unter dem eigenen Gewicht zusammenstürzen würden, wenn es sie tatsächlich gäbe. Es bedeutet, dass der Schelfrand vor der nordamerikanischen Atlantikküste zu einem jähen Kliff wird, während der Hang hinunter in das Abyssal in Wirklichkeit im Durchschnitt eine Steigung von 1:14 hat, was selbst ein Amateur mit dem Fahrrad bewältigen könnte. Die übertriebene vertikale Darstellung auf den Karten von Heezen und Tharp bedeutet schließlich auch, dass die großen Gräben, die den Pazifik umgeben, wie gähnende Abgründe wirken, während man in Wirklichkeit wahrscheinlich seinen Geländewagen in das Challenger-Tief fahren könnte, wenn das Wasser abgelassen und man die gelegentlichen abschüssigen Partien meiden würde.

Die übertriebene vertikale Darstellung ist auf heutigen Karten vom Meeresboden immer noch zu finden und kann relativ einfach berücksichtigt werden, wenn man sich ihrer bewusst ist. Das traf auf den grundlegenderen Mangel der Karten von Heezen und Tharp nicht zu, ein Mangel, der Heezen oder Tharp ebenfalls nicht anzulasten war. Die Aussage, dass sie sich bei der Darstellung des Meeresbodens stark auf Intuition verließen, wäre ein Euphemismus: Sie dachten sich das meiste einfach aus. Sie konnten mit weit mehr Lotungen als Matthew Fontaine Maury oder irgendein anderer Kartograph arbeiten, doch angesichts der Größe des Ozeans war die Datenmenge, die sie hatten, dennoch lächerlich klein. Bei der Darstellung des Indischen Ozeans zum Beispiel hatte Tharp es mit einem rund 6500 Kilometer langen mittelozeanischen Rücken zwischen der Antarktis und Australien zu tun, für den es nur eine Querschnittslotung gab. («Dieser Rückenabschnitt», schrieb sie später, «wurde notgedrungen sehr stilisiert skizziert.») Für den Südatlantik standen relativ viele Daten zur Verfügung. Dort konnte Tharp mit 30 Echolotprofilen arbeiten, die die *Meteor* in den 20er Jahren aufgenommen hatte – aber diese 30 Messlinien erstreckten sich ebenfalls auf eine Rückenlänge von rund 6500 Kilometern. Unter günstigsten Voraussetzungen lagen diese Linien also durchschnittlich etwa 215 Kilometer auseinander.

Tharp zeichnete diese Messlinien als Profil und wandelte sie dann in «Schrägluftbilder» um. Dieses einfache Erweitern eines zweidimensionalen Querschnitts zu einem dreidimensionalen Streifen Meeresboden, der perspektivisch dargestellt wurde, bedurfte bereits einer Menge Phantasie. Aber noch mehr Phantasie war gefragt, wenn es darum ging, die Streifen über Hunderte von Kilometer nicht ausgeloteten Meeresboden miteinander zu verbinden. «Wie komme ich von hier nach da?», erinnert sich Tharp. «Ich habe es ausgefüllt!»

Man kann eine Karte von Heezen und Tharp folglich nicht dazu benutzen, einen bestimmten untermeerischen Berg zu finden, weil der Berg vielleicht gar nicht existiert. Die gesamte Gebirgskette hat vielleicht die richtige Lage – vielleicht –, aber bestimmt nicht der einzelne Gipfel. (Noch 1984 entdeckten Ozeanographen, die den Zentralgraben des Rückens im Südatlantik suchten und die Karte von Heezen und Tharp benutzten, dass der Graben 240 Kilometer abseits der Stelle lag, die angegeben war.) Auf der vergeblichen Suche nach den Bergen, die Tharp eingezeichnet hatte, stieß man auf Berge, die gar nicht in den Karten verzeichnet waren. Es waren weniger Karten vom Meeresboden als Porträts, und sehr erfolgreiche dazu. Aber wahrscheinlich haben die Millionen Menschen, die die Karten von Heezen und Tharp und ihre geistigen Ableitungen im Laufe der Jahre studiert haben, gar nicht begriffen, wie sehr das Bild von der Wirklichkeit abwich. Kaum jemand erkennt, wie wenig wir über den Meeresboden wissen, auch heute noch.

Jahrzehntelang haben Meeresforscher gern darauf hingewiesen, dass wir mehr über die Oberfläche des Mondes als über den Meeresboden wissen; jeder, der ein Amateurteleskop besitzt, kann sich ein besseres Bild von der Geologie des Mondes machen als Meeresgeologen von ihrem Forschungsgegenstand. Heute ist der Vergleich mit der Venus aufschlussreicher, einem Planeten, dessen Oberfläche bis vor kurzem noch durch eine dichte, geschlossene Decke aus Schwefelsäurewolken verdeckt wurde. 1992 schloss die amerikanische Raumsonde *Magellan* ihre Mission ab, die Venus mittels Radar zu kartieren, das die Wolken durchdringt. Die Sonde erfasste 90 Prozent der Planetenoberfläche mit einer Auflösung, die den Planetenforschern erlaubt, Gegenstände zu erkennen, die einen Durchmesser von weniger als 300 Meter haben. Den Meereskundlern geht es nicht annähernd so gut. Obwohl sie das ganze vergangene Jahrhundert und mehr ihrer Arbeit nachgegangen sind, haben sie noch keine zehn Prozent des Meeresbodens mit der Auflösung aufgenommen, die die *Magellan*-Sonde für die Venus bietet.

In den letzten zwei Jahrzehnten hat sich ihr Wissen jedoch erheblich vergrößert, und zwar dank zweier neuer Instrumente, die die glänzenden Vermutungen Marie Tharps durch echte Daten ersetzen. Eines der Instrumente ist ein Satellitenradar ähnlich dem der *Magellan,* das jedoch nach einem ganz anderen Prinzip arbeitet, denn Radar kann Wasser nicht durchdringen. Das zweite Instrument arbeitet nach dem gleichen Prinzip wie das Radar der *Magellan,* ist allerdings ein Sonar, und was für eins – in gewisser Weise die Verwirklichung des Traums von Charles Bonneycastle. Beide Instrumente wurden ursprünglich für die amerikanische Marine entwickelt.

– – –

Als die US-Marine gegen Ende des Kalten Krieges Geosat startete – 1985, um genau zu sein –, war seine Aufgabe nicht die Kartierung des Meeresbodens, sondern die Aufnahme der Höhe der Meeresoberfläche weltweit bis auf wenige Zentimeter genau. Es ging auch nicht darum, Wellen zu vermessen. Selbst in Ruhe ist der Ozean nicht glatt: Er weist Aufragungen und Einmuldungen auf, die bis ein-, zweihundert Meter von dem abweichen können, was wir als Meereshöhe annehmen. Die Neigung dieser Erscheinungen ist so gering – sie erstrecken sich über zig oder Hunderte von Kilometern –, dass kein Schiff sie bemerkt. Die amerikanische Marine war dennoch der Meinung, dass ausgerechnet U-Boot-Kommandanten von genauen Messungen dieser unmerklichen Meerestopographie profitieren würden.

Warum? Weil die Untersuchung der Höcker auf der Meeresoberfläche eine zuverlässige Art von Schädellehre darstellt: Sie offenbart tiefere Wahrheiten über den Ozean. Kleine, sich verlagernde Höcker werden von den sich verlagernden Fronten zwischen den Wassermassen hervorgerufen – etwa zwischen dem warmen Golfstrom und dem kalten Atlantik –, und ebendiese Fronten zerstreuen den Schall und erzeugen Sonarschatten, die ein feindliches U-Boot verbergen können. Die größeren und dauerhafteren Berge und Dellen entstehen durch etwas völlig anderes, nämlich durch das Schwerefeld der Erde, das an einigen Stellen stärker, an anderen schwächer ist und nicht notwendigerweise zum Mittelpunkt der Erde weist. Die Meeresoberfläche krümmt sich mit diesen leichten Schwankungen, bleibt aber immer senkrecht zur Richtung der Schwerkraft, wie die Blase in einer Wasserwaage. Die Kenntnis von den Schwerkraftschwankungen hilft einem U-Boot, auf Kurs zu bleiben, wenn es unter Wasser ohne Sicht fährt, und wenn die Zeit kommt, eine Rakete auf Minsk abzufeuern, ist dieses Wissen unentbehrlich. Wenn die Rakete mit einem nur geringfügig falschen Kurs abgeschossen wird, verfehlt sie ihr Ziel um Tausende von Kilometern.

In einer polnahen Umlaufbahn in 800 Kilometern Höhe umkreiste Geosat die sich drehende Erde, die einen Radarstrahl von der Meeresoberfläche zurückwirft, und stellte sie mit einem engen Netz aus dicht gepackten Zielspuren dar. Die Zeit, die das Radarsignal brauchte, um nach der Reflexion zum Satelliten zurückzukehren, gab Aufschluss über seine Entfernung von der Meeresoberfläche, und die Marine konnte anhand dieser Daten die Neigung dieser Fläche und die Form des Schwerefeldes errechnen. Geosat lieferte die umfassendsten je durchgeführten Schwerkraftmessungen.

Für die Marine sprang dabei eine bessere Chance heraus, Minsk zu treffen; und die gleichen Informationen hätten, wenn sie an die Öffentlichkeit gelangt wären, ein sowjetisches U-Boot in die Lage versetzen können, sagen wir, Cleveland zu treffen. Aber nicht lange, nachdem Geosat seine Arbeit abgeschlossen hatte, war der Kalte Krieg zu Ende. Mit ihm wurden auch einige der Gründe hinfällig, das Schwerefeld der Erde geheim zu halten. 1995 ließ sich die Marine schließlich dazu überreden, die Geosat-Daten nicht mehr als geheim zu betrachten. Binnen weniger Monate hatten zwei zivile Geophysiker, David Sandwell von der Scripps Institution und Walter Smith von der National Oceanographic and Atmospheric Administration, die Daten in eine Karte verwandelt.

Diese erste Karte befasste sich zwar nur mit dem Schwerefeld, aber für jeden, der schon einmal eine topographische Karte vom Meeresboden gesehen hatte, waren die großen Konturen etwas Vertrautes. Das sollte nicht weiter überraschen, denn da Gebirge normalerweise mehr Masse als Täler aufweisen, erzeugt die Topographie Schwerkraft. «Wenn man einen Berg auf den Meeresboden stellt», erklärt Smith, «fügt das zusätzliche Material in Form des Gesteins in diesem Berg dem Gesamtfeld die eigene Schwerkraft hinzu. Wenn man sich direkt über dem Berg befindet, zieht die zusätzliche Schwerkraft in die gleiche Richtung nach unten und vergrößert damit das Ausmaß der Schwerkraft. Wenn man jedoch seitlich vom Berg steht, zieht das Schwerefeld zum Berg hin und bewirkt, dass sich die Richtung der Schwerkraft ein wenig ändert.» Die Meeresoberfläche, die wie eine Wasserwaage wirkt, folgt diesen Änderungen; sie wirkt wie ein abgeschwächtes optisches Echo des Meeresbodens, wölbt sich über Bergen auf und fällt über Gräben ab.

William Haxby vom Lamont-Doherty hatte dieses Prinzip Anfang der 80er Jahre mit Hilfe von Daten des NASA-Satelliten Seasat demonstriert – aber nur in groben Zügen, weil die von Seasat erfassten Streifen mehr als 80 Kilometer auseinander lagen. Das ist zwar noch immer sehr viel dichter als die Linien der Sonardaten, mit denen Marie Tharp arbeiten musste, aber ein großer Berg kann immer noch leicht durch ein derart grobes Raster fallen. Die Zielspuren von Geosat lagen zwischen drei und sechs Kilometer auseinander, vor allem nachdem Sandwell und Smith ihre Messungen durch Daten eines ähnlichen europäischen Satelliten, ERS-1, ergänzten. 1997 hatten sie dann einen Weg gefunden, eine der grundlegenden Schwächen einer

Schwerkraftkarte zu umgehen, dass nämlich die Schwerkraft nicht *immer* der Topographie des Meeresbodens folgt. Auch die Gesteinsdichte am Meeresboden wirkt sich auf die Schwerkraft aus.

Die Lösung von Sandwell und Smith bestand darin, die Schwerkraftdaten wo immer das möglich war mit echten Sonartiefenmessungen vom Schiff aus zu kalibrieren. Durch Vergleiche der Beziehung zwischen der Schwerkraft und der Topographie des Meeresbodens dort, wo die Topographie bekannt war, konnten sie die Schwerkraft benutzen, um noch nicht kartiertes Gelände zu erfassen. Die Karte, die sie 1997 veröffentlichten, zeigt sehr viel, was auf den Karten vor Geosat noch nicht zu sehen war. Die Foundation Seamounts zum Beispiel, eine 1600 Kilometer lange Kette submariner Vulkane, von denen einige 3000 Meter aus dem umgebenden Meeresboden im Südpazifik aufragen. Etwa die Hälfte dieser Tiefseekuppen auf der Karte von Sandwell und Smith waren bis dahin unbekannt – es waren Tausende von Bergen, die an Land wunderbare Skiberge abgegeben hätten. Erst jetzt, zu Beginn des 21. Jahrhunderts, und lange nachdem die meisten Menschen das Zeitalter der Entdeckungen für abgeschlossen halten, können wir sagen, dass wir alle Erhebungen auf der Erde, die höher als etwa 1500 Meter sind, kennen.

Das Vorhandensein all dieser Seamounts bedeutet, dass der Ozean im Schnitt nicht so tief ist, wie man gemeint hatte. Der Meeresboden erkaltet tatsächlich und sinkt ab, wenn er von den mittelozeanischen Rücken wegdriftet, aber das ist offenbar kein gleichförmiger Prozess. Während er sich bewegt, gleitet er über Hot Spots, schmale Manteldiapire aus heißem Gestein, die aus der Tiefe des Erdmantels Hunderte von Kilometern unter der Oberfläche und völlig unabhängig von den darüber liegenden Platten aufsteigen. Alle Weltmeere sind mit einzelnen Vulkanen übersät, die durch solche Manteldiapire aufgewölbt werden, wenn die Platten über sie hinweggleiten; die

Hawaii-Inseln sind das berühmteste Beispiel. Sandwell und Smith sind der Meinung, dass das zufällige Wiederaufheizen des Meeresbodens durch Hot Spots erklärt, warum er nicht so schnell abkühlt und absinkt, wie man angenommen hatte.

Eine stärker ins Auge springende Besonderheit der Karte sind die Bruchzonen, die die Meeresbecken durchziehen. In den Zeichnungen von Heezen und Tharp sind diese erstarrten Spuren der driftenden Kontinente nie sonderlich hervorgetreten, doch auf der Karte von Sandwell und Smith tun sie es. Man sehe sich die Einbuchtung von Westafrika an, und man erkennt sofort, dass dieser Kontinent sich in den letzten 110 Millionen Jahren von Südamerika fortbewegt hat – «bewegt», das heißt mit einer Geschwindigkeit von drei, vier oder fünf Zentimetern pro Jahr. Man blicke in den südlichen Indischen Ozean, und man hat die Geschichte des australischen Drangs vor Augen, sich von der Antarktis zu lösen; sein Ring aus Bruchzonen scheint es fast in das Durcheinander im westlichen Pazifik zu schleudern. Weiter nordwestlich zeigt der gekritzte Grund des Arabischen Meeres die von Indien hinterlassene Gleitstriemung, als es sich in den asiatischen Kontinent bohrte und den Himalaja auftürmte. Die Bruchzonen zeigen das, was die Karte ist – ein Standbild aus einem ereignisreichen Video, das seit Hunderten von Millionen Jahren läuft und voraussichtlich kein Ende hat.

Das sind die Bilder, wie man sie nicht von einem Vermessungsschiff erwarten kann, das mit einigen Knoten über die Meere tuckert. Und auf den unendlich weiten Meeresflächen, die nie vermessen worden sind, bietet die Satellitenkarte einen ersten flüchtigen Blick auf die Wirklichkeit. «Diese Karte lenkt unsere Aufmerksamkeit auf einige Gebiete, die wir mit einem Schiff normalerweise nicht angesteuert hätten, weil sie abgelegen im Südpolarmeer liegen, es weit und breit keinen Hafen gibt und das Wetter da unten ungemütlich ist», erklärt Smith. «Wahrscheinlich liegt in diesen Gebieten der Schlüssel dafür, wie das Auseinanderdriften der Platten tatsächlich vonstatten geht. Dass man diesen globalen Blick hat, das ist das wirklich Spannende. Wir werden sämtliche Hypothesen überdenken müssen, die auf dem begrenzten Wissen über ein paar leicht zu erreichende Messpunkte im Atlantik und Pazifik beruhten.»

Aber so gut die Karte von Sandwell und Smith auch ist, liefert sie doch kein so gutes Bild von der Erde wie die *Magellan* von der Venus. Die *Magellan* hatte einen großen Vorteil: Die Venus ist trocken. Die Raumsonde konnte die Oberfläche der Venus also direkt mit Radar abtasten und Bilder machen, die Gegenstände bis zu etwa 100 Metern Größe zeigen. Auf der Geosat-Karte wäre ein Seamount von elf, zwölf Kilometern Durchmesser bestenfalls ein undeutlicher Fleck, und zwei noch dichter beieinander liegende Berge würden zu einem einzigen Berg verschmelzen. Grundsätzlich könnte ein Satellit irgendwann eine bessere Schwerkraftkarte liefern. Doch die physikalische Grenze ist eine Auflösung von etwa vier oder fünf Kilometern, was nicht zufälligerweise auch die Durchschnittstiefe des Ozeans ist. Wenn zwei submarine Berge nur drei, vier Kilometer voneinander entfernt sind, verschmelzen die Aufwölbungen, die ihre Schwerkraft an der Meeresoberfläche hervorruft, zwangsläufig, sodass sie nicht mehr unterscheidbar sind. «Diese Grenze können wir nicht überschreiten», sagt Sandwell, «es sei denn, wir legen die Ozeane trocken.»

Oder man benutzt den Schall, der sich im Gegensatz zum Radar im Wasser fortpflanzen kann. Die amerikanische Marine hatte nie vor, mit Geosat den Meeresboden zu kartieren. Nicht, dass sie an einer solchen Karte nicht interessiert gewesen wäre; wenn es dagegen für einen U-Boot-Kommandanten unentbehrlich war, Stärke und Richtung der Schwerkraft genau zu kennen, bevor er eine Langstreckenrakete abfeuerte, war es für ihn noch wichtiger, genau zu wissen, wo sich sein Boot befand. Mit einer genauen Karte vom Meeresboden konnte er das feststellen, auch wenn das Boot getaucht war, aber eine Karte, die nur Gegenstände bis zu etwa zwölf Kilometern Durchmesser angab, war nicht annähernd genau genug. Um die Teile des Ozeans zu kartieren, die sie interessierten, griff die Marine stattdessen zu einem neuartigen Sonar. Dieses Gerät sorgte weiter dafür, dass die Meeresgeologie ein anderes Gesicht bekam.

5. Kapitel DER MEERESBODEN BEI DER GEBURT

Das so genannte Mehrstrahl-Echolot gibt es bereits seit Anfang der 60er Jahre, doch die amerikanische Marine hielt es fast zwei Jahrzehnte unter Verschluss. Erfunden wurde es vom Physiker Harold Farr und dem völlig unbekannten Sonargenie Paul Froelich. Farr und Froelich arbeiteten in Massachusetts für die Harris-U-Jagd-Rüstungsabteilung der General Instruments Corporation (GIC). An einem Tag Ende der 50er Jahre sprach Wilbur Harris von Harris A.S.W. mit ein paar Männern von der GIC-Radarabteilung über mögliche gemeinsame Bemühungen. Einer dieser Männer, Arthur Rossoff, kam auf ein Verfahren zu sprechen, das die Radioastronomen benutzten, um ferne Galaxien besser beobachten zu können – die so genannten Fächerstrahlen. Rossoff regte an, das Verfahren auch auf das Sonar anzuwenden, um den Meeresboden betrachten zu können. Harris bat Farr, sich dieser Sache anzunehmen. Farr interessierte der Meeresboden eigentlich weniger. «Ich bin kein passionierter Seemann», sagt er. «Ich hab Spaß am Entwerfen.» Trotzdem gingen er und Froelich daran, Rossoffs Idee zu verwirklichen.

Damals wiesen herkömmliche Echolote vor allem zwei Einschränkungen auf. Zum einen lieferten sie nur eine einzige Linie mit Tiefenmessungen unterhalb des Schiffs. Zum anderen waren diese Messungen nicht besonders exakt: Der Sonarimpuls breitete sich über eine mehrere Kilometer große Fläche auf dem Meeresboden aus, sodass das Echo und die daraus resultierende Tiefenmessung von irgendeinem Punkt auf dieser Fläche kam – welcher Punkt das war, konnte aber niemand sagen. Farr ging die Lösung des ersten Problems so an, dass er das zweite zu seinem Vorteil nutzte.

Als Erstes ersetzte er den einzigen Schallsender des Echolots durch eine ganze Reihe von Sendern, die vom Bug bis zum Heck am Schiffskiel angebracht wurden. Die Schallwellen breiteten sich in einem breiten Streifen nach Back- und Steuerbord aus, aber in der Kiellinie überlagerten sie sich störend; das Schallwellental eines Senders löschte den Wellenberg des nächsten aus. Das Ergebnis war ein Fächer aus Strahlen, die in Fahrtrichtung einen langen, schmalen Streifen Meeresboden erfassten, der beiderseits des Schiffes mehrere Kilometer weit reichte, aber nur einige Schiffslängen breit war.

Als Nächstes brachte Farr Empfänger in einer Reihe *quer* zum Kiel an. Das war das Geniale an der Sache: Farr konnte so Tiefeninformationen vom gesamten erfassten Streifen erhalten. Ein Echo, das zum Beispiel von einem Punkt seitlich von Backbord kam, erreichte das Backbordende der Empfängerkette zuerst. Durch Messen dieser Laufzeit konnte das Farrsche System – wie ein herkömmliches Echolot – die Entfernung zu dem Punkt am Meeresboden bestimmen, der das Echo zurückgeworfen hatte. Die Laufzeit allein konnte allerdings nicht angeben, wie viel von dieser Entfernung Tiefe war und wie viel seitliche Abweichung nach Backbord. Durch Messen der kurzen Verzögerungen, mit denen das Echo den zweiten, dritten usw. Empfänger in der Kette erreichte, konnte Farr jedoch den Winkel zur Echoquelle bestimmen – und dann mit einer einfachen geometrischen Berechnung genau angeben, wo sie lag.

Das Farrsche System maß die Zeitverzögerungen für jedes Echo, das von einem anderen Punkt am Meeresboden kam. Die verschiedenen Schallwellen wurden aus dem Gewirr der Echos ausgewählt und jeder Sonarimpuls in einen Schallstreifen umgewandelt. Das erste System kartierte einen Streifen, der etwa so breit wie das Meer unter dem Vermessungsschiff tief war – normalerweise drei bis fünf Kilometer –, und maß die Meerestiefe an 61 Punkten innerhalb dieses Streifens.

Ohne einen Computer zur Verarbeitung der Daten hätte dieses System gar nicht arbeiten können. Es war ein Zufall, dass zu Beginn der 60er Jahre, nicht lange nach der Erfindung des Mikrochips, die Computer so klein und preiswert wurden, dass man sie mit aufs Meer nehmen konnte. Die andere Erfindung, die das Mehrstrahl-Echolot ideal ergänzte, war die Satellitennavigation. Bis in die 60er Jahre konnte es passieren, dass Ozeanographen einen Berg auf dem Meeresgrund entdeckten und dann wieder aus den Augen verloren. Navigation auf dem offenen Meer war keine exakte Wissenschaft; an Bord eines Schiffes meinte man vielleicht, ein Echo auf der Breite x und der Länge y empfangen zu haben, während das Schiff in Wirklichkeit mit dem Wind oder der Strömung Dutzende von Kilometern von seiner berechneten Position abgetrieben worden war. Heute passiert das nicht mehr. Moderne Forschungsschiffe bestimmen ihre Position auf ein- bis zweihundert Meter genau mit Hilfe von Geräten, die Funksignale von Satelliten des Globalen Positionierungssystems (GPS) empfangen. In den frühen 60er Jahren setzte die amerikanische Marine gerade den Vorläufer von GPS ein.

Die US-Marine hatte zwar kein Mehrstrahl-Echolot verlangt, reagierte aber dennoch begeistert, als General Instruments ihr die Idee schmackhaft machte. Für ein mit Mehrstrahl-Echolot und Satellitennavigation ausgerüstetes Schiff wurde das Kartieren des Meeresbodens wie das Mähen eines Rasens: Man konnte ein Gebiet in breiten Streifen kartieren (hin und zurück) und wusste dank der Satelliten, dass man weder große nicht erfasste Lücken ließ noch denselben

Streifen doppelt erfasste. Ab 1965 kartierten drei Vermessungsschiffe der US-Marine systematisch Gebiete von militärischem Interesse; in den Jahren danach waren es bis zu zwölf. Anfang der 90er Jahre hatte die amerikanische Marine nach Auskunft eines Ozeanographen, der die Daten gesehen hatte, etwa ein Viertel der Weltmeere kartiert. Aber noch haben nicht sehr viele Menschen die Daten gesehen, die im U.S. Naval Oceanographic Office in Bay St. Louis im Bundesstaat Mississippi unter Verschluss liegen. Die Marine hat es noch nicht für angebracht gehalten, sie freizugeben.

Glücklicherweise konnten die Ozeanographen sich selbst Mehrstrahlsysteme beschaffen. 1973, als französische und amerikanische Meeresforscher eine gemeinsame Expedition zum Mittelatlantischen Rücken in Höhe des 36. nördlichen Breitengrades organisierten, erlaubte die US-Marine ihnen, ihre Karten von diesem Gebiet zu benutzen. 1981 ließ sich die Marine schließlich erweichen und gestattete General Instruments, ein weniger genaues Mehrstrahl-Echolot – mit 16 statt 61 Strahlen – an Bord eines amerikanischen Forschungsschiffes zu installieren, der *Thomas Washington* der Scripps Institution. Seitdem sind ein Dutzend anderer ozeanographischer Forschungsschiffe mit ähnlichen, aber verbesserten Versionen dieses Systems ausgerüstet worden, das den Namen Sea Beam trägt.

Als die Meeresgeologen Sea Beam erhielten, hatten sie bereits selbst eine Art zweites Mehrstrahl-Echolot entwickelt, das eigens auf geologische Belange zugeschnitten war, das Flächenecholot. Die Pionierarbeit leistete das britische Institute of Oceanographic Sciences in Wormsley, das damals in Surrey saß. Während Sea Beam nur die Laufzeit der Schallwelle misst, die vom Meeresboden reflektiert wird, misst das Flächenecholot die schwankende Stärke des Echos, so wie eine Kamera auf Film die unterschiedliche Intensität des reflektierten Lichts festhält. Das Ergebnis ist keine topographische Karte, sondern ein Schallbild vom Meeresboden – das ozeanographische Pendant zum Luftbild. Mit dem Flächenecholot gemachte Bilder erfassen geologisch wichtige Informationen, die Sea Beam entgehen, beispielsweise Verwerfungen, die nur kleinere Veränderungen der Meerestiefe verursachen. Generell zeigen sie die Struktur des Meeresbodens – ob er rau oder glatt ist, aus zerklüftetem Gestein oder Schlamm mit Rippeln besteht.

– – –

Dank der Entwicklung des Mehrstrahl-Echolots ist es zum ersten Mal möglich geworden, daran zu denken, die Erforschung unseres Planeten durch die Kartierung des gesamten Meeresbodens zu vollenden, wenn auch nicht in einem Wanderkartenmaßstab, so doch wenigstens in einem Maßstab, der dem der Magellan-Karte der Venus vergleichbar wäre. Das U.S. Geological Survey und die NOAA haben auch schon einen erheblichen Teil der Region kartiert, die für die Vereinigten Staaten von größtem kommerziellen Interesse ist: die Exklusive Wirtschaftszone (EEZ), die vor den Küsten 320 Kilometer ins Meer reicht. Die EEZ der Vereinigten Staaten hat eine Fläche von etwa zwölf Millionen Quadratkilometern, rund drei Millionenmehr als die Landfläche der USA und ihrer Hoheitsgebiete. Staatliche Forscher haben Flächenecholot-Karten von den Meeresgebieten aller Küstenstaaten und auch einiger Hoheitsgebiete erstellt – riesige Kreise aus Meeresboden um einsame Pazifik-Inseln, die die Vereinigten Staaten für sich beanspruchen. Teile dieser Flächen sind auch mit Sea Beam erfasst worden, um topographische Karten zu erstellen, die die geologischen ergänzen.

Die Kartierung der EEZ hat uns vor Augen geführt, wie spärlich unser Wissen ist, auch von dem Teil des Meeresbodens, der direkt vor unserer Haustür liegt. 1984 förderte eine Flächenecholot-Vermessung vor Südkalifornien hundert nicht kartierte Guyots oder untermeerische Vulkane in einem Gebiet zutage, das man bis dahin für eben gehalten hatte. Vor Hawaii erwiesen sich dagegen bis 750 Meter hohe Berge, die man für Guyots gehalten hatte, als etwas völlig anderes, nämlich als riesige Schutthaufen von gigantischen Erdrutschen, die an den submarinen Hängen der hawaiianischen Vulkane abgegangen und zum Teil erst hundert Kilometer vor der Küste zum Stillstand gekommen waren. Ähnliche Haufen lagen an der Mündung des Shemtschug Canyon vor der Küste Alaskas im Beringmeer; der Canyon, eine der größten submarinen Schluchten der Erde, entstand, als diese Trümmer sich lösten und den Kontinentalhang hinunterrutschten. Kurz, die Merkmale, die beim Kartieren des Meeresbodens mit dem Multistrahl-Echolot entdeckt werden, sind keine unbedeutenden Details. Sie haben die Größe von Bergen.

Es gibt jedoch keine Pläne, den gesamten Meeresboden zu kartieren, wenngleich die Kosten nicht ins Unermessliche gingen. Die Kartierung aller Weltmeere mit dem neuesten Sea-Beam-System würde etwa eine Milliarde Dollar kosten. Eine Aufnahme mit einem Flächenecholot wäre billiger, weil dieses Gerät sehr viel breitere Streifen erfasst als Sea Beam. Auf jeden Fall ist eine Milliarde Dollar keine Unsumme, wenn es um die Kartierung unseres Planeten geht. Die Regierung der Vereinigten Staaten hat mehr als die Hälfte dieses Betrages für die Kartierung der Venus ausgegeben und hat sich verpflichtet, viele Milliarden in die internationale Weltraumstation zu stecken. Aber der Ozean ist nicht der Weltraum, und die Chancen, dass irgendeine Regierung ein umfassendes Programm zur Kartierung des Meeresbodens finanziert, sind praktisch gleich null.

Aber selbst wenn das Geld auf irgendeine wunderbare Weise auftauchen würde, bliebe dennoch ein großes Hindernis bei der Kartierung des gesamten Meeresbodens, und das wäre die Größe des Ozeans, der auch dann noch groß ist, wenn man breite Streifen erfasst. Die *Magellan*-Sonde, die mit einer Geschwindigkeit von acht Kilometern pro Sekunde die Venus überflog, konnte den gesamten Planeten in knapp einem Jahr kartieren. Aber Vermessungsschiffe auf der Erde sind mit weniger als einem Tausendstel dieser Geschwindigkeit unterwegs – nicht mehr als etwa fünfzehn Knoten. Die Kartierung der Topographie des gesamten Meeresbodens mit dem neuesten Sea-Beam-System würde ungefähr zweihundert Schiffjahre erfordern – zweihundert Schiffe, die ein Jahr rund um die Uhr vermessen, oder ein Schiff, das zweihundert Jahre arbeitet, oder irgendeine Kombination dazwischen, was realistischer wäre. Gegenwärtig gibt es weltweit dreizehn zivile Schiffe, die mit einer der Versionen des Mehrstrahl-Echolots ausgerüstet sind; wenn alle sich ausschließlich einer systematischen Kartierung des Meeresbodens widmen würden, wäre diese Aufgabe in etwa zwanzig Jahren zu erledigen. Es wäre mit anderen Worten ein langwieriges Projekt.

Und für einige Meeresgeologen wäre es wenig sinnvoll dazu. Sie sind nicht an einer Kartierung des Meeresbodens interessiert, nur damit das abgehakt werden kann; sie wollen verstehen, wie er entstanden ist. Bill Ryan, ein ehemaliger Schüler Heezens, ist ein gutes Beispiel. Er hat selbst zur Entwicklung von Instrumenten zur Kartierung des Meeresbodens beigetragen, darunter ein Flächenecholot, das hervorragende Bilder von kleineren Flächen macht. Ryan hat nicht den Wunsch, alles ein für alle Mal zu kartieren. Der Gedanke kommt ihm wohl etwas gewöhnlich vor. «Das bringt technisch überhaupt nichts», sagt er. «Es ist doch so, dass wir verstehen können, wie dieser Planet funktioniert, wenn wir fünf Prozent seiner Oberfläche kennen. Die übrigen 95 Prozent sehen genauso aus, sie sind nur anders angeordnet. Man muss nicht alles sehen, um es zu verstehen.»

Ryan würde lieber «Musterregionen» aufnehmen: Unterschiedliche submarine Landschaftsarten, die untermeerischen Gegenstücke zu Alpen, Tundra, Wüste und so weiter. Es gibt unterschiedliche Arten von Senkungsgräben, von Kontinentalschluchten, von Guyots, von Tiefseebergen. Während die Karte von Heezen und Tharp nur etwa ein Dutzend verschiedener Landschaftsarten kannte, meint Ryan, dass man zweihundert bräuchte, um den Meeresboden angemessen darzustellen. Er würde nur ein Beispiel jeder Landschaftsform mit einem Mehrstrahl-Echolot kartieren – denn wenn man eine gesehen hat, hat man alle gesehen. Und wo Heezen und Tharp sich auf ihre Eingebung verlassen mussten, um die riesigen weißen Flecken nicht kartierten Geländes auszufüllen und ein Bild vom gesamten Ozean wiederzugeben, würde sich Ryan auf einen Computer verlassen. Der Computer würde die Flächen zwischen den Echolotungen mit Landschaft der geeigneten Art ausfüllen – mit der richtigen Struktur, Fülle und so weiter. Die Karte würde realistisch sein, aber genau wie die von Tharp nicht der Wirklichkeit entsprechen. «Sie wäre aber um einiges besser als die, die Marie erstellt hat», sagt Ryan.

Tatsächlich können nicht einmal gelernte Meeresgeologen immer eine von Ryans Computerkarten von einer mit Mehrstrahl-Echolot erstellten Karte unterscheiden. Aber etwas perfekt nachahmen ist nicht gleichbedeutend mit Verstehen. Den Meeresboden verstehen heißt wissen, wie er überhaupt entstanden ist. Aber auch wenn die heutigen Meeresgeologen keine Hoffnung haben, in ihrem Leben noch eine detaillierte Karte vom gesamten Meeresboden zu sehen – dieses Vergnügen (oder auch mühselige Unterfangen, was von der jeweiligen Warte abhängt) wird unseren Kindern oder eher Kindeskindern vorbehalten bleiben –, hoffen sie doch, wenigstens die wichtigsten Gebiete kartieren zu können. Der Meeresgrund gleicht insofern einem Menschen, als sein Wesen in einem erheblichen Umfang bereits bei der Geburt feststeht. Der Geburtsort des Meeresbodens und der Ort, auf den die Meeresgeologen in diesen Tagen ihr Hauptaugenmerk richten, ist der mittelozeanische Rücken.

– – –

Ein mittelozeanischer Rücken ist eine lange Kette aus Vulkanen, aber auch noch etwas mehr. Er ist eine Grenzlinie, an der zwei massive tektonische Erdplatten auseinander driften, was weit reichende Folgen für den gesamten Planeten hat. Die zwischen zehn und einhundert Kilometer dicken Platten bilden die Lithosphäre, die kühle, starre äußere Gesteinsschicht, die auch die Erdkruste und Teile des darunter liegenden Erdmantels umfasst. An einem mittelozeanischen Rücken werden zwei Platten durch die Schwerkraft auseinander gezogen. Die Schwerkraft bewirkt, dass sie an den beiden gegenüberliegenden Flanken der mittelozeanischen Rücken nach unten gleiten und der alte, erkaltete Plattenrand in einen ozeanischen Graben und dann in den Erdmantel absinkt, wobei er die übrige Platte mitzieht.

Dieses tektonische Ziehen ist eine der beiden elementaren Kräfte, die den Meeresboden gestalten. Die andere ist das vulkanische Schieben: Die Tendenz von Gestein, aus dem heißen Erdmantel unter einem mittelozeanischen Rücken aufzudringen und auf seinem Weg an die Oberfläche die Platten beiseite zu drücken. Beide Kräfte, die tektonische Aktivität und der Vulkanismus, wirken auch an Land, aber dort werden ihre Wirkungen von einer dritten Kraft verwischt, der Erosion, der ständigen Einwirkung von Wind und Regen, die die Gebilde immer wieder abträgt, die durch die horizontalen Bewegungen der Plattentektonik und die vertikalen des Vulkanismus aufgerichtet werden. Im Meer gibt es keinen zerstörerischen Wind und Regen, nur die alles zudeckenden, langsam niederrieselnden Sedimente. An den mittelozeanischen Rücken finden die Sedimente kaum Zeit, sich anzusammeln.

An einem mittelozeanischen Rücken müssten die Meeresgeologen die Wirkungen der tektonischen Aktivität und des Vulkanismus somit eigentlich sehr gut beobachten können – nur dass sie, wenn sie mit einem U-Boot zu irgendeinem Gipfel tauchen, nie weiter als fünfzehn Meter sehen können. Sie sehen nie den Meeresboden als Landschaft. Sie hatten es deshalb schwer, sich darauf zu einigen, wie er entstanden ist. Ist er in erster Linie das Ergebnis des tektonischen Streckens und Ziehens, oder des vulkanischen Aufdringens und Schiebens? Wem die Frage zu verwirrend erscheint, der gehe sie so an: Wie haben zwei Drittel der Erdoberfläche zu dem Äußeren gefunden, das sie heute haben? Einer der führenden Fachleute auf diesem Gebiet ist der Meeresgeologe Ken Macdonald von der University of California in Santa Barbara. Aufgrund ganz verschiedener Daten setzt Macdonald die Tektonik auf Platz eins.

Die Streckung des Meeresbodens, sagt er, ist wie das Öffnen des Verschlusses einer Flasche mit Mineralwasser: Es lässt den Druck aus der darunter liegende Asthenosphäre ab, einer heißen, plastischen Schicht des Erdmantels in dreißig oder mehr Kilometern Tiefe. Erst dann beginnt das Gestein dort tatsächlich aufzudringen. Wenn es sich der Oberfläche nähert, lässt der Druck weiter nach, und weil es der Druck ist, der es trotz der hohen Hitze in fester Form gehalten hat, beginnt das Gestein zu schmelzen. Der geschmolzene Teil sondert sich ab und steigt auf, wie Sahne in Milch, und bildet eine Magmalinse, die auf einer sehr viel größeren Blase aus teilweise geschmolzenem Gestein schwimmt. Meeresforscher haben eine solche Magmakammer etwa anderthalb Kilometer unter dem Ostpazifischen Rücken tatsächlich schon «gesehen». Mit Hilfe künstlicher Explosionen, die so stark sind, dass die Schallwellen den Meeresboden durchdringen, haben sie das starke Echo aufgenommen, das vom geschmolzenen Gestein erzeugt wird.

Die Magmakammer unter einem mittelozeanischen Rücken ist höchstens zwei, drei Kilometer groß, aber sie ist die Schmiede, in welcher die gesamte ozeanische Kruste geschmiedet wird. Wenn die Platten auseinander driften, kühlt teilweise geschmolzenes Gestein im unteren Teil der Kammer langsam ab, erstarrt und bildet ein grobkörniges Gestein namens Gabbro. Aus der dünnen geschmolzenen Linse oben auf der Kammer schießen Magmaschichten durch Risse in der Kruste nach oben. Ein Teil davon erstarrt an Ort und Stelle und bildet plattenartige, waagerechte Intrusionen, so genannte diskordante Gänge; ein anderer Teil steigt bis zur Oberfläche auf und ergießt sich dort als Lava über den Meeresboden. Im nur 2°C warmen Meerwasser erstarrt die Lava augenblicklich und bildet feinkörnigen Basalt. Sie erstarrt so schnell, dass bizarre, wulstige Formen entstehen können, so genannte Kissenlava. Drei bis fünf Kilometer Gabbro, darüber ein knapper Kilometer basaltische diskordante Gänge und darauf ein paar hundert Meter Kissenlava – das ist die Schichttorte aus Gestein, die wir als ozeanische Kruste bezeichnen. Meeresgeographen haben diese Schichten schon mit eigenen Augen gesehen, als sie mit U-Booten zu Stellen am mittelozeanischen Rücken getaucht sind, wo Bruchzonen die Kruste von oben bis unten aufgeschlitzt haben.

Die Bruchzonen treten in Abständen am gesamten Kamm des Rückens auf; sie versetzen ihn und zerteilen ihn in lange Segmente. Das ist seit den 50er Jahren bekannt. Aber als die Forschungsschiffe in den 80er Jahren Mehrstrahlecholote bekamen, entdeckten Macdonald und andere Wissenschaftler nach und nach, dass jedes dieser langen Segmente in viele weit feinere Segmente unterteilt war – an Stellen, wo zwei benachbarte Rückenabschnitte sich überlappen, ohne sich genau zu treffen, und an Stellen, wo die gerade Gratlinie nur leicht gekrümmt ist. Auch die Gesamtgestalt des Rückens ändert sich, wo der Grat diese Abschweifungen macht. Er ist in der Mitte jedes Segments am breitesten und höchsten, und am schmalsten und niedrigsten an den Enden, wo der Grat abknickt oder zerbrochen ist.

Die breiten Stellen sind offenbar diejenigen, wo der Rücken durch eine pralle Magmakammer aufgebläht wird. Warum steigt das Magma gerade an diesen Stellen auf? Nach Macdonald vor allem deshalb, weil der Meeresboden sich zufällig so streckte, als er durch das Absinken der Platten Tausende von Kilometern entfernt auseinander gezogen wurde. Das Magma steigt an den Stellen auf, die am stärksten gestreckt worden sind und wo der Druck am geringsten ist.

Jedes Mal, wenn der Meeresboden aufbricht, jedes Mal, wenn die Bewegung der Platten die erstarrte Lava in irgendeinem Segment des Senkungsgrabens bis an die Grenze der Belastbarkeit streckt, kann die Magmakammer nach Macdonald einen neuen Schwall geschmolzenes Gestein ausstoßen und damit ein neues Stück Meeresgrund. Die Magmablase hilft mit, den Spalt nach beiden Seiten zu erweitern, und reißt den Meeresboden auf, wie die schwellende Brust von Superman dessen Trikot aufplatzen lässt. Jedes Segment der mittelozeanischen Rücken entsteht also durch ein Feedback zwischen aufbrechendem Meeresboden und aufsteigendem Magma. Aber das Aufbrechen, die tektonische Kraft, erfolgt nach Macdonald zuerst – Aufbrechen, das durch die Bewegung der Platten herbeigeführt wird.

– – –

Die Bewegungen der Platten ändern sich, und das tun auch die Rücken. Der Mittelatlantische Rücken und der Ostpazifische Rücken sind dabei die beiden äußersten Pole des Spektrums. Ersterer ist der Urtyp, wie Heezen und Tharp ihn kannten: ein Rücken mit relativ steilen Flanken und einem über die ganze Länge laufenden zentralen Senkungsgraben, der zwei bis drei Kilometer tief und fünfzehn bis dreißig Kilometer breit ist. Der Ostpazifische Rücken ist von ganz anderer Art, eine sanfte, nur etwa dreihundert Meter hohe Erhebung am Meeresboden, die ganz bequem im Senkungsgraben des Mittelatlantischen Rückens Platz fände. Und das Rift am Grat des Ostpazifischen Rückens ist gar kein richtiger Graben: Nur ein-, zweihundert Meter tief und ungefähr anderthalb Kilometer breit, sodass er mit den Echolotsystemen, die Heezen zur Verfügung standen, fast nicht zu entdecken war.

Der Unterschied zwischen den atlantischen und den pazifischen Rücken ist wohl Ausdruck ihrer unterschiedlichen Entstehungsgeschichte. Der Pazifik ist der ältere der beiden Ozeane. Er ist ein Überbleibsel der Panthalassa, des gesamten Meeresraums, der den Urkontinent Pangäa bis vor etwa 170 Millionen Jahren umgab. Damals begann die Teilung des Urkontinents in die heutigen Erdteile an einem Rift entlang, aus dem dann der Atlantik wurde. Als die Platten, die die Kontinente trugen, sich vom atlantischen Rift entfernten, schoben sie sich über den Boden des Pazifiks; der gesamte Pazifik weist am Rand tiefe Gräben auf, an denen der Meeresboden wieder unter die Platten, die das Festland tragen, in den Erdmantel abtaucht. Die Gräben vernichten sehr viel mehr Meeresboden, als der Ostpazifische Rücken neu entstehen lässt, weshalb der Pazifische Ozean auch schrumpft.

Doch gleichzeitig produziert der Ostpazifische Rücken sehr viel schneller neuen Meeresboden als der Mittelatlantische Rücken. Der Meeresboden weitet sich entlang dem Rücken um bis zu 20 Zentimeter pro Jahr aus, während der Atlantik es diesbezüglich nur auf etwa 2,5 Zentimeter jährlich bringt. Es kommt am Mittelatlantischen Rücken selbstverständlich zu Vulkanausbrüchen, aber sie sind sehr viel seltener. An einigen Stellen – zum Beispiel in Island oder bei der Insel Ascension – liegt der Rücken über oder in der Nähe von Hot Spots, und diese tiefen Mantelplume versorgen ihn mit so viel Magma, dass einige seiner Gipfel sogar aus dem Wasser ragen. Ansonsten ist der Magmavorrat unter dem Atlantik aber offenbar bestenfalls sporadisch vorhanden.

Der Pazifik weitet sich schnell aus und ist heiß, der Atlantik weitet sich langsam aus und ist kalt – und die Ursache für diesen Unterschied liegt nach Macdonald in den pazifischen Gräben. Die Platten am Ostpazifischen Rücken driften deshalb so schnell auseinander, weil sie von den Gräben so schnell gezogen werden. Das Magma dringt dort so reichlich auf, weil der Meeresboden kontinuierlicher aufbricht und so der Deckel von der Asthenosphäre genommen wird. Der Meeresboden im Atlantik entsteht dagegen deshalb langsamer, weil er nur an zwei winzigen Stellen vernichtet wird – im Puerto-Rico-Graben und an der Süd-Sandwich-Schwelle vor der Spitze Südamerikas.

Die Unterschiede erklären auch die unterschiedliche Topographie der beiden Rücken. Im Ostpazifik steigt so viel Magma auf, dass es das Rift immer füllt, das nur eine seichte Caldera ist, eine Senke, die sich dort gebildet hat, wo ein Lavasee ausgelaufen ist. Die darunter liegende Kruste ist zu heiß und plastisch, als dass sie ein tiefes Tal tragen könnte; die Seitenwände würden einfach darin versinken. Unter dem Mittelatlantischen Rücken gibt es dagegen nicht genug Magma, um die Lücke zu schließen, die die auseinander driftenden Platten hinterlassen, und die Kruste ist fast auf der gesamten Stärke von zehn Kilometern kalt und fest. Sie kann also, wenn sie auseinander gezogen wird, sehr tief an den Hangverwerfungen aufbrechen, die die Rückenachse flankieren. Die Krustenschollen innerhalb dieser «normalen» Verwerfungen rutschen hinunter, während die Schollen außerhalb der Verwerfungen sich aufrichten. Das Ergebnis ist ein von hohen Bergen flankiertes tiefes Tal.

An den Abhängen jedes Rückens beginnen die Berge der Tiefsee. Sie hören dort jedoch nicht auf; die auseinander driftenden Platten tragen sie hinaus über den Meeresboden, und die Berge verschwinden erst, wenn sie von Sediment bedeckt werden oder in einen Graben abtauchen. Tiefseeberge sind die häufigste geologische Erscheinungsform auf der Erde; sie bedecken zwischen einem Drittel und der Hälfte des Planeten. Als diese Tatsache Anfang der 50er Jahre entdeckt wurde, herrschte allgemeine Fassungslosigkeit: Der Meeresboden war demnach nicht weitgehend flach. Selbst heute sind sich die Geologen noch nicht restlos einig darüber, warum er so hügelig ist.

Einige Tiefseeberge sind offenbar bloße Lavahaufen, die am mittelozeanischen Rücken ausgestoßen wurden und dann auf den sich voneinander entfernenden Platten fortdrifteten. Am Juan-de-Fuca-Rücken im nordöstlichen Pazifik fanden Bill Ryan und seine Kollegin Ellen Kappel Beweise dafür: Vulkankegel, die regelrecht in zwei Hälften gespalten worden waren und auf den gegenüberliegenden Seiten der Rückenachse zueinander passende spiegelbildliche Berge bildeten. Aber die gleiche tektonische Streckung, die einen mittelozeanischen Zentralgraben bildet, kann, wie Macdonald darlegt, auch Hügel und Täler an dessen Flanken schaffen. Diese abyssischen Hügel sind «Horste»: Schollen der Erdrinde, die herausgehoben werden, wenn die Schollen zwischen ihnen an normalen Ab- oder Aufschiebungen absinken.

1994 tauchten Macdonald und seine Kollegen auf der Suche nach Beweisen für diesen Vorgang mit der *Alvin* zum Ostpazifischen Rücken, dem kleinen Tauchboot (und ozeanographischen Arbeitspferd) der Woods Hole Oceanographic Institution. Sie dümpelten quer über die Achse des Rückens, mit laufenden Kameras, eine Flanke hinauf und die andere hinunter. Auf diese Weise konnten sie Stadien in der Entstehung der Tiefseeberge beobachten – und was sie sahen, waren Horste. Die inneren Abhänge der Hügel, diejenigen, die zur Achse hin lagen, waren bis zu 160 Meter hohe Wände, also genau das, was man bei einer normalen Verwerfung erwartet. Die außen liegenden Abhänge waren ebenfalls steile Verwerfungen, aber die Forscher mussten genau hinsehen, um sie zu entdecken. Diese Böschungen lagen größtenteils unter sanften Falten aus erstarrter Lava, die kaskadenartig vom Kamm des Hügels hinabgestürzt war. Eine tektonische Landschaft in vulkanischer Verkleidung – das war im Wesentlichen das, was Macdonald und seine Kollegen sahen. Der Meeresboden ist ein Ort voller Überraschungen.

– – –

In Island kann man den Mittelatlantischen Rücken entlanglaufen. An einem Ort, der Thingvellir heißt, kann man in einen engen Vulkanspalt hinabsteigen, über Lavablöcke klettern und die Basaltwände berühren, und dann auf der üppigen Wiese picknicken und hinauf zur Sonne und den Vögeln blicken. Ein paar hundert Meter entfernt stehen an einem friedlichen See Wochenendhäuser von Bewohnern Reykjaviks. Dieser Teil des Rückens an der Westflanke ist jetzt ziemlich ruhig. Aber nur gut hundert Kilometer südöstlich vor der Südküste liegt Surtsey, eine kleine Insel, die 1963 bei einem Vulkanausbruch entstanden ist. Südlich von Island ist der Mittelatlantische Rücken am aktivsten. Als Bruce Heezen im U-Boot *NR-1* starb, war er auf dem Weg zu diesem Abschnitt des Rückens in der Hoffnung, einen Ausbruch zu erleben.

Vor fünfzig Jahren, bevor Heezen und Tharp und Hess ihre Arbeit aufnahmen, wussten wir nicht, dass die Oberfläche unseres Planeten ständig wiedergeboren wird. Es war völlig normal für Heezen, wie für jeden Geologen, dass er einen solchen Augenblick der Erschaffung direkt miterleben wollte – doch dazu braucht man viel Glück. Die Geburt von Meeresboden ist sporadisch, episodisch. Die kleinsten Rückensegmente, die Macdonald entdeckt hat, sind wahrscheinlich das Ergebnis einzelner Auf- und Ausbrüche am Meeresboden. An einer normalen Streckung des sich langsam ausweitenden kalten Mittelatlantischen Rückens, weit von Island und seinen Hot Spots entfernt, kommt es vielleicht nur alle hunderttausend Jahre einmal zu solchen Ausbrüchen. Am sich schnell ausweitenden heißen Ostpazifischen Rücken treten sie sehr viel häufiger auf – alle tausend oder hundert Jahre, vielleicht sogar alle zehn Jahre, das weiß niemand genau.

Vor einigen Jahren riskierte Macdonald jedoch an einem Abschnitt des Ostpazifischen Rückens einiges. Er liegt zwischen dem 9. und 10. nördlichen Breitengrad, etwa 2100 Kilometer genau westlich von Costa Rica, und war einer der ersten Plätze, die Macdonald aufsuchte, als er zu Beginn der 80er Jahre anfing, mit Sea Beam zu arbeiten. Die Sea-Beam-Karten zeigten, dass der Rücken in diesem Gebiet ungewöhnlich breit und stark geschwollen war; er sah regelrecht trächtig aus. Einige Jahre später entdeckten Seismologen, dass unter dem Rücken eine große Magmakammer lag. 1988 wagten Macdonald und Jeff Fox von der University of Rhode Island eine Vorhersage: der Ostpazifische Rücken stehe zwischen dem 9. und 10. nördlichen Breitengrad vor einem Ausbruch.

Wie sich zeigte, hatten Macdonald und Fox Recht. Und die Ereignisse, zu denen es bei 9 Grad 50 Minuten nördlicher Breite kam, erinnerten Macdonald später an etwas, das ihm vor zwanzig Jahren auf einer seiner ersten Fahrten als junger Ozeanograph schon einmal passiert war. Das war 1972, nur wenige Jahre nach seinem Entschluss, ein Medizinstudium und eine sichere Existenz zugunsten einer Karriere als Meeresgeologe aufzugeben. Die Plattentektonik war damals hochaktuell, neu und aufregend; und Macdonald sagte sich, dass es mehr über die mittelozeanischen Rücken zu sagen geben müsse, als dass dort Platten auseinander driften. Alle Details der Bildung von Meeresboden mussten erst noch entdeckt werden. 1972 kreuzte Macdonald nordöstlich der Galapagosinseln über einem Ausläufer des Ostpazifischen Rückens, dem Galapagos-Spreizungszentrum. Er wollte herausfinden, ob man mit Sonobojen arbeiten kann – mit denen die Marine U-Boote aufspürt –, um das Grollen von Erdbeben am Rücken zu registrieren. Er fand heraus, dass es ging. «Dann eines Tages», erinnert sich Macdonald,

> «fuhren wir herum und machten irgend etwas, als wir merkten, dass eine Menge tote Fische an der Oberfläche trieben, was uns äußerst seltsam vorkam. Tatsächlich hatten wir so etwas noch nie erlebt. Wir sammelten ein paar von den Fischen mit dem Netz ein und brachten sie einem Ichthyologen im Scripps. Er erklärte, dass die Fische in großer Tiefe lebten – in der gleichen Tiefe wie der Rücken. Sie waren außerdem erst vor kurzem eingegangen – einige hatten an der Oberfläche noch gelebt. Er sezierte sie, konnte den Grund für ihren Tod aber nicht feststellen. Rückblickend meinen wir jedoch, dass es mit Erdbeben zu tun gehabt haben muss, die ich mit den Sonobojen der Marine registrierte.»

Rückblickend war Macdonald klar, dass an der Galapagos-Schwelle etwas Gravierendes geschehen war. Es war zunächst einmal ein geologisches Ereignis, das jedoch nur fünf Jahre später zu einer der größten biologischen Entdeckungen des Jahrhunderts führen sollte. Von da an war dieser Fleck auf dem Meeresboden, das Epizentrum des Erdbebens, als Rose Garden bekannt.

6. Kapitel DAS KÖNIGREICH DER SEEGURKEN

Die Tiefe selbst verfaulte, – Gott
Im Himmel, gib uns Mut!
Schlammtiere krabbeln zahllos rings
Auf schlamm'ger Moderflut.

Samuel Coleridge – *Der alte Matrose*

Auf dem Grund der Tiefsee, der kalten und lichtlosen, stillen und erdrückenden Tiefsee, ist jedes Sedimentkorn schon einige Male von einem Wurm oder anderen glitschigen Schlammfressern verdaut worden. Auf dem Grund der Tiefsee, wo die Zeit einst langsamer verstrichen sein soll, wenn überhaupt, wird ein Fleischbrocken, der von oben herabsinkt, binnen kürzester Zeit von rasenden Krebsen und Raubfischen zerfetzt. Auf dem Grund der Tiefsee, dieser vermeintlich gleichbleibenden, eintönigen Wüste – so zumindest wurde einst gesagt –, kommt die Vielfalt der Arten derjenigen des tropischen Regenwaldes gleich: Wir könnten zehn Millionen Tierarten oder mehr auf dem Grund der Tiefsee finden, wenn wir sie je gründlich erforschen würden, womit wir angesichts ihrer Größe und unserer Beschränkungen soeben erst begonnen haben.

Diese Erkenntnisse vom Leben in der Tiefe sind vergleichsweise neu. Sie stammen frühestens aus den 60er Jahren, sind aber meistens jüngeren Datums. Die Tiefseebiologie als wissenschaftliche Betätigung ist jedoch keineswegs neu. Wenn man alte Gelehrte wie Plinius außer Acht lässt, kann man sagen, dass die Tiefseebiologie Anfang des 19. Jahrhunderts begonnen hat. (Plinius übergeht man zu diesem Thema wirklich am besten: Seine Gesamtzahl aller im Meer lebenden Arten, ob tief oder nicht, belief sich auf 176 – vier weniger als Aristoteles vier Jahrhunderte vorher allein im Ägäischen Meer gefunden hatte.) Anfang des 19. Jahrhunderts erwarben die Naturwissenschaftler erstmals die Fähigkeit, Schlamm und Geröll aus großen Tiefen zu dredschen, und damit vermutlich auch Tiere. Zu der Zeit löste sich die Frage, was wohl auf dem Meeresgrund leben könnte, aus dem Reich der reinen Spekulation und Legendenbildung und betrat das der Wissenschaft. Seltsamerweise nahm die Wissenschaft von der Tiefseebiologie ihren Anfang mit der Behauptung, dass in der Tiefe überhaupt kein Tier überleben könne. Sie begann mit Edward Forbes.

Forbes kam 1815 auf der Isle of Man zur Welt und lebte dort, im Herzen der Irischen See, bis zu seinem sechzehnten Lebensjahr. Er wollte Künstler werden, wurde aber von der Royal Academy in London abgewiesen, ging dann nach Edinburgh, um Medizin zu studieren (seiner Mutter zuliebe), meldete sich aber nie zum Examen und kehrte schließlich zu seiner ersten Liebe zurück, dem Meeresleben. Als Junge hatte Forbes auf Man am Strand Muscheln und Schnecken gesammelt und sogar Grundfische mit der Dredsche gefangen. Als er in Edinburgh über den medizinischen Büchern hätte sitzen sollen, hatte er im Firth of Forth gedredscht. 1839, als 24-Jähriger, war Forbes ein langhaariger Philosoph (wie einige Zeitgenossen ihn sahen) mit einer Leidenschaft für sein Gebiet, aber ohne Abschluss und ohne Arbeit. Er war jedoch ein so perfekter Dredscher geworden, dass er im gleichen Jahr die Britische Gesellschaft für die Förderung der Wissenschaft davon überzeugen konnte, einen Dredsch-Ausschuss zu gründen, der im Wesentlichen aus Forbes bestand. Die Gesellschaft bewilligte ihm 60 Pfund zum Dredschen von Getier am Meeresboden. Im gleichen Jahr gab Forbes für seine Freunde im Red Lion Club auch sein «Lied von der Dredsche» zum Besten.

Die Dredsche wird´s weisen, mit ihrem Bügel aus Eisen
Und ihrem Dreieck geheimnisvoll
Und ihrem Netz dicht geknüpft, dass durch die Maschen nicht schlüpft
Der Fisch, der gefangen sein soll

Auch wenn er als Dichter keine Zukunft hatte, war doch der Zuschuss der Britischen Gesellschaft sein erster großer Erfolg als Dredscher. Der zweite stellte sich zwei Jahre später ein, als er die Chance bekam, als Naturforscher an Bord der H.M.S. *Beacon* Dienst zu tun, eines Schiffs der englischen Marine, das die Ägäis vermessen sollte. Eineinhalb Jahre kreuzte die *Beacon* im Ägäischen Meer. In dieser Zeit konnte Forbes seine kleine, dreieckige, ledermaschige Dredsche an einhundert Stellen über den Boden ziehen, in Tiefen zwischen einem und 230 Faden (1,8 und 420 Metern). Er sammelte Hunderte verschie dener Tierarten und stellte fest, dass sie sich auf acht Tiefenzonen verteilten, von denen jede ihre ganz eigene Fauna besaß, so wie in verschiedenen Höhenregionen eines Berges nur ganz bestimmten Pflanzen wachsen.

Wie Forbes der Britischen Gesellschaft später mitteilte, meinte er auch, dass «die Zahl der Arten und Individuen abnimmt, wenn wir hinabsteigen, und auf null bei der Verbreitung des bisher noch nicht erkundeten tierischen Lebens geht». Diese Null, spekulierte Forbes beiläufig – er verlängerte in seinem Diagramm mit der Zahl der Tiere und der Tiefe einfach eine Linie –, begann vermutlich bei etwa 550 Metern. Jenseits davon lag nach der Darstellung von Forbes die Endzone, Zone neun, die den größten Teil des Meeresbodens einnahm und damit auch der festen Erdoberfläche: die «azoische Zone», in der kein Tier überleben konnte, von Pflanzen ganz zu schweigen.

Die azoische Zone von Forbes erschien zu jener Zeit absolut einleuchtend und war fraglos weit von der sonderbarsten Vorstellung entfernt, die damals über die Tiefsee herrschte. Im ersten Jahrzehnt des Jahrhunderts hatte der französische Naturforscher François Péron die Erde umsegelt und Meerestemperaturen gemessen. Er entdeckte, dass das Wasser umso kälter wurde, je tiefer man kam, und war zu dem Schluss gekommen, dass der Meeresboden mit einer dicken Eisschicht bedeckt sei. Péron übersah, dass Wasser sich ausdehnt, wenn es gefriert, und Eis deshalb schwimmt. Eine verbreitetere Ansicht jener Zeit war die, dass das Wasser in großer Tiefe so stark zusammengedrückt werde, dass nichts hindurchsinken könne; die Menschen glaubten im 19. Jahrhundert, dass ein sinkendes Schiff niemals den Meeresboden erreiche, sondern geistergleich auf einer Schicht aus dichtem Wasser in der Tiefe treibe, sodass die unglücklichen Seeleute nie die letzte Ruhe fänden. Diese makabere Folklore ignorierte die Tatsache, dass Wasser fast nicht zusammendrückbar ist. Aber selbst die gemäßigteren Naturforscher jener Tage machten sich einer ähnlichen falschen Ansicht schuldig: danach sei die Tiefsee mit einer nicht aufzuwirbelnden Ansammlung aus stillem, kaltem, dichtem Wasser angefüllt. In Wirklichkeit wird das Wasser in der Tiefe ständig durch kaltes Wasser aufgefrischt, das von oben absinkt.

Stillschweigend wurde aus all diesen Missverständnissen gefolgert, dass in der Tiefe kein Leben möglich wäre, wie es die Beobachtungen von Forbes ja auch anzudeuten schienen. Aber Forbes war in zweierlei Hinsicht irregeführt worden. Zum einen lag das am Ort der Untersuchungen, den er rein zufällig als Ausgangspunkt für sein radikales Postulat vom Abyssal ohne Leben gewählt hatte. Auch wenn die Ägäis, das Hausmeer des Aristoteles, die Geburtsstätte der Meeresbiologie war, weiß man heute, dass seine Tiefe außerordentlich bescheiden ist – «faunamäßig verkümmert», wie ein Zoologe sagen würde. Im Übrigen hatte Forbes beim Sammeln der Tiere, die es auf dem Grund der Ägäis tatsächlich gab, keine sehr glückliche Hand. Seine geliebte Dredsche war mangelhaft. Das Dreieck war zu klein und die Maschen so groß, dass die Beute hindurchschlüpften. Viele Tiere, die er dennoch fing, müssen beim Einholen der Dredsche aus der weiten Öffnung wieder entwichen sein. Seine azoische Zone war eine zwar verständliche, aber weit übertriebene Extrapolation wegweisender, aber unzulänglicher Daten.

Wie sich herausstellte, hatte man die Existenz der azoischen Zone schon widerlegt, bevor Forbes sie überhaupt zur Sprache brachte, und die Theorie erntete während ihres langen, einflussreichen Lebens auch ständig Widerspruch. Auf der Suche nach der Nordwestpassage vom Atlantik in den Pazifik hatte Sir John Ross 1818 seine «Tiefseemuschel» – eine Art zweischalige Sedimentschaufel – in die Gewässer der Baffin-Bai hinabgelassen, die er an einigen Stellen für tiefer als 1800 Meter hielt. Moderne Echolotungen belegen, dass er die Tiefe um mehrere hundert Meter überschätzte, aber auf jeden Fall tauchte die Rosssche Muschel sehr viel tiefer als die Dredsche von Forbes. Sie förderte mit Würmern durchsetzten Schlamm zutage und Seesterne, die sich in Tiefen in der Leine verfangen hatten, die deutlich unterhalb der vermeintlichen Grenze der azoischen Zone lagen.

In den Jahrzehnten, die auf die «Entdeckung» des Reichs ohne Lebewesen jenseits von 550 Metern folgten, wurden weitere Würmer und Seesterne aus immer größeren Tiefen geborgen. Schiffe, die Trassen für die submarinen Telegraphenkabel erkundeten, entdeckten Tiere, die an den Lotleinen hingen, und manchmal saßen sie auch auf den Kabeln selbst. Als 1860 vor Sardinien ein defektes Kabel aus 1800 Meter tiefem Wasser heraufgeholt wurde und mit Tieren überkrustet war, kamen Zweifel an der azoischen Zone auf. Aber obwohl Forbes selbst, der 1854 starb, die Zone immer nur als eine Hypothese betrachtet hatte, klammerten sich seine Nachfolger hartnäckig daran – wie Seesterne an eine Lotleine. Die Theorie erschien zu sinnvoll, als dass sie nicht hätte stimmen können. Welche Tiere konnten schon in der kalten, dunklen, nahrungslosen und erdrückenden Tiefe überleben? Warum ein paar vereinzelten Gegenbeispielen glauben, die von Laien auf Kabellegern gesammelt worden waren? Diese Seesterne hatten vielleicht gar nicht auf dem Grund gelebt. Sie hatten sich vielleicht «konvulsivisch» an die Lotleine geklammert, als diese durch seichteres Wasser eingeholt worden war.

– – –

Während einige Naturwissenschaftler die azoische Zone unbesehen akzeptierten, empfanden andere die Idee wie einen ihnen hingeworfenen Fehdehandschuh. Ihr großer Vorzug bestand darin, dass es eine äußerst einfache und gut nachprüfbare Hypothese war, und da sie zu Expeditionen anregte, deren Ziel ihre Überprüfung war, leistete sie der Tiefseebiologie Geburtshilfe. Die wichtigsten dieser Expeditionen waren die der H.M.S. *Porcupine*, ein 382-Tonnen-Kanonenboot, zu dessen Umwandlung für wissenschaftliche Zwecke und für die Erforschung der azoischen Zone die britische Admiralität bewogen worden war. Einer der maßgeblichen Befürworter war Charles Wyville Thomson, der später den Lehrstuhl für Naturwissenschaft von Forbes an der Universität Edinburgh übernahm und 1872 die *Challenger*-Expedition leiten sollte. Im Sommer 1869 führte Thomson die *Porcupine* auf einer Fahrt vor der Südwestspitze Irlands an den Rand der heutigen Porcupine Abyssal Plain.

Die *Porcupine* hatte einen 12-PS-Motor zum Einholen einer Dredsche aus großen Tiefen. Die Dredsche selbst bestand aus einem Maschensack, der an einem 1,35 Meter langen und 15 Zentimeter breiten rechteckigen Metallrahmen befestigt war. Wenn die Dredsche über den Meeresgrund gezogen wurde, gelangten Wasser, Schlamm und Tiere durch den metallenen Schlund hinein; das Wasser und der größte Teil des Schlamms konnten durch die gut einen Zentimeter großen Maschen wieder entweichen, während die Tiere unten im Sack landeten, der aus dicht gewebtem Segeltuch gemacht war. So war es zumindest gedacht. Im Verlauf der Expedition stellten Thomson und seine Kollegen jedoch fest, dass der Entwurf der Dredsche abgeändert werden musste. «Bei vielen unserer Dredscheinsätze mit der *Porcupine* in allen Tiefen», erinnerte Thomson sich später,

> «stellten wir fest, dass mit der Dredsche selbst nur wenige interessante Objekte heraufgeholt wurden, dagegen viele Stachelhäuter, Schwämme und Korallen an die Oberfläche kamen, die außen am Dredschsack hafteten…
>
> Schließlich ließ Kapitän Calver ein halbes Dutzend «Scheuerlappen» hinab, mit denen das Deck geputzt wurde und die an der Dredsche angebracht waren. Das Ergebnis war überwältigend. Das Hanfknäuel brachte alles mit nach oben, was rau und beweglich war und ihm in den Weg kam und fegte den Boden, als wenn er das Deck wäre…»

Am Abend des 22. Juli 1869 fegte die *Porcupine* den Meeresgrund in 4388 Metern Tiefe – zehnmal tiefer, als Forbes in der Ägäis vorgedrungen war. Es war der bis dahin mit Abstand tiefste je unternommene Dredschversuch. Die Dredsche brauchte eine Stunde, bis sie den Grund erreicht hatte. Die Mannschaft ließ sie drei Stunden unten und beobachtete voller Sorge das Seil, das unter der gewaltigen Belastung jederzeit reißen konnte. Gegen neun Uhr abends wurde die Dredsche eingeholt. Thomson schilderte die Szene später einem Freund:

«Genau um ein Uhr nachts kündigte der Jubel einer atemlos gespannten kleinen Gruppe von Zuschauern an, dass die Dredsche sicher von ihrer wunderbaren und gefahrvollen Reise über mehr als sechs Meilen zurückgekehrt war. Ein kleiner Zwischenfall hatte sich ereignet. Beim Ablassen hatte sich das Seil um den Dredschsack geschlungen, sodass der Sack nicht voll war. Er enthielt jedoch genug für unseren Zweck – etwa eineinhalb Zentner Atlantikschlamm, und so war der Kraftakt gelungen. Einige von uns warfen sich auf die Sofas, ohne sich auszuziehen, um den Tagesanbruch zu erwarten und zu sehen, was die Dredsche enthielt.»

Man kann sich vielleicht ausmalen, welcher Jubel am nächsten Tag herrschte; Thomson aber blieb nüchtern. «Das Leben reicht bis in die tiefsten Tiefen», resümierte er, «und ist mit allen Gruppen der marinen Wirbellosen vertreten.» Aus den 150 Pfund grauem, kreideartigem Schlamm siebten er und seine Mitarbeiter unter anderem fünf Weichtierarten, zwei Stachelhäuterarten, ein oder zwei Ringelwürmer, einen Schwamm, zahlreiche einzellige Foraminiferen.

In den vorangegangenen drei Jahrzehnten war die von Forbes propagierte Untergrenze für das Tiefseeleben mit jedem neuen, tieferen Dredschversuch hinausgeschoben worden, der lebende Organismen zutage förderte. Aber jetzt, wo man in einer Tiefe von 5000 Metern, jenseits der Durchschnittstiefe der Weltmeere, eine Vielfalt von Meerestieren gefunden hatte, ließ sich die Grenze der azoischen Zone nicht weiter hinausschieben. Jetzt war sie gesprengt. Jetzt herrschte in der Tiefsee ein für alle Mal Leben; und die Vorstellung von einer azoischen Zone auf der Erde hätte eigentlich ein für alle Mal erledigt sein müssen.

Doch die Biologen vergnügten sich noch fast ein ganzes Jahrhundert mit der Leiche. Die bedeutende *Challenger*-Expedition, die Thomson ausrichtete und die zum Teil erst dank der öffentlichen Begeisterung über die Ergebnisse der *Porcupine* ermöglicht wurde, erbrachte den Beweis, dass Tiefseeleben überall auf der Erde existierte, nicht nur südwestlich von Irland. Tatsächlich war eine der Vorstellungen, an deren Überprüfung Thomson und die anderen bei ihrem Aufbruch mit der *Challenger* aufs Höchste interessiert waren, in gewisser Hinsicht das Gegenteil der Hypothese von der azoischen Zone: nämlich die Vorstellung, dass der Meeresboden größtenteils, wenn nicht total, von einer pulsierenden Masse aus Urschleim bedeckt sei, *Bathybius* genannt.

Der Tiefseeschleim *Bathybius* war erstmals von Thomas Huxley «gefunden» worden, dem bedeutenden Evolutionsbiologen, der den Historikern als Darwins Bulldogge bekannt ist. Auf Bitten Huxleys hatte der Schiffsarzt auf dem Vermessungsschiff H.M.S. *Cyclops* Schlamm vom Grund des Nordatlantiks gesammelt und in Alkohol aufbewahrt. Als Huxley den Schlamm untersuchte, bemerkte er, dass er mit einer schleimigen, gallertigen Substanz durchsetzt war, die dem Eiweiß ähnelte und wie lebendig vibrierend und frei umherschwamm, wenn er das Gefäß schüttelte. Eingebettet in den Schleim war unbekanntes körniges Material, das der Schleim offenbar verzehrt hatte. Huxley erklärte, dass dies kein normaler Schleim sei. Das sei lebender, tierischer Schleim und außerdem «Urschleim», die einfachste mögliche Form von Leben, reines Protoplasma, dessen Existenz schon Huxleys Kollege und ebenfalls ein Anhänger Darwins, der deutsche Biologe Ernst Haeckel, vorhergesagt hatte. Huxley nannte das Geschöpf *Bathybius haeckelii,* und der erfreute Haeckel erklärte *Bathybius* flugs zu unser aller Urmutter, einem lebenden Vorfahren aller lebenden Dinge, der noch immer spontan aus dem Schlamm des

Meeresbodens entstehe. Es könne sogar ein einzelner, die Welt umspannender Organismus sein.

Die Wissenschaftler der *Challenger* suchten überall auf der Erde nach *Bathybius*, fanden aber überall nur normalen Schlamm – bis der Chemiker an Bord eines Tages bemerkte, dass einige der Schlammproben, nämlich diejenigen, die in Alkohol statt in Meerwasser aufbewahrt worden waren, tatsächlich Spuren des besonderen Schleims aufwiesen. Bei der Analyse des Schleims stellte der Chemiker fest, dass er weder tierisch noch pflanzlich (noch beides, wie Haeckel geglaubt hatte) war, sondern schlicht und ergreifend leblos und mineralisch; es war vor allem Kalziumsulfat, das sich aus dem Schlamm abschied, wenn er mit Alkohol gemischt wurde. Huxley widerrief sofort. *Bathybius* wurde zu einer historischen Fußnote, wenn auch einer interessanten.

Auf jeden Fall war es ein eigenartiges Zwischenspiel in der Entwicklung der Tiefseebiologie, deren Hauptstoß – wenn man von einem Stoß sprechen kann bei einem Gebiet, das ruckweise und mit langen Unterbrechungen vorangeschritten ist – in tausend Schritten den allmählichen Untergang der Hypothese von der azoischen Zone zur Folge hatte, mit der alles angefangen hatte. Einen der letzten Hiebe teilte 1951 das dänische Schiff *Galathea* aus. Auch wenn Thomson 1869 erklärt hatte, «das Leben reicht bis in die tiefsten Tiefen» des Ozeans, bestand die eigentliche Aufgabe der *Galathea* bei ihrer Expedition rund um die Welt darin zu beweisen, dass das Leben tatsächlich bis in die wirklich allertiefsten Tiefen reicht – bis zum Grund der Gräben im Pazifik. Das tat es: Am 21. August 1951 holte die *Galathea* Tiere vom Boden des Philippinengrabens herauf, aus etwa 10080 Metern Tiefe. Die dänischen Biologen bestimmten acht Tierarten – Seeanemonen, Seegurken, zweischalige Weichtiere, Krebstiere und Borstenwürmer.

Aber der Philippinengraben ist nicht der tiefste Graben, und so hatte die Hypothese von der azoischen Zone zumindest grundsätzlich noch eine letzte Chance. Den Gnadenstoß erhielt sie am 23. Januar 1960. An diesem Tag vollbrachten zwei Forscher eine Leistung, die fraglos körperlich weniger anstrengend war als die Besteigung des Everest durch Edmund Hillary und Tenzing Norgay sieben Jahre zuvor. Sie war technisch weniger schwierig und optisch weniger dramatisch als der Spaziergang von Neil Armstrong und Buzz Aldrin auf dem Mond neun Jahre später. Historisch jedoch war sie ein vergleichbarer Meilenstein, auch wenn sich heute kaum jemand daran erinnert. An diesem Tag des Jahres 1960 tauchten der Schweizer Jacques Piccard und der Leutnant der US-Marine Don Walsh in die tiefste Schlucht auf Erden, das Challenger-Tief im Marianengraben.

Sie taten es in einem Bathyskaph, den Jacques' Vater Auguste entworfen hatte, der 1932 den Rekord für die größte je mit einem Ballon erreichte Höhe aufgestellt hatte. Die *Trieste*, wie der Bathyskaph hieß, war ein Meereszeppelin – riesig, schwerfällig, etwas lächerlich wirkend und technologisch eine Sackgasse. Größtenteils ähnelte sie einem normalen U-Boot, nur dass das, was der Rumpf hätte sein sollen, eine Ansammlung gewaltiger Benzintanks und zweier Behälter war, die 16 Tonnen Eisenkügelchen enthielten. Der Eisenballast zog den Bathyskaph in die Tiefe; wenn er dort abgeworfen wurde, trieb das schwimmfähige Benzin den Bathyskaph zurück an die Oberfläche. Piccard und Walsh saßen eingepfercht in einer Metallkugel, die einen Durchmesser von zwei Metern hatte und wie eine Ballongondel unter den Benzintanks hing.

Als sie nach mehrstündigem Absinken in 10910 Metern Tiefe den Grund erreichten, war eines der ersten (und einzigen) Dinge, die sie durch ihr Bullauge sahen, etwas, das wie ein Plattfisch aussah, so ähnlich wie eine Seezunge. Piccard blickte auf den Fisch; der Fisch blickte zurück, zumindest erschien es Piccard so. Dann raffte sich das Tier auf, schwamm gemächlich aus dem Scheinwerferkegel der *Trieste* und verschwand in der Finsternis. Nach zwanzig Minuten auf dem Grund mussten auch Piccard und Walsch wieder in ihre Welt zurückkehren. Aber die Erinnerung an diese unmittelbare Begegnung mit einem Tier der Tiefsee ist Piccard geblieben. «Hier, in einem Augenblick, war die Antwort ...», schrieb er später. «Konnte in den größten Tiefen des Ozeans Leben existieren? Ja!»

Zu dem Zeitpunkt zweifelte allerdings ohnehin kein Tiefseebiologe mehr daran. Die moderne Ära der Tiefseebiologie konnte beginnen.

– – –

Der Versuch herauszufinden, was auf dem Meeresboden lebt und wie es lebt, ist schwer. Man stelle sich vor, wie es wäre, wenn wir unsere Welt so erforschen müssten, wie die Biologen die Tiefsee erkunden müssen. Man stelle sich vor, Wesen aus dem All entdeckten die Erde. Wissenschaftlich interessiert wie sie sind, machen sie sich daran, das Leben auf ihr zu erkunden. Die unglückseligen Fremden haben aber weder Tractor Beams noch Teleportation oder sonstige moderne Gerätschaften. Ihre schmächtigen Körper können dem gewaltigen Druck unserer Atmosphäre nicht standhalten. Ihren Augen, die nur für einen kleinen Wellenlängenbereich im Infrarot empfänglich sind, erscheint alles höchst unklar. Da ihnen nichts Besseres einfällt, beschließen sie, einfach ein großes, grobmaschiges Netz von ihrem Raumschiff über die Erde zu ziehen, das in sicherem Abstand über den Wolken schwebt.

Das Netz erreicht an einem Freitagabend im texanischen Tyler den Erdboden, wo es als Erstes einen Fahnenmast oben vom Gerichtsgebäude abbricht. Dann schlängelt es sich weiter über einen

Spielplatz im Bergfeld Park und treibt Kinder und Eltern auseinander, ohne auch nur eins zu erwischen, sammelt einen Hund ein, der auf der College Street einen Knochen untersucht, und legt sich einige Häuserblöcke weiter über einen Hinterhof, wo es einen Azaleenstrauch mitnimmt, eine Wäscheleine mit exotischer, schwarzer Unterwäsche und ein paar Salatköpfe samt dazugehörigem Kaninchen. In einer dunklen Ecke eines Parkplatzes kommt das Netz beinahe zu Schaden, als das Gewicht eines klapprigen Chevrolet und der Teenager auf seinem Rücksitz die Netzleine hörbar ächzen lässt. Hastig holen die außerirdischen Wesen ihren Fang ein: einen vierfüßigen Fleischfresser, einen vierfüßigen Pflanzenfresser samt Nahrung, ein Sortiment geheimnisvoller Schalenbruchstücke und ein großes, metallverkleidetes Tier (der Chevrolet), dessen Nahrung unklar bleibt, das aber offenbar von erstaunlich fortgeschrittenen intestinalen Endosymbionten versorgt wird.

Das ist die Vorgehensweise in der Tiefseebiologie, der die Expeditionen der *Porcupine* und der *Challenger* den Weg geebnet haben. Und sie ist es auch heute noch.

Es geht nicht darum, dass es eine schlechte Methode wäre; bis zum Aufkommen der Forschungstauchboote war es anderthalb Jahrhunderte lang die einzige Methode. Darüber hinaus vermittelte das Dredschen der *Challenger* einige wichtige Erkenntnisse über die Tiefsee. Unter anderem kam dabei heraus, dass die Tiefsee nur spärlich bewohnt ist: Die Anzahl der einzelnen Organismen ist sehr viel kleiner als etwa auf einer vergleichbaren Fläche im Flachwasser. Wenn man ein fünf mal fünf Meter großes Quadrat auf dem Meeresboden dredschen würde, fände man überhaupt nur ganz wenige Formen von Leben. Die Tiere sind im allgemeinen selten, und sie sind im allgemeinen klein. Das liegt, wie die Naturwissenschaftler der *Challenger* erkannten, daran, dass es in der Tiefsee wenig Nahrung gibt. Dort können keine Pflanzen wachsen, weil das Sonnenlicht fehlt. Die einzige Nahrungsquelle im größten Teil der Tiefe bildet der Detritus – pflanzliche und tierische Überreste, Exkremente –, der von der Oberfläche absinkt.

Aber die von der *Challenger* gesammelten Daten leisteten, auch wenn sie heute immer noch herangezogen werden, auch einigen falschen Bildern von der Tiefsee Vorschub. Eins davon vermittelte den Eindruck, dass das Leben in der Tiefsee doch recht langweilig sei. «Wir waren es auf der *Challenger* allmählich leid, immer die gleichen Tiere hochzuholen, wohin wir auch kamen», berichtete H. N. Mosley, einer der Forscher an Bord, den Zuhörern bei einem öffentlichen Vortrag einige Jahre nach der Rückkehr des Schiffes. Nicht nur die Anzahl der einzelnen Tiere ging zurück, wenn man vom flachen ins tiefe Wasser kam, sondern auch die Anzahl der Arten, wie einige Auslegungen der *Challenger*-Daten zeigen. Die Tiefsee schien von einer homogenen Fauna kosmopolitischer Arten bewohnt zu sein, die sich überall mehr oder weniger glichen. Das erschien absolut sinnvoll, denn die Tiefsee war, anders als das Flachwasser und das Festland, offenbar überall gleich: Überall Kälte, Dunkelheit, Schlamm und wenig Nahrung. In einer solchen Umwelt rechneten die Ökologen mit einigen widerstandsfähigen Arten, die sich auf Kosten ihrer Rivalen durchsetzten, die letztlich ausstarben. Die Theorie nennt sich Wettbewerbsausschluss. Fast ein Jahrhundert lang hielt sich die Überzeugung, dass die Tiefsee hinsichtlich der Fauna eine Einöde sei, selbst unter Menschen, die sich gern mit ihr beschäftigten.

Und dennoch war die Vorstellung falsch. Das bewiesen Mitte der 60er Jahre Howard Sanders und Robert Hessler, zwei Biologen an der Oceanographic Institution von Woods Hole. Sanders und Hessler beschlossen, eine Region der Tiefsee genau zu untersuchen, und zwar am Transect von Cape Cod zu den Bermudas. Sie holten zunächst an mehreren Stellen von 1400 Metern Tiefe am Kontinentalhang bis in über 4500 Meter an der Tiefseeebene bei den Bermudas Schlamm herauf. Sie fingen viele Tiere – wichtiger aber war, dass sie feststellen konnten, nirgendwo auch nur annähernd alle Tiere fangen zu können. Hessler, Fachmann für eine Gruppe gegliederter Krebstiere, so genannter Isopoden oder Asseln (zu denen die Rollasseln an Land gehören), fiel auf, dass er mit seiner Dredsche andere Isopodenarten fing als die Forscher gefangen hatten, die ein Schleppnetz über den Boden gezogen hatten. Er sammelte mehr Bohrasselarten, sie hatten überwiegend Schwimmasseln eingeholt.

Hessler und Sanders beschlossen, ein Gerät zu bauen, das Merkmale der Dredsche und des Schleppnetzes in sich vereinte – ein Gerät, das bessere Proben sowohl von den Tieren erbrachte, die im Schlamm am Grund des Meeres lebten (die «Infauna«), als auch unmittelbar darüber (die «Epifauna«). Der «Epibenthosschlitten», wie sie ihn nannten, sah wie ein Panzer ohne Gefechtsturm aus. Statt der Lauffläche hatte er zwei zweieinhalb Meter lange Stahlkufen, damit er nicht zu tief in den Schlamm einsank. Zwischen den Kufen hängten Hessler und Sanders einen Sack aus Nylon mit einen Millimeter großen Maschen auf. Die Sacköffnung war dreißig Zentimeter hoch, und wenn der Schlitten gezogen wurde, grub sich der Stahlrand, der die Öffnung einfasste, etwa zwei, drei Zentimeter tief in den Schlamm. Da die meisten im Schlamm bohrenden Organismen in der oberen Schicht leben, konnten Hessler und Sanders mit dem Schlitten einen recht guten Querschnitt durch die schwimmenden, krabbelnden, bohrenden und die Tiere der Tiefsee sammeln, die einfach auf dem Boden im abyssischen Bereich saßen.

Sie waren, wie alle anderen Tiefseebiologen auch, erstaunt über das, was sie fanden. Als Hessler und Sanders den Schlitten eine Stunde in 1400 Metern Tiefe über den Kontinentalhang zogen, betrug die

Ausbeute 10804 Würmer 91 verschiedener Arten, 4393 Gliederfüßer von 127 Arten, überwiegend Asseln und andere Krebstiere, 6713 Weichtiere von 84 Arten und 2715 Stachelhäuter von zwanzig Arten, zumeist Seesterne und Seegurken. Alles in allem fingen sie in einer Stunde an einer einzigen Stelle 25242 einzelne Organismen von 365 Arten. Ganz unten auf der Tiefseeebene in 4700 Metern fiel die Ausbeute zahlenmäßig geringer aus – insgesamt 3737 Tiere –, kam aber immer noch auf 196 Tierarten. Hessler und Sanders hatten einen der Grundsätze der Tiefseebiologie der Nach-*Challenger*-Zeit bestätigt: Der Tierbestand am Meeresboden wird umso kleiner, je tiefer man kommt. Den anderen hatten sie jedoch widerlegt: Die Tiefsee war, was die Fauna betraf, keineswegs verödet. Der spärliche Bestand war vielmehr unglaublich artenreich. Hessler und Sanders hatten auf einem kleinen Fleck der Tiefseeebene mehr Arten gefunden als Sanders ein paar Jahre zuvor in den reichen, flachen Gewässern der Buzzards Bay direkt vor Woods Hole.

Wie gelang es so vielen unterschiedlichen Tierformen, in einer so feindlichen und scheinbar eintönigen Umgebung zu überleben? Sanders propagierte eine Theorie, die den Wettbewerbsausschluss auf den Kopf stellte. Die Vielfalt der Tiefsee, erklärte er, erwachse gerade aus ihrer Beständigkeit, daraus, dass Temperatur, Salzgehalt und andere Eigenschaften Millionen Jahre unverändert geblieben waren. Da keine unvorhergesehenen Katastrophen alte Arten ausrotteten, nahm die Gesamtzahl der Arten im Verlauf der geologischen Zeit allmählich zu, weil sich weiterhin neue Arten entwickelten und jede denkbare ökologische Nische besetzten. Unter friedlichen, stressfreien Bedingungen, in einer Welt, die sie nie mit dem Unerwarteten konfrontierte, passten sich die Organismen nicht so sehr ihrer Umwelt als vielmehr einander an. Sie entwickelten komplexe Nahrungsgewebe, die den vielfältigen Arten erlaubten, zu leben und leben zu lassen (wenngleich die einzelnen Organismen weiterhin fraßen und gefressen wurden). Die Tiefsee war nach Ansicht von Sanders eine Art ökologisches Nirwana, aber nicht das einzige auf dem Planeten: Sanders glaubte, dass seine Theorie auch die ungeheure Vielfalt der tropischen Regenwälder erklären könne. Der Regenwald bot sehr viel mehr Nahrung und wies deshalb auch sehr viel mehr Tiere auf, aber auch er war ein beständiger Ort; seit zig Millionen Jahren ist er ohne Unterlass warm und feucht geblieben.

In gewisser Weise sah Sanders den gleichen alten Abgrund, der seit der *Challenger* in den Köpfen der Biologen existiert hatte, einfach positiv in dem Sinn, als auch das Nirwana ein langweiliger Ort ist. «Alles in allem muss die Tiefsee, kalt, dunkel und still, der fadeste Ort zum Leben sein, den man sich vorstellen kann», hatte Mosley, ein Forscher auf der *Challenger*, erklärt. Später sagte er im selben Vortrag:

> «Das Leben in der Tiefsee muss sehr eintönig sein. Es muss völlig an Jahreszeiten fehlen, kein Tag, keine Nacht, keine Temperaturänderungen. Möglicherweise besteht an einigen Stellen ein sich von Zeit zu Zeit änderndes Angebot an Nahrung, die von oben herabsinkt und vielleicht einmal im Jahr für etwas Aufregung unter den Bewohnern sorgt.»

Nur mit dieser letzten Bemerkung scheint Mosley etwas Weitsicht bewiesen zu haben. Die Tiefsee erscheint heute aufregender, als sie es für Mosley («Die unglücklichen Tiefseetiere sind ihren Parasiten in ihrer kalten und düsteren Abgeschiedenheit nicht entkommen») oder selbst Sanders war. Niemand weiß wirklich, warum das Leben in der Tiefsee so vielfältig ist; Theorien hat es viele gegeben. Doch die Vorstellung, die Vielfalt sei in erster Linie der beständigen Monotonie des Ortes zu verdanken, ist nicht mehr «in».

Es ist wahrscheinlich kein Zufall, dass sich der gleiche Wandel in unserer Sicht vom Regenwald vollzogen haben sollte. Vom Flugzeug (man muss gar nicht so hoch hinaus wie ein Raumschiff außerirdischer Wesen) macht auch das Amazonas-Gebiet einen ziemlich eintönigen Eindruck – ein grünes, gleichförmiges, sich nicht veränderndes Meer. Man muss sich schon bis unter die Baumkronen begeben, um die Vielfalt zu erkennen. Erst dann wird klar, dass der Amazonas nicht nur ein einziger Ort ist, sondern viele – viele Patches (Flecken), wie die Ökologen sagen –, und jeder anders. Es ist ein Fleckenteppich nicht nur im Raum, sondern auch in der Zeit: Die Grenzen der Patches verschieben sich ständig, und in jedem einzelnen geschieht unendlich viel. Ein Unwetter stürmt durch den Wald, ein Fluss tritt über die Ufer oder wäscht sie aus, bis sie einstürzen, ein mächtiger, die Sonne abhaltender Baum stürzt um und stirbt ab. Keine dieser Störungen reicht aus, eine Art auszulöschen, aber jede tötet einige Einzelorganismen und schafft dadurch Platz für andere Individuen, vielleicht von anderen Arten. Diesen Fleckenteppich und diese Störungen untersuchen inzwischen viele Ökologen, um den phantastischen Artenreichtum am Amazonas erklären zu können.

Für den Boden der Tiefsee gilt das Gleiche; die Analogie, die Sanders herstellte, hat noch immer Bestand, aber ihr Inhalt ist ein anderer. Die Tiefsee ist – wie der Ozeanograph Larry Madin einmal in einem anderen Zusammenhang gesagt hat – ein großer Ort, der aus vielen kleinen besteht. Auf große Strecken und über geologische Zeiträume ist das meiste davon tatsächlich eine beständigere Umgebung als das Festland. Aber trotzdem ist sie in kleineren räumlichen und zeitlichen Maßstäben für Änderungen anfälliger. Störungen kommen noch immer vor. Stürme ziehen auf und Bäume stürzen um (bildlich, aber auch tatsächlich) und schaffen so neue Nischen für das Leben, genau wie die Störungen im Regenwald. Erst sehr spät jedoch haben der Mensch und seine Instrumente die Bäume in der Tiefe fallen hören. Es hat unsere Vorstellung vom Leben in der Tiefsee verändert. Was einst als Einöde galt, wird heute treffender als ein Mosaik aus Oasen betrachtet, und die stupende und verblüffende Vielfalt des Lebens in der Tiefsee muss etwas mit dieser einfachen Tatsache zu tun haben.

– – –

Suchen wir einige der Orte in der Tiefsee auf. Zunächst einmal weist die einstige vermeintliche Einöde große Gebiete auf, die schon seit einiger Zeit als etwas Besonderes bekannt sind. Die Tiefseegräben sind ein faszinierendes Beispiel. Sie ziehen sich rings um den Pazifik und stürzen größtenteils bis in Tiefen von 9000 Meter und mehr, vor allem im Westpazifik. Aber sie bilden keinen durchgehenden Ring. Sie weisen großen Lücken auf, Gebiete, in denen der Meeresboden nicht einmal mehr 6000 Meter erreicht – die Tiefe, die Tiefseebiologen normalerweise als den Beginn eines Grabens ansehen. Wenn man sich ein Negativ einer Tiefenkarte vom Pazifik ansehen könnte, genauer gesagt ein topographisches Negativ, würden die Gräben wie Inselketten oder lange Grate erscheinen, die durch große Meeresflächen voneinander getrennt sind.

Was das Tierleben in den Gräben angeht, sind sie Inseln. Die Grabenfauna ist noch kaum erschlossen. Das meiste, was wir wissen, stammt von den Expeditionen der *Galathea,* die zwischen 1950 und 1952 in fünf Gräben im Westpazifik und dem Indischen Ozean mit dem Schleppnetz arbeitete, und vom sowjetischen Forschungsschiff *Vityaz,* das zwischen 1953 und 1962 systematisch die meisten Gräben im Pazifik erforschte. Seitdem haben Biologen nur noch gelegentlich einzelne Gräben aufgesucht, denn Forschung dieser Art gehört nicht zu den Gebieten, die in demokratischen Ländern besondere staatliche Förderung genießen. Sowohl die dänischen als auch die sowjetischen Biologen stellten fest, dass die Gräben von einer spezialisierten Tiergruppe bewohnt waren – einer «hadalen» Fauna, wie sie genannt wird (wenngleich die eiskalte, schlammtrübe Welt, in der diese Tiere gedeihen, wenig mit der allgemeinen Vorstellung vom Hades zu tun hat). Darüber hinaus schien jeder Graben seine ganz eigenen Tierarten zu haben, so wie man sie vielleicht auf Inseln erwartete.

Was lebt in einem Graben? Vorwiegend Geschöpfe, die Schlamm fressen: zweischalige Weichtiere (Muscheln), Vielborster (Borstenwürmer) und vor allem Holothurien, wie die Biologen die Seegurken nennen. «Man kann ohne Übertreibung sagen, dass das Hadal das Reich der Holothurien ist», schrieb der sowjetische Biologe G. M. Belyaev, als er die Ergebnisse der *Vityaz*-Expedition zusammenfasste. Der dänische Biologe Torben Wolff, der auf der *Galathea* fuhr, ging so weit zu behaupten, der Fisch, den Jacques Piccard durch das Bullauge der *Trieste* gesehen habe, sei gar kein Fisch gewesen, sondern eine Holothurie: Schließlich, so Wolff, sei Piccard kein Zoologe gewesen, und Plattfische seien noch nie jenseits von 1500 oder 1800 Metern Tiefe gesichtet worden. Fische sind in Gräben offenbar generell selten, während Holothurien in großer Zahl vorkommen, wie sowohl die *Galathea* als auch die *Vityaz* festgestellt haben.

Es sind anspruchslose Herrscher der Tiefe. Die zylindrischen, zwischen 2,5 Zentimeter und 1,80 Meter großen Tiere – die Exemplare in den Gräben finden sich am kleineren Ende des Spektrums – sind mit den Seesternen, Seeigeln und Seelilien verwandt. All diese Tiere sind Stachelhäuter, aber die Holothurien sind die Sonderlinge des Tierstamms. Ihre Haut ist keineswegs stachelig, wie der Name vermuten ließe, sondern ledrig weich, und die für die Stachelhäuter charakteristische fünfstrahlige Symmetrie – man denke an die fünf Arme eines Seesterns – ist nur an den fünf Reihen der Ambulakralfüßchen zu erkennen, die sich vom Mund des Tieres am einen Ende des Körpers bis zum Anus am anderen erstrecken. Die Füße sind wie Ausstülpungen auf einem Wasserballon. Das Tier besitzt ein inneres hydraulisches Kanalsystem, das Wassergefäßsystem, und zieht, wenn es eines der vielen Dutzend Füßchen ausstrecken möchte, einfach die entsprechenden Muskeln zusammen und presst Wasser in den Fuß. Mit den eigenartigen, schleimigen Beinen kriechen Holothurien über den glitschigen Meeresboden und legen in einer Stunde einige Körperlängen zurück – einige Seegurken, deren Füßchen weniger gut ausgeprägt sind, kriechen nicht, sondern pflügen sich mehr oder weniger durch die obere Sedimentschicht, wobei sie deutliche Furchen hinterlassen. Andere bohren sich mit dem Mund voran in den Schlamm, sodass nur der Anus noch hinaus ins Wasser ragt. Die meisten Holothurien atmen durch den Anus.

Alle Holothurien müssen häufig innehalten, um zu fressen, falls sie es nicht beim Umherkriechen tun. Es spricht einiges dafür, dass Seegurken verwöhnte Esser sein können und sich im Schlamm Sedimentstückchen aussuchen, die reich an organischer Materie sind, wie etwa der Kot anderer Tiere. Ansonsten übernimmt der lange, gewundene Verdauungstrakt die Auswahl für sie, verdaut die Nahrungsstoffe und scheidet den Rest in langen, gewundenen und erstaunlich großen Kotwürsten aus. Wenn man sie drückt, können Holothurien den gesamten Verdauungstrakt durch die Kloake ausstoßen und in wenigen Wochen regenerieren, so wie ihre Vettern, die Seesterne, ihre Arme regenerieren können, die sie eventuell bei einem Kampf verlieren. Welche Vorteile es hat, den Verdauungstrakt auszustoßen und zu regenerieren, ist unklar. Einer Theorie zufolge ist dieses Verhalten eine Methode, potenzielle Räuber abzuschrecken.

Ein weiteres Rätsel ist, warum Holothurien dazu neigen, sich zusammenzurotten. Mehrmals hat die *Vityaz* Tausende von Tieren meist derselben Art mit einem einzigen Fang hochgeholt; aufgrund dieser eindrucksvollen Zahlen hat Belyaev die Holothurien zu den Königen der Gräben erklärt. Aber weder er noch sonst jemand war imstande, definitiv zu sagen, warum die Tiere zu solchen Ansammlungen neigen. Vielleicht tun sie es, wenn das Nahrungsangebot groß ist, vielleicht erleichtert es ihnen auch die Partnersuche in einer einsamen Welt. Wenn ein Schwarm toter Holothurien auf dem Deck eines Schiffes liegt, kann man unmöglich sagen, was die Tiere vor dem Fang gemacht haben. (Das ist schon immer eines der großen Probleme der Tiefseebiologie gewesen.) Mit Hilfe einer automatischen Kamera, der «Bathysnap», ist es britischen Forschern vom Institut für ozeanographische Wissenschaften in Surrey in den letzten Jahren gelungen, Holothurienschwärme zu fotografieren, die über die Tiefseeebenen gezogen sind und eine Spur aus aufgewühltem Sediment hinterlassen haben. Aber auch sie waren nicht in der Lage zu klären, warum die Tiere sich so verhalten.

In den Gräben sind die Holothurien und andere Tiere erstaunlich gut mit Nahrung versorgt. Das Angebot ist im Zweifelsfall noch etwas besser als in den benachbarten flacheren Regionen der Tiefsee. Das erklärt auch, warum in den Gräben insgesamt nicht weniger Leben herrscht; die allgemeine Regel, dass die Biomasse mit zunehmender Tiefe abnimmt, kippt am Rand eines Grabens. Es gibt zwei Gründe für die Fülle in den Gräben. Die meisten Gräben liegen dicht beim Festland – sie entstehen normalerweise dort, wo eine den Meeresboden tragende Platte mit einer das Festland tragenden Platte kollidiert – und damit dicht bei reichen Nahrungsquellen. Die *Galathea* hat Kokosnussschalen und Bambusschößlinge aus dem Philippinengraben heraufgeholt. Noch wichtiger als das Festland sind jedoch die küstennahen Oberflächengewässer, die zumeist weit planktonreicher als das offene Meer sind. Neben der Nähe zur Nahrung sind Gräben auch von Natur aus geeignet, Nahrung anzuziehen; sie lenken den absinkenden organischen Detritus wie durch einen Trichter zu den Tieren am Grund. Allerdings zahlen die Tiere einen Preis für diesen Service. Gräben sind Erdbebengürtel, und so kann ein Beben von Zeit zu Zeit eine mächtige Sedimentlawine auslösen, die sich an einem Grabenabhang angesammelt hat. Die in den Graben stürzende Lawine begräbt unzählige Tiere und tötet sie.

Zwischen den Katastrophen, die derart brachial aussondern, haben die Tiere in den Gräben jedoch die gleichen Temperaturen wie die in der übrigen Tiefsee (etwa 2 °C), den gleichen Salzgehalt (etwa 35 Teile Salz auf 1000 Teile Wasser) und ein etwas größeres Nahrungsangebot. Das einzige gänzlich andere und bedrohlichere Merkmal ihrer Umwelt ist der Druck. Er nimmt mit der Tiefe unerbittlich zu, alle zehn Meter um etwa eine Atmosphäre. Auf dem Grund des Marianengrabens ist der Druck somit ungefähr 1100-mal so hoch, wie wenn wir am Strand ständen. Dieser Druck würde einen Menschen augenblicklich töten. (Eines der bevorzugten Freizeitvergnügen junger Ozeanographen auf ihrer ersten großen Fahrt besteht darin, Styroporbecher – oder noch lieber Styroporköpfe aus Hutläden – in weit geringere Tiefen als im Marianengraben hinunterzulassen und mit den geschrumpften Gegenständen dann ihre Freundinnen an Land zu beeindrucken.) Wir wissen nicht, wie die Grabentiere den Druck dort unten überleben. Es ist wohl anzunehmen, dass sie gegenüber den übrigen im Abyssal lebenden Tieren einige besondere Anpassungen entwickelt haben, wenngleich einige bedeutende Tiefseebiologen das bestreiten.

Im Fall von Bakterien hat der Biologe Art Yayanos von der Scripps Institution Folgendes nachgewiesen. Es ist Yayanos gelungen, lebende Bakterien vom Grund des Marianengrabens zu holen und in seinem Labor zu züchten. Eine der Vorrichtungen, die er benutzt, ist ein

Block aus einer Titanlegierung von der Größe eines dicken Lehrbuchs, in den er eine L-förmige Kammer gebohrt hat, die Meerwasser enthält. In diese Kammer gibt er ein kleines Stück Fisch als Köder und lässt das Ganze hinab. Am Meeresboden verschließt ein Federkolben automatisch den Kammereingang, sodass alles Getier gefangen ist, das durch den Köder angelockt wurde, allerdings unter den Druckverhältnissen, wie sie am Grund herrschen. Wenn die Falle eingeholt worden ist, kann Yayanos die Tiere durch winzige Öffnungen im Titanblock beobachten.

Die Tiere, die er auf diese Weise fängt, sind Flohkrebse, kleine Aas fressende Krebse, die den Garnelen ähneln. (Sie gehören allerdings einer anderen Klasse an.) Dadurch, dass der Umgebungsdruck aufrecht erhalten wird, konnte Yayanos die Tiere im Labor wochenlang am Leben halten. Nach einigen Wochen ohne Nahrung geht ein Flohkrebs allerdings ein und verwest. Die Bakterien, die für den Verwesungsprozess verantwortlich sind, stammen, wie der Flohkrebs, vom Grund des Grabens. Yayanos hat sie in seinem Labor isoliert und gezüchtet und nachgewiesen, dass Bakterien aus dem Marianengraben – und auch viele andere Tiefseebakterien – sich am besten bei dem Druck entwickeln, den sie gewöhnt sind, auch wenn er extrem hoch ist.

Vermutlich haben die Flohkrebse und andere Grabentiere ähnliche Anpassungsmechanismen an bestimmte Drücke; und vielleicht sorgt die Druckskala in der Tiefsee für ökologische Nischen, die die verschiedenartigen Organismen ausfüllen können. «Die Ökologen haben die Erfahrung gemacht, dass man das Leben ändern kann, wenn man die Temperatur und den Salzgehalt ein wenig ändert», erklärt Yayanos. «Aber der Druck ist lange nicht als Faktor erkannt worden. Man kann nicht einfach seine Sachen packen und von 1000 Meter Tiefe auf 10000 Meter gehen. Das ist nicht möglich.»

Aber die Beweise, dass Grabentiere an den Druck im Graben besonders angepasst sind, sind noch spärlich. Außer Jacques Piccard und Don Walsh sind Art Yayanos und seine Laborkollegen, die durch winzige Öffnungen in die Hochdruckwelt ihrer Titanblöcke spähen, die einzigen Menschen, die das Verhalten eines Grabentiers jemals aus erster Hand beobachtet haben. Die *Trieste* ist längst aus dem Verkehr gezogen. Und auch wenn japanische Forscher vor einiger Zeit an Seilen einen Roboter zum Boden des Marianengrabens hinabgelassen haben, kann heute doch kein U-Boot in diese Tiefe tauchen.

7. Kapitel INSELN IN DER TIEFE

Zwischen den Gräben, die den Pazifik säumen, und den mittelozeanischen Rücken, die seine Osthälfte zweiteilen, liegen weite Flächen, die keineswegs konturlos sind und mehr zu bieten haben als eine Welle abyssischer Hügel nach der anderen. Die abyssische Region des Pazifiks ist mit einzelnen Bergen gespickt, so genannten Guyots. Es sind erloschene Vulkane, ausgenommen die wenigen noch aktiven wie der Loihi Seamount unmittelbar vor der großen Insel von Hawaii. Einige Guyots sind an einem mittelozeanischen Rücken entstanden und seitdem von der driftenden Platte abgetrieben worden, auf der sie sich befinden; andere wie der Loihi Seamount und die übrigen hawaiianischen Inseln sind aus Hot Spots entstanden, einzelnen Aufschmelzungsbereichen heißer Magma, die aus dem tiefen Erdmantel aufgestiegen ist und die driftende Platte durchbrochen hat. Da Sonarkarten nun einmal etwas Besonderes sind, weiß niemand außer vielleicht der US-Marine, wie viele Guyots es im Pazifik gibt; die Schätzungen reichen von zehntausend bis zu einer Million. Im Nordatlantik gibt es nach von der Marine freigegebenen Unterlagen 810 Guyots, aber der Atlantik weist eine sehr viel geringere Vulkantätigkeit auf als der Pazifik.

Die Erforschung der Guyots als Habitat und nicht als bloße Echoanzeige hat erst in den letzten etwa zehn Jahren begonnen. Sie sind in vieler Hinsicht das Gegenteil der Gräben. Sie ragen tausend und mehr Meter aus der Tiefseeebene auf, und ihre Gipfel können Tausende von Metern über dem Boden der Gräben liegen. Der Umgebungsdruck, nach menschlichen Maßstäben immer noch ungeheuer, beträgt nur einen Bruchteil des Drucks im Hades – weshalb ein Tauchboot wie die *Alvin* von Woods Hole aus dort hinuntertauchen kann. Mit ihrer großen Höhe sind die Gipfel der Guyots auch stärkeren Strömungen ausgesetzt, so wie die Berggipfel auf dem Festland windumtost sind. Die Guyots sind jedoch nicht so karg und unwirtlich wie etwa der Everest; das Leben dort ist nach Tiefseestandards geradezu üppig.

Die Tiere, die sich an den Gipfeln der Guyots am besten entfalten, sind diejenigen, die von den Strömungen leben, weniger von Schlamm. Vielerorts sind die Abhänge der Guyots so steil, dass sich dort kein Schlamm ansammeln kann oder die Strömung ihn fortspült, sodass nur der nackte Fels bleibt. Das wäre für Seegurken oder andere Detritusfresser ein karger Boden; es gibt nicht viel Detritus, von dem sie sich ernähren könnten. Für Filtrierer ist es jedoch das Paradies: das sind Tiere, die organische Partikel aus dem vorbeiströmenden Wasser aufnehmen können. Je mehr Wasser vorbeiströmt – die Strömung darf nur nicht so stark sein, dass sie das Tier niederdrückt –, desto besser geht es einem Filtrierer.

Zu den Tieren, die auf diese Weise auf Guyots leben, gehören Korallen – nicht die riffbauende Art, sondern diejenigen, die eher exotischen Pflanzen ähneln. Mitte der 80er Jahre zogen Amatzia Genin und seine Kollegen vom Scripps einen mit Kamera und Instrumenten beladenen Schlitten, den sie Deep Tow nannten, über den Guyot Jasper 550 Kilometer südwestlich von San Diego. Jasper hat ein breites Gipfelplateau mit mindestens sechs Gipfeln, von denen zwei bis auf weniger als sechshundert Meter unter die Meeresoberfläche aufragen. Die Gipfel waren die aktiven Bereiche, wie Genin festgestellt hat. Die Deep-Tow-Fotos zeigten, dass sie mit Feldern einer schwarzen Spiralenkoralle bedeckt waren, bis zu zwanzig Stück pro Quadratmeter, die in dunklen Büschen jeden Block und Pfeiler überwucherten, jeden Vorsprung, der ihnen erlaubte, in der Strömung Nahrung einzufangen. Die Spiralen sahen ein bisschen wie die abgestorbenen Äste einer Korkenzieherweide aus, die in den harten Fels gepflanzt war. Jede einzelne stellte jedoch eine ganze Polypenkolonie dar, jeder Polyp mit Tentakeln rings um den Mund, um aus dem vorbeiströmenden Wasser Nahrung zu filtern. Das Wasser, das auf die Hänge eines Guyots trifft, wird offenbar nach oben abgelenkt und beschleunigt, wenn es über den Gipfel strömt. Diese Expressbelieferung mit Nahrung schätzen die Korallen offenbar sehr; in den Mittellagen der Hänge waren sie sehr viel seltener vertreten. Bei den Gebirgen auf dem Festland gibt es die Baumgrenze, eine Linie, oberhalb der keine Bäume mehr wachsen; Jasper und andere Guyots haben eine Art umgekehrte Baumgrenze.

Aber die Guyots sind keineswegs alle gleich. Am Vulkan 7, der etwa 650 Kilometer südwestlich von Acapulco liegt (und einen besseren Namen verdient), haben Forscher eine Baumgrenze entdeckt, die weit ausgeprägter als am Jasper ist und eine festlandartige Ausrichtung aufweist. Karen Wishner von der University of Rhode Island und ihre Kollegen, die vor einigen Jahren mit der *Alvin* den Vulkan 7 erkundeten, stellten erstaunt fest, dass der Gipfel des Vulkans in 720 Metern Tiefe praktisch kahl aussah. Ein paar kleine Langschwänze schwammen herum, die restlichen Korallenverwandten klammerten sich an einen Felsen. Doch zwanzig Meter unterhalb des Gipfels und weiter abwärts änderte sich das Bild vollkommen. Wishner und ihre Kollegen waren in eine Massenansammlung geraten. Überall tummelten sich Langschwänze und Krabben und Garnelen und Schwämme und Seesterne, Dutzende von Tieren waren mit einem Blick durch die kleinen Bullaugen der *Alvin* zu sehen. Da waren zahllose Xenophyophoria, einzellige amöbenartige Tiere (die größten Einzeller auf dem Planeten), die so groß wie eine menschliche Faust werden, indem sie kleine Planktonschalen zu kunstvollen Gebilden zusammenkleben, die wie Honigwaben oder Kopfsalat aussehen. Die Überfülle an Leben auf den Hängen des Vulkans 7 war ebenso verblüffend wie sein kahler Gipfel. Es reichte, das Herz jedes Tiefseebiologen höher schlagen zu lassen.

Und anscheinend gibt es auch eine einfache Erklärung dafür. Auf dem Gipfel des Vulkans 7 lebt aus denselben Gründen nicht viel, aus denen auch auf dem Everest nicht viel Leben herrscht: Es gibt nicht genug Sauerstoff. Der tropische Ostpazifik ist ein ozeanisches Haffwasser außerhalb der großen Meeresströmungen, sodass der Sauerstoff in den oberflächennahen Gewässern nur langsam erneuert wird. Das Oberflächenwasser ist gleichzeitig reich an Plankton, das ständig abstirbt, absinkt und durch Bakterien zersetzt wird – ein Vorgang, bei dem Sauerstoff verbraucht wird. Das Ergebnis ist eine dicke Schicht aus sauerstoffarmem Wasser direkt unter der Oberfläche, die ungefähr so tot ist wie ein umweltverschmutzter See. Der Gipfel des Vulkans 7 ragt mitten in diese Schicht hinein und ist daher so spärlich besiedelt. Weiter unten an den Bergabhängen steigt die Sauerstoffkonzentration jedoch auf ein Niveau, bei dem mehr Tiere überleben können, und – ein geschickter Schachzug – diese Tiere profitieren zudem noch von der Sauerstoffarmut des Wassers über ihnen. Die sauerstoffarme Schicht hat so wenig Sauerstoff, dass sehr viel pflanzliche Materie einfach hindurchsinkt, ohne zersetzt zu werden. Wishner und ihre Kollegen sahen auf dem Meeresboden unberührt grüne Matten aus Pflanzenmaterial. Auf den Hängen des Vulkans 7 liegt mit anderen Worten ungewöhnlich viel Nahrung herum. Daher also auch eine ungewöhnlich große Zahl an Tieren.

Der Vulkan 7 ist vermutlich ein Sonderfall; die meisten Guyots ragen wahrscheinlich nicht in eine sauerstoffarme Zone. Wenn Guyots im Allgemeinen ein Hort überreichen tierischen Lebens sind, muss der Grund dafür normalerweise etwas damit zu tun haben, wie sie die Strömungen und Gezeiten beeinflussen, von denen sie umspült werden. Dieser Einfluss kann doppelter Art sein. Die verstärkten Strömungen bei Guyots bringen vielleicht mehr Nahrung in die Reichweite der ausgestreckten Tentakel der Filtrierer, wie es offenbar beim Jasper der Fall ist. Aber die Strömungen können neben mehr Nahrung auch mehr Tiere zu einem Guyot bringen. Viele Tiefseebewohner pflanzen sich durch das Ausbringen unzähliger Larven ins offene Wasser fort, wo sie von der Strömung fortgetragen werden. Für die Larven ist das eine riskante Geschichte: Sie wollen nicht auf ihren Eltern landen, aber auch nicht in einer ungeeigneten Umgebung, in der sie keine Chance haben, sich zu erfolgreichen Adulten zu entwickeln. Einem Tier, das beispielsweise an die felsigen Pfeiler eines Guyots angepasst ist, würde es auf dem flachen Schlamm der benachbarten Tiefseeebene nicht gut ergehen. Und da kommt vielleicht das markante Strömungsmuster an den Guyots ins Spiel. Ein Guyot fängt das Wasser offenbar in Wirbeln ein, die über dem Gipfel festgehalten werden. Dadurch bindet er vielleicht auch die Larven seiner Bewohner und verhindert, dass sie von ihrem Geburtsort, ihrer Insel der Seligen, in einen gnadenlosen Abgrund getrieben werden.

– – –

Guyots sind offensichtlich Inseln. (Manchmal, wie im Fall von Hawaii, ist die Eruption so ausdauernd und stark, dass echte Inseln entstehen und so viel Lava aufgehäuft wird, dass sie den Meeresspiegel durchbricht.) An anderen Orten im Ozean, an den langen Abhängen, die parallel zum Festland und quer über die riesigen Tiefseeebenen verlaufen, fallen die Inselhabitate nicht so sehr ins Auge; deshalb konnte sich der Glaube an die Einheitlichkeit der Tiefsee so lange halten. Aber die Inseln existieren. Sie sind nur sehr klein, so klein, dass man sie nur aus nächster Nähe sehen kann – manchmal so klein wie die Organismen selbst, weil sie von ebendiesen Organismen gebildet werden.

Zum ersten Mal hat 1947 ein menschliches Auge den Boden der Tiefsee erblickt, als Bruce Heezen mit einer automatischen, von seinem Lehrer Maurice Ewing entwickelten Kamera Aufnahmen vom Kontinentalhang vor Neuengland machte. Während seines gesamten Berufslebens, das der Geologie im globalen Rahmen gewidmet war, interessierte sich Heezen für Tiefseeaufnahmen und Nahaufnahmen vom Meeresboden. 1971 veröffentlichten er und Charles Hollister, einer seiner ehemaligen Studenten, der heute in Woods Hole ist, eine fotografische Reise über den Meeresboden unter dem Titel «The Face of the Deep Sea». Es war eine herrliche und charakteristische Reise und ist immer noch eine der besten Quellen mit Aufnahmen von Tieren der Tiefsee. Heezen und Hollister sichteten einhunderttausend Fotos, um die besten auszuwählen, Aufnahmen von einer nur dünn besiedelten Welt, die notgedrungen blind und mehr oder weniger zufällig gemacht wurden. An einer Stelle vertrauten sie dem Leser an, was auf den meisten nicht veröffentlichten Bildern zu sehen war. «Hügel, Hügel, Hügel», erklärten sie, «das ist fast das Einzige, was man auf einem normalen Foto vom Meeresboden sieht ... nur Hügel, Hügel, Hügel.»

Die Hügel stammen von Tieren. Im Santa-Catalina-Becken vor Südkalifornien bedecken Hügel in etwa 1200 Meter Tiefe zwei Prozent des Meeresbodens. Sie sind meistens zehn Zentimeter hoch und haben einen Durchmesser von dreißig Zentimetern und stammen überwiegend von einem großen Igelwurm. Igelwürmer graben Wohngänge in den Sand, die oft U-förmig sind und zwei Eingänge aufweisen. Der eingegrabene Wurm selbst ist kurz und dick, er hat jedoch ein sehr langes Prostomium (Rüssel), eigentlich mehr eine Zunge, die er aus einem der Eingänge streckt. Die Zunge fährt langsam aus und ein und nimmt dabei Sediment rings um den Eingang auf, wobei manchmal schöne Rosettenmuster im weichen Schlamm entstehen. Die Würmer im Santa-Catalina-Becken verlassen ihren Wohngang nie und graben flache, etwa einen Meter große Gruben mit der Zunge (die folglich mindestens 45 Zentimeter lang sein muss). Beim Ausgang am anderen Ende des U deponiert der Wurm seine Exkremente, damit er sich nicht an ihnen vergiftet. Nach und nach errichtet das Tier auf dem Meeresboden einen Hügel aus Kotkügelchen, die es in Abständen aus dem Gang stößt.

In Wirklichkeit geht das alles nicht so langsam vor sich, wie man meinen könnte. Craig Smith von der University of Hawaii und Peter Jumars von der University of Washington haben die Igelwürmer von Santa Catalina genau beobachtet, insbesondere einen Wurm, der völlig ahnungslos war. Smith und Jumars tauchten mit dem Tauchboot *Alvin* zum Grund, bauten direkt über dem Kothügel des Wurms ein Stativ auf und stellten die Kamera so ein, dass sie alle zehn Stunden Stereoaufnahmen vom Hügel machte. Nach eineinhalb Monaten kehrten sie mit der *Alvin* zurück und holten die Kamera ab. Die Aufnahmen belegten, dass der Wurm in den ersten fünf Tagen des Experiments den dreißig Zentimeter großen Hügel mit seinen Exkrementen um etwa 1,5 Zentimeter erhöht hatte. Im darauf folgenden Monat hatte er sich ausgeruht. Andere Experimente von Smith und Jumars lassen vermuten, dass dies das typische Verhalten der Igelwürmer ist, nicht nur die Abweichungen eines vom Blitzlicht erschreckten Wurms.

Es mag eigenartig klingen, aber das Verhalten der Igelwürmer hat weit reichende Folgen. In den meisten Gebieten der Tiefsee setzt sich Sediment etwa genauso schnell ab wie Staub auf Ihren Möbeln; wenn also ein Wurm in wenigen Tagen eineinhalb Zentimeter Sediment auf seinem Hügel ablagert, ist das ein ungeheuer rasantes Tempo. Smith und Jumars stellten aufgrund der Anzahl der Wurmhügel im Santa-Catalina-Becken und der Geschwindigkeit, mit der sie aufgeworfen werden, eine einfache Berechnung an. Dabei kamen sie zu dem Ergebnis, dass die Igelwürmer alle siebzig Jahre die obersten zehn Zentimeter Sediment (die Tiefe ihrer Nahrungsgruben) im gesamten Becken fressen und ausscheiden. Das bedeutet, dass kein Sedimentkorn auf Dauer begraben wird, also der Biologie entgeht, um Geologie zu werden, ohne vorher etwa zehnmal durch den Darm eines Wurms gewandert zu sein. Dabei ist das Santa-Catalina-Becken nicht besonders reich an Würmern, sondern in etwa typisch für den Meeresboden der Tiefsee. Wie Heezen und Hollister bestätigten, kommen Hügel wie vor Südkalifornien überall in der Tiefsee vor. Der Meeresboden wird demnach ständig von großen Würmern und anderen Tieren umgepflügt.

Das hat zwangsläufig Auswirkungen auf die kleineren Tiere, die im Schlamm leben – die Infauna, wie die Biologen sie nennen. Smith und Jumars bauten aus Sediment, das sie vom Grund des Santa-Catalina-Beckens geholt hatten, selbst Hügel, die allerdings keine Lebewesen enthielten. Bei derselben Tauchfahrt mit der *Alvin*, bei der sie Stativ und Kamera aufgestellt hatten, platzierten sie auch ihre künstlichen Hügel auf dem Meeresboden. Als sie nach eineinhalb Monaten wiederkamen, wimmelte es in den Hügeln von kleinen Vielborstern, die Körpersegmente und Borsten aufwiesen wie Raupen. (Ihre gewöhnliche Bezeichnung lautet Borstenwürmer.) Für diese Würmer waren die Hügel unbekanntes Gelände, neue Nahrung oder sonst etwas – auf jeden Fall ihre Insel. Anscheinend sind es die Vielborster gewohnt, die Hügel zu besiedeln, die von ihren größeren Brüdern, den Igelwürmern, ständig errichtet werden.

Die Inseln, die von Tiefseeorganismen besiedelt werden, müssen aus Schlamm oder Exkrementen sein, können aber auch aus anderen lebenden Tieren bestehen. Die Xenophyophoria, die eigenartigen Einzeller, die auf den Guyots im Pazifik und auch sonst überall in der Tiefsee massenhaft vorkommen, sind ein gutes Beispiel. Als sie von der *Challenger* entdeckt wurden, hielt man sie fälschlicherweise für Schwämme, und die Biologen ließen sie fast das ganze folgende Jahrhundert links liegen oder sahen sie als Schlamm an. Denn wenn man sie einmal an Deck hat, sehen sie mit ihren zarten Schalen, die durch die raue Behandlung in der Dredsche völlig zerdrückt worden sind, tatsächlich wie Schlamm aus. Aber mit Tauchbooten und Tiefseekameras ist es möglich geworden, diese sonderbaren Geschöpfe als das zu sehen, was sie sind – nicht Schlamm und auch nicht einfach Einzelorganismen, sondern ganze Kolonien voller Leben.

Der lebende Teil der Xenophyophoria ist eine einzelne riesige Zelle, die in einem Filigran aus Röhren aufgewunden, verzweigt und eingeschlossen ist. Irgendwie und aus irgendeinem Grund zieht das Tier Mineralkristalle ins Zellplasma (xenophyophor bedeutet im Griechischen «Träger fremder Körper»), und irgendwie umgibt sich die Zelle mit einem Gehäuse aus sandkorngroßen Schuppen von abgestorbenem Plankton. Das Gehäuse ist mit Kotkügelchen besetzt, die das Tier offenbar als aufbewahrenswert erachtet; sie können von Bakterien besiedelt sein, die den Kot recyceln und in Nahrung für die Xenophyophoria verwandeln. Das verzierte Gehäuse erleichtert dem Tier das Fangen frischer Nahrung, die es wahrscheinlich mit Hilfe von Scheinfüßchen in die Zelle zieht, die aus den Röhren ragen. Ansonsten ist das Tier unbeweglich und sogar im Schlamm verwurzelt.

Dort wird es nicht nur von Bakterien besiedelt. Xenophyophoria sind einzellige Organismen, die, anders als sonst üblich, als Unterschlupf für Tiere dienen, die sehr viel komplexer sind. Am Vulkan 7 im Ostpazifik fand Lisa Levin von der North Carolina State University ein Exemplar, das einhundert Tiere in und um das 12,5 Zentimeter große Gehäuse beherbergte. Dreißig Schlangensterne, Verwandte der Seesterne mit langen, dünnen Armen, krochen über das Gehäuse oder hielten sich darunter auf, wo sie sich vor Fressfeinden versteckten. Siebzehn Vielborster saßen in den verschiedenen Ritzen des Einzellers und warteten vielleicht darauf, dass das Wasser ihnen Nahrung zutrieb. Ferner waren dreizehn Asseln zu sehen, Männchen, Weibchen und Jungtiere, was vermuten lässt, dass die Asseln Dauerbewohner waren und Junge aufzogen. Schutz, Nahrung und Fortpflanzung sind das, was Tiere in einer Behausung suchen, und die Xenophyophoria bieten offenbar all das. Sie sind auch häufig: Levin fand an den Flanken von Vulkan 7 mehr als zwei Exemplare pro Quadratmeter. An den abyssischen Abhängen vor Mauretanien in Westafrika haben britische Forscher ganze Felder mit Xenophyophoria fotografiert, die dort zehnmal so dicht stehen. Sie sehen wie spärlich bepflanzte Salatbeete aus. Beachtlich, dass diese einzelligen Wirte häufig auf den Flanken von Hügeln leben, die von anderen Tieren errichtet wurden – auf Kolonien aufgehäufte Kolonien.

Die Hügelbauer und die Xenophyophoria sind zwei Beispiele unter vielen für ein auf dem Meeresboden allgemein gültiges Prinzip: selbst dort, wo er flach erscheint, schaffen sich die Tiere, die ihn bewohnen, ihre eigene Topographie, ihre eigenen Annehmlichkeiten in der eigenen Größenordnung, ihre eigene Vielfalt an Nischen. Aus der Homogenität machen sie räumliche Heterogenität. In einem einförmigen Meer aus Schlamm schaffen sie bewohnbare Inseln, aus einem langweiligen Stoff machen sie eine bunte Patchwork-Decke.

Aber sie haben Hilfe bei diesem großen Vorhaben. Die bunten Flicken auf dem Meeresboden – Meeresbiologen sprechen tatsächlich von «Patches» – müssen nicht unbedingt dort entstehen; es gibt noch eine andere Möglichkeit. Sie können auch vom Himmel fallen wie Manna.

– – –

Bis Ende der 60er Jahre, als John Isaacs, ein abgebrochener Student und Berufsfischer und Ingenieur und Meeresbiologe am Scripps, die Idee hatte und die Technik entwickelte, eine Kamera mit Köder in die Tiefsee zu lassen, herrschte allgemein die Ansicht, dass der Meeresboden fast ausschließlich von harmlosen Evertebraten der Art bewohnt werde, über die wir gerade gesprochen haben – Stachelhäuter, Würmer, Korallen und Ähnliche. Was die reinen Zahlen angeht, beherrschen diese Tiere tatsächlich die Tiefe. Aber Isaacs und eine Reihe von Scripps-Biologen haben gezeigt, dass die lethargisch dahinkriechenden, bohrenden und Boden bewohnenden Tiere nicht allein auf dem Meeresgrund sind. Wenn man eine leckere, frische Makrele in die Tiefe hinablässt, erregt man das aktive Interesse aller möglichen Tiere, die normalerweise schlau und schnell genug sind, Abstand zu einer Dredsche zu halten. Isaacs nannte sein erstes Gerät die Monsterkamera. Die Ungeheuer, die er und seine Nachfolger fotografierten, waren Tiere, die an andere Patches angepasst waren als Igelwürmer oder Xenophyophoria. Sie waren ein uneinheitliches Nahrungsangebot gewohnt, das ganz plötzlich von oben kam, irgendwann und irgendwo.

Als zum Beispiel Bob Hessler und Art Yayanos eine Monsterkamera in den Philippinengraben hinabließen, fanden sie in ihm nicht das Paradies der Seegurken: Dort schienen vielmehr kleine Aas fressende Krebse den Ton anzugeben, Flohkrebse aus der Familie der

Lysianassidae (die gleichen Flohkrebse, die Yayanos später als Bakterienfarm benutzte). Der erste zweieinhalb Zentimeter lange Flohkrebs war binnen weniger Minuten beim Köder, und nach nicht einmal einer Stunde war der Köder unter einem Schwarm sich wie wild gebärdender Tiere verschwunden, die so zahlreich waren, dass man sie nicht mehr zählen konnte. An anderen Stellen in der Tiefsee erleben Biologen genau das Gleiche: Sie lassen einen Köder hinab, und kurz darauf erscheint der erste Flohkrebs, der sich gegen die Strömung zum Köder vorkämpft, den er offenbar riechen kann, wobei er in einer Sekunde fünf Körperlängen zurücklegt – was mit dem schnellsten Sprinter unter den Menschen vergleichbar ist. Das Tier hält sich ungefähr eine halbe Stunde beim Köder auf und kann in dieser Zeit das halbe eigene Körpergewicht fressen. Dann zieht es sich offenbar gesättigt zurück. Je nachdem, wie viele Artgenossen sich zu der Orgie eingefunden haben, sind nach ein paar Stunden eventuell nur noch ein paar Fetzen vom Köder übrig.

Kleine Krebse sind nicht die Einzigen, die von köderbestückten Kameras angelockt werden. Auch große Fische gehören dazu. Am häufigsten unter ihnen sind die Langschwänze, so benannt nach dem langen, dünnen Schwanz (von denen einige anmutiger und nicht so rattenartig sind wie andere). Langschwänze von der Gattung der *Coryphaenoides* werden ziemlich groß – über 1,80 Meter lang nach Fotos zu urteilen. Ken Smith vom Scripps und Imants Priede von der University of Aberdeen haben Langschwänze im Pazifik und Atlantik fotografiert. Smith dachte immer, Langschwänze lägen einfach da und warteten, bis Nahrung in ihrer Nähe nach unten sinkt; wenn Nahrung so knapp ist, so überlegte er, kann ein Tier es sich nicht leisten, für die Nahrungssuche Zeit und Energie zu verschwenden. Doch dann entdeckte Smith einen Weg, Langschwänze zu verfolgen, nachdem sie aus dem begrenzten Sichtfeld der Kamera schwammen. Er und Priede steckten Schallsender von der Größe eines kleinen Fingers in die Köder. Die Langschwänze verschluckten die Sender und schwammen fort, sandten aber regelmäßige Ultraschallsignale aus, die von einem Hydrophon auf dem Kamerastativ aufgefangen wurden, solange der Fisch nicht weiter als 500 Meter entfernt war.

Wie sich herausstellte, blieben die Fische nicht sehr lange in der Nähe. Wie Flohkrebse nähern sich auch Langschwänze einem Köder dem Geruch folgend gegen die Strömung und verschwinden recht bald wieder – innerhalb einer Stunde an einem der Orte, wo Smith und Priede ihre Kamera aufgestellt hatten. Aufgrund der Zeit, die es dauerte, bis der erste Langschwanz den Köder an der Stelle im Nordpazifik erreichte (16 Minuten), errechneten Smith und Priede, dass auf 4000 Quadratmeter Meeresboden im Schnitt zwei bis drei Langschwänze kommen müssten. Damit hätte jeder Fisch etwa das gleiche Territorium wie ein normaler vorstädtischer Hausbesitzer. Aber Langschwänze sind offenbar nicht territorial, und sie treiben auch nicht einfach mit der Strömung und warten darauf, dass Tiefseebiologen eine Makrele in ihrer Nähe deponieren. Sie sind vielmehr ständig unterwegs auf Nahrungssuche. Sie halten sich nur so lange beim Köder auf, wie es vernünftig erscheint, wenn die Wahrscheinlichkeit besteht, dass in dem Gebiet noch weitere Nahrung zu finden ist; dort, wo das Nahrungsangebot groß ist, ziehen sie schneller weiter – eine Methode, die Biologen «optimale Nahrungssuche» nennen. Bei einem gemächlichen Tempo von etwa vierhundert Metern pro Stunde, aber ohne jemals Halt zu machen, kann ein Langschwanz es im Jahr auf bis zu 3200 Kilometer bringen.

Der Grund, warum diese Strategie sich für Langschwänze auszahlt, ist der, dass nicht nur Biologen hin und wieder Essensbrocken auf dem Meeresboden hinterlassen. Auch was die Natur bietet, ist sehr abwechslungsreich. Bei Tauchfahrten mit der *Alvin* im Santa-

Catalina-Becken hat Craig Smith (nicht verwandt mit Ken) über ein Dutzend Tierkadaver gesehen, von denen einige voller Aasfresser saßen. Sogar ein toter Wal war dabei. Vor einigen Jahren hat Smith mit Ködern besetzte Kameras aufgestellt, um herauszufinden, was genau für Aasfresser im Santa-Catalina-Becken vorkommen. Es waren recht viele, wie sich herausstellte. Als Erste tauchten schon nach wenigen Minuten primitive Inger beim Köder auf, blind, kieferlos und aalartig. Wie ein Gorgonenhaupt wuselten sie um die Makrele, in die sie sich hineinbohrten, um sie von innen heraus aufzufressen, und sonderten ununterbrochen Schleimwolken ab, um rivalisierende Aasfresser abzuhalten. Die Flohkrebse ließen sich jedoch nicht abschrecken: Sie schwärmten heran, fraßen den Schleim der Inger und auch etwas vom Köder. Dann kamen Schlangensterne, zu Tausenden, mehrere übereinander, ein Haufen verschlungener Arme, und warteten ängstlich Stunden, auch Tage, bis die Inger verschwanden, um sich dann geschlossen auf die Überreste zu stürzen. Selbst neunzehn Tage, nachdem Smith eine seiner Kameras aufgestellt hatte, war der Taumel, den sie auslöste, noch nicht ganz vorüber: eine einzelne Krabbe und eine Seegurke nagten noch an den Gräten der Makrele.

Die Inger holten sich beim Smithschen Experiment 90 Prozent des Köders, für sie ein wahrscheinlich nicht unerheblicher Anteil ihrer Jahresration, wenn nicht die ganze. Smith sah mehrere Inger mit geblähtem Bauch einige Tage regungslos auf dem Meeresboden liegen, wo sie offensichtlich ihr Mahl verdauten. Die anderen Aasfresser haben wahrscheinlich viele Nahrungsquellen, die vermutlich nur zum Teil aus Fischkadavern bestehen. Ein toter Fisch ist in der Tiefsee ein vergleichsweise seltener Glückstreffer. Wenn tote Fische die einzige Abwechslung am Meeresboden böten, wäre er wirklich kein besonders abwechslungsreicher Ort.

Die Tiefseebiologen haben in den letzten zwei Jahrzehnten jedoch herausgefunden, dass ein großer Teil der Nahrung, die den Tieren am Meeresboden zur Verfügung steht, häppchenweise kommt. Das meiste davon ist sehr viel kleiner als ein toter Fisch und besteht aus mikroskopisch kleinen abgestorbenen Organismen, den Überresten der einzelligen Pflanzen, die an der Meeresoberfläche im Wasser schweben, das so genannte Phytoplankton, und aus den einzelligen Tieren, dem Zooplankton. Kotkügelchen vom Zooplankton runden die Mischung ab. All diese schleimigen Partikel kleben aneinander und bilden große, erkennbare Flocken, die so schwer sind, dass sie nach unten sinken. Die Flocken werden auch Meeresschnee genannt. Jeder Taucher kennt sie, sie sind überall im Wasser, anscheinend unablässig. Und das war auch das Bild, das Biologen noch vor nicht allzu langer Zeit von der Tiefsee hatten: eine Welt, in der die Flocken und damit die Nahrung sanft, fein, aber beständig niederrieselten wie in einer nie endenden Winternacht.

Es ist richtig, dass der Schneefall nie aufhört. Aber es stimmt nicht, dass er beständig niedergeht, und es ist rückblickend auch kaum nachvollziehbar, warum alle das einmal geglaubt haben. Der Vorrat an Phytoplankton, das an der Meeresoberfläche lebt, ist schließlich nicht konstant. Das Meer hat seine Jahreszeiten wie das Festland. Das Plankton blüht im Frühjahr und stirbt in großen Mengen ab, sobald der Frühling dem Sommer weicht. Dann wird aus dem leichten Schneefall, der ständig niedergeht, ein Schneesturm, und in mächtigen Schüben sinkt das tote Plankton – die Ozeanographen nennen es Phytodetritus – in die Tiefe. Der erste Beleg für solche jahreszeitlichen Sedimentschübe wurde 1980 von Meeresforschern aus Woods Hole erbracht, die dazu eine höchst einfache Vorrichtung benutzten: sie hängten senkrechte, konische Sedimentfallen, das Pendant zum Regenmesser, in 3000 Metern Tiefe vor den Bermudas in die Wassersäule. Seit dieser überraschenden Entdeckung haben auch andere Forscher die Schübe mit eigenen Augen und auf Fotos in vielen Regionen des Ozeans beobachtet.

Die abgestorbene Materie sinkt so schnell, dass sie grün und frisch am Meeresboden ankommt. Wishner und Levin haben grüne, flockige Matten auf den Hängen des Vulkans 7 im Ostpazifik gesehen. Südwestlich von Irland, in einer Porcupine Seabight genannten Region, haben Anthony Rice und seine Kollegen vom British Institute of Oceanographic Sciences 1982 Zeitrafferaufnahmen gemacht, auf denen zu sehen war, wie grüner Detritus in Schwaden am Meeresgrund ankam. Der erste Schub traf Ende Juni ein und breitete sich zu einem kleinen Patch aus. Bald darauf erhöhte sich das Tempo, und eine Wolke nach der anderen rieselte nieder und legte einen Teppich aus dunkelgrünen, sich überlappenden Flicken über den braunen Schlamm. Der grüne Schnee sammelte sich in den Furchen und Senken, die die Bodenbewohner gegraben hatten, und staute sich an den Seiten ihrer Hügel. Manchmal wirbelte eine kurze Strömung ihn in Wolken auf, sodass die Kamera nichts mehr sah, oder rollte ihn als loses Knäuel über den Meeresboden. Ende Juli war der Schlamm rings um die Kamera vollkommen mit Grün bedeckt.

Im August ging das Grün jedoch langsam wieder zurück. Die am Meeresboden lebenden Tiere reagieren offenbar sehr schnell auf die plötzliche Nahrungsflut. Rice und seine Kollegen haben Seegurken fotografiert, die friedlich einen Patch frischen Phytodetritus abweideten. Sie haben die gleichen Schlangensterne beim Fressen von Phytodetritus in der Porcupine Seabight gesehen, die sich im Santa-Catalina-Becken über die Köder von Craig Smith hergemacht haben. Auch kleinere Tiere reagieren auf neue Nahrungspatches. Einzellige Foraminiferen können sich über sie hermachen, die Pflanzen abfressen und sich dann in einer Populationsexplosion wie wild vermehren, die der Planktonblüte an der Oberfläche in nichts nachsteht.

Im europäischen Nordmeer hat der deutsche Biologe Gerd Graf beobachtet, dass es kleinen Spritzwürmern, so genannten Sipunculiden, gelingt, einen erheblichen Teil eines Food-falls zu ergattern, bevor Foraminiferen oder andere Tiere herankommen können. Graf holte intakte Sedimentblöcke mit einem Boxcorer herauf, einem in den 70er Jahren von Jumars und Hessler entwickelten Fanggerät. Er stellte fest, dass das Sediment voller Wurmgänge war, etwa 1000 auf zehn Quadratzentimeter, wobei auf jeden Wurm etwa zwanzig Gänge kamen. Nach mehreren Zentimetern vereinigten sich diese zwanzig Gänge im Schlamm zu einem Tunnel, der fast bis in eine Tiefe von sechzig Zentimetern reichte. Anscheinend warten die Würmer in ihren Gängen auf den jährlich ein- oder zweimaligen Nahrungsschub – im Herbst kommt es noch einmal zu einer schwächeren Planktonblüte. Wenn sie eintritt, strecken die Würmer den Kopf aus dem Gang und holen die Beute in wenigen Tagen ein. Irgendwie können sie sie für schlechtere Zeiten horten.

Vor mehr als einem Jahrhundert, als Moseley von der *Challenger* das eintönige Leben in der Tiefe der Meere beschrieb und dadurch mit zu einem Bild beitrug, das sich bis in die 60er Jahre hielt, ließ er dennoch die Möglichkeit offen für eine «periodische Schwankung im Angebot der von oben absinkenden Nahrung, die bei den Bewohnern vielleicht einmal im Jahr für etwas Freude sorgt». Er konnte nicht wissen, wie recht er mit dieser einen beiläufigen Bemerkung hatte, aber wie unrecht generell.

– – –

J. Frederick Grassle hat die meiste Zeit seines beruflichen Lebens dem Versuch gewidmet, herauszufinden, warum die Tiefsee ganz und gar nicht so ist, wie Moseley sie geschildert hat, und warum es dort eine solche Artenvielfalt gibt. Grassle ist heute der Direktor des

Institute of Marine and Coastal Sciences der Rutgers University, war jedoch die meiste Zeit in Woods Hole, wo er auch begann. 1972 übernahm er die Stelle von Hessler, der mit Howard Sanders zusammengearbeitet hatte. (Hessler hatte zum Scripps gewechselt.) In den 80er Jahren erstellte Grassle weiter genauere Schätzungen über die Artenvielfalt in der Tiefsee, als Hessler und Sanders dies getan hatten. Statt eines Epibenthosschlittens benutzte er einen Boxcorer. Trotz vieler Vorzüge verfehlte der Epibenthosschlitten nach wie vor viele bohrende Organismen; noch bedenklicher war, dass er wahllos Tiere von einem Bodenareal zusammenscharrte, dessen Größe man nicht kannte – der Schlitten wurde ungefähr 1,5 Kilometer weit gezogen –, sodass man unmöglich genau angeben konnte, wie viele Arten auf einer bestimmten Fläche lebten. Der Boxcorer ermöglichte Grassle exaktere Angaben: dank ihm konnte er alles zählen, was auf und in einem Quadratfuß Schlamm vom Meeresboden lebte.

Die Anzahl der Arten, die er fand, war noch verblüffender – das heißt höher – als die, auf die Hessler und Sanders gekommen waren. Grassle und seine Kollegin Nancy Maciolek nahmen 233 Proben an einem 175 Kilometer langen Abschnitt des Kontinentalhangs vor New Jersey, die meisten aus 2100 Metern Tiefe. Insgesamt zählten sie 798 Arten: 798 verschiedene Tierarten, die auf zwanzig Quadratmetern lebten, also der Fläche eines nicht gerade hochherrschaftlichen Wohnzimmers. Noch bedeutsamer als die bloße Anzahl war jedoch das Verteilungsmuster. Je weiter sich Grassle und Maciolek an der 2100-Meter-Tiefenlinie vorarbeiteten, desto größer wurde die Anzahl der Arten. Bei jeder neuen Boxcoreprobe konnte man damit rechnen, neue Arten vorzufinden. Grassle und Maciolek hatten mit anderen Worten nirgendwo auch nur annähernd all die Organismen gesammelt, die in der speziellen Region und Tiefe lebten; 798 war lediglich die Zahl, bei der sie aufgehört hatten zu zählen.

Die beiden Forscher rechneten von ihren Ergebnissen hoch und bemühten sich um eine konservative Schätzung dessen, was sie finden würden, wenn sie mit der allumfassenden Fähigkeit ausgestattet wären, alle Tierarten auf dem gesamten Meeresboden zu zählen. Nichtwissen zu quantifizieren ist von Hause aus eine unsichere Sache, doch niemand besaß bessere Voraussetzungen, es zu versuchen, als Grassle und Maciolek. «Wenn weitere Proben in der Tiefsee genommen werden», so schlossen sie, «wird die Zahl der Arten sicher auf über eine Million steigen, vielleicht sogar zehn Millionen überschreiten.» Das sind Zahlen, welche die Tiefsee als Hort der Vielfalt auf eine Stufe mit dem Regenwald stellen. (Und wenn der Regenwald nach J. B. S. Haldanes berühmtem Ausspruch beweist, dass Gott eine besondere Zuneigung zu Käfern hat, dann ist der Meeresboden der Beleg für Seine Vorliebe für Polychaeten oder Ringelborster: Fast die Hälfte aller von Grassle und Maciolek gesammelten Arten waren Würmer, die zu dieser Klasse gehörten, und davon war über die Hälfte der Wissenschaft noch unbekannt.)

Nachdem Grassle zwanzig Jahre darüber nachgedacht hat, warum der Meeresboden eine so stupende Ähnlichkeit mit dem Regenwald haben sollte, wo Ersterer doch so völlig anders ist, hat er eine Theorie entwickelt, die sich etwas von der seines früheren Mentors Howard Sanders unterscheidet. «Es gibt mehr als einen Grund für die Vielfalt», sagt er.

> Aber das stärkste Argument ist wahrscheinlich, dass es ein bisschen wie bei der Entstehung von Lücken im Regenwald ist – wie «wenn Bäume umstürzen. Dort gibt es eine Zunahme an Nährstoffen, die einige Arten begünstigt, und dieses Mosaik aus kleinen Patches trägt mit dazu bei, die Vielfalt zu erhalten. In der Tiefsee ergibt sich dieses Mosaik durch die Nahrung, die von oben absinkt. Es kann ein Patch Beerentang sein, ein Stück Holz oder et-

was Phytoplankton, das sich im Gang eines Tieres oder einer natürlichen Bodensenke ansammelt. Diese organische Materie ist höchst ungleich verteilt. Und dieses Mosaik aus unterschiedlichen Nahrungsmengen ist offenbar sehr wichtig für die Aufrechterhaltung der Vielfalt – jede dieser Quellen organischer Materie bildet ein Mosaiksteinchen, welches das Zusammenleben vieler Arten erlaubt.

Der Grund ist: Wenn man eine Nahrungsquelle erschließt, reagieren unterschiedliche Organismen unterschiedlich schnell. Und die Wahrscheinlichkeit, dass zwei Arten gleichzeitig dort ankommen, ist gering, weil die Nahrung nur punktuell vorhanden und weit verteilt ist. Das Vorhandensein von Patches ist demnach ein Mechanismus zur Verringerung der Möglichkeit, dass Arten sich gegenseitig Konkurrenz machen und eine Art die andere vernichtet. Wenn ein Lebensraum absolut konstant ist und sich nicht ändert, setzt sich am Ende eine Art durch. Je mehr man dazu beitragen kann, ein Umfeld räumlich und zeitlich komplexer zu gestalten, desto mehr Arten können nebeneinander bestehen.»

Es gibt, so Grassle, noch andere Möglichkeiten, Komplexität zu schaffen, außer dass sporadisch Nahrungspatches zum Grund sinken. Ein Baum, der im Wald umstürzt, ist ein Nahrungspatch, weil er die Erde durch den Verrottungsprozess mit neuen Nährstoffen versorgt. Er ist aber auch eine Störung, die einige Tiere tötet oder vertreibt und damit Platz für andere schafft. Störungen fördern die Vielfalt, weil sie Opportunisten Gelegenheiten eröffnen – den Pionierarten, die sich auf die Besiedlung noch unerschlossenen Landes spezialisieren – und so verhindern, dass ein Habitat von wenigen dominanten Arten übernommen wird. Eine Waldlichtung zum Beispiel ermöglicht Wiesengräsern, unmittelbar neben alten Bäumen zu wachsen, und verhindert damit, dass die gesamte Region von einem geschlossenen

Fichten- oder Pinienbestand bedeckt wird. In diesem Sinn stürzen auch in der Tiefe immer wieder Bäume um. Die Hügelbauer im Santa-Catalina-Becken sorgen ununterbrochen für Störungen; die neuen Hügel werden sofort von Polychaeten besiedelt. Auch ein toter Fisch auf dem Grund des Santa-Catalina-Beckens ist eine Störung. Wenn die Inger wie toll über den Fisch herfallen und ihn zerreißen, und wenn die Schlangensterne in Massen anmarschieren, wird der Sedimentflecken um den Fisch aufgewühlt und platt gewalzt. Nach Craig Smith wird dabei einer der häufigsten Polychaeten im Becken, eine Art, die lockere Schlammkugeln produziert und darin lebt, entweder getötet oder aus dem Patch vertrieben. Ihre Behausungen werden bei der Balgerei um das Fressen zerstört – aber zwei Arten seltenerer und opportunistischerer Polychaeten besiedeln das aufgewühlte Sediment und gedeihen dort. Störungen sind ausgleichende Prozesse, die den Benachteiligten der Evolution das Überleben ermöglichen.

Sucht eine Störung dagegen ein großes Gebiet heim, verringert sie die Komplexität, statt sie zu erhöhen. Wenn ein großes Stück Regenwald abbrennt, weicht die Mannigfaltigkeit dieses Stücks zumindest für eine Zeit einigen Gräsern und anderen Kolonisten (oder Erntepflanzen, falls ein Farmer das Feuer gelegt hat). Wenn die Artenvielfalt wie die vielen Farbtöne einer Patchworkdecke ist, dann wirkt eine schwere Störung so, als bedeckte man den größten Teil der Decke mit einem Riesenflecken von nur einer Farbe. Solche Störungen kommen in der Tiefsee vor. Die von Erdbeben ausgelösten Erdrutsche an den Hängen der Tiefseegräben sind ein Beispiel, und die Trübeströme, die sich die Schluchten am Kontinentalhang hinunterwälzen, sind wahrscheinlich ein weiteres.

Ein drittes Beispiel, das Ende der 70er Jahre unter anderem von Charles Hollister entdeckt wurde, sind Tiefseestürme. Am Kontinentalhang südlich von Neufundland, und vermutlich auch an anderen

Stellen, die nicht untersucht worden sind, lösen starke abyssische Strömungen gelegentlich gewaltige Wirbel aus – analog den Hurrikans in der Atmosphäre –, die die Hänge entlangfegen und das Sediment tagelang aufwühlen. Mächtige Schlammwolken werden ins Wasser getrieben und verwandeln den Meeresboden, wenn sie sich gesetzt haben, in eine Gegend, die wie eine geputzte Schiefertafel aussieht. Wie die Lawinen in den Gräben löschen sie die von den Tieren so sorgsam errichtete zerbrechliche Topographie aus, die Hügel und Wohngänge und Fraßmulden. Einige Tiere gedeihen unter solchen Bedingungen. Doch sowohl in den Gräben als auch auf dem Weg, den die Tiefseestürme nehmen, wird die Artenvielfalt insgesamt vermutlich dezimiert.

Derart große Störungen scheinen in der Tiefsee aber selten aufzutreten. In den meisten Gegenden halten sich die Hügel und Spuren der Tiere sehr lange. Deshalb ist der Meeresboden auch bedeckt damit, obwohl er nur dünn besiedelt ist. In dem Sinn hatte Howard Sanders Recht: Die Tatsache, dass die Tiefsee insgesamt im Zeitablauf vergleichsweise stabil ist – verglichen mit den sturmgepeitschten flacheren Gewässern –, ist eine Voraussetzung für die Erklärung, warum sie so vielfältig ist. Dass die Tiefsee groß und in dieser Größe räumlich gleichförmig ist, ist ebenfalls wichtig: Die Größe gibt Raum für viele unterschiedliche Patches, und die Gleichförmigkeit bedeutet, dass es keine Barrieren gibt, die die Organismen daran hindern, sich über weite Strecken auszubreiten und neue Patches zu besiedeln, sobald sie vorhanden sind.

Aber wenn Grassle Recht hat, sind diese Stabilität und Gleichförmigkeit für den unglaublichen Reichtum der Tiefsee das, was die Leinwand für die Malerei ist. Ohne Leinwand gäbe es keine Gemälde, aber nicht die Leinwand macht das Gemälde reich. Und nicht die Beständigkeit der Tiefsee, sondern der beständige Wechsel beschert ihr diesen Reichtum an Tierarten. Es liegt am sich ständig ändernden Angebot an Nahrung, die nicht gleichmäßig niederrieselt, sondern in periodischen massiven Schüben, an der unentwegten Rastlosigkeit der Tiere, die ihre Umgebung immer wieder umgestalten und neue Ecken und Nischen für andere schaffen, an den ständigen kleinen Störungen der Ruhe, die den verschiedenen Arten ermöglicht, friedlich nebeneinander zu leben. Diese vielen kleinen Veränderungen schaffen, vor einem stabilen Hintergrund, eine reich strukturierte Umgebung, in der die verschiedenartigsten Lebewesen ein angenehmes Zuhause finden können. «Wir sind in dem Glauben groß geworden, dass der abyssische und hadale Bereich eine absolut lebensfeindliche Umwelt sind, weil sie uns feindlich sind», erklärt Grassle. «Aber für weite Bereiche des Lebens sind sie nicht feindlich. Vielleicht sind sie, um die Worte von Howard Sanders zu gebrauchen, generell eine ‹gutartigere› Umgebung als die meisten Gebiete des Planeten. Und das trotz der Tatsache, dass es dort kalt ist, hoher Druck herrscht und nicht sehr viel Nahrung dorthin gelangt.»

– – –

Im Februar 1977, noch bevor sich diese Vorstellungen von der Vielfalt der Tiefsee bei ihm herauskristallisiert hatten, veröffentlichte Fred Grassle im angesehen britischen Wissenschaftsjournal *Nature* einen Artikel, in dem er einige Experimente beschrieb, die er in der Tiefsee im westlichen Nordatlantik durchgeführt hatte. Der Artikel trug die Überschrift «Langsame Wiederbesiedlung von Tiefseesedimenten». Grassle hatte Sediment vom Versuchsort hochgeholt, es sich erwärmen lassen und dann eingefroren, bis er sicher sein konnte, dass alles darin enthaltene Leben tot war. Dann hatte er die Sedimentprobe mit Hilfe des Tauchboots Alvin in flachen Boxen wieder auf dem Meeresboden ausgesetzt. Zwei Jahre später hatte er nachgesehen, welche Arten von Leben sich in den Boxen angesiedelt hatten. Es war nicht viel: einige Würmer, ein paar Muscheln, mehrere Asseln, aber die Populationsdichte in den Boxen betrug nur etwa ein Hundertstel des umliegenden Meeresbodens, und nur ein Tausendstel dessen, was Grassle in einer Box fand, die er in nur zehn Metern Tiefe in der Buzzards Bay direkt vor Woods Hole deponiert hatte. «Die Lebensprozesse, wie sie sich im Besiedlungs- und Wachstumstempo spiegeln, sind in der Tiefsee bemerkenswert langsam», schloss Grassle in seinem Artikel.

Es gab noch andere Beweise für diese Schlussfolgerung, unter anderem aus einem höchst seltsamen und unbeabsichtigten Experiment. 1968 war *Alvin* in 1500 Metern Tiefe versunken, nachdem sich ein Kabel verfangen hatte, als das Tauchboot vom Mutterschiff ins Wasser gelassen worden war. Kurz bevor das Tauchboot in den Wellen verschwand und schon Wasser in die offene Luke drang, konnten sich die drei Forscher, die bereits im Boot saßen, in Sicherheit bringen. Sie hatten allerdings ihre Essensbeutel zurücklassen müssen. Diese Essensrationen, drei Äpfel und drei Mortadellasandwiches, lagen zehn Monate auf dem Meeresgrund, bis die *Alvin* schließlich gefunden und geborgen wurde. Als man die Verpflegung aus den Beuteln holte, schien sie durchaus noch essbar zu sein, und es gab einige Mutige, die es versuchten. Es schmeckte salzig, aber gut. Das Essen war nicht verdorben. Lebensprozesse, wie sie sich im Tempo spiegeln, mit dem Bakterien Nahrung zersetzen, liefen in der Tiefsee offenbar sehr viel langsamer ab als in einem normalen Kühlschrank.

Und nur einige Jahre vor seinem Artikel von 1977 hatte Grassle an einem ebenso bedeutsamen Experiment teilgenommen, mit dem das gemächliche Tempo des Lebens in der Tiefsee bestätigt worden war. Er und Sanders hatten Eimer voller Schlamm durchsucht, der mit einem Epibenthosschlitten gesammelt worden war, und zahlreiche Arten einer Tiefseemuschel ausgesondert, *Tindaria callistiformis.* Die ungefähr acht Millimeter langen Exemplare hatten sie an ein Labor der Yale University geschickt, das radioaktive Altersbestimmungen vornehmen konnte. Aufgrund des in den Muschelschalen vorhandenen Radium-228 schätzten die Yale-Wissenschaftler das Alter der Muscheln: Sie waren zwischen 25 und 175 Jahre alt – wahrscheinlich um die einhundert Jahre. Einhundert Jahre, um acht Millimeter groß zu werden, das ist wirklich langsam.

Wie langsam das Leben in der Tiefsee abläuft, ist wieder und wieder bestätigt worden – doch die unglaublichste Ausnahme von dieser Regel wurde just zu der Zeit entdeckt, als Grassle seinen *Nature*-Artikel veröffentlichte. Im Februar 1977 unternahm *Alvin* mehrere Tauchfahrten zum Grat eines mittelozeanischen Rückens bei den Galapagosinseln. Getaucht wurde an genau der Stelle, wo Ken Macdonald fünf Jahre zuvor das Grollen von Erdbeben vernommen und tote Fische an der Oberfläche hatte treiben sehen. Es war an einer Stelle, wo nach den Messungen von Macdonald Geologen vom Scripps mit Deep Tow Wasser gefunden hatten, das etwas wärmer als das umgebende Meer und auch chemisch anders war. 1976 hatte Deep Tow außerdem Ansammlungen eigenartiger weißer und ungewöhnlich großer Muscheln auf dem Grat des Rückens fotografiert.

Die Geologen waren nicht an Muscheln interessiert; einer von ihnen meinte, die Muscheln wären vielleicht nur leere Schalen, die man nach einer Feier von einem vorbeifahrenden Schiff über Bord geworfen hatte. Ein Jahrzehnt nach dem Triumph der Plattentektonik waren Geologen überall aber sehr wohl daran interessiert, den ersten direkten Beweis für Vulkanismus auf einem mittelozeanischen Rücken zu finden. (Macdonalds Erdbeben waren ein indirekter Fingerzeig.) So fuhren also 1977 einige Forscher aus Woods Hole, vom MIT und der Oregon State University mit *Alvin* zu den Galapagosinseln. Sie benutzten eine Karte, die die Scripps-Studentin Kathy Crane erstellt hatte, und suchten nach Thermalquellen am Meeresboden. Crane hatte die riesigen Muscheln, die sie auf den Deep-Tow-Aufnahmen gesehen hatte, nie für Abfall gehalten; sie glaubte vielmehr, die Muscheln hätten sich um die Thermalquellen herum angesammelt, die alle zu finden hofften. Bevor Jack Corliss von Oregon State und John Edmond vom MIT zur ersten Tauchfahrt in die *Alvin* kletterten, empfahl Crane Corliss, wie sie sich erinnert, einfach den leuchtend weißen Muscheln zu folgen, sobald sie unten waren. Vielleicht würden sie ihn zu dem führen, was er suchte.

Und als im Februar 1977 Grassles Artikel in Druck ging, der den alten Konsens über das Leben in der Tiefsee wiedergab, blickten zwei Geologen durch die Bullaugen der *Alvin* und das schillernde heiße Wasser aus nächster Nähe auf eine neue biologische Wirklichkeit: auf riesige Röhrenwürmer in dichten Knäueln mit blutroten Köpfen wie Blütenknospen; auf fünfzehn Zentimeter große Muscheln und blinde, porzellanweiße Krabben; auf dreißig Zentimeter große Muscheln, die vier Zentimeter im Jahr wachsen; auf all das Leben, das hier dicht gedrängt war und mit seiner Fülle dem jedes uns bekannten Ökosystems auf dem Festland oder im Meer, im flachen oder tiefen Wasser, gleichkam. Tiefseebiologen erinnern sich noch heute, wo sie waren, als sie die Nachricht von dieser Entdeckung hörten; es bewegte sie wie die Landung auf dem Mond. Bevor die *Alvin* in den Hafen zurückkehrte, planten Grassle und seine Kollegen eine eigene Fahrt zu den Galapagosinseln, zum spektakulärsten Patch überhaupt.

8. Kapitel LEBEN AUF EINEM VULKAN

Ken Macdonald hatte kein U-Boot, als seine Sonobojen 1972 vor den Galapagosinseln ein Erdbeben anzeigten. Er konnte nicht zum Meeresgrund tauchen, um nachzusehen, was dort vor sich ging. Was hätte er gesehen, wenn er es hätte tun können? Im April 1991 bekam Rachel Haymon, Meeresbiologin an der University of California in Santa Barbara und zufällig auch Frau von Macdonald, eine Vorstellung von dem, was ihm 19 Jahre zuvor entgangen war. Haymon tauchte mit der *Alvin* ungefähr 1500 Kilometer nordwestlich der Galapagosinseln in die trogförmige vulkanische Caldera auf dem Kamm des Ostpazifischen Rückens – 9° 50′ nördlicher Breite, 104° 18′ westlicher Länge, Tiefe 2550 Meter. Es war ein Ort, den sie gut zu kennen glaubte, ein Ort, wo sie 1989 Thermalquellen gesehen hatte, an denen es von tierischem Leben wimmelte. Es war allerdings auch ein Ort, wo es, wie Macdonald und Jeff Fox drei Jahre zuvor vorausgesagt hatten, zu einem Vulkanausbruch kommen konnte.

Und das sah Haymon:

«Die ganze Gegend hatte sich vollkommen verändert. An Stellen, wo sich die Tiere einmal gedrängt hatten, konnten wir hin und her fahren und fanden nur diese kleinen Krabben, die aussahen, als wären sie fünf Tage alt. Wir fuhren das ganze Gebiet ab, fanden aber nirgendwo dicht besiedelte Tiergemeinschaften, wie sie Thermalquellen bewohnen – keinen einzigen Röhrenwurm. Wir entdeckten zwar hydrothermale Schlote dort, wo wir sie erwarteten, aber alles sah verändert aus.»

Dan Fornari, Meeresgeologe am Lamont-Doherty Geological Observatory, leitete die Fahrt mit Haymon:

«Das Erste, was ein Meeresgeologe denkt, ist: ‹Hast du dich verirrt? Hast du irgendwo Mist gebaut?› Aber nach all dieser Grübelei stellten wir schließlich fest: ‹Nein, wir sind an der richtigen Stelle. Wir kennen das.› Dann tauchte das Boot erneut, und die Insassen konnten absolut nichts sehen. Es war pechschwarz – es war dieses rauchige Wasser, in dem man absolut nichts erkennt. Bei dieser Tauchfahrt taten sie nicht sehr viel mehr als im Rauch herumzufahren. So war es 1989 nicht gewesen. Das war völlig anders.»

Haymon:

«Bei der vierzehnten Tauchfahrt stießen wir dann auf diese Ansammlung aus Tausenden von Röhrenwürmern und Muscheln – tot. Sie waren versengt und zerfetzt und aufgeplatzt. Einige lebten noch, machten einen erbarmungswürdigen Eindruck. Einige Muscheln waren geöffnet, und das Fleisch lag einfach da – kein Tier hatte es angerührt. Es waren kaum Aasfresser zu sehen, etwa Krabben, was angesichts all dieser toten und sterbenden Tiere, dieses Gratismahls, wirklich erstaunte. Und über allem lag so etwas wie graue Asche. Da waren Pyrrhotin und Sulfat drin – hydrothermale Mineralien –, und tote Fleischstücke. Was immer geschehen war, es war ein unvermitteltes und heftiges Ereignis, das die Tiere vernichtet hatte und diese Asche auf sie niederrieseln ließ. Wir sammelten ein paar tote Röhrenwürmer ein, und als wir sie oben an Deck hatten, roch es irgendwie nach gegrilltem Hamburger.»

Richard Lutz, Tiefseebiologe, Rutgers University:

«Einer der Röhrenwürmer, der hochgebracht wurde, hatte an der Unterseite etwas, das wie ein Stück schwarzer Basalt aussah – Röhrenwürmer sind sessil und sitzen oft fest auf Basalt –, doch als wir genauer hinsahen, war es kein Basalt, sondern ein verkohltes Trophosom, ein Stück vom Gewebe des Wurms. Das war ein Grund, warum wir diese Stelle den Röhrenwurmgrill genannt haben.»

Karen von Damm, Wasserchemikerin, University of New Hampshire:

«Am meisten beeindruckte mich, dass überall aus dem Meeresboden heißes Wasser kam. Normalerweise sieht man es aus ein paar Spalten kommen. Hier war es überall, und es war dieses weiße Zeug drin. Wenn man sich jetzt die Bilder ansieht, hat man gar kein Gefühl für die räumliche Ausdehnung. Es war buchstäblich wie eine Fahrt durch einen Blizzard – kein Schneesturm, ein Blizzard. Normalerweise ist der Meeresboden an einem Rücken schwarz, aber hier war er vollkommen weiß. Es war ganz eigenartig!»

Haymon:

«Was das war, es waren Bakterien – weiße, flockige Materie, die nach oben ins Wasser gejagt wurde, fünfzig Meter über den Meeresboden, durch hydrothermales Venting. Wir setzten eine Markierung aus, die nach zwei Wochen völlig bedeckt von diesem Zeug war.»

Fornari:

«Die Flöckchen aus bakterieller Materie wurden aus Löchern ausgestoßen, aus kleinen, oben liegenden Öffnungen im vulkanischen Gestein – wir nannten sie am Ende Schneeschleudern, denn genauso sah das aus. An einigen Stellen war die ganze Caldera ein solcher gespenstischer Abgrund aus frischem Vulkangestein, schwarz und glasig, unter einer weißen Matte aus Bakterien, und ständig diese Schneeschleudern. Es war ein höchst erstaunliches Gelände.»

Von Damm:

«Wir sahen einen Schlot, der an einem Tag 389 Grad Celsius hatte, eine Woche später 396 Grad und wieder eine Woche darauf 403 Grad. Es war vierhundert Grad heißes Wasser, das da aus einem Gesteinshaufen drang! Im Grunde hatte es unter dem Meeresboden gekocht. Man kann es sich als Dampf vorstellen, doch es steht unter so hohem Druck, dass es wie eine Flüssigkeit ist. Wir haben uns schon gedacht, dass am Meeresgrund kochendes Wasser vorkommen könnte, aber hatten noch nie welches entdeckt.»

Fornari:

«Wir wussten also, dass etwas im Gange war. Es dämmerte uns nicht sofort, weil wir nicht bereit waren, zu akzeptieren, was auf der Hand lag – noch nie hatte jemand eine Eruption auf dem Meeresboden erlebt.»

Haymon:

«Wir schickten einige Lavabrocken an Ken Rubin vom Scripps, der eine Methode zur Altersbestimmung junger Lava hat. Nach seiner Berechnung hatte die Eruption zwischen dem 28. März und dem 6. April stattgefunden. Unsere erste Tauchfahrt hatten wir am 1. April unternommen. Es war also um die Zeit herum geschehen, als wir dort waren.

Ich denke, dass Magma bis unter die Oberfläche aufstieg und heißes Wasser verdrängte. Das Magma kommt von unten hoch und wirkt wie ein Kolben und muss das Wasser in den Leerräumen der Erdkruste verdrängen. Doch das kochende Wasser wurde oben von einer dünnen Kappe aus Magma gedeckelt, das vorher in dieses Gebiet geströmt war, sich abgekühlt und erhärtet hatte. Der Druck stieg also so lange, bis die Kappe einfach weggesprengt wurde. Wir sahen, dass die Kappe ziemlich dünn war, weil sie die Röhrenwürmer nur zum Teil unter sich begraben hatte. Es konnte eigentlich nur eine Angelegenheit von wenigen Minuten gewesen sein zwischen dem Schmelzfluss, aus dem sich die Kappe gebildet hatte, und der Explosion – Lava kühlt im kalten Meerwasser augenblicklich ab.

Dann sprudelt Wasser aus dem Meeresboden, Röhrenwürmer wirbeln umher, und überall fliegt Glas herum. Vielleicht hat das Glas die Röhrenwürmer zerfetzt – vielleicht sind sie aber auch durch das Erhitzen geplatzt, wie Hotdogs in der Mikrowelle. Die hydrothermalen Mineralien, die sich unter dem Meeresboden bildeten, sind vermutlich mit dem Wasser hinausgeschleudert worden und haben dann die graue Asche gebildet.

Das Aufregende an diesem Gebiet besteht für uns darin, dass wir hier einen Zeitpunkt Null haben. Wir können das System markieren und beobachten, wie schnell die Kamine der Schwarzen Raucher sich aus den Mineralien aufbauen, die sich aus dem Rauch der Schlote niederschlagen, wie schnell die Tiere zurückkehren, ob es zu weiteren Eruptionen kommt oder nicht. Wir bekommen allmählich ein Gefühl dafür, wie sich das System im Zeitablauf verändert. Wir wissen, dass jedes Segment des Rückens früher oder später eruptiert. Aber das zu erfassen und auch wirklich zu verfolgen hat sich als äußerst schwierig erwiesen. Wir hatten einfach sehr viel Glück.»

Lutz:

«Ich war der einzige Biologe unter lauter Geologen. Jedes Mal wenn sie etwas Schleimiges hochholten, schrien sie, ‹Wo ist Lutz?› Ich kam mir wie eine Sau beim Suhlen vor.»

Haymon:

«Alle waren außer sich.»

Von Damm:

«Ich fahre schon lange raus aufs Meer und mit dem Tauchboot. Und immer hieß es, einmal wirklich eine Eruption beobachten zu können, das wäre das Größte – zu sehen, wie sich die rote Lava über den Meeresboden ergießt. Wir wissen nicht, wie das wäre. Es könnte ein äußerst turbulentes Ereignis werden. Aber nachdem ich so dicht rangekommen bin, habe ich diesen Wunsch nicht mehr. Ich möchte nicht sehen, wie sich rote Lava über den Meeresboden ergießt. Ein paar Tage später, das genügt mir.»

– – –

Fred Grassle und die anderen Biologen kamen sieben Jahre später zu den Thermalquellen am Galapagosrücken, sieben Jahre nach der Eruption, die sie hatte entstehen lassen, vorausgesetzt, das Ganze war zeitlich mit den Erdbeben und dem Fischsterben zusammengefallen, das Macdonald 1972 erlebt hatte. Vor der Fahrt von Grassle 1979 hatten Tiefseebiologen sich kaum mit den mittelozeanischen Rücken beschäftigt. Sie hatten die Rücken sogar bewusst gemieden, die «Friedhöfe für ihre Geräte» seien, wie Hessler es einmal ausgedrückt hatte. Für einen Epibenthosschlitten oder eine Dredsche oder ein Fangschleppnetz ist es am besten, wenn sie über ebenen, schlammigen Meeresboden gezogen werden; in zerklüftetem, gebirgigem Gelände verfangen sie sich leicht, reißen sich vom Kabel los und sind verloren. Die Tiefseebiologen haben es nie zu jener staatlichen Großzügigkeit gebracht, die es ihnen erlaubt hätte, sich unbekümmert über den Verlust größerer Ausrüstungsstücke hinwegzusetzen.

Außerdem hatten sie keinen Grund zu der Annahme, auf dem Kamm eines Rückens auf spektakuläre neue Lebensformen zu stoßen. Geologen hatten vorausgesagt, dass es auf dem Meeresboden Thermalquellen gäbe – das lag auf der Hand angesichts des Vorhandenseins von Vulkanen –, und suchten nach ihnen. Nur ein einziger Biologe hat offenbar ein wenig Weitsicht bewiesen, allerdings auch nur ein bisschen, als es darum ging, was die Geologen wohl am Galapagosrücken entdecken würden. In seinem Buch *The Ecological Theater and the Evolutionary Play*, das 1965 herauskam, hatte der berühmte Yale-Ökologe G. Evelyn Hutchinson erklärt, dass es für Organismen theoretisch möglich sein könnte, von der Hitze aus der Erde zu leben statt von Sonnenlicht. Hutchinson hatte allerdings keine Vorstellung, wie sie das bewerkstelligen könnten, und hatte sicher nicht die sagenhaften Gemeinschaften im Umkreis der Thermalquellen am Meeresboden im Sinn. Das hatte damals kein Biologe und konnte es auch nicht haben. Nichts hätte einen Tiefseebiologen, der es gewohnt war, Würmer und Ähnliches auf den spärlich besiedelten Tiefseeebenen und Kontinentalhängen zu dredschen, auf das vorbereiten können, was er oder sie im Jahr 1979 am Galapagosrücken zu sehen bekommen sollte. Es war so, als wäre man, ohne etwas von der Welt ringsum zu wissen, in Labrador geboren und aufgewachsen und dann eines Tages mit dem Fallschirm in New York auf dem Times Square gelandet.

In der Tiefsee ist das Leben überwiegend karg; bei den heißen Quellen am Galapagosrücken gab es dagegen Orte, wo die lebende Materie dichter gepackt war als in einem Stück Maisfeld der gleichen Größe. Fast überall in der Tiefsee sind die Organismen klein; bei den Thermalquellen gab es zweieinhalb Meter große Röhrenwürmer – sie leben aufrecht und sind im Boden verwurzelt – und dreißig Zentimeter große Muscheln. Grassle schickte eine solche Muschel denselben von Karl Turekian geleiteten Yale-Forschern, die mit Hilfe radiometrischer Altersbestimmung festgestellt hatten, dass eine normale, acht Millimeter große Tiefseemuschel einhundert Jahre alt war. Die Muschel von den heißen Quellen, *Calyptogena magnifica,* war fast 22 Zentimeter groß, aber nur zehn Jahre alt. Sie war mit anderen Worten dreihundertmal schneller gewachsen als ihre verkümmerte Verwandte. Offensichtlich liefen die Lebensprozesse in der Tiefsee nicht immer langsam ab.

Als Corliss und Edmond diese Oase 1977 zum ersten Mal erblickten, war sie ihnen wie ein Trugbild vorgekommen. Auf der Suche nach heißen Quellen hatten sie die *Alvin* angehalten, um ein paar Gesteinsproben einzusammeln. Während der Steuermann den mechanischen Arm des Tauchboots bediente, betrachteten Corliss und Edmont, der eine Geologe, der andere Geochemiker, mit mäßigem Interesse ein paar große, purpurfarbene Seeanemonen. Dann bemerkten sie, dass das von den Scheinwerfern beleuchtete Wasser hinter den Anemonen flimmerte – «wie die Luft über einem heißen Straßenbelag», wie Edmond später im *Scientific American* schrieb. Sie fuhren den Hang hinauf.

> «Hier stießen wir auf einen ungewöhnlichen Schauplatz. Das typische basaltische Gelände im zentralen Rückenbereich ist wirklich trostlos. Eintönige Flächen aus braunen Kissen werden von Verwerfungen und Spalten durchzogen. Man muss mehrere Quadratmeter absuchen, um auch nur einen einzigen Organismus zu finden. Doch hier lag eine Oase. Muschelriffe und große Flächen mit riesigen Muscheln badeten, zusammen mit Krabben, Seeanemonen und großen rosa Fischen, im schimmernden Wasser. Die restlichen fünf Stunden Grundzeit vergingen wie in einem Rausch ... Wir arbeiteten, bis der ‹wissenschaftliche Akku› leer war.»

Die bloße Fülle an Leben war selbst für einen Geologen verblüffend – verblüffend für jeden, der den Meeresboden schon einmal gesehen hatte, mit der *Alvin* oder in Heezens Bildband, verblüffend für jeden, der schon einmal die Wüste gesehen hatte, aber noch nie eine Oase. Die Frage, die durch eine Oase aufgeworfen wird, liegt auf der Hand: Was macht dieses Wunder hier möglich? In einer Wüste auf dem Festland ist das, was fehlt, aber von der Oase geliefert wird, das Wasser, doch daran herrscht in der Tiefsee kein Mangel. In der Tiefsee gibt es wenig Leben, weil es wenig Nahrung gibt, und die Nahrung ist knapp, weil es absolut kein Sonnenlicht gibt. Ohne Sonnenlicht kann es keine Photosynthese und keine Pflanzen geben, die die Grundlage jeder uns bekannten Nahrungskette sind – damals, im Jahr 1977, waren. Der Meeresboden, so wie man ihn damals kannte, war ein komplettes Ökosystem, das sich von dem ernährte, was vom Tisch eines anderen Ökosystems fiel – von den Essensresten, die von der sonnendurchfluteten Meeresoberfläche nach unten sanken. Aber auch wenn ein unvermutet zum Boden sinkender Fisch vielleicht genügte, vorübergehend für eine Ansammlung von Aasfressern zu sorgen, war das, was sich bei den Thermalquellen der Galapagosinseln tat, mit Sicherheit etwas anderes. Diese Gemeinschaften waren größtenteils keine Ansammlungen von Aasfressern; dort herrschten Muscheln und Röhrenwürmer vor, die im Grund verwurzelt waren. Wovon lebten all diese Tiere?

Selbst nach der Fahrt der Biologen von 1979 diskutierte man über diese Frage. Vielleicht, so meinten einige Forscher, konzentrierten Strömungen, die in die aufsteigenden heißen Wassersäulen flossen, den Food-fall über den Quellen. Doch die richtige und einiges Erstaunen auslösende Antwort ergab sich, als John Edmond die ersten Behälter mit Wasser und Tieren öffnete, die er und Corliss mit der *Alvin* gesammelt hatten. Das Labor an Bord war augenblicklich erfüllt vom Gestank nach verfaulten Eiern: Schwefelwasserstoff. Bestimmte Organismen können von Schwefelwasserstoff leben, die so genannten Schwefelbakterien. Sie waren der Wissenschaft seit fast einem Jahrhundert bekannt. Was man nicht wusste, war, dass diese Bakterien auch als Grundlage für ein Ökosystem dienen können – das erste Ökosystem überhaupt auf der Erde, das seine Energie nicht aus Sonnenlicht, nicht aus der Photosynthese bezog, sondern aus der Chemosynthese.

Beide Prozesse entsprechen sich weitestgehend. In beiden Fällen werden organische Kohlenstoffverbindungen – Kohlenhydrate – aus anorganischem Kohlendioxid synthetisiert. Neben dem Kohlendioxid benötigen beide Prozesse eine Energiequelle, um die Kohlenhydratsynthese zu betreiben, eine Elektronenquelle für den Energietransport und einen «Elektronenakzeptor», um die Elektronen einzufangen, wenn sie ihre Arbeit erledigt haben. Bei der Photosynthese kommt die Energie vom Sonnenlicht: Ein Lichtphoton hebt ein Elektron im Chlorophyll – das Molekül der grünen Pflanze, welches das Sonnenlicht einfängt – in einen energetisch höher liegenden Zustand. Wenn das Elektron stufenweise auf einen niedrigeren Energiezustand abfällt, wie Wasser durch eine Turbine, aktiviert es enzymatische Reaktionen, die ATP bilden, die universelle Energiewährung – der Strom, wenn man so will – aller lebenden Zellen. Am Ende des stufenweisen Abfalls werden die Elektronen von einem anderen Molekül übernommen, NADP, und helfen schließlich bei der Reduktion oder Deoxidation von Kohlendioxid zu Kohlenhydrat. Die Zelle speichert diese wertvollen Elektronen, indem sie Wassermoleküle spaltet. Dabei gibt sie Sauerstoff an das Meer oder die Atmosphäre ab, sodass Lebewesen wie wir atmen können.

Die meisten chemosynthetischen Bakterien brauchen auch den von Pflanzen erzeugten Sauerstoff, aber ansonsten sind sie nicht auf die durchlichtete Welt angewiesen. Sie verwenden eher Sauerstoff als Elektronenakzeptor, seltener NADP. Ihre Elektronen- und Energiequelle ist eine chemische Verbindung, die mit beiden haushalten muss – eine Verbindung, die bereits reduziert ist, wie Schwefelwasserstoff. Schwefel fressende Bakterien oxidieren Schwefelwasserstoff, rauben seine Elektronen und latente Energie und benutzen sie, um Kohlendioxid zu reduzieren. Sie können nur dort leben, wo sie Zugang zu Schwefelwasserstoff und Sauerstoff haben. Diese Kombination ist selten. Ein Platz, wo die Schwefelfresser weder auf das eine noch auf das andere verzichten müssen, sind küstennahe Schlammzonen. Dort bekommen sie Schwefelwasserstoff von anderen im Schlamm lebenden Bakterien, die ihn aus dem Sulfat im Meerwasser bilden, und Sauerstoff vom Meerwasser selbst. Bis 1977 betrachteten Biologen Schwefelfresser als kuriose Organismen aus den Schlammzonen, auf keinen Fall als Erbauer ganzer Welten.

Doch als die mit der *Alvin* tauchenden Forscher feststellten, dass das flimmernde Wasser bei den heißen Quellen am Galapagosrücken trüb von diesen Bakterien war – ein Milliliter enthielt eine Million Zellen oder mehr –, kamen die meisten Wissenschaftler bald zu dem Schluss, dass die chemosynthetischen Bakterien die Nahrung für das neue Ökosystem sein mussten. Natürlich gab es, wie Edmond entdeckt hatte, reichlich Schwefelwasserstoff im Wasser der Schlote: Wenn das Meerwasser durch die Risse in der aufreißenden Kruste sickerte, wurde das darin enthaltene Sulfat durch chemische Reaktionen mit dem heißen Vulkangestein zu Schwefelwasserstoff reduziert. Aber diese Deutung der Gemeinschaften bei den heißen Quellen stieß sofort auf eine Schwierigkeit. Die dicht zusammengeklumpten Organismen, die riesigen Muscheln und Röhrenwürmer, lebten größtenteils etwas abseits der Quellen und damit vom warmen, bakteriengesättigten Wasser. Es war schwer zu erkennen, wie diese sessilen Organismen genügend Mikroben aus dem Wasser filtrieren konnten, um eine derart stattliche Größe zu erreichen.

Das Rätsel wurde noch viel schwerer, als die Biologen sich die riesigen Röhrenwürmer, *Riftia pachyptila*, erstmals näher ansahen. Die Röhrenwürmer bildeten die dichtesten Haufen überhaupt – es war die höchstkonzentrierte Biomasse, die man je auf diesem Planeten gefunden hatte –, aber sie wiesen, wie sich herausstellte, einen erstaunlichen Defekt auf: sie hatten weder einen Mund noch einen Darm. Sie hatten, mit anderen Worten, gar keine Möglichkeit, Bakterien zu fressen, selbst wenn es in ihrer Umgebung genügend davon gab. Die Röhrenwürmer unterschieden sich so sehr von den uns bekannten Tieren, dass sie einen völlig neuen Organismus darstellten, nicht nur eine neue Art oder Gattung oder Familie, sondern ein neues Unterphylum, einige hätten sogar neues Phylum gesagt. Der Mensch gehört zum Unterphylum der Wirbeltiere, das alles vom Goldfisch bis zum Tyrannosaurus umfasst, und zum Phylum der Chordatiere, das auch Organismen wie die Seescheiden umfasst. Die Aussage, *Riftia* gehöre zu einem neuen Phylum, ist somit gleichbedeutend mit der Aussage, dass sie weniger gemeinsam mit allen Meereslebewesen hat als Fische oder Seescheiden mit uns.

Vor allem die Röhrenwürmer machten den Tiefseebiologen klar, dass sie beim Galapagosrücken etwas noch Überraschenderem auf der Spur waren, als sie zunächst geglaubt hatten. So aufsehenerregend die Vorstellung von einer ganzen Lebensgemeinschaft von Tieren war, die von chemosynthetischen Bakterien leben, von einem Ökosystem in der Tiefsee, das nicht durch von oben einfallendes Sonnenlicht gestützt wurde, sondern durch nach oben steigende Geochemie, hielt sie sich letztlich dennoch in Grenzen.

– – –

Colleen Cavanaugh war frisch graduierte Studentin, als sie eine Eingebung der Art hatte, wie sie Wissenschaftlern vielleicht einmal im Leben widerfährt, meistens jedoch nie. Sie war von der University of Michigan nach Harvard gekommen, nachdem sie sich in Michigan ein bisschen mit Musik befasst, am Ende aber doch Ökologie im Hauptfach bei einem Mann studiert hatte, der auf Korallenriffe spezialisiert war. Bei ihm hatte sie gelernt, dass Korallenriffe auf einer Symbiose beruhen: Die einzelnen Tiere, die Polypen, beherbergen winzig kleine Pflanzen, so genannte Zooxanthellen, in ihrem Gewebe. Die Tiere versorgen die Pflanzen mit Nährstoffen, die ihrerseits die Energie des Sonnenlichts nutzen und organische Materie bilden, von der sich die Tiere ernähren. Als Forschungsassistentin in Woods Hole arbeitete Cavanaugh später bei Mikrobenbiologen, die Schwefel bildende und Schwefel fressende Bakterien in Küstensedimenten untersuchten. Als sie im Herbst 1979 nach Harvard kam, wenige Monate nach der ersten biologischen Kreuzfahrt zu den Galapagos-Schloten, war sie, wie sie sagt, «regelrecht besessen von Schwefelbakterien». Für jemanden mit einer solchen Manie war sie zur rechten Zeit am rechten Ort.

«Die Schlote waren entdeckt worden, als ich in Woods Hole war, ich wusste also von ihnen», erinnert sich Cavanaugh.

> «In meinem zweiten Graduiertensemester hatten wir einen Kurs ‹Natur und Steuerung mariner Ökosysteme›. Es gab mehrere Vorträge über die Schlote, den letzten über Röhrenwürmer hielt Meredith Jones vom Smithsonian. Da die Tiere weder Mund noch Darm haben, war die Frage, wie sie sich bei den Schloten ernähren. Jones hielt auf jeden Fall den Vortrag, eine Art millimeterweise Präparierung eines 1,80 Meter langen Röhrenwurms. Es war unglaublich – Dia für Dia Anatomie, sowohl auf Zellebene als auch im Großen. Auf einem Dia war ein Schnitt durch den Wurm

zu sehen, der das braune, schwammige Gewebe zeigte, das die Körperhöhle des Tiers ausfüllte – das Trophosom. Niemand kannte seine Funktion. Aber Jones erklärte, er habe all diese Kristalle darin gefunden, bei mehreren Tieren, die er präpariert hatte. Er hatte die Kristalle analysiert und festgestellt, dass es sich um reinen Schwefel handelte.

Da sprang ich auf und sagte: ‹Das ist doch ganz klar! Sie müssen Bakterien im Körper haben, die Schwefel oxidieren, so wie Korallen Zooxanthellen haben, die photosynthetisch aktiv sind. Die Bakterien oxidieren Schwefelwasserstoff› – reiner Schwefel ist ein Zwischenprodukt bei dem Oxidationsprozess –, ‹um Energie zu erzeugen, Kohlendioxid zu fixieren und das Tier von innen zu ernähren. Und das Tier hat nichts weiter zu tun, als das Sulfid, den Sauerstoff und das CO_2 zu transportieren.› Es lag alles auf der Hand! Doch Jones erwiderte: ‹Setzen Sie sich, junge Dame. Wir meinen, dass es ein Entgiftungsorgan ist.› Oder so etwas Ähnliches. Schwefelwasserstoff, muss man wissen, ist ein starkes Gift – er haut Menschen ebenso wie Wirbellose um, und sogar Bakterien. Ich sagte: ‹Das ist in Ordnung! Die Bakterien nehmen das Gift und oxidieren es zu unschädlichen Produkten wie reinem Schwefel und weiter zu Sulfat!› Mir schien das alles absolut klar zu sein.

Anschließend sprach ich mit Jones und brachte ihn dazu, mir etwas Trophosomgewebe zu schicken. Ich wollte ihm beweisen, dass es Bakterien enthielt. Man muss bei alldem wissen, ich war damals im ersten Graduiertensemester, hatte noch nie Biochemie gemacht und noch nie einen Mikrobiologiekurs besucht. Ich sah mir das Gewebe also zuerst unter einem Rasterelektronenmikroskop an und fand etwas, das wie Weintrauben aussah. Das ganze Gewebe sah einfach nur wie diese runden Dinger aus. Das entmutigte mich – für mich sahen Bakterien wie *E. coli* aus, wie Stäbe. Ich ging zu Holger Jannasch [ein Tiefsee-Mikrobiologe in Woods Hole, der als einer der Ersten erklärt hatte, dass es bei den Schloten zur Chemosynthese komme], und er sagte: ‹Denk dran, wenn Bakterien sich in anderen Zellen befinden, können sie die eigenen Zellwände verlieren und eine ganz andere Form annehmen.› Das war also ein erster Hinweis.»

Cavanaugh fand noch weitere. Sie wies nach, dass überall in den «Trauben» DNS war, was man bei Bakterien erwarten würde, nicht aber bei Röhrenwurmzellen, die, wie alle Tierzellen, ihre genetische DNS in einem kleinen zentralen Kern konzentrieren. Sie stellte außerdem fest, dass das Trophosomgewebe reich an Lipopolysacchariden war, einem Molekültyp, den man in bestimmten Bakterien findet, nicht jedoch in Tierzellen. Ihr Beweis überzeugte am Ende sowohl Jones als auch Jannasch; die drei verfassten, zusammen mit noch zwei anderen Forschern, einen Artikel, in dem sie ihre Entdeckung symbiontischer Bakterien beschrieben. Der Artikel erschien 1981, zusammen mit fünf anderen Beiträgen über *Riftia,* in *Science.* Es war sehr viel Platz, den die angesehenste amerikanische Wissenschaftszeitschrift einem einzigen Tiefseewurm widmete. Aber *Riftia* war immerhin ein äußerst ungewöhnlicher Wurm, das erste jemals entdeckte Tier, das von endosymbiontischen, chemosynthetischen Bakterien ernährt wurde.

Es war allerdings bei weitem nicht das letzte. Die riesige Muschel *Calyptogena magnifica* hatte, wie sich bald herausstellte, mit Schwefelbakterien besetzte Kiemen, die Muschel *Bathymodiolus thermophilus* ebenfalls. Anders als *Riftia* sind diese Weichtiere, was die Nahrung angeht, jedoch nicht gänzlich von ihren bakteriellen Freunden abhängig; in begrenztem Umfang können sie organische Materie aus dem vorbeiströmenden Wasser filtern. Ohne ihre Endosymbionten könnten sie aber wohl kaum bei den Thermalquellen überleben, ganz sicher nicht in dieser Anzahl und Körpergröße. Organismen dieser beiden Arten – Röhrenwürmer und Muscheln – machen den größten Teil der lebenden Materie am Galapagosrücken und vielen anderen Thermalquellen aus, die später entdeckt wurden. Das Ökosystem der Thermalquellen basiert demnach in erster Linie auf der Chemosynthese, aber auch auf der ebenfalls unentbehrlichen Endosymbiose.

So exotisch dieses neue Ökosystem zunächst anmutete, verlor es doch bald diesen Status. Nachdem *Riftia* ihnen die Augen geöffnet hatte, entdeckten Cavanaugh und andere Forscher chemosynthetische Symbionten auch an weit vertrauteren Plätzen. «*Riftia* war der Erste», erklärt Cavanaugh,

> «doch dann stellte sich die Frage, warum es das nur an hydrothermalen Schloten geben sollte. Sulfid gibt es auch in Sümpfen und Küstensedimenten. Dann erschien ein Artikel, in dem eine zweischalige Muschel ohne Darm von der Westküste beschrieben wurde, *Solemya reidi,* die in sulfidreichen Sedimenten im Umfeld von Zellstofffabriken lebte. ‹Sonnenklar, das Ganze›, sagte ich, ‹sie hat keinen Darm, weil sie Symbionten hat.› An der amerikanischen Ostküste gibt es eine weitere *Solemya*-Art, *Solemya velum,* und so sah ich mir auch sie an. Es ist ein Tier, das schon seit dem Beginn des 19. Jahrhunderts beschrieben wurde und das eine ungewöhnliche Naturgeschichte hat. Zunächst einmal hat es einen ganz kleinen Darm. Es gilt als Sedimentfiltrierer – als Protobranchiata, also eine ganz ursprüngliche Form der Bivalvia –, war aber insofern ungewöhnlich, als seine Lippentaster, die die Protobranchiata ausfahren, um Sediment zum Mund zu strudeln, so weit zurückgebildet waren, dass sie nicht einmal aus der Schale ragten! Es lebte in einem Y-förmigen Gang an der Spitze des Y, pumpte Wasser von oben und hatte einen nach innen leitenden

Sipho von unten. Auch das ist für Bivalvia ungewöhnlich. Nichts passte also zusammen. Aber wenn man postuliert, dass diese Muscheln Schwefelbakterien in ihrem Gewebe haben, greift eins ins andere. Sie erhalten Sauerstoff aus dem Wasser im oberen Teil ihres Gangs durch die Arme des Y und pumpen das Sulfid von unten. Es war perfekt! Ich meinte schon, die Experimente gar nicht mehr durchführen zu müssen, aber natürlich sah ich mir die Sache an. Das Kiemengewebe war voller stäbchenförmiger Bakterien.»

Seitdem haben Cavanaugh und andere über einhundert marine Tierarten in fünf verschiedenen Stämmen entdeckt, die bis zu einem gewissen Grad auf eine Symbiose mit Sulfid oxidierenden Bakterien angewiesen sind. All diesen Organismen ist gemeinsam, dass sie an der Nahtstelle zwischen sauerstoffreichem Meerwasser und sulfidreichem Wasser leben, das aus dem Meeresboden nach oben dringt. Die Hitze an den Thermalquellen ist sekundär; wichtig ist, dass es Sulfidquellen sind. Meerwasser über heißes Vulkangestein zu leiten, ist lediglich eine besonders effiziente Art, viel Sulfid zu erzeugen.

1984 entdeckten Biologen, dass es auch noch andere Wege gibt. Bei Tauchfahrten mit der *Alvin* zur Basis des Florida Escarpments – eine anderthalb Kilometer hohe Klippe, die vom Kontinentalschelf zur über drei Kilometer tiefen abyssischen Ebene im Golf von Mexiko stürzt – entdeckten Barbara Hecker vom Lamont-Doherty und Charles Paull vom Scripps dichte Lebensgemeinschaften von Muscheln und Röhrenwürmern, die um Patches aus schwarzem Sediment massiert waren. Als die Forscher Sedimentproben an Bord des Schiffes holten, konnten sie es riechen: Schwefelwasserstoff. Offensichtlich sickert Meerwasser tief in die rissige Wand der Kalksteinklippe ein, und dort erzeugen Bakterien aus dem Sulfat im Wasser Sulfid. Das schwere, sulfidreiche Wasser wird dann am Fuß der Klippe hinausgedrückt, wo es riesige Röhrenwürmer nährt – indirekt, denn es ernährt ihre symbiontischen Bakterien. Die Temperatur am Fuß des Florida Escarpments ist so wie auch anderswo am Grund des Golfs von Mexiko, ungefähr 5 °C. Die Tiere am Florida Escarpment werden mit anderen Worten nicht durch eine Thermalquelle begünstigt, sondern durch kaltes Sickerwasser.

Wenn die Hitze nicht das ist, worauf es bei den Thermalquellen ankommt, dann in gewissem Sinn auch nicht das Sulfid. Die Muscheln am Florida Escarpment haben in ihren Kiemen symbiontische Bakterien, doch diese Bakterien sind keine Schwefelfresser. Es sind Methanfresser: Sie verwenden die Energie, die sie durch die Oxidation von Methan erhalten, um Kohlenhydrate zu bilden. Das Methan wird ebenfalls in der Kalksteinklippe produziert, und zwar von Bakterien, die die Überreste alter Organismen verwerten. An anderen Orten der Welt – so wie Thermalquellen entdeckt wurden, hat man auch an vielen Stellen Sickerwasser entdeckt – hat das Methan möglicherweise eine andere Quelle. In den Tiefseegräben vor der Küste von Japan und Oregon, wo eine tektonische Platte unter eine andere abtaucht, presst die Kollision Methan aus dem Schlamm des Meeresbodens. Im nördlichen Golf von Mexiko, vor Louisiana, kommen das Methan und Sulfid, die dem Meeresboden entweichen, aus denselben Erdöllagerstätten, die von den Menschen so aggressiv ausgebeutet wurden. Wie wir verbrennen die Muscheln und Röhrenwürmer vor Louisiana – oder besser gesagt, ihre Bakterien – fossile Brennstoffe.

Das wesentliche Merkmal der Lebensgemeinschaften bei den Thermalquellen wie den kalten Sickerwassern ist also ein üppiges Angebot an einer reduzierten Chemikalie, entweder Sulfid oder Methan, die den symbiontischen Kohlenhydratfabriken der Tiere als Brennstoff dienen kann. Das zweite wichtige Merkmal ist Sauerstoff.

So wie ein Feuer erlischt, wenn der Sauerstoff verbraucht ist, stellen auch die Bakterien die Oxidation von Sulfid oder Methan ein. Sie können nur in dem schmalen Grenzbereich überleben, wo sich sauerstoffreiches Meerwasser mit dem sulfid- oder methanreichen Wasser mischt, das aus dem Meeresboden strömt. Es ist eine sich ständig verlagernde Front, und die Organismen müssen einen Weg finden, sie zu überbrücken.

Das bereitet den Bakterien Schwierigkeiten, insbesondere den Schwefelbakterien, weil Sulfid spontan oxidiert, sobald es mit Sauerstoff in Berührung kommt. Es ist die Schwierigkeit, vor der wir Menschen ständen, wenn das gesamte Erdöl, das wir so verbissen fördern, und all die Kohle, die wir so eifrig abbauen, in dem Moment in Flammen aufgingen, in dem wir sie ans Tageslicht brächten. Schwefel fressende Bakterien möchten, dass der Verbrennungsprozess sich in ihrem Innern vollzieht, und müssen deshalb einen Weg finden, sowohl an ihren Brennstoff als auch an ihren Sauerstoff zu kommen, bevor die beiden von selbst aufeinander treffen. Für Cavanaugh, die nun endgültig Mikrobiologin ist, sind die phantastischen Dschungel tierischen Lebens, die wir heute bei den Schloten auf dem Meeresboden sehen, nur Begleiterscheinungen der Möglichkeiten, die ihre unscheinbaren Bazillen ersonnen haben, dieses grundlegende Problem für sich zu lösen.

Die Schwefelbakterien, die frei im Meerwasser oder Sediment leben, kennen alle möglichen Tricks, sich die beiden Elemente zu beschaffen, die sie brauchen. Einige wandern mit der Schwefel-Sauerstoff-Front hin und her und versuchen, immer rittlings auf dem Zaun zu sitzen. Andere lassen die Front vorbeibranden, sichern sich aber eine Ration reinen Schwefel als «Lunchpaket» (ein Ausdruck von Cavanaugh), um in mageren Zeiten über die Runden zu kommen: Wenn sie nicht an Sulfid herankommen können, verbrennen sie den

Schwefel, und wenn sie nicht an Sauerstoff herankommen können, verwenden sie den Schwefel, um das Sulfid zu oxidieren. Wieder andere Bakterien halten durch, indem sie einen feinen, weißen Schleier über ein totes Tier breiten, so den Schwefel festhalten, der aus dem Kadaver darunter entweicht, und den Sauerstoff dem Wasser darüber entnehmen.

Am genialsten ist allerdings die Strategie, die von Bakterien angewandt wird, die für einen der obigen Tricks zu klein oder zu langsam sind: «Auf alles draufspringen, was größer als du selbst ist», wie Cavanaugh es ausdrückt. Selbstverständlich eignet sich nicht jedes Tier als Bakterientaxi. Es muss mit der Schwefel-Sauerstoff-Front mitwandern können, so wie es einige Würmer tun, die endosymbiontische Bakterien haben. Oder es muss körperlich in der Lage sein, die Front zu umfassen, so wie eine *Solemya*-Muschel es mit ihrem Y-förmigen Gang tut oder die Schlotmuschel *Calyptogena*: Sie nistet sich in einem Spalt bei einer Thermalquelle ein, sammelt mit dem großen sondierenden Fuß schwefelreiches Wasser aus dem Vulkangestein und saugt gleichzeitig sauerstoffreiches Wasser aus dem Meer an. Oder das Tier muss imstande sein, die Schwefel-Sauerstoff-Front rechtzeitig zu überbrücken, wie es der Röhrenwurm *Riftia* tut. Er nimmt Wasser auf, das bald sulfidreich, bald sauerstoffreich ist, und leitet beide zu den geschäftigen Symbionten in seinem Trophosom.

In den verschiedenen Arten der heute existierenden Symbiose sieht Cavanaugh Evolutionsstufen, die alle vor langer Zeit begannen, als Schwefelbakterien sich erstmals entschlossen, sich auf Tieren der Tiefsee einzunisten. Man hat Fadenwürmer entdeckt, die die eigene Körperfläche abweiden, die mit chemosynthetischen Bakterien bedeckt ist; das ist die erste Stufe der bakteriellen Invasion. Andere Würmer haben die Bakterien direkt unter der Haut, jedoch außerhalb ihrer Zellen; das ist die nächste Stufe. Bei Muscheln wie der *Calyptogena* sind die Bakterien in die Zellen vorgedrungen, jedoch nur in Gewebe etwa der Kiemen, die neben der Chemosynthese noch weitere Funktionen ausüben.

Bei *Riftia* ist der Evolutionsprozess abgeschlossen, und die Bakterien haben den Sieg davongetragen: Das Trophosom ist zu allererst eine Heimstatt für sie, und der Wurm hat keine andere Nahrungsquelle als das, was sie für ihn zubereiten. Der Wurm hat seinerseits seinen gesamten Chemiehaushalt angepasst, um ihren Bedürfnissen entgegenzukommen. Er hat eine Art Hämoglobin entwickelt, das dem Molekül ähnelt, das den Sauerstoff in unserem Blut transportiert, das jedoch Sauerstoff und Schwefelwasserstoff transportieren kann, dabei die beiden allerdings auf Distanz hält, bis sie an die Bakterien übergeben werden können. Dieses Hämoglobin macht das Blut des *Riftia* rot wie unser eigenes und verleiht ihm das für ein Tier der Tiefsee so schöne und ungewöhnliche blutrote kiemenartige Büschel.

– – –

Weder Cavanaugh noch sonst jemand weiß, wann und wie genau diese Evolution begonnen haben könnte. Im übrigen ist es völlig ungewiss, wie die Tiefsee überhaupt besiedelt worden ist, an den Schloten oder anderen Orten. Sind die Tiere der Tiefsee aus dem Flachwasser zugewandert? Oder umgekehrt? Oder beides? Im Fall der Schlotgemeinschaften gibt es allerdings Gründe zu der Annahme, dass sie in ihrer gegenwärtigen Gestalt schon seit einiger Zeit dort existieren. Ein Grund ist der, dass Rachel Haymon vor ungefähr zehn Jahren in einer Kupfermine in Nordoman Versteinerungen von 95 Millionen Jahre alten Röhrenwürmern gefunden hat.

Wären die Thermalquellen am Meeresboden nichts als Oasen für exotische Tiere, hätte man sie vielleicht nie gefunden; schließlich haben Geologen und Geochemiker gezielt nach ihnen gesucht. Die Thermalquellen sind außerdem gewaltige Reaktoren, in denen das Meerwasser mit dem Gestein unter großer Hitze und Druck reagiert. Die Umwandlung von Sulfat in Sulfid ist die Reaktion, die für die Organismen bei den Schloten wichtig ist, ist aber nur eine von vielen, die ablaufen, wenn das Wasser durch kilometerdicke, aufgebrochene Kruste sickert, dort durch geschmolzenes Gestein erhitzt wird und dann wieder zur Oberfläche hoch sprudelt. Das Wasser wird so heiß und sauer, dass es Metall aus dem Gestein löst – Kupfer, Eisen und Zink. Bei den ersten Thermalquellen vor den Galapagosinseln hatten die Forscher keine Gelegenheit, die Auswirkungen all dieser Reaktionen zu beobachten, weil die dortigen Thermalquellen nicht so heiß waren – nur ungefähr 20 °C. Für die Tiefsee ist das selbstverständlich sehr warm, aber nicht annähernd so warm wie Wasser, das eben erst durch Magma erhitzt worden ist. Das Wasser, das bei den Galapagosinseln nach oben dringt, vermischt sich offenbar mit kaltem Meerwasser und kühlt ab, bevor es den Meeresboden erreicht.

1979 jedoch erlebten Geochemiker wie Haymon, was passiert, wenn Schlotwasser auf dem Weg nach oben nicht abgekühlt wird: Dann kommt es mit 350 °C oder mehr aus dem Meeresboden. Die Forscher entdeckten das auf einer von Fred Spiess vom Scripps und Ken Macdonald geleiteten Fahrt zum Ostpazifischen Rücken auf 21° nördlicher Breite, direkt vor der Mündung des Kalifornischen Golfs und 2900 Kilometer nördlich der Galapagosinseln. Eines Tages stießen die Forscher mit der *Alvin* auf eine schlanke, 1,80 Meter hohe Gesteinssäule, die etwas ausspie, das wie schwarzer Rauch aussah; der Steuermann verglich es mit dem Schornstein einer Lokomotive. Er führte das Thermometer der *Alvin* in den Rauch, um die Temperatur zu messen. Die Plastikspitze des Messinstruments schmolz.

Der Rauch erwies sich als Eisen- und anderes Metallsulfid, die aus der heißen Lösung ausgefällt wurden, als sie in das eiskalte Meerwasser schossen. Die Metallsulfide fällten so schnell aus, dass sie einen festen Gesteinskamin gebildet hatten, der wie ein Stalagmit nach oben wuchs, nur sehr viel schneller. Der größte Teil der Partikel entwich jedoch in dicken Wolken dem Kamin. Sie rieselten wie Schneeflocken auf den Senkungsgraben ringsum nieder und bedeckten ihn mit einem Teppich aus gefrorenem Rauch. Der Teppich war unglaublich metallhaltig: er enthielt 31 Prozent Zink, 14 Prozent Eisen und 1 Prozent Kupfer.

Zunächst glaubte man, Schwarze Raucher entstünden nur im heißen und sich rasch ausbreitenden Pazifik, doch 1985 fand man sie auch auf dem Mittelatlantischen Rücken. Inzwischen hat man sie überall auf der Erde entdeckt. (Der größte Schwarze Raucher bisher befindet sich auf dem Juan-de-Fuca-Rücken vor der Küste des amerikanischen Bundesstaates Washington; er heißt Godzilla und ist 16 Stockwerke hoch.) Die Wirkung der Raucher auf den Chemiehaushalt des Ozeans ist beträchtlich. Nach Schätzungen fließt alle zehn Millionen Jahre etwa so viel Wasser durch die Thermalquellen auf den mittelozeanischen Rücken, wie die Weltmeere insgesamt enthalten. Das kommt auf die Wassermenge des Amazonas in einem Jahr hinaus. Die Berechnungen eines Chemikers über die Herkunft der verschiedenen Elemente im Meer und ihren weiteren Weg bringen kein richtiges Ergebnis, wenn dieser Amazonas nicht berücksichtigt wird.

Die Meereschemiker wussten, dass bei ihren Berechnungen etwas fehlte, bevor die Schwarzen Raucher entdeckt wurden, aber sie wussten nicht was. Man hatte die Auswirkungen der Raucher, ohne es zu wissen, jedoch an Land beobachtet und seit Jahrhunderten genutzt, allerdings nicht die Chemiker, sondern die Bergleute. Seit undenklichen Zeiten haben Schwarze Raucher unentwegt die Senkungsgräben mit ihrem metallhaltigen Rauch angefüllt und so eine der reichsten Erzquellen auf dem Planeten geschaffen.

Das klassische Beispiel ist Zypern. Das Wort «Kupfer» kommt von *Kypros*, dem griechischen Namen für eine Insel, die seit dem Altertum für ihre Kupferminen bekannt gewesen ist. Dank der Theorie der Plattentektonik und der Entdeckung der Thermalquellen am Meeresgrund wissen wir jetzt warum. Die Kupferminen auf Zypern erschließen eine zweitausend Quadratkilometer große Erzscholle, das Troodos-Massiv. Es ist ein so genannter Ophiolith, eine senkrechte Scheibe des mittelozeanischen Rückens, die ans Land gesetzt wurde, als zwei Platten aufeinander prallten und einen Ozean abriegelten. Der Ozean war in diesem Fall die Tethys, ein Ost-West-Einschnitt, der den Urkontinent Pangaea vor zweihundert Millionen Jahren spaltete; das Mittelmeer ist ein kleiner Rest davon. Die Tethys bestand so lange, bis ein jüngerer Ozean, der Atlantik, das Festland in Nord-Süd-Richtung teilte und Afrika und Eurasien langsam wieder zusammenschob. Eine Spur dieses Aufpralls ist ein Ophiolithband, das von Zypern und der Türkei durch Iran und den Persischen Golf bis nach Oman einen Bogen bildet. In einem dieser Ophiolithe im Norden Omans liegt eine Kupfermine, die Bayda-Mine. Dort fand Haymon die versteinerten Röhrenwürmer.

Die Metallsulfide, die Haymon untersuchte, waren vor 95 Millionen Jahren von einem Schwarzen Raucher der Tethys dort abgelagert worden und hatten dabei die Würmer begraben, die im Umkreis des Rauchers lebten. Die versteinerten Gänge waren unverwechselbar. Sie hatten Ähnlichkeit mit den sulfidverkrusteten Gängen des *Riftia*, die Haymon bereits am 21. Grad nördlicher Breite im Ostpazifik gefunden hatte – oder schließlich mit den gerade erst getöteten künftigen Versteinerungen, die sie später am 9. nördlichen Breitengrad finden sollte. Selbstverständlich waren die Gänge in Bayda sehr viel kleiner als die des *Riftia* – nicht einmal einen halben Zentimeter im Durchmesser –, und so gesehen schienen die Würmer eher mit denen einer Röhrenwurmart verwandt zu sein, die es am Juan-de-Fuca-Rücken noch heute gibt. Auf jeden Fall bewiesen die Versteinerungen, dass irgendwelche Röhrenwürmer in der oberen Kreide, als noch Dinosaurier über den Globus stapften, in der Umgebung von Thermalquellen am Meeresboden gelebt hatten. In ihrer Splendid Isolation am Meeresgrund war es den Röhrenwürmern gelungen, das Massensterben zu überleben, das die Dinosaurier und andere Landbewohner am Ende der Kreidezeit vor 65 Millionen Jahren ausgelöscht hatte.

Es gibt noch einen Grund anzunehmen, dass die Thermalquellen seit langem besiedelt waren, möglicherweise sogar schon lange vor der Kreidezeit. Der Grund dafür ist schlicht der, dass die Tiere so ungewöhnlich sind. Fast jedes Einzelne von ihnen war für die Wissenschaft neu, als es bei den Schloten entdeckt wurde; alles in allem können Geschöpfe, die im Umfeld von Schloten leben, nirgendwo sonst im Meer leben, und umgekehrt. Die Schlottiere gehören nicht nur zu anderen Arten als die übrigen Tiere der Tiefsee; in vielen Fällen haben die Biologen neue Familien, Ordnungen oder gar, wie bei den Röhrenwürmern, neue Phyla schaffen müssen, um ihrer Eigenart gerecht zu werden. Um sich in kurzer Zeit so stark von anderen Tiefseetieren zu unterscheiden, hätten sie sich sehr schnell entwickeln müssen. Es scheint jedoch einleuchtender anzunehmen, dass sie sich in normalem Tempo entwickelt haben, allerdings sehr lange in ihrer eigenen Welt isoliert waren.

Einige Forscher meinen sogar, dass die Abstammungslinie der Schlottiere außergewöhnlich alt ist und das Leben an einer Thermalquelle am Meeresgrund begonnen hat. Einer der eifrigsten Verfechter dieser Theorie ist John Corliss, der auch als einer der ersten Menschen eine Thermalquelle gesehen hat. Wie so vieles, das über den Ursprung des Lebens geschrieben worden ist, ist auch die Corlisssche Theorie nur reine Spekulation und wird wahrscheinlich niemals bewiesen oder widerlegt werden können. Aber es ist immerhin eine faszinierende Spekulation, die zumindest zwei Dinge für sich beanspruchen kann – zwei Vorzüge gegenüber der alten Theorie, dass das Leben in einer Ursuppe begann, in einem Teich oder Gezeitentümpel auf der Oberfläche der Erde .

Der erste Vorzug betrifft die Bedingungen, die für die Erschaffung der organischen Vorläufer des Lebens notwendig sind. Die reduzierende Atmosphäre, die von der Ursuppen-Theorie in Anspruch genommen wurde, damit einfache Moleküle nicht oxidiert wurden, bevor sie zu komplexeren, organischen Molekülen kombiniert werden konnten, hat es, wie man glaubt, auf der frühen Erde nicht gegeben – aber reduzierende Bedingungen bestehen zweifellos im Innern eines Schlotes auf dem Meeresgrund. Wie Corliss meint, könnten Moleküle wie Aminosäuren bei großer Hitze und Tiefe in einem Schlot synthetisiert und dann an die Oberfläche katapultiert und im kalten Meerwasser abgeschreckt worden sein, bevor die Hitze sie wieder zerreißen konnte. Die Moleküle hätten sich auf dem Gestein an der Schlotmündung angesammelt. Dort hätten sie sich zu den ersten Polymeren und schließlich zu den ersten anfälligen Zellen entwickeln können.

Die unvermeidliche Anfälligkeit dieser frühen Versuche zum Leben bringt den zweiten Vorzug des Schlotszenarios ins Spiel. Während die Oberfläche der frühen Erde von großen und kleinen Meteoriten bombardiert wurde, hat der Meeresboden, wie Corliss meint, vielleicht die einzige sichere Zuflucht auf dem Planeten geboten. Bei den Thermalquellen könnten die ersten Organismen Nahrung gefunden und den Gesteinshagel überlebt haben, so wie ihre Nachkommen später den einzigen Einschlag eines Asteroiden überlebten, der vermutlich die Dinosaurier ausgerottet hat. Von ihren Zufluchtsstätten am Meeresboden aus hätten die Urorganismen dann das übrige Hadal sowie den restlichen Planeten besiedeln können.

Falls Thermalquellen wirklich eine Zufluchtsstätte auf einer höllischen Erde waren, dann sicher eine unwirtliche. Es ist nicht nur das unberechenbar hervorschießende 650 °C heiße Wasser, das die Tiere verbrühte, auch nicht das allgegenwärtige Sulfid, das Nahrung und tödliches Gift zugleich ist. Es sind nicht einmal die Kamine der Schwarzen Raucher, die immer emporwuchsen und dann auf die Tiere unten niederstürzten. Nein, das Schlimmste an den Thermalquellen als Behausung ist ihre systemimmanente Vergänglichkeit. Die Hitze gerade dieser einen Magmakammer verteilt sich, die Risse im Meeresboden schließen sich, und der Schlot erlischt, einfach so. Niemand weiß, wie lange sich ein Schlot hält, aber wahrscheinlich sind es doch immer einige Jahrzehnte. Als die Geologen 1977 bei den Galapagosinseln die ersten von Leben wimmelnden Schlote entdeckten, stießen sie gleichzeitig auch auf die ersten erloschenen – Patches am Meeresboden, wo die flimmernde Hitze versiegt war, die Röhrenwürmer zugrunde gegangen oder verschüttet worden waren, und nichts blieb als ein Bereich mit einst prachtvollen Muscheln, die sich allmählich im sauren Wasser auflösten. Das Zuhause dieser Tiere war verschwunden. Ihre einzige Hoffnung im evolutionären Sinn war die, dass es ihnen in der kurzen Zeit der Gunst gelungen war, ihren Samen zu verbreiten, Nachkommen hervorzubringen, die an einer Stelle des Meeresbodens landeten, wo zufällig geologische Kräfte wirkten, die eine Zukunft boten.

– – –

Alle Tiere der Tiefsee leben in einem Umfeld aus biogenen Patches, aber nur die Schlotgeschöpfe sehen sich einer so scharfen Trennlinie zwischen lebensfördernden und lebensfeindlichen Bedingungen sowie einer so unerbittlichen Notwendigkeit gegenüber, erwachsen zu werden und sich schnell fortzupflanzen – nur die Schlotgeschöpfe und noch eine andere Gruppe. Diese andere Gruppe kannte man bereits, bevor die Schlote entdeckt wurden. 1972, bei denselben Tauchfahrten mit der *Alvin*, bei denen Fred Grassle herausfand, dass seine sterilisierten Sedimentproben aus der Tiefsee nur sehr langsam wieder von Würmern und Muscheln besiedelt wurden, führte die Biologin Ruth Turner von Harvard ein anderes Experiment durch. Turner ist auf Bohrmuscheln spezialisiert – Muscheln, die sich in Holz oder Beton bohren und dadurch großen Schaden an Werften und Schiffen anrichten. (Pfahlwürmer sind eine Familie der Bohrmuscheln.) Statt Sedimentproben ließ sie 175 Kilometer südlich von Woods Hole von *Alvin* 30 Zentimeter lange Kieferbretter senkrecht in den Tiefseeschlamm stellen. Als sie die Bretter dreieinhalb Monate später wieder einsammelte, waren sie mit Löchern übersät, und als *Alvin* die Bretter mit seinem Greifarm fasste, drohten sie zu zerbröseln.

Zehntausende kleiner zweischaliger Weichtiere aus der Familie Xylophagainae hatten sich von beiden Seiten einen Weg in die Bretter genagt. Durch rhythmisches Öffnen und Schließen der beiden Schalen hatten sie die Holzfasern mit den gezackten Schalenenden zu Mehl zermahlen. Das Holz diente den sonderbaren Weichtieren nicht nur als Behausung, sondern auch als Nahrung – Nahrung für ihren langen, wurmartigen Körper, von dem nur das vordere Ende in der Schale saß. (Das Hinterteil ragte aus der Gangöffnung ins Wasser, wo es Sauerstoff aufnehmen konnte.) Sie waren tatsächlich darauf spezialisiert, auf dem Festland gewachsenes Holz zu fressen, obwohl sie am Meeresboden in 1800 Metern Tiefe lebten.

Ihr Dasein war in ganz besonderem Maß vom Zufall abhängig. Auch wenn es vielleicht einen jahreszeitlichen Rhythmus in ihrem Leben gab – im Frühjahr werden große Mengen totes Holz vom Land aufs Meer hinausgespült –, war doch nicht vorherzusagen, wann oder wo ein Baumstamm oder Ast sich vollsog, sank und in das Reich der Xylophagainae gelangte. Auf jeden Fall war kein Holz zu sehen, als Turner ihre Bretter aufstellte. Trotzdem war es den Weichtieren binnen weniger Monate gelungen, das Holz aufzuspüren, sich dort anzusiedeln und sich bis ins Adultenstadium zu fressen. Da sie nicht schwimmen konnten, waren sie dem Tod geweiht, sobald ihre durch einen glücklichen Zufall entdeckte Nahrungsquelle versiegte; wenn sie das Holz mit ihrem kräftigen Saugfuß einmal gepackt hatten, ließen sie es nicht mehr los. Aber ihre Nachkommen taten es. Als Turner die mürben Bretter einsammelte, waren die Geschlechtsdrüsen der Weichtiere beinahe voll entwickelt. Die Tiere standen kurz davor zu laichen.

Turner muss noch herausfinden, wie genau ihre Holzbohrer es anstellen, sich von einer kurzlebigen Nahrungsinsel zur anderen auszubreiten, doch es steht fest, dass dies durch im Wasser treibende Larven geschieht. Und so muss es auch bei den meisten Tieren sein, die bei Thermalquellen leben – die sessilen Adulten müssen darauf vertrauen, dass im Wasser treibende Larven oder Jungtiere eine neue Thermalquelle finden und besiedeln, wenn die alte versiegt. Die Biologen beginnen gerade erst zu untersuchen, wie dieser Prozess abläuft; die winzigen Larven der Wirbellosen in der Tiefsee sind schwer zu finden, und wenn man sie gefunden hat, schwer auseinander zu halten. Aber man kann bereits etwas darüber sagen, wie erfolgreich der Prozess in den langen, geologischen Zeiträumen war. Man braucht sich nur die gegenwärtige Verbreitung der Tiere bei den hydrothermalen Schloten anzusehen.

In einer Hinsicht leben sie in einer eindimensionalen Welt. Der einzige Weg, auf dem sie sich ausbreiten, oder zumindest der wichtigste, verläuft auf dem Kamm des mittelozeanischen Rückens. Larven können durchaus vom Rücken forttreiben, aber das überleben sie höchstwahrscheinlich nicht. Die Enge der Welt, in der die Schlotgeschöpfe leben, bietet einen Vorteil, der in ebendiesem Mangel besteht: Es ist ihre Welt, ganz allein ihre Welt. Kaum ein anderes Tier aus der übrigen Tiefsee, das nicht an die Bedingungen bei den Thermalquellen angepasst ist, kann die Hitze und giftigen Schwefelwasserstoffschwaden ertragen und es mit den dortigen Tieren aufnehmen. Auch wenn eine einzelne Thermalquelle jederzeit erlöschen kann, was viele ihrer Bewohner das Leben kostet, finden ihre Nachkommen doch meistens einen anderen aktiven Schlot im Umkreis nur weniger Kilometer vom ersten. Durch das Ablaichen gewaltiger Larvenmengen ins Wasser und das immer wieder neue Inkaufnehmen ebensolcher Verluste waren die Schlottiere in der Lage, neue Territorien zu erobern. Im Lauf von Jahrmillionen haben sie sich anscheinend tatsächlich durch das Springen von Insel zu Insel einen Weg bis in die entlegensten Winkel der Erde gebahnt.

Von den Galapagosinseln folgten die Meereskundler der Spur der Thermalquellen nach Westen und Norden zum Ostpazifischen Rücken. Ende der 70er und Anfang der 80er Jahre wurden große Schlotfelder im Verlauf des Rückens entdeckt, am 9., 13. und 21. nördlichen Breitengrad (wo man auch Schwarze Raucher fand) und sogar im Kalifornischen Golf, unmittelbar südlich der Stelle, wo der Rücken in der San-Andreas-Störung endet. Nachdem sie große Teile Kaliforniens in Angst und Schrecken versetzt, taucht die San-Andreas-Störung bei Mendocino wieder vom Festland auf und vereint sich mit einem Spreizungszentrum 440 Kilometer vor der Küste, und dort erscheint auch die Spur der Thermalquellen wieder. An diesem nördlichen Spreizungszentrum, dem Juan-de-Fuca-Rücken, wurden 1983 Schlotgemeinschaften entdeckt. Der Juan-de-Fuca-Rücken war einmal lediglich der nördliche Ausläufer des Ostpazifischen Rückens, und Schlottiere konnten sich am ganzen Rücken vor der Küste Kaliforniens verbreiten. Doch vor etwa dreißig Millionen Jahren wurde die Geschlossenheit des Rückens durch die Bewegung des nordamerikanischen Kontinents nach Westen unterbrochen, der sich damals und auch heute noch mit Gebirgsketten und allem sonst über den Meeresboden des Pazifiks schiebt und ihn in den Erdmantel taucht. Die allmähliche Ausweitung des Rückens übertrug sich in die zerstörerische Scherung der San-Andreas-Störung. Und die Tiere bei den Thermalquellen wurden von ihren Verwandten im Süden abgeschnitten, die heute 3000 Kilometer und mehr von ihnen entfernt sind.

Die Trennung zeigt sich im Artenbestand der beiden Regionen. Bei den Juan-de-Fuca-Schloten herrschen Röhrenwürmer vor, die jedoch nicht zur Spezies *Riftia* gehören, sondern zur sehr viel kleineren und nicht so prachtvollen Gattung *Ridgeia.* Im Norden gibt es *Calyptogena*-Muscheln, die jedoch wenig Ähnlichkeit mit der *C. magnifica* haben – sie gehören zu einer sehr viel kleineren Art namens *pacifica.* Verena Tunnicliffe von der Universität Victoria hat die Tierwelt des Juan-de-Fuca-Rückens eingehend erforscht und festgestellt, dass über achtzig Prozent der dort lebenden Arten nur dort vorkommen, nicht aber am Ostpazifischen Rücken. Auf der anderen Seite haben beide Regionen viele Gattungen und höhere taxonomische Gruppen gemeinsam. Sie haben sich in den letzten dreißig Millionen Jahren getrennt entwickelt, das aber offensichtlich langsam: Wären sie noch länger getrennt gewesen oder hätten sich ihre Unterschiede schneller herausgebildet, hätten sich die verschiedenen Arten vielleicht zu verschiedenen Gattungen oder gar Familien entwickelt.

Der Mittelatlantische und der Ostpazifische Rücken sind auch heute noch miteinander verbunden, aber um die Ecke herum. Es gibt keine direkte Verbindung um das Kap Hoorn. Die Schlotorganismen müssten, um von einer Region zur anderen zu gelangen, um Afrika herum wandern, durch den Indischen Ozean, südlich an Australien vorbei und quer durch den Pazifik (oder den umgekehrten Weg). Es ist keine Überraschung, dass die mittelatlantische Fauna sich von der des Ostpazifischen Rückens stärker unterscheidet als von der des Juan-de-Fuca-Rückens. Am Mittelatlantischen Rücken hat man bisher überhaupt keine Röhrenwürmer gefunden, auch keine *Calyptogena*-Muscheln, weder große noch kleine. Das auffälligste Tier an den Thermalquellen im Atlantik ist eine sonderbare Garnelenart mit rudimentären Augen auf dem Rücken. Die Garnelen tummeln sich in riesigen Schwärmen bei den Schloten; vielleicht benutzen sie ihre Augen in der ansonsten völligen Dunkelheit der Tiefsee dazu, sich an einem schwachen und noch nicht geklärten Leuchten zu orientieren, das von den Thermalquellen ausgeht. Garnelen der gleichen Familie hat man im Pazifik gefunden, was darauf hindeutet, dass zwischen den beiden Regionen kein völliger Kommunikationsmangel geherrscht hat. Vielleicht haben die Garnelen und einige andere Organismen es geschafft, eine Abkürzung zwischen Pazifik und Atlantik zu nehmen, und zwar durch die offene Passage, die Nord- und Südamerika trennte, bis der Isthmus von Panama vor rund drei Millionen Jahren aus dem Meer aufstieg. Doch das ist reine Spekulation.

Welchen Weg die Schlotorganismen nahmen, um den Marianengraben im Westpazifik zu erreichen, ist noch rätselhafter. Die Thermalquellen dort sind mit dem System der mittelozeanischen Rücken überhaupt nicht verbunden: Sie liegen auf einem so genannten Backarc-Spreizungszentrum, eine geologische Besonderheit, die nur dort vorkommt, wo zwei Platten aufeinander prallen. Auf der anderen (östlichen) Seite der Marianen fällt der Marianengraben über 11 000 Meter ab, wo die Pazifische Platte unter die Philippinische abtaucht. Die in dieser Kollisionszone aufsteigende Hitze speist den Bogen der Vulkaninseln, bricht aber auch die Kruste hinter dem Bogen auf und schafft ein kleines Spreizungszentrum – klein und kurzlebig. Am Weststrand der Pazifischen Platte kommen und gehen Backarc-Rücken, wie kurze Einlagen des größeren tektonischen Schauspiels. Der Rücken, aus dem der Marianengraben entstanden ist, ist rund fünf Millionen Jahre alt. Er ist etwa 8000 Kilometer von einem aktiven mittelozeanischen Rücken entfernt.

Doch die Tiere, die an den Thermalquellen im Marianengraben leben, haben eindeutig Kontakt mit dem Rückensystem gehabt, auf jeden Fall aber ihre Vorfahren. Als Bob Hessler und seine Kollegen sich mit der *Alvin* auf die Suche nach den Thermalquellen im Marianengraben machten und sie auch fanden, enthüllte gleich der erste Blick eine verblüffend andere Lebensgemeinschaft als die am mittelozeanischen Rücken. Statt Röhrenwürmern, Muscheln oder Garnelen verstopften große Schnecken die Schlote, deren eng gewundenen Schalen ihnen ein behaartes Aussehen verliehen. Die Schnecken gehören zu einer völlig neuen Familie: Es sind die ersten uns bekannten Schnecken, die sich von symbiontischen Bakterien ernähren. Aber als Hessler und mehrere Systematiker die Fauna des Marianengrabens untersuchten, erwies sich eine derartige Einzigartigkeit nicht als die Regel. Von den 27 Arten, die eindeutig bestimmt wurden, gehörten dreizehn zu Gattungen, die von mittelozeanischen Rückenschloten im östlichen Pazifik oder Atlantik bekannt waren, und drei weitere zu bekannten Familien. Während also die haarige Schnecke und einige andere Arten vielleicht im Westpazifik heimisch sind und sich von sich aus an das Leben bei den Thermalquellen angepasst haben, stammen die meisten Tiere bei den Schloten im Marianengraben vom mittelozeanischen Rücken. Das wirft die Frage auf, wie sie die 8000 Kilometer feindliches offenes Meer überwunden haben.

Niemand hat eine Antwort auf diese Frage. Eine Möglichkeit ist nach Hessler und dem Geologen Peter Lonsdale vom Scripps die, dass die Schlotorganismen vor zig Millionen Jahren auf einem Weg in den westlichen Pazifik kamen, der heute nicht mehr existiert. Bis vor 55 Millionen Jahren verlief das Bindeglied des Indischen Ozeans im mittelozeanischen Rücken nördlich von Neuguinea, nicht weit von den Marianen entfernt (heute verläuft es südlich von Australien). Und bis vor 43 Millionen Jahren zog sich ein aktiver Rücken quer durch den tropischen Pazifik, vom Ostpazifischen Rücken nach Asien. Schlottiere könnten sich an einem dieser Rücken entlang bis in den westlichen Pazifik ausgebreitet und in anderen Backarc-Becken bis vor fünf Millionen Jahren überlebt haben, als das Spreizungszentrum im Marianengraben das Geschäft aufnahm. Sie können aber auch erst in neuerer Zeit in die Region gekommen sein und dabei Spreizungszentren in anderen Backarc-Becken südlich und östlich der Marianen als Sprungbrett benutzt haben. Diese Spreizungszentren sind noch immer aktiv, und man hat dort auch Schlotgemeinschaften gefunden. Vom südlichsten, dem Havre-Spreizungszentrum südlich der Fidschiinseln, sind es nur gut 3000 Kilometer bis zum Südostindischen Rücken, dem nächstgelegenen Glied in der Kette des mittelozeanischen Rückens. Neuseeland liegt direkt am Weg. Hätten die Schlottiere sich über diese Lücke hinweg und um Neuseeland herum ausbreiten können? Und könnten sie es heute immer noch? Auch das weiß niemand.

Einiges ist heute allerdings dennoch über die Verbreitung der Schlottiere bekannt. An einigen Orten zum Beispiel erfolgt sie offenbar sehr schnell. Auch wenn die Larven schwer zu verfolgen sind, haben Richard Lutz und der Vererbungsforscher Robert Vrijenhoek die Ausbreitung der Tiere auf eine andere Art gemessen, indem sie nämlich den Genfluss zwischen den Schloten untersucht haben. Bei jedem Organismus kommen bestimmte Gene und die Proteine, die sie bilden, häufig in verschiedenen Versionen vor, was als Polymorphismus bezeichnet wird; die Blutgruppen beim Menschen sind ein bekanntes Beispiel. Wenn verschiedene Populationen der gleichen Art getrennt werden, sodass sie sich nicht mehr wie üblich untereinander vermehren können, bilden sie verschiedene Konstellationen des Polymorphismus aus. Der Grad der Unterscheidung gibt den «genetischen Abstand» zwischen den Populationen und das Ausmaß des Genflusses wieder, zu dem es zwischen ihnen kommt. Da die Gene von Larven transportiert werden, sagt das Tempo des Genflusses zwischen zwei Schlotstätten etwas über das Tempo des Larvenstroms aus.

Kommt die gleiche Art an beiden Orten vor, zeigt schon das allein an, dass ein Genfluss stattfindet oder zumindest in geologisch jüngerer Zeit aufgehört hat; ansonsten hätten die beiden Populationen sich nämlich schon zu getrennten Arten entwickelt. Aber Lutz und Vrijenhoek haben zwischen dem Galapagos- und dem Ostpazifischen Rücken sowie unter den verschiedenen Schlotbereichen am Rücken einen erstaunlich hohen Genfluss festgestellt. Es sind nicht nur die gleichen Arten von Röhrenwürmern und Muscheln in großen Abständen am gesamten Rücken vorhanden, in einigen Fällen stellt sich auch heraus, dass Organismen, die Hunderte oder Tausende von Kilometern voneinander entfernt sind, genetisch fast identisch sind. Das bedeutet, dass eine Population sich aus der anderen entwickelt hat, und zwar in jüngster Zeit, vielleicht erst vor Jahrzehnten.

Eine so rasche Ausbreitung lässt auf eine Art Autobahn in der Tiefe schließen – eine Larvenautobahn. Vielleicht sind die Schlote Teil der Autobahn. Das heiße Wasser, das aus einem Schlot sprudelt, steigt wie Rauch aus einem Kamin in einer schmalen, lebhaften Fahne vom Meeresboden auf und reißt dabei die im Wasser treibenden Larven der Schlotorganismen mit. Lauren Mullineaux und Peter Wiebe von Woods Hole haben das nachgewiesen – sie haben ein feines Planktonnetz auf dem Juan-de-Fuca-Rücken über ein Feld mit Schloten gezogen und aus einer Fahne Larven gesammelt. Allein dieses eine Feld befördert nach ihren Schätzungen pro Tag bis zu siebenhundert Millionen Larven ins offene Meer. Einige der Larven landen vielleicht bei einem Schlot in der Nähe oder fallen aus der Fahne, bevor sie ihr Zuhause verlassen. Andere sind bestimmt zu fernen Zielen unterwegs. Giftige Metalle in der Fahne, denen sie widerstehen können, bieten vielleicht einen gewissen Schutz vor Fressfeinden von außerhalb. Vielleicht können die Larven auch ihren Stoffwechsel verlangsamen, um die lange Reise durch einen kalten und unwirtlichen Abgrund ohne Nahrung besser zu überstehen.

Aber die Larven aus den Schloten haben ihr Schicksal nicht selbst in der Hand. Sie schwimmen nicht, sie treiben, und so wie sie auf zufällige Launen des Meeresbodens angewiesen sind, der ihnen eine Zuflucht bietet, so müssen sie darauf vertrauen, dass die Tiefseeströmungen sie dorthin tragen. Wenn die heiße, einem Schlot entweichende Fahne eine Höhe von zwei- bis dreihundert Metern über dem Meeresboden erreicht, hat sie sich so weit abgekühlt, dass ihre Dichte der des umgebenden Meerwassers entspricht. Dann breitet sie sich horizontal aus und die Larven mit ihr. Von da an sind die Larven den Strömungen preisgegeben. Wenn die Ozeanographen besser verstehen würden, wie das Wasser in der Tiefe fließt, wenn sie Karten hätten, die etwas detaillierter den Verlauf der Strömungen zeigen würden, dann wäre das Rätsel, wie Tiere sich von Schlot zu Schlot rund um den Erdball verbreiten, der Lösung ein gutes Stück näher. Doch die Ozeanographen fangen gerade erst an, solche Karten zu erstellen; und die Biologen befinden sich im Moment noch im Stadium zu beschreiben, wie gut das System funktioniert. Alles, was sie gegenwärtig sagen können, ist, dass die Schlottiere, wenn sich am mittelozeanischen Rücken eine Gelegenheit bietet, zur Stelle sind, um sie zu ergreifen.

– – –

Seit sie im April 1991 am 9. nördlichen Breitengrad die Geburt eines hydrothermalen Schlotfeldes auf dem Ostpazifischen Rücken erlebt haben, sind Rachel Haymon und ihre Kollegen schon mehrere Male wieder dort gewesen. Richard Lutz hat die biologische Seite verfolgt – hat dokumentiert, wie eine Thermalquelle entsteht, nämlich so wie ein Wald, wie wir seit langem wissen, in dem eine Baumart der nächsten folgt. Im März 1992 beobachtete Lutz bei einem «Eingang zur Hölle» genannten Schlot Klumpen etwa dreißig Zentimeter langer *Tevnia* – ziehharmonikaartige Röhrenwürmer –, wo elf Monate vorher nur frische Lava gewesen war. Bei seinem nächsten Besuch im Dezember 1993 waren die *Tevnia* von *Riftia* verdrängt worden, von denen einige eineinhalb Meter lang waren und sich irgendwann in der Zwischenzeit dort angesiedelt haben mussten. Eineinhalb Meter in 21 Monaten wäre an Land ein gutes Wachstumstempo; in der Tiefsee war es rekordverdächtig. Überall auf dem Schlotfeld am 9. nördlichen Breitengrad vermehrten sich die *Riftia* wie die Kaninchen. Ende 1995 machten sich dann jedoch die Muscheln auf dem Territorium der Röhrenwürmer immer breiter, und Lutz wartete darauf, dass die Riesenmuscheln auftauchten.

Am 9. nördlichen Breitengrad gibt es noch viel über die Entstehung der Thermalquellen zu lernen. Die grundlegendste Lektion gab es jedoch, als die Forscher im März 1992 zum ersten Mal zum Eingang zur Hölle, zum Röhrenwurm-Grill und dem Tal des Todesschattens zurückkehrten, wo Haymon sich einst mit zwei Begleitern im blauschwarzen Rauch umhergetastet hatte. Die Lektion lautete, dass Veränderungen an einem mittelozeanischen Rücken auch mit erschreckendem Tempo eintreten können.

«Der Röhrenwurm-Grill sah völlig verändert aus», erinnerte sich Haymon nicht lange nach der Expedition von 1992.

> «Das ganze Eisensulfid in diesem grauen Sediment war oxidiert und orange, sodass alles in Orange gehüllt schien. Wenn wir früher oxidiertes Sediment in der Nähe hydrothermaler Flächen gesehen hatten, hatten wir zumeist angenommen, dass es sich um alte Gebiete handelte – mindestens einige zig bis mehrere hundert Jahre alt –, aber offensichtlich dauert es gar nicht so lange. 1991 war in diesem Gebiet aus einem tiefen, drei Meter breiten Spalt auch warmes Wasser geströmt, kaskadenartig die Wand der Caldera hinauf wie ein rückwärts stürzender Wasserfall. 1992 hatte es beim Grill kein Venting gegeben. Der Boden war immer noch mit den Hüllen von Röhrenwürmern übersät, aber von frischem Gewebe war natürlich keine Spur mehr zu sehen. Viele Fische gab es, kleine weiße Kraken, Krabben. Alles, was sich bewegen, schwimmen oder krabbeln konnte, war zur Stelle und verzehrte, was von den Röhrenwürmern übrig war. Es sah völlig verändert aus.»

Rich Lutz:

> «Und der Grill war nicht annähernd so interessant wie die neu entstandenen hydrothermalen Schlote. Am Eingang zur Hölle, wo das Wasser 1991 aus dem nackten Basalt gekommen war, befand sich, als wir zurückkamen, ein fünf Meter hoher Schwarzer Raucher. Das ist ein ganz imposanter Felsklotz, der vor elf Mona-

ten noch nicht dagestanden hatte. Und es wimmelte von *Tevnia*; zu Tausenden bevölkerten sie die Schlotgebiete.»

Dan Fornari:

«Die Veränderungen, die wir sahen, waren verblüffend. Alles war weiß gewesen, weiß, weiß von Bakterien, und überall ‹Schneeschleudern› – jetzt gab es kaum noch Bakterien. Und die vielen kleinen Krabben, die wir vorher gesehen hatten – jetzt war alles voll mit dicken, fetten Krabben.»

Haymon:

«Wir erkannten also, dass die Bakterien gefressen wurden. Überall in der Caldera gab es unzählige Tiere, riesige Mengen Krabben, und alle ernährten sich von den Bakterien. Im Tal des Todesschattens, in dem es 1991 keine Tiere gegeben hatte, tummelten sich jetzt Myriaden von Krabben. Wir tauften es in Tal der Krabben um. Wenn man eine Eruption erlebt, ist das fast wie Frühling auf dem Meeresgrund. Die Bakterien drehen durch; der Meeresboden wird nicht grün, sondern weiß. Das sorgt dann für ein Nahrungsangebot, das bei allen Pflanzenfressern zu einem Populationsschub führt. Zusätzlich kommt es zu geochemischen Veränderungen im hydrothermalen System, die für die Organismen wie ein Hinweis sind, dass Laichzeit ist. Wenn man Meerwasser kocht, injiziert man dem Meeresboden einen Dampf mit einem ungewöhnlich niedrigen Salzgehalt und einem ungewöhnlich hohen Gasgehalt – Schwefelwasserstoff und Kohlendioxid. Ich denke einfach, dass die Tiere merken, was los ist – dass sie einen Schwall von diesem Dampf mitbekommen und sich sagen: ‹Holla! Gleich gibt es eine Eruption, oder es hat eine gegeben. Zeit zum Wiederbevölkern.› Ich weiß nicht, ob das so abläuft. Aber viele von ihnen haben das offensichtlich mitbekommen.»

9. Kapitel PHANTASTISCHE QUALLEN

1969 sprang Bill Hamner mitten im Kalifornischen Golf von einem Schiff in das über eintausend Meter tiefe blaue Wasser. Damals war er noch Ornithologe, was ihm jedoch zunehmend verleidet wurde, weil er eine Allergie gegen Federn entwickelt hatte. Sobald er das Vogelhaus an der University of California in Davis betrat, bekam er Nesselausschlag. «Ich wusste, dass ich das Fachgebiet wechseln wollte», erinnert sich Hamner.

> «Und so überredete ich diese Leute, die mit einem Schiff in den Kalifornischen Golf fahren wollten, mich anzuheuern. Das Schiff war die *Proteus* der ozeanographischen Abteilung von Stanford, und ich ging in dem Sommer an Bord. Als das Schiff einmal im ruhigen Wasser lag und die Forscher einige Tiefseeproben nahmen, sprang ich ins Wasser – in erster Linie, um mich abzukühlen, und auch, weil mir langweilig war. Ich hatte eine Tauchmaske aufgesetzt und sah, dass das Meer voll von diesen gallertigen Tieren war. Ich brachte ein paar von den Jungs dazu, direkt neben dem Schiff einen Tauchgang zu machen.
>
> Wenn man im blauen Wasser taucht und von der Oberfläche weg nach unten gleitet, kann man die Oberfläche nicht erkennen – man sieht ringsum nichts als Blau. Ich interessierte mich eingehend für irgendwas und achtete nicht auf die anderen. Und mit einem Mal merkte ich, dass es ziemlich dunkel war. Ich

blickte auf den Tiefenmesser, der fast sechzig Meter anzeigte. Aber kein Grund unter mir. ‹Mein Gott›, schoss es mir durch den Kopf, ‹das ist eine gute Art zu sterben.›

Ich orientierte mich wieder nach oben und holte meine Kumpel zusammen. Während des Tauchgangs war etwas Wind aufgekommen, und das Schiff war abgetrieben. Als wir auftauchten, war es drei Kilometer weit weg. Aber an Bord hatte man aufgepasst und sammelte uns ein. Bei schlechtem Wetter allerdings hätten sie uns nicht gefunden. Wir waren alle sehr erschrocken, weil es so dumm war. Aber wir wussten nicht, dass es Dummheit war.»

Nach diesem ersten Tauchgang im blauen Wasser beschloss Hamner, es nie wieder zu versuchen, bis er wusste, wie man sicher taucht. Er war sich allerdings sicher, dass er es wieder versuchen würde. Die Tiere, die er gesehen hatte, nur weil er vom Schiff gesprungen war, waren zu fremdartig, zu überirdisch und schön gewesen, zu strahlend, durchscheinend und vielfältig. Außerdem hatten sie keine Federn – nicht einmal eine Wirbelsäule. Medusen und Rippenquallen, Manteltierchen und Staatsquallen, ihnen allen war eins gemeinsam: Sie bestanden aus einer gallertigen Substanz.

– – –

Im Jahr 1890 machte Viktor Hensen in seinem ersten Bericht an die Berliner Akademie über die Ergebnisse seiner bahnbrechenden Planktonexpedition nach nur drei Sätzen folgende Aussage:

45, 70, 30, 45, 25, 20, 20, 35, 35, 65, 15, 45, 50, 20, 65,
40, 25, 30, 40, 25, 30, 30, 45, 45, 35, 30, 50, 25, 15.

Hensen, Professor der Physiologie an der Universität Kiel, sagten diese beiden Zahlenreihen alles; sie bewiesen, dass seine Expedition erfolgreich gewesen war. Die Zahlen gaben in Kubikzentimetern die

Planktonmengen an, die er mit dem Seidennetz an 29 Stationen zwischen den Bermudas und den Kapverdischen Inseln eingeholt hatte. Sie zeigten, wie Hensen erklärte, dass Plankton mehr oder weniger gleichmäßig im offenen Meer verteilt ist. Entgegen dem, was alle vor der Expedition vermutet hatten, gab es in den kälteren Gewässern des Nordatlantiks sehr viel mehr Plankton als in den Tropen, aber ansonsten war das Meer ein recht homogener Bereich. Ein paar Mal das Netz eingetaucht, und man erfuhr etwas über das Ganze.

Vorausgesetzt natürlich, dass man bereit war, beträchtliche Zeit für das Zählen aufzuwenden. 21 Jahre später, als Hensen schließlich den kompletten Expeditionsbericht vorlegte – «Leben im Meer aus Zählungen seiner Bewohner» –, gab es unzählige Zahlentabellen, nicht nur Mengenmessungen. Hensen und seine Kollegen hatten Jahre damit zugebracht, jedem Netzfang kleine Proben mit der Pipette zu entnehmen und dann unter dem Mikroskop die tausende und abertausende Planktonorganismen zu zählen und, soweit das möglich war, den bekannten Arten zuzuordnen. Hensen beklagt auf der ersten Seite seines Berichts, dass die nicht beschriebenen Arten beim Zählen gewisse Schwierigkeiten bereiteten. In Kiel wurde am Ende des 19. Jahrhunderts sehr viel gezählt – Erbsenzählerei, wie mancher meinte, allen voran der große Zoologe Ernst Haeckel.

Die Gründe für Hensens Interesse an Plankton liegen etwas im Dunkeln – zu Beginn seines beruflichen Werdegangs widmete er sich hauptsächlich dem Studium der Physiologie des Menschen –, aber es wird doch deutlich, dass sein Interesse größtenteils praktischer Art war: Er wollte wissen, wie viel Plankton im Meer war, um abzuschätzen, wie viele Fische es ernähren konnte, wobei es letztlich darum ging, den deutschen Fischfang auszuweiten. (Hensen war in Schleswig an der Ostseeküste aufgewachsen.) Haeckel ließ dagegen keinen Zweifel daran, wie er zur Zoologie gekommen war. Am Anfang seiner umfassenden Kritik an Hensens Expedition schilderte er den entscheidenden Anstoß, der 1854 erfolgte, bei einem Besuch der Nordseeinsel Helgoland mit seinem Mentor Johannes Müller, dem Erfinder des ersten Planktonnetzes. Niemals werde er, wie Haeckel schrieb, das Staunen vergessen, mit dem er zum ersten Mal die Schwärme der durchsichtigen pelagischen Tiere erblickte, die Müller durch Umstülpen seines «feinen Netzes» in einen Glasbehälter mit Meerwasser leerte – jenes brodelnde Gewimmel aus zarten Medusen und glitzernden Rippenquallen, aus pfeilschnellen Sagittas und schlangengleichen *Tomopteris*. Worte wie «erstaunlich», «phantastisch» und «glänzend» kamen Haeckel bei aller Gelehrtheit ein ums andere Mal aus der Feder, vor allem aber «wunderbar». Hensen war, wie er zu spüren glaubte, nicht empfänglich für die Wunder des Meeres, weil er sie nicht so wie Haeckel studiert hatte. Er hatte sie gezählt, aber nicht wirklich gesehen.

Bis 1890 war Haeckel fast vier Jahrzehnte der Müllerschen Methode der «Beobachtung und Betrachtung» gefolgt, hatte einzelne Tiere vom Ruderboot aus gesammelt, sie behutsam in Glasbehälter geschöpft, sie beobachtet und wenn möglich nach der Natur gezeichnet. Vor allem aber hatte er sie beschrieben, beschrieben und nochmals beschrieben, denn es gab so viel zu beschreiben. Die neuen Arten, die Hensen lästig waren, waren Haeckels Lebenselixier. Ein ganzes Jahrzehnt hatte er auf das Beschreiben und Zeichnen aller Strahlentierchen verwandt, die mit der *Challenger* gesammelt worden waren; seine Aufzeichnungen füllten über 1800 Seiten Text und einen eigenen Band mit hervorragenden Illustrationen. Weitere fünf Jahre hatte er sich mit Staatsquallen und Schwämmen beschäftigt. Er hatte diese Arbeiten gerade abgeschlossen, als Hensen zu seiner Planktonexpedition aufbrach, ohne Haeckel auch nur zu konsultieren und mit einer beispiellosen Unterstützung durch die deutsche

Regierung. Haeckel, der seine Zeit in einem Ruderboot zugebracht hatte, blieb zurück, während Hensen fast vier Monate den Atlantik mit einem großzügig ausgestatteten Schiff hinauf- und hinunterfuhr. Man kann sich den Neid vorstellen, den Haeckel empfunden haben muss, den bitteren Neid und auch den Schmerz, an Land zurückgelassen worden zu sein, während das Fach, dem er sein ganzes Leben gewidmet hatte, einen seiner Meinung nach völlig falschen Kurs nahm, und Hensen ohne ihn gewissermaßen ins 20. Jahrhundert fuhr.

Kein Wunder, dass Haeckel um sich schlug. Ihm schien, schrieb er, dass Hensen aus höchst unzureichender Erfahrung fahrlässig weit reichende und irrige Schlüsse gezogen habe. Er war davon überzeugt, dass Hensens gesamte Methode, Plankton zu untersuchen, völlig nutzlos war. Haeckel war ein genauer und engagierter Mann, ein Künstler und ein Wissenschaftler, und neigte zu heftigen Meinungsäußerungen. Hensen scheint dagegen aus dem zeitlichen Abstand von einhundert Jahren eine Art Streber gewesen zu sein, wenn auch ein konsequenter und zuverlässiger. Er war ernst, ruhig, unnahbar, bis man es irgendwie schaffte, sich mit ihm anzufreunden, und geradezu vernarrt in seine Messungen. In einer Art Nachruf beharrte ein Freund einmal auf Hensens «tiefen Gefühlen» für die Schönheit des Meeres: hatte er nicht einmal vom Reiz des Abends gesprochen an dem Tag, als er zum ersten Mal seine Methode zum Sammeln von Plankton erprobt hatte?

Hensens tiefe Gefühle galten jedoch den Methoden selbst. Seine heftige Reaktion auf Haeckels Angriff macht das deutlich. Auf sechzig Seiten versuchte Hensen, seinen Gegner mit unerbittlichem Sarkasmus und schäumend vor Wut praktisch zu exkommunizieren, beschuldigte ihn des Betrugs und der Fälschung («man kann Haeckel nicht trauen»), der Phantasterei und Starrköpfigkeit («absolut alles, was er gegen meine Methode vorbringt, ist unhaltbar»), einer Vorliebe für große Tiere und insbesondere der wissenschaftlichen Todsünde, seine nicht fundierten Theorien der Natur und anderen Wissenschaftlern aufzwingen zu wollen – statt sie auf Tatsachen zu stützen. «Die Menschen sagen mir, ich machte mir zu viele Feinde, wenn ich das Haeckel-Lager bekämpfe», schloss Hensen. «Sei es drum!.... Nur Tatsachen zählen, Tatsachen, die so sorgfältig wie möglich durch Wiegen, Messen und Zählen bestätigt worden sind....»

Heutzutage werfen Wissenschaftler kaum mehr mit einer solchen Hemmungslosigkeit Brandbomben, sie ziehen das Messer im Ärmel vor, doch der Disput Hensen-Haeckel schwelt immer noch in der biologischen Meereskunde – und das, obwohl beide Männer sowohl Recht als auch Unrecht hatten, wie der Meeresbiologe G. Richard Harbison vom Woods Hole Oceanographic festgestellt hat. Was die weite Verbreitung des Planktons betraf, hatte Hensen Recht und Haeckel Unrecht: Es kommt an den hohen Breitengraden tatsächlich am häufigsten vor. Grundsätzlich hatte Hensen sicher Recht, wo es um die Nützlichkeit quantitativer Methoden ging. Auch wenn seine Methoden noch primitiv waren, haben sich ihre geistigen Abkömmlinge im 20. Jahrhundert doch wieder und wieder bewährt. Ohne sie verstünden wir weniger darüber, wie der Chemiehaushalt des Ozeans das Leben in ihm beeinflusst, wie die Energie die verschiedenen Ebenen des Nahrungsgewebes durchzieht und wie das Meer als eine ökologische Maschine funktioniert. Die meisten biologischen Meereskundler sind heute Hensenianer.

Trotzdem hatte Hensen in wichtigen Punkten Unrecht. Man kann Haeckel vorwerfen, zu phantasievoll theoretisiert zu haben – nicht nur beim Plankton; er war auch der Urheber der Theorie vom weltumspannenden Tiefseeschleim *Bathybius*. Doch die Theorie hat auch Hensen in die Irre geführt. Er begann mit der Annahme, dass

Plankton gleichmäßig verbreitet sei, und ging dann daran, diese Annahme durch Proben und statistische Methoden zu beweisen, die der Aufgabe absolut nicht angemessen waren. Hensen konnte sich nicht vorstellen, dass ein Meer, das sich in seinem Planktonnetz so einheitlich gab, alles andere als einheitlich war. Doch die Verteilung des Planktons ist, wie man heute weiß, in Wirklichkeit ungleichmäßig, wie Haeckel mit seiner vermeintlichen Missachtung der Fakten immer behauptet hatte. Außerdem hatte Hensen eine anfechtbare Vorstellung von «Fakten»: Nicht alle wichtigen Fakten sind quantitativ. Wenn man das Meer allein mit quantitativen Methoden zu erforschen versucht – sozusagen ohne hinzusehen –, entgeht einem einiges. Statt zum Beispiel die Gesamterscheinung der feinen, gallertigen Tiere zu erfassen, die mit ihrem rätselhaften Körperbau und ihren Verhaltensweisen das offene Meer beherrschen, sieht man nur ihre zerstörten Überreste, ein Planktonnetz voller Rotz.

Die biologischen Ozeanographen sprechen heute oft davon, über die bloße Beschreibung der Art, wie Haeckel sie einführte, hinausgegangen zu sein, als ob quantitatives Wissen irgendwie höher stände als deskriptives Wissen, als ob das Zeitalter der Erforschung mit dem 19. Jahrhundert zu Ende gegangen wäre. Das Gegenteil ist der Fall: Die Erforschung des unermesslichen Ozeans hat gerade erst begonnen. Da wir mit einer Oberfläche verwurzelt sind, konzentrieren wir uns natürlich auch meistens auf Oberflächen; und wenn wir unter die Meeresoberfläche tauchen, streben wir im Allgemeinen direkt der nächsten zu, dem Meeresboden. Aber zwischen der Oberfläche und dem Grund des Ozeans befinden sich über eine Milliarde Kubikkilometer Wasser, von denen etwa vier Fünftel tiefes Meer sind, fern jeder Küste: Blaues Wasser. Das gesamte Wasser ist bewohnt, und nur ein Bruchteil davon ist mit nichts als Netzen erforscht worden, wobei die Bewohner normalerweise getötet wurden.

Es gibt aber auch noch einige Haeckelianer unter den biologischen Meereskundlern, die dieses blaue Wasser mit eigenen Augen erkunden, doch alles in allem haben sie es schwer auf einem Gebiet, das sich um öffentliche Förderung bemühen muss und von Hensenianern beherrscht wird. Harbison ist einer von ihnen, Hamner ein anderer. «Vor einhundert Jahren haben die Menschen die Vögel studiert, indem sie sie erschossen haben», sagt der ehemalige Ornithologe Hamner. «Es bedurfte einiger Leute wie Roger Tory Peterson, um zu zeigen, dass man die Vögel nicht abknallen muss – dass man lebende Vögel über ihr Äußeres oder nach ihrem Gesang bestimmen kann. Aber die meisten Ozeanographen sehen sich immer noch zerquetschte Tiere an. Dabei beherbergt das Meer einige wirklich schöne Lebewesen.» Schnecken mit Flügeln, zum Beispiel.

– – –

1971, zwei Jahre nach seinem ersten Sprung in den Kalifornischen Golf, führte Hamner eine Expeditionsgruppe junger Taucher nach Bimini bei den Bahamas. Hamner war damals gerade 33, aber schon eine Art Rattenfänger. Ihm war es gelungen, eine große Gruppe von Studenten um sich zu scharen, die bereit waren, ihm, methodologisch gesprochen, in unkartierte Gewässer zu folgen. Ihm war es gelungen, die Guggenheim- und andere Stiftungen davon zu überzeugen, eine Studiengruppe auf den Bahamas zu finanzieren, und das Bostoner Unternehmen Whaler, ein Schiff zur Verfügung zu stellen. Die Gelder flossen allerdings nicht in Strömen, und so brauchte Hamner jeden, der finanziell unabhängig war und etwas für das Gemeinwohl tun konnte; jeder bekam danach ein Taschengeld von fünf Dollar pro Woche. In einem geräumigen, noch nicht fertig gestellten Haus, das von einem Ortsgeistlichen angemietet wurde, Fußböden aus Sperrholz, Löcher als Fenster, eigene Zimmer nur für Verheiratete und ein Bad für alle hatte, richteten zwischen zwölf und dreißig Biologen, angehende Biologen und Kinder eine Art wissenschaftliche Kommune ein. Eineinhalb Jahre lebten sie von Fisch und Reis. Sie gingen in ihr klimatisiertes Labor, das dem American Museum of Natural History gehörte, um sich abzukühlen und von den Kindern wegzukommen. Vor allem aber tauchten sie.

Bimini, auf einem steilen Schelfboden gelegen, war für das, was Hamner vorhatte, wie geschaffen. Nur 800 Meter vom Ufer entfernt war man schon im Golfstrom, in 600 Meter tiefem Wasser, also im offenen Meer. Man brauchte kein großes Forschungsschiff und kein Riesenbudget, um dorthin zu kommen; man konnte mit einem kleinen Boot rausrudern und war in ein paar Minuten da. Man konnte die Tiere im offenen Meer also jeden Tag oder auch zweimal am Tag besuchen. Man konnte sie beobachten, wie ein Ornithologe Vögel beobachtete, und so allmählich ihre individuellen Verhaltensweisen kennen lernen.

Hamner hatte inzwischen sicher tauchen gelernt. Dass man im offenen blauen Wasser nicht allein tauchte, verstand sich von selbst. Hamner tauchte am liebsten zu fünft: Einer wartete im Boot, drei führten die Untersuchungen durch, und einer hielt den anderen als Sicherheitstaucher den Rücken frei. Die drei mit Forschungsaufgaben betreuten Taucher waren mit einer 15-Meter-Leine an eine Aluminiumstange gebunden, die mit dem Sicherheitstaucher verbunden war, der auf diese Weise verhindern konnte, dass seine Kollegen im Abgrund verschwanden. Letztere konnten sich etwa eine Stunde ganz dem Beobachten, Fotografieren und Sammeln von Tieren in Netzen und Behältern widmen und ihre Beobachtungen in wasserdichte Mikrofone sprechen. Sie mussten lediglich auf Haie achten; ein zwei Meter großer Grauhai rempelte einmal Hamners Frau Peggy an, ebenfalls Biologin. «Man lernt mit ihnen umzugehen, so wie man auf der Straße mit großen Hunden umgeht», sagt Hamner. Sobald ein Hai auftauchte, scharten sich die Taucher Rücken an Rücken zusammen, schwangen drohend ihre Haistöcke und warteten, bis er wieder verschwand. Während des langen Aufenthalts in Bimini wurden sie nur einmal aus dem Wasser gejagt, das erste Mal, als sie einen Hai zu Gesicht bekamen.

In dieser Zeit sahen sie dasselbe Wasser nie zweimal. Vor Bimini fließt der Floridastrom, die Quelle des Golfstroms, mit drei bis fünf Kilometern pro Stunde durch die Floridastraße; die treibenden Tiere, die Hamner und die anderen Taucher an einem Tag sahen, befanden sich am nächsten vielleicht schon über hundert Kilometer weiter nördlich. Inzwischen war eine neue Pilgergruppe aus dem Süden nachgekommen. Im Oktober des ersten Jahres erlebten die Forscher in Bimini die Ankunft der Flügelschnecken.

«Es war eine wirklich seltsame Wassermenge, die etwa eine Woche lang durchkam», erinnert sich Ron Gilmer, der 20-jährige Weichtierexperte im Team.

> «Wir haben nie genau festgestellt, woher sie war. Aber sie war voll gepackt mit großen Flügelschnecken wie *Gleba* und *Corolla*, die diese gewaltigen Schleimgewebe sponnen. Einige der Tiere waren so groß wie eine Faust und produzierten über sich Gebilde, die so groß wie ein Esstisch waren. Im Wasser waren so viele, dass ihre Gewebe fast eine durchgehende Fläche bildeten.
>
> Bill war der Erste, der wirklich eine sah. Er wusste, dass es ein Weichtier war, war sich aber nicht sicher, was für eins. Bill erzählte, er habe richtig losschwimmen müssen, um es zu fangen, da es ihm davonzuschwimmen drohte. Ich bin also rausgefahren – es sind tatsächlich schnelle Schwimmer! Es ist fast unmöglich, sie zu fangen, wenn man sie aufschreckt, wenn man sich nicht ganz dicht hat herantreiben lassen. Es ist so ähnlich wie Fliegen

fangen – wenn man nah genug herankommt, kriegt man sie eventuell in ein Glas, ansonsten kann man es vergessen.»

Wie eine Fliege oder einen Schmetterling fangen: Flügelschnecken, die zur gleichen Familie gehören wie diejenigen, die Gilmer 1971 sah, waren den provenzalischen Fischern bereits im 18. Jahrhundert bekannt und hießen bei ihnen *papillons de mer*, Meeresschmetterlinge, wegen der flatternden Bewegungen, die ihre Flügel beim Schwimmen vollführen. Und schon 1761 berichteten dänische Forscher von genau der gleichen Schnecke vor Arabien, *Gleba cordata*, die Gilmer vor Bimini gesehen hatte. (Im westlichen Atlantik kommt sie wirklich selten vor.) Das ganze 19. Jahrhundert hindurch beschäftigten sich immer wieder bekannte Naturforscher mit den bizarren kleinen Geschöpfen. Baron Georges de Cuvier, der Schnecken wegen des Fußes, der aus ihrem Bauch kommt, «Gastropoden» nannte, prägte für die Flügelschnecken 1804 die Bezeichnung «Pteropoden». 1810 wies er François Peron bei der Untersuchung von Exemplaren, die er auf der Fahrt mit der *Naturaliste* gesammelt hatte, auf das wichtigste Unterscheidungsmerkmal bei den Pteropoden hin: Einige haben eine Schale, einige nicht.

Sie alle sind jedoch Schnecken, die von den verschiedensten Substraten in das ökologische Niemandsland des offenen Wassers geflohen sind. Und bis auch Gilmer in dieses Reich vordrang und ganz dicht an einige lebende Flügelschnecken herankam, blieb ihr Hauptgeheimnis bestehen: Wie schafften sie es? Wie lebten sie eigentlich genau? Alle Sektionen toter Exemplare durch all die gelehrten Männer seit Cuvier hatten diese Frage nicht beantworten können, insbesondere bei den Pteropoden mit Schale nicht. Um die schwere Schale herumzuschleppen, dieses Relikt eines früheren kriechenden, nicht schwimmenden Daseins, hätten sie offenbar ununterbrochen wie wild mit den kleinen Flügeln schlagen müssen. Es war schwer zu erkennen, wie sie in den Wasserwüsten des offenen Meeres ausreichend Nahrung finden konnten, um einen so hochtourigen Stoffwechsel in Gang zu halten.

Die Antwort stellte sich als ziemlich einfach heraus, sobald man die Tiere lebend sah. Eigentlich waren es zwei Antworten, wie Gilmer herausfand, und diese Entdeckung brachte ihm einen Artikel in *Science* ein, noch bevor er seinen Bachelor of Science hatte. Erstens müssen Pteropoden nicht ständig mit den Flügeln schlagen, um nicht zu sinken; sie schweben im Wasser. Wie sie einen neutralen Auftrieb erreichen, weiß man noch nicht; auf jeden Fall ist der Mechanismus offenbar von Art zu Art verschieden. Aber selbst die am schwersten beschalten Flügelschnecken schaffen es irgendwie, im Wasser zu schweben oder zumindest nur extrem langsam zu sinken. Und wenn sie so im Wasser treiben – wie Gilmer beobachtete, als er dicht neben ihnen trieb –, haben sie keine Schwierigkeiten, sich satt zu fressen. Ihr Trick ist das weite Netz: Jene riesigen Gewebe aus Schleim, den die Pteropoden absondern, dienen dazu, Plankton einzufangen.

Gleba cordata spielt dieses Spiel besonders gekonnt. Sie ist zwar technisch betrachtet eine beschalte Flügelschnecke, hat aber nur eine Pseudoschale – eine gallertige Schale, die nicht nur stabiler, sondern auch leichter ist als ein Gehäuse aus Kalziumkarbonat. Die Schale ist etwa vier Zentimeter lang. Von der Bauchöffnung geht auf der gesamten Schalenlänge zu beiden Seiten ein breiter, muskulöser Flügel ab. Der Flügel hat die geschwungene Anmut eines Rochenkörpers. *Gleba* schwimmt, wenn sie frisst, auf dem Rücken, wobei das Gehäuse nach unten hängt und der Flügel oben liegt. Aus dem Flügel wächst ein schlanker, fünfzehn Zentimeter langer Rüssel – *Glebas* Version eines Schneckenfußes. Im Innern des Rüssels befindet sich eine Speiseröhre. An der Spitze des Rüssels liegt der Mund, den kleine, bewimperte Lippen säumen. Müsste *Gleba* die Nahrung nur mit diesen Lippen aufnehmen, würde sie verhungern. Doch vom Mund breitet sich, wie ein Teller auf dem Stock eines Jongleurs, ein zwei Meter großer Schleier aus klebrigem, frei im Wasser schwebenden Schleim aus. Der Schleim hält tatsächlich eine Menge Plankton fest – so viel, dass die Schnecke, wenn sie sich von Zeit zu Zeit in das Gewebe einrollt, mehr zu fressen hat, als die Speiseröhre bewältigen kann, sodass sie einiges davon in langen Schnüren abwerfen muss.

Nachdem *Gleba* ein Netz verschlungen und den Inhalt in ihrem Kaumagen zerdrückt hat, wirft sie sofort ein neues aus, wozu sie den Schleim aus Drüsen am Rand der Flügel aussondert. Trotz stundenlanger Beobachtungen hat Gilmer nie eine Schnecke beim Auswerfen des Netzes gesehen; Flügelschnecken sind höchst sensible Tiere. Kommt man einer fressenden *Gleba* zu nahe, löst sie sich von ihrem Netz, dreht sich, sodass die Flügel unter der Schale sind, und schießt mit etwa 1,5 Stundenkilometern davon. (Die schnellsten Menschen schwimmen nur fünfmal so schnell.) Gilmer hat es nie geschafft, eine einzelne Flügelschnecke länger als drei Minuten am Stück zu beobachten. Aber in fünfzehn Jahren Tauchen von Grönland bis zur Antarktis, zusammen mit Hamner und später mit Richard Harbison, wies er nach, dass der Schleimschleier von *Gleba* keine Eigenart ist. Alle beschalten Flügelschnecken ernähren sich offenbar auf diese Weise, und alle scheinen auch zu schwimmen – was man nie erführe, wenn man nur ihr eingeschränktes Verhalten in einem Aquarium beobachten würde. Noch 1992 mussten Harbison und Gilmer einen vernichtenden Brief an das *Journal of Molluscan Studies* schreiben – einige britische Forscher, die Pteropoden in ihrem Labor beobachtet hatten, waren zu dem Ergebnis gekommen, dass die Tiere wie ein Stein sinken, wenn sie nicht wie ein Kolibri mit den Flügeln schlagen. Das Problem war, dass Harbison und Gilmer die gleiche Art mühelos hatten im Meer schwimmen sehen. Die im Labor sinkenden Exemplare, schrieben sie in ihrem Brief, versuchten wahrscheinlich nur, ihren Peinigern zu entkommen.

– – –

Gallerte, überall Gallerte: Nicht nur die Weichtiere in Bimini waren gallertig. Es gab natürlich auch Quallen – Medusen, vom Stamm der Nesseltiere, zu denen auch Korallen und Staatsquallen gehören. Auf sie richtete Hamner seine ganze Aufmerksamkeit. Unterdessen teilten Alice Alldredge und Larry Madin, zwei seiner Studenten, die Chordatiere unter sich auf – den Stamm, zu dem auch wir gehören. Wir gehören zum Unterstamm der Wirbeltiere, aber im Unterstamm der Manteltiere gibt es zwei Klassen von sehr häufigem gallertigem Zooplankton, die Appendicularien und die Salpen. Alldredge und Madin warfen eine Münze, und sie bekam die Appendicularien. Wir erkennen sie kaum als Vettern, und sie sind auch nur sehr entfernt verwandt. Aber zumindest in einer Hinsicht ähneln sie dem Menschen: Sie sind erfolgreiche Architekten.

Appendicularien bauen ganze Behausungen mit Zimmern und Hallen, in denen sie leben. Ihre Häuser sind komplexe Planktonnetze. Der deutsche Biologe Hans Lohmann, der Appendicularien schon um die Wende vom 19. zum 20. Jahrhundert erforscht hat, konnte viele neue Planktonarten beschreiben, die er in den Gehäusen der Appendicularien fand. Die Appendicularien selbst sind winzig, wenn auch nicht mikroskopisch klein. Das Tier sieht wie eine Kaulquappe aus – der steife Rückenstrang, der sich zentral durch den Schwanz zieht, weist es als ein Chordatier aus – und ist normalerweise weniger als fünf Millimeter lang. Das Gehäuse kann dagegen so groß wie eine Walnuss sein, manchmal noch größer.

Lohmann und andere nach ihm hatten die Gehäuse von Appendicularien beschrieben, aber Alldredge war die Erste, die sie beschrieb und anschaulich und in situ fotografierte und eingehend bestimmte, wie sie arbeiten. Ihre Arbeitsweise ist recht bemerkenswert. Bei der Gattung *Oikopleura* zum Beispiel, von der Alldredge in Bimini viele Exemplare sah, sitzt das Tier im Zentrum seines Gehäuses, den Mund nach hinten gerichtet. Wenn es heftig mit dem Schwanz schlägt, wird durch zwei Öffnungen an der Vorderseite Wasser angesaugt; die Öffnungen sind mit einem feinen Gewebe aus Schleimfasern bespannt, die zu große Partikel zurückhalten, an denen die Appendicularien sonst ersticken würden. Das Wasser strömt dann am Schwanz vorbei in den hinteren Teil des Gehäuses, durch zwei Gänge, die im Bogen um den äußeren Rand zweier gekrümmter und geschichteter Schleimflügel laufen. Das Wasser strömt zwischen den Schichten hindurch die Bögen hinauf zur Mittellinie, wo die Flügel zusammenkommen, lädt dort die Nahrungspartikel ab und tritt hinten beim Tier wieder aus. Alle paar Sekunden saugen die Appendicularien die gefangene Nahrung mit dem Mund ein, indem sie mit den Wimpern in den Kiemen fächern.

Das sieht schön aus, hat aber seine Tücken. So neigen die äußeren Filter zum Verstopfen, selbst wenn das Tier mit dem Schwanz in die andere Richtung schlägt (wozu einige Appendicularien in der Lage sind), um sie durchzuspülen. Außerdem wird der Kot innerhalb des Gehäuses ausgeschieden. Zwei Gründe, warum Appendicularien ihr Gehäuse nicht auf Dauer bewohnen können, sondern mehrmals täglich ein neues bauen müssen. Während sie noch in der alten Behausung friedlich fressen, sondert die Haut bereits den Schleim für das neue Gehäuse ab, das wie ein nicht aufgeblasener Ballon über dem Rumpf liegt. Wenn es an der Zeit ist, bläht das Tier das Gehäuse auf, indem es sich heftig hin und her bewegt, um es zu entfalten, und schwimmt schließlich mit dem Schwanz schlagend hinein. Das verschmutzte, alte Gehäuse hat es inzwischen abgeworfen. In Gebieten mit einem hohen Bestand an Appendicularien, von denen es im Ozean sehr viele gibt, ist das Wasser voller aufgegebener, langsam sinkender Gehäuse. Wenn man hindurchtaucht, kommt man sich, wie Alldredge meint, wie in einem Schneesturm vor.

Auch Salpen tragen zum Schnee aus Schleim bei, gehen jedoch insgesamt weniger verschwenderisch damit um: Sie verwerten den größten Teil, statt ihn abzuwerfen. Salpen sind an beiden Seiten offene Tonnen aus elastischer Gelatine, mehrere Zentimeter lang und von Muskelbändern gefasst – es sind schlanke, kleine Düsentriebwerke –, und Bewegung ist für sie gleichbedeutend mit Fressen, wie Larry Madin in Bimini herausgefunden hat. Wenn Wasser in die Mundöffnung der Tonne strömt, ziehen sich zunächst die muskulösen Lippen und dann der Körper zusammen, pressen das Wasser am hinteren Ende hinaus und treiben das Tier vorwärts. Auf dem Weg durch den Körper durchströmt das Wasser ein konisches Netz aus Schleim – ähnlich dem Planktonnetz eines Meereskundlers, nur sehr viel feiner. Das Netz filtert im Wasser schwebende Partikel in Bakteriengröße aus.

Wie Madin feststellte, sind Salpen fast immer in Bewegung und fressen ständig. Er spritzte, mitten unter ihnen schwimmend, roten Farbstoff ins Wasser, bevor es in den tonnenförmigen Körper strömte. Er beobachtete, wie die Farbpartikel im Netz hängen blieben und es sichtbar machten – und dann langsam und stetig zurück zur Spitze an der Schlundröhre wanderten. Das Netz glich einem Förderband: Es wurde am Vorderende der Salpen ununterbrochen abgesondert und ebenso mitsamt der darin gefangenen Nahrung am hinteren Ende verzehrt. Madin stoppte die Zeit für das Voranrücken des Netzes und kam auf Werte zwischen zehn Sekunden und vier Minuten für den kompletten Vorgang, je nach Salpenart. Er maß die Geschwindigkeit der Salpen selbst mit einer Stoppuhr, frei schwimmend und in Plastikröhren, und ermittelte ein Durchschnittstempo von etwa vierhundert Metern pro Stunde. Nicht schnell, aber stetig und methodisch – kaum etwas Fressbares im Wasser entgeht einer Salpe, wenn sie es vor sich hat.

Diese effiziente Ernährungsweise ist ein Grund, warum das Wasser im offenen Meer manchmal dickflüssig von Salpen ist. Ein weiterer Grund ist ihre höchst erfolgreiche – und ausgefallene – Art der Fortpflanzung. Eine solitäre Salpe bedeutet Bestandsvermehrung in Reinkultur. Während sie frisst, entwickelt sich am hinteren Ende bereits eine Kette klonierter Knospen, die ebenfalls bereits fressen. Diese ungeschlechtlich vermehrten Tochterklone schnüren sich vom Elternteil ab und treiben frei im Wasser. Bei einigen Arten ist es eine einfache Kette, bei anderen eine Doppelhelix, bei wieder anderen ein Rad aus Salpen, die durch speichenartige Stiele verbunden sind. In allen Fällen sind die einzelnen Salpen binnen weniger Stunden zur Mutterschaft bestimmt, sobald sie eine Kette von Vätern finden, von denen sie befruchtet werden können. Und sobald die Mütter eine neue Generation solitärer Salpen in die Welt gesetzt haben, wechseln sie das Geschlecht und bilden Hoden aus, um Väter werden zu können. Es gibt also einen regelmäßigen Wechsel zwischen geschlechtlicher und ungeschlechtlicher Fortpflanzung, was Qualität (das Geschlecht mischt die Gene auf eine gesunde Art) mit Quantität (das Klonen sorgt für reichlich Nachwuchs) verbindet. Unter günstigen Bedingungen kann der Salpenbestand explodieren. Jahre nachdem Madin Salpen bei Bimini fand, stieß er vor Britisch-Kolumbien auf einen so dichten Schwarm, dass er meinte, die Tiere würden die Hälfte aller Nahrungspartikel im Wasser vertilgen – täglich.

Niemand weiß wirklich Genaueres über die günstigen Bedingungen, bei denen die Salpen zu bestimmten Zeiten und an bestimmten

Orten in Schwärmen auftreten, an anderen jedoch nicht. Was jedoch eine Salpenpopulation offenbar in Schach hält, ist paradoxerweise zu viel Nahrung. Harbison und Gilmer bemerkten dieses Phänomen erstmals beim Tauchen in den 70er Jahren und fanden später die Bestätigung in Laborexperimenten. Treffen Salpen auf Wasser, das zu planktonreich ist, können sie ersticken. Ein Pfropfen aus Nahrung und Schleim bleibt in der Schlundröhre stecken wie ein schlecht gekauter Bissen Butterbrot; das Tier kann sich manchmal von dieser Verstopfung befreien, indem es rückwärts schwimmt und den Schleimpfropfen am vorderen Ende ausstößt, aber häufig misslingt dieses Manöver. Eine Salpe mit einer verstopften Speiseröhre, die nichts fressen kann, obwohl sie in Nahrung badet, ist keine glückliche Salpe. «Die wenigen verstopften Salpen, die wir gesehen haben, befanden sich in erkennbar schlechtem Zustand», schrieben Harbison und Gilmer.

Salpen mit Verstopfung kommen ziemlich selten vor, meint Harbison, weil Salpen sich von gefährlichen Zonen fern halten. Bis auf einige wenige Arten meiden sie die an Nährstoffen reichen Küstengewässer; sie halten sich weitab der Küsten auf, weshalb sie den meisten von uns auch so fremd sind. Mit ihrem feinen, an einen Staubsauger erinnernden Ernährungsapparat sind sie bestens an das Leben im offenen Meer angepasst. Wo es zu viel Nahrung gibt, verhungern sie; wo die Nahrung klein und knapp ist, blühen sie auf. Den Salpen gefällt es da draußen.

– – –

Die erste Kostprobe von blauem Wasser bekam Harbison 1972 auf einer Fahrt über den Atlantik, als Madin und die anderen noch in Bimini waren. Ihm hätten Manteltiere schon immer gefallen, sagt er – wobei er entschuldigend anmerkt, in Florida aufgewachsen zu sein, wo die Molen mit Seescheiden bewachsen sind, den sessilen Vettern der Salpen. Der Weg von der jugendlichen Begeisterung zum Beruf des Erwachsenen verlief allerdings nicht geradlinig. Auf dem College belegte Harbison zunächst Englisch, hatte es aber bald über, wechselte dann zu Geschichte und Orientalistik und fand seine Berufung erst im letzten Jahr in einem Zoologiekurs für Nebenfächler. Er nahm den Umweg über die Biochemie, weil er sich mit Manteltierenzymen beschäftigen wollte. Doch die Fahrt 1972 von Neufundland nach Lissabon mit einem kleinen Forschungsschiff aus Woods Hole, der *Chain*, brachte die Wende für Harbison. Das Schiff fuhr von St. Johns durch den Nebel und die Eisberge der Grand Banks, vorbei an Herden von Buckelwalen – durch genügend Geheimnis- und Poesievolles also, um einen offenen, jungen Geist für immer an das Meer zu fesseln. Und in den wärmeren Gegenden kamen dann die Verlockungen, im offenen Meer zu schwimmen. Harbison hatte die Chance, inmitten von Salpen zu schwimmen. «Ich sagte mir, ‹das ist um einiges besser, als in einem Labor zu hocken›», erinnert er sich. «‹Das macht richtig Spaß.›»

Harbisons Ausbeute dieser Fahrt war unter anderem sein erster Forschungsartikel. Es ging zwar nicht um Manteltiere, sondern um eine Qualle, aber eine sehr ungewöhnliche. Als das Schleppnetz eines Tages vor den Azoren an Bord gehievt wurde, dachten die meisten auf dem Schiff, die den riesigen, purpurnen Arm durch die Maschen ragen sahen, man habe einen *Architeuthis* gefangen, den schwer fassbaren Riesenkalmar. Sie waren ein wenig enttäuscht, als sich herausstellte, dass es lediglich eine eineinhalb Meter große purpurne Meduse war – *Stygiomedusa fabulosa*, um genau zu sein. Harbison war ganz und gar nicht enttäuscht. Der größte Behälter an Bord war eine 160 Liter fassende Tonne, die aber nicht groß genug für eine Qualle mit 110 Litern Volumen war, ohne sie in die Mangel zu nehmen. Deshalb schnitt Harbison ein Tortenstück heraus und legte es in Formalin ein. Wieder in Woods Hole, stellte er fest, dass er das größte bekannte Exemplar der größten bekannten Quallenart an Land gezogen hatte, was ein paar Zeilen wert war. Am Ende des Artikels dankten Harbison und seine Koautoren ihren Schiffskameraden, ihnen bei der «Überwältigung» des Exemplars geholfen zu haben – eine euphemistische Bezeichnung für jenes verrückte Schauspiel, als ein halbes Dutzend erwachsener Männer mit einem riesigen, glibberigen Hockeypuck gerungen hatten, der auf dem Deck der rollenden *Chain* hin und her geschlittert war. In den darauf folgenden Jahren hatte Harbison auf jeder Fahrt zur Sicherheit eine 250-Liter-Tonne dabei. Doch er fing erst 1985 wieder eine *Stygiomedusa fabulosa* – als er keine Tonne dabei hatte. Das Meer hat seinen eigenen Kopf.

Wenn man sich mit Salpen oder einer anderen Qualle beschäftigt, kann es passieren, dass man eine Expedition auf die Beine stellt, ein Schiff organisiert und zwei Wochen irgendwo auf dem Meer herumschippert, wo es einem sinnvoll erscheint, und dennoch kaum etwas von den Tieren sieht, derentwegen man gekommen ist, und das ist ziemlich frustrierend. Das passierte Harbison und Madin einige Zeit nachdem Madin 1974 nach Woods Hole gekommen war, um mit Harbison gemeinsam auf die Suche zu gehen. Einmal, als sie Salpen suchten und von einem Schiff in der Karibik aus tauchten, waren keine Salpen zu sehen. Andererseits waren reichlich Rippenquallen im Wasser. Harbison und Madin erwogen, vielleicht auch Rippenquallen zu studieren. Als sie kurz darauf Gelegenheit hatten, mit Tauchbooten in größere Tiefen vorzustoßen, waren sie froh über diese Entscheidung.

Rippenquallen sind durchsichtig und gallertig wie Appendicularien und Salpen, gehören jedoch einem ganz anderen Stamm an –

ihrem ganz eigenen. Rippenquallen haben winzige Wimpernplatten, die in acht Reihen meridianisch den Körper bekleiden, wie die Nähte an einem Rugbyball. Jedes Plättchen ähnelt einem Malerpinsel und besteht aus Zehntausenden von Wimpern. Einige Rippenquallen können schwimmen und schlagen dazu mit den großen gallertigen Mundlappen; dann sehen sie fast wie eine normale Qualle oder ein Kalmar aus. Aber die in Reihen angeordneten Wimpernplatten sind der Hauptantrieb für die Fortbewegung: Sie schlagen in Wellen, die vom Rücken der Rippenqualle die Reihen hinunter bis nach vorn wandern, wie eine Reihe fallender Dominosteine oder die Lichter einer Kinofassade, falls ein Taucher sie zufällig anstrahlt. Wenn sie langsam schwimmt oder im Wasser schwebt und Lichtwellen an den Rändern ihres durchsichtigen Körpers spielen, sieht eine Rippenqualle alles andere als herkömmlich aus. Sie wirkt dann außerordentlich prachtvoll und fremdartig.

Und bedrohlich, wenn man zufällig ein Ruderfüßer oder eine Salpe ist. Rippenquallen sind Fleischfresser, die auf alles Pflanzen fressende Plankton Jagd machen. Einige treiben einfach im Wasser und ziehen lange, klebrige Tentakel hinter sich her – fischen mit anderen Worten. Vor Brasilien sahen Harbison und Madin *Lampea pancerina*, eine nur einen Zentimeter große Rippenqualle, die auf diese Art Salpen fing. Sobald ein Opfer an den Tentakeln klebte, begann für *L. pancerina* ein Ausritt, denn eine Salpe mit Düsenantrieb ist ein stärkerer Schwimmer als eine Rippenqualle. Doch die Rippenqualle rollte sich, während sie durch das Wasser gezogen wurde, langsam ein, biss sich im Körper der Salpe fest und verschlang sie nach und nach. *L. pancerina* kann sich noch mehr dehnen als eine Boa constricor und eine Salpe verschlingen, die dreimal so groß wie sie selbst ist.

Andere Rippenquallen fischen weniger, sondern jagen eher. *Leu-*

cothea multicornis, die bis zu zwanzig Zentimeter lang werden kann, schwimmt, den Mund voran, durch das Wasser, die großen Lappen wie die Flügel eines Doppeldeckers seitwärts ausfahrend. Feine Gallertschnüre in den Lappen bewegen sich in ständigen Wellen und locken oder treiben Beutetiere – Ruderfüßer, Flügelschnecken und andere – auf die klebrige Innenseite der Lappen. Klebt das Opfer fest, rollt sich der Lappen ein und presst es gegen einen Tentakel, der es dann in den Mund zieht. Bill Hamner, der Mitte der 80er Jahre vor Südkalifornien tauchte, hat *Leucothea* vierzig Minuten am Stück auf Video aufgenommen. Er stellte fest, dass sie auf Nahrungssuche war, wenn nicht intelligent – was zu hochgegriffen wäre für ein Tier ohne Gehirn –, so doch wenigstens «optimal», wie Biologen gern sagen. Das meiste Zooplankton steigt täglich in der Wassersäule auf und ab, schwimmt zur Oberfläche, um im Schutz der Dunkelheit zu fressen, und verbirgt sich tagsüber in 30 Metern Tiefe oder mehr vor seinen Feinden. Auch *Leucothea* stieg auf und ab, schwamm jedoch die meiste Zeit horizontal in Schichten umher, die reich an Ruderfüßern waren, und fing sie mit ausgestreckten Lappen ein. Dieses Verhalten ist kaum erstaunlich, wie Hamner bemerkt, bis man sich klar wird, dass es von einem gehirnlosen und vermutlich planlos umherschwimmenden gallertigen Drifter praktiziert wird.

Alles in allem sind die Rippenquallen unerbittliche Räuber, die sich nicht einmal gegenseitig verschonen: Die Gattung *Beroë* ernährt sich hauptsächlich von anderen Rippenquallen. Die Gattung *Ocyropis* besitzt so kräftige Lappen, dass sie damit kleine Fische erwürgen kann. Und doch gehörten auch die Rippenquallen zu den am wenigsten bekannten planktonischen Tieren, bis Hamner, Harbison und Madin anfingen, sie zu beobachten. Ein paar Küstenarten waren seit dem 19. Jahrhundert von Biologen wie Haeckel erforscht worden, der sie vom Ruderboot aus behutsam aus dem Meer schöpfte. Doch die große Vielfalt der Rippenquallen im offenen Meer war dabei überhaupt nicht erfasst worden.

Das lag ganz einfach daran, dass Rippenquallen zu zart sind und die Fangmethode à la Hensen nicht überstehen. *Leucothea* zum Beispiel ist derart schmächtig, dass die Strömung sie zerreißen kann, ganz zu schweigen von einem Planktonnetz, das mit hohem Tempo von einem Schiff durch das Wasser gezogen wird. Rippenquallen werden zwar im Netz eingeholt, aber nur als die formlose Masse, die die Planktonbiologen immer wieder über Bord kippten, nachdem sie die festen Ruderfüßer aussortiert hatten. 1973, zwei Jahre bevor Harbison und Madin ihre Tauchgänge nach Rippenquallen aufnahmen, veröffentlichte ein niederländischer Forscher eine Liste der Arten, die er an 43 Stationen im Nordatlantik mit einem Planktonnetz hatte fangen können: Es waren insgesamt zwei. Als Harbison und Madin im Atlantik tauchten und die Rippenquallen wie Leuchtkäfer in Gefäßen fingen, fanden sie mindestens fünfzehn verschiedene Arten.

Aber erst als sie mit Tauchbooten in größere Tiefen vordrangen, kamen sie in das wahre Reich der Rippenquallen. Harbison ahnte zu Beginn der 70er Jahre dunkel, was ihn da unten erwartete, als er bei mehreren Tauchfahrten mit der *Alvin* unterwegs war. Einmal überredete er den Piloten, die Außenscheinwerfer beim Abstieg an zu lassen; normalerweise blieben die Scheinwerfer aus, um die Batterien zu schonen, bis man auf dem Grund war, was die Insassen im Allgemeinen wollten. «Als wir abstiegen, konnten wir all die phantastischen Quallen im Wasser sehen», erinnert sich Harbison. «Man sah sie am Fenster vorbeigleiten und fragte sich immer wieder: ‹Mein Gott, was war das jetzt gerade?› Es war offensichtlich, dass sich da einiges im Wasser tummelte.»

1976 bekamen Harbison und Madin Gelegenheit, anzuhalten und sich einiges davon anzusehen – sie hatten die *Alvin* viermal für sich allein und konnten im Zwischenwasser schweben, statt direkt zum Meeresboden zu tauchen. Aus einem Stück Schlauch, einer Pumpe und anderen zusammengesuchten Teilen bastelten sie einen «Saugapparat», eine Art Staubsauger zum Einfangen von Quallen. Sie tauchten am atlantischen Kontinentalhang, nur eine Tagesfahrt südlich von Woods Hole. Beim ersten Tauchgang, der gut eine Stunde dauerte, zählten sie 93 Exemplare einer Rippenqualle, die beide noch nie gesehen hatten. Noch kein Mensch hatte sie gesehen, denn es war eine neue Art einer neuen Gattung, *Bathocyroe fosteri.* Sie hatte einen markanten, hellroten Bauch, vielleicht um die Lichtblitze zu verbergen, die biolumineszente Beutetiere abgaben, wenn sie in ihrem Innern verschwanden. Madin und Harbison mussten die Exemplare schnell zeichnen und fotografieren: An Bord des Schiffes lösten sich die Rippenquallen rasch auf.

Dennoch überraschte die beiden Forscher, wie leicht ihnen die Entdeckungen fielen; bereits in den ersten Minuten fanden sie reichlich Exemplare einer neuen Rippenqualle direkt unter der Oberfläche in einem Teil des Ozeans, der von Forschungsschiffen seit Jahrzehnten befahren und mit Schleppnetzen erkundet worden war. Die *Alvin* ist allerdings nicht das ideale Fahrzeug für die Erforschung des Zwischenwassers. Sie hat sehr kleine Bullaugen, die darüber hinaus nach unten gerichtet sind, um den Meeresboden besser erkunden zu können. In den 80er Jahren hatten Harbison und Madin Gelegenheit, ausführlich ein geeigneteres Tauchboot zu benutzen, die *Johnson Sea Link,* die von der Harbor Branch Oceanographic Institution in Florida betrieben wird. Die *Sea Link* hat eine Ansaug- und andere moderne Sammelvorrichtungen. Das Beste ist jedoch ein Cockpit wie in einem Hubschrauber, eine Acrylkugel, die einen Rundblick bietet.

Als Harbison und Madin durch dieses Panoramafenster sahen, wurde ihnen klar, dass sie erst einen ganz flüchtigen Blick auf den

Stamm der Rippenquallen geworfen hatten. Auf den ersten ein-, zweihundert Metern Abstieg waren Rippenquallen oft das häufigste Tier im Wasser. Außerdem waren die Rippenquallen, die sie sahen, anders als die in der Nähe der Oberfläche. Vor den Dry Tortugas stieß Harbison auf das Gegenstück unter den Rippenquallen zu der legendären Qualle, mit der seine Karriere begonnen hatte – ein fast zwei Meter großes Ungeheuer, das unmöglich anzusaugen war und deshalb nur auf Videoband aufgenommen werden konnte. Insgesamt entdeckten er und Madin in den 80er Jahren über vierzig neue Rippenquallenarten, wodurch sich der bekannte Bestand des Stamms fast verdoppelte.

Da diese goldenen Jahre vorüber und die Gelder für derartige Forschungsprojekte fast auf null geschrumpft sind, verbringt Harbison jetzt viel Zeit in seinem Kellerlabor in Woods Hole und untersucht, beschreibt und benennt seine Sammlungen. Es gibt genug zu tun. «Das Beste an den Rippenquallen ist, dass es ganz einfache Tiere sind», sagt er. «Sie gehören zu den einfachsten Tieren überhaupt. Sie haben diese acht Reihen Wimpernplatten, einen Mund, aber keinen Anus – die nicht verdauten Partikel werden durch den Mund wieder ausgestoßen, und die Abfallstoffe des Stoffwechsels diffundieren nach außen –, außerdem besitzen sie mehrere Tentakel. Sehr viel ist das nicht. Und jedes Mal, wenn ich eine neue sehe, bin ich platt, dass es doch noch eine weitere Möglichkeit gibt, aus diesem einfachen Bauplan etwas zu machen. Es ist wirklich unglaublich, was man mit acht Reihen Wimpernplatten, Tentakeln und einem Mund machen kann. Sie überraschen mich immer wieder.»

10. Kapitel TIERLICHTER

Trotz der verwirrenden Vielfalt der Formen, die beim tierischen Plankton im offenen Meer vorkommen, gibt es doch einige wenige Konstanten. Eine ist naturgemäß die Tendenz zur gallertigen Körpersubstanz. Sie ermöglicht den Tieren, im Wasser zu schweben, und macht sie außerdem durchsichtig. Warum dieses Streben nach Durchsichtigkeit? Die Antwort ist nicht so offenkundig, wie man meinen könnte. Nach einer Theorie (von Hamner und seinem Bimini-Team) bietet die Transparenz die Möglichkeit, sich vor Fressfeinden zu verbergen. Wer jemals etwas Zeit darauf verwandt hat, Quallen zu beobachten, wird die Plausibilität dieser Theorie anerkennen; für Taucher sind sie äußerst schwer auszumachen. Trotzdem haben, wie Harbison anmerkt, viele Tiere, die überwiegend durchsichtig sind, auch Teile, die sofort ins Auge fallen – man denke etwa an den kirschroten Bauch von *Bathocyroe.* Harbison meint, dass das gallertige Plankton vor allem deshalb durchsichtig ist, weil es keinen Grund dafür gibt, es nicht zu sein. Die Pigmente der Haut haben die Aufgabe, vor ultraviolettem Licht zu schützen, erklärt er, und die meisten gallertigen Tiere halten sich überwiegend unter der Meeresoberfläche auf, wohin kein ultraviolettes Licht in nennenswerter Konzentration gelangt. Warum also Energie verschwenden für die Körperfärbung?

Andererseits wendet gelatinöses Plankton beträchtliche Energie dafür auf, selbst Licht zu erzeugen. Die Biolumineszenz wird durch eine chemische Reaktion ausgelöst, die durch ein Enzym beschleunigt wird, das ein angeregtes Molekül erzeugt, das diesen angeregten Zustand dann in Form von Licht abgibt. Eine solche Reaktion in Gang zu setzen erfordert eine Menge Brennstoff. Aber trotz ihrer an Nahrung armen Umwelt tun es die meisten Quallen im offenen Meer, manchmal sogar höchst spektakulär. Die Gründe dafür sind unklar. Edith Widder, Biologin in Harbor Branch, widmet sich seit fünfzehn Jahren dem Studium der Biolumineszenz im Meer – eine Tätigkeit, mit der sie zu einer ganz kleinen Gruppe gehört. Sie erinnert sich noch sehr gut an ihre erste Begegnung mit ihrem Forschungsgegenstand, der sie dann in seinen lebenslangen Bann zog. Es geschah, als sie in einem großen, entfernt an ein Insekt erinnernden Anzug aus geflochtenem Aluminium steckte, der schwarz und gelb war und *Wasp* (Wespe) hieß.

Wer jemals mit *Wasp* getaucht ist, wird das Erlebnis kaum vergessen. *Wasp*, ursprünglich für Wartungsarbeiter auf Bohrinseln entwickelt, ist eine Mischung aus Tauchanzug mit Halteseil und einem Ein-Mann-U-Boot, hat riesige, plumpe Arme, aber keine Beine – «ein Michelin-Männchen in einer Mülltonne», wie Harbison meint. Mit *Wasp* kann ein Taucher sechshundert Meter tief tauchen, den Druck im Innern aber bei einer Atmosphäre halten, und der Taucher kann mit Hilfe eines Fußpedalantriebs manövrieren. Aber gemütlich sind diese Tauchgänge nicht. Besonders lebhaft erinnert sich Harbison an seine letzte Tauchfahrt mit *Wasp*, bei der ein Pedalantrieb ausfiel und er sich im Halteseil verfing, sodass er mit einem Kran aus dem Wasser gefischt werden musste. «Es war gegen Ende der Reise, und ich war ziemlich froh, dass ich nicht noch einmal nach unten musste», sagt er, «denn ich hätte mir wahrscheinlich in die Hose gemacht.» Widder erinnert sich an das fünf Grad kalte Wasser, an ihre klappernden Zähne und die blauen Lippen und die Aluminiumarme, die bei dem hohen Druck so steif waren, dass sie sie kaum bewegen konnte, obwohl sie vorsorglich schon ein Jahr im Voraus abgenommen hatte. (Sie ist 1,56 Meter groß.) Sie erinnert sich aber auch noch an den Blick durch die Plexiglaskuppel, die als Helm diente, vor allem an den Blick bei einem Tauchgang 1982 vor Südkalifornien.

> «Ich hatte einen Belichtungsmesser im Anzug und wollte die Beleuchtungsdichte von der Oberfläche messen», erzählt sie. «Ich arbeitete also im Dunkeln. Ich war schätzungsweise 480 Meter tief. Ich hatte eine kleine LED-Anzeige, die mir die Werte im Anzug angab. Ich hatte den Kopf gesenkt und blickte auf die Anzeige. Plötzlich wurde der ganze Anzug von einem blauen Licht erfüllt. Ich dachte zuerst an einen elektrischen Funken, denn wir hatten tatsächlich schon einmal elektrische Probleme mit dem Anzug gehabt, und einige Taucher hatten Stromschläge erhalten. Doch das Licht leuchtete weiter, und so blickte ich auf – und sah eine unheimlich lange, strahlend lumineszierende Kette. Es war eine Staatsqualle, mehrere Meter lang [Staatsquallen haben eine kettenartige Form, wobei man nicht weiß, ob es sich um einzelne Tiere oder ganze Kolonien handelt], die so hell leuchtete, dass ich im Anzug alles erkennen konnte.»

Das Tauchen mit *Wasp* konnte so durchaus anregend sein, aber es war nicht die beste Methode, Tiere zu beobachten. Abgesehen von den körperlichen Unannehmlichkeiten bestand das große Manko im Halteseil, das bei jeder Welle, die das Mutterschiff hob, am Taucher zerrte. Das bedeutete, der Taucher beobachtete nicht die Reaktion der Tiere auf ihre natürliche Umgebung, sondern ihre Reaktion auf ein gigantisches, auf und ab tanzendes Metallinsekt. Bei einigen Tieren und Verhaltensweisen machte das vielleicht keinen Unterschied, aber im Fall von Biolumineszenz ganz bestimmt. Mechanische Störungen regen zu Biolumineszenz an, das weiß man, seit Seeleute das nächtliche Leuchten im Kielwasser von Schiffen beobachtet haben. Wyville Thomson, der in der Heckkabine der *Challenger* saß, als diese 1872 die Kapverdischen Inseln passierte, stellte fest, dass er bei diesem Leuchten lesen konnte, das von einzelligem Plankton verursacht wird, den Dinoflagellaten. Auch die größeren Quallen reagieren auf mechanische Reize, unter anderem auf das Hüpfen von *Wasp*. Aber Widder fragte sich, wie stark sie wohl leuchten mochten, wenn sie allein in der Dunkelheit waren.

1984 erhielt sie die Gelegenheit, es herauszufinden, als sie mit einem brandneuen Fahrzeug, dem *Deep Rover*, in den Monterey Canyon tauchte. Das Fahrzeug war eine Erfindung desselben genialen Ingenieurs, der auch *Wasp* entworfen hatte, des Engländers Graham Hawkes, war der *Wasp* als Forschungsgerät jedoch weit überlegen. Es ist ein U-Boot ohne Halteseil ähnlich der *Johnson Sea Link*, aber für eine Person, die bequem in einer durchsichtigen Acrylkugel sitzt, die bis tausend Meter Tauchtiefe ausgelegt ist. Widder tauchte mit *Deep Rover* vor Monterey auf sechshundert Meter und tarierte das Boot so aus, dass es in dieser Tiefe ruhig im Wasser schwebte. Sie schaltete die Außenscheinwerfer aus und deckte das schwach leuchtende Armaturenbrett ab. Sie wurde zu einem großen, gallertigen Zooplanktonten, der regungslos im Dunkeln schwebte. «Es war so schwarz, wie man sich nur denken kann», erinnert sie sich. «Nirgendwo ein Licht.» Ganze zehn Minuten saß Widder da und starrte in die Dunkelheit, sah absolut nichts. Kein einziges biolumineszentes Leuchten. Sie schaltete den Antrieb wieder ein. Als *Deep Rover* sich langsam fortbewegte, noch immer ohne Licht, prallten die Quallen von einem Schirm ab, den Widder eigens zu diesem Zweck gebaut hatte, etwas Nylongewebe, das über einen Reifen am Bug des U-Boots gespannt war. Eine Meduse prallte auf den Schirm und erzeugte einen perfekten Lichtkreis. Eine Staatsqualle produzierte einen verschlungenen lumineszierenden Bogen. Die Tiere waren die ganze Zeit dort gewesen, hatten sich jedoch zurückgehalten.

«Das zeigt uns», so Widder, «dass diese Tiere zwar eine enorme Leistungsfähigkeit besitzen, Licht zu erzeugen, sie aber sehr dosiert einsetzen. Denn jedes Mal, wenn sie es tun, setzen sie sich der Gefahr aus, sich ihren Feinden zu verraten.» Auch wenn einige Tiere im offenen Wasser gelegentlich spontan leuchten, um Beutetiere oder ein Weibchen anzulocken, glaubt Widder doch, dass die meisten Quallen nur dann leuchten, wenn sie eine unmittelbare Gefahr befürchten. Das ist die «Alarmanlagen»-Theorie der Biolumineszenz: Durch das Leuchten erregt ein Tier eventuell genug Aufsehen, um einen Feind seines Feindes aufmerksam zu machen und sich so vielleicht zu retten. Die logische Folge der Alarmanlagen-Theorie ist die Minenfeld-Theorie. Sie besagt, dass so viele Tiere, sogar Fische, deshalb regungslos im Wasser stehen, damit sie keine Lichtblitze auslösen, die sie ihren Feinden verraten würden – den Räubern und ihrer Beute. Das Leben im Mittelwasser ist, so gesehen, eine ständige Anspannung (wenngleich die Tiere es nicht wissen) – jeder lauert in der Dunkelheit, bewegt sich behutsam, wenn überhaupt, beobachtet und wartet, dass jemand Licht macht und etwas passiert.

– – –

Wie nah sind wir dem Verständnis, wie dieses Leben wirklich ist? Nicht sehr nah, sagt Harbison, der sich schon ebenso lange an dieser Frage versucht wie andere. Wir als Bewohner an der Oberfläche können uns die gewaltige, dreidimensionale Grenzenlosigkeit des offenen Meeres kaum vorstellen, in der die Schwerkraft ihre Bedeutung verliert und die einzigen Oberflächen andere Tiere sind. Nichts im Weltraum könnte uns fremdartiger sein. Vor allem aber, so Harbison, können wir keinen Ort begreifen, der so von Zufälligkeit durchdrungen ist, ein Ort, an dem es wirklich überhaupt keine festen Plätze gibt. «Wenn man ins Meer springt, weiß man nie, was man sehen wird», sagt er.

«Denn das Wasser ist nicht dasselbe Wasser wie das, in das man gestern gesprungen ist. Und die Tiere, die sich vertikal bewegen, steigen nie in dasselbe Wasser auf, in dem sie am Tag zuvor waren. Wenn man im Meer lebt, hat man nicht die Berechenbarkeit wie an Land. Auf dem festen Land lebt man in seinem Haus, man weiß, wie es aussieht, wenn man vor die Tür tritt – man ist immer am gleichen Ort. Wir haben ein sehr gutes Ortsverständnis, und es ist uns absolut nicht egal, wo wir uns befinden. Und das gilt auch für die meisten Tiere, die in einem terrestrischen Umfeld leben.

Wenn Sie aber ein Planktontierchen wären, wäre Ihre Umwelt ständig neu. Sie wüssten nie, wann Sie etwas zu fressen bekommen, Sie müssten einfach bereit sein, die Gunst der Stunde zu nutzen, wenn es soweit ist. Und Sie wüssten nie, was Sie finden. Es ist so wie – stellen Sie sich vor, Sie machen morgen die Haustür auf und vor Ihnen steht ein großer Eisbär. Und am nächsten Tag öffnen Sie die Tür, und draußen steht ein Bengalischer Tiger. Und am dritten Tag hockt ein Ameisenbär da. Eine solche Umwelt ist für uns wirklich schwer zu verstehen.»

In dieser Umwelt leben die verschiedensten Tiere, Garnelen und Wale, Fische und Kalmare zum Beispiel. Aber keins von ihnen ist nach Harbison ein so vollkommener Ausdruck dieser Umwelt wie die Quallen. Sich treiben lassen ist das Vernünftigste, was man in einer wirklich dreidimensionalen Welt tun kann, und wenn man zu 95 Prozent aus Wasser und Gallerte besteht, treibt man am besten. Auf diese Weise macht man sich auch das Fehlen von Licht, Schwerkraft und anderer mechanischer Reize zunutze; im sich sanft bewegenden Wasser unter den Wellen braucht man kein Rückgrat oder gar eine Schale, um unversehrt zu bleiben. Man kann große, feine Netze auswerfen, um die weit verstreuten Nahrungspartikel einzufangen – Netze aus klebriger Gelatine oder Schleim. All diese Vorteile erklären, warum so viele Stämme im offenen Meer unabhängig voneinander gallertige Vertreter entwickelt haben, und warum man umgekehrt kaum gallertige Arten an Land oder auch im Süßwasser findet. Das offene Meer ist ihr Reich. Und einige nicht gallertige Organismen konnten das Zwischenwasser nur besiedeln, weil sie von Quallen abhängig sind.

Larry Madin bemerkte dieses Phänomen bereits bei seinen ersten Tauchgängen im freien Wasser. Die Salpen vor Bimini trugen, wie er beobachtete, häufig sehr kleine Krebse. Meistens waren diese Krebse Flohkrebse, Angehörige einer äußerst großen Ordnung, die einem nicht geschulten Auge vielleicht wie Garnelen vorgekommen wären, nur dass Garnelen zu den Zehnfüßern gehören, einer weiteren Ordnung der Krebse. Bei Tauchgängen Mitte der 70er Jahre im Atlantik entdeckten Madin und Harbison achtzehn Flohkrebsarten, die alle zur Gruppe der Hyperiidea gehören, die auf unterschiedliche Weise mit den Salpen verbunden sind. Ein Flohkrebsweibchen der Gattung *Phronimea* frisst den Darm einer Salpe auf, besiedelt das leere Tönnchen und legt ihre Eier dort ab; sie behält die Larven so lange darin, bis sie groß genug sind, und wirft sie dann hinaus. Auch erwachsene *Lycaea* halten sich im Innern von Salpen auf, knabbern an der Körperwand und fressen vielleicht ein oder zwei Embryonen auf; solange sie keine Blutgefäße durchtrennen oder lebenswichtige innere Organe verzehren, kann die Salpe überleben. Madin und Harbison haben Salpen mit großen Löchern in der Körperwand erlebt, die noch fröhlich umherschwammen. Das friedlichste Zusammenleben zwischen parasitären Krebsen und Salpen ist jedoch das, welches der Flohkrebs *Vibilia* praktiziert. Die Adulten dieser Gattung setzen sich auf das Kiemenband der Salpen, wo das Fressnetz aus Schleim zu einem feinen Strang eingerollt und in die Schlundröhre geschleust wird; die Flohkrebse stecken den Kopf direkt in die Schlundröhre, packen den Strang mit ihren winzigen Beinen und zweigen einiges davon für ihre unersättlichen Mäuler ab. Den Salpen scheint das nichts auszumachen, aber sie wären ohnehin wehrlos.

Flohkrebse dringen auch in andere Quallen ein, bohren sich in Staatsquallen oder Medusen, sind aber nicht die einzigen Parasiten. Harbison und Madin haben Krabben gesehen, die auf Salpen geritten sind und in ihnen gefischt haben. Sie haben Hummerlarven und Garnelen an Medusen hängen sehen und Würmer im Innern von Rippenquallen. Andere Forscher haben belegt, dass Ruderfüßer sich von den Gehäusen der Appendicularien ernähren, bewohnten wie aufgegebenen. Bei vielen dieser Vorgänge geht es um Nahrung, bei einigen vielleicht auch um Transport. Immer aber geht es um Platz – einen Platz zum Verstecken, zum Häuten, zum Paaren oder für die Aufzucht der Jungen. Und das bieten Quallen auf ganz grundlegender Ebene: Platz, Inseln im Raum, für Tiere, die nicht so gut wie die Quallen an eine Welt ohne jeden Festpunkt angepasst sind.

– – –

Die Quallen beeinflussen auch unser Leben, und das nicht nur, wenn sie in Massen stinkend am Strand liegen oder das Baden im Wasser unmöglich machen. Das tun sie selbstverständlich auch. Würfelquallen, wegen der hochgiftigen Stacheln auch als Seewespen bekannt, haben an der Nordküste Australiens im letzten Jahrhundert mehr als 60 Menschen getötet. Eine andere, nicht so gefährliche Art behindert jedes Jahr das Baden in der Chesapeake Bay.

Quallen ätzen uns nicht nur mit ihren Nematicysten (wie die Nesselzellen heißen), sie gehen uns auch indirekt unter die Haut, sie beeinflussen nämlich das Erdklima. Der Zusammenhang ist wie folgt: Kohlenstoff in der Atmosphäre in der Form von Kohlendioxid erwärmt den Planeten über den Treibhauseffekt; umgekehrt kühlt die Entnahme von Kohlenstoff aus der Atmosphäre und ihre Lagerung in den Sedimenten der Tiefsee den Planeten ab. Der von gallertigen Tieren wie Appendicularien abgesonderte Schleim befördert viel Kohlenstoff in die Tiefe – sowohl im Schleim selbst als auch in den kleinen Pflanzen, Tieren und Bakterien, die an ihm hängen bleiben. Gemeinsam mit anderen klebrigen Substanzen wie Klumpen von abgestorbenem Phytoplankton bildet dieser Schleim den Meeresschnee. Wegen seiner Bedeutung für das Klima steht Meeresschnee bei denen, die die Meeresforschung finanzieren, hoch im Kurs. Alice Alldredge bereitete dem Studium der Biologie und Verhaltensweisen der Appendicularien den Weg, und ihre Homepage zeigt immer noch ein Foto von ihr als Sporttaucherin bei Bimini von vor über einem Vierteljahrhundert. Heute konzentriert sich ihre Forschung stärker auf den Meeresschnee.

Auch Larry Madin betreibt heute Forschung, die mit dem Klima zu tun hat – mit dem Klima und Fischen. Auf der Georges Bank, den bedeutenden Fischgründen von Neuengland vor Cape Cod, läuft eine große Untersuchung, um herauszufinden, wie verschiedene Kräfte, vor allem vom Menschen verursachte Klimaveränderungen, die Bestände von Kabeljau und Schellfisch beeinflussen. Die GLOBEC genannte Untersuchung (Global Ocean Ecosystem Dynamics) wird dadurch erschwert, dass der Mensch diese Fischbestände in neuerer Zeit durch Überfischen dezimiert hat. Trotzdem beteiligen sich 125 Wissenschaftler an GLOBEC, unter anderem auch Madin. Sein Ziel ist, das Ausmaß festzustellen, in dem die Quallen auf der Georges

Bank Kabeljaularven und das fressen, was Kabeljaus fressen, nämlich hauptsächlich Ruderfüßer. Beides könnte den Kabeljaubestand grundsätzlich verringern. Es ist fast zehn Jahre her, dass Madin staatliche Unterstützung für die Grundlagenforschung über die Welt der Quallen erhalten hat, mit der er in Bimini angefangen hat.

Im Schwarzen Meer hat eine Qualle bereits nachweislich verheerende Auswirkungen auf die dortigen Fischbestände gehabt. Der Verursacher dieser Katastrophe war eine zwei bis sieben Zentimeter große Rippenqualle namens *Mnemiopsis* – eine ursprünglich aus Amerika stammende Qualle, die in Flussmündungen an der Atlantikküste von Woods Hole bis nach Patagonien vorkommt. Um 1982 gelangte *Mnemiopsis* ins Schwarze Meer, vermutlich im Ballastwasser eines russischen Frachters, der aus Havana oder einem anderen amerikanischen Hafen zurückgekehrt war. Offensichtlich sagte *Mnemiopsis* die Umgebung sehr zu. Das Schwarze Meer war bis vor etwa 12000 Jahren, als das Mittelmeer am Bosporus durchbrach, ein Süßwassersee und ist immer noch nur halb so salzhaltig – ungefähr wie in einer den Gezeiten ausgesetzten Flussmündung. Dieses im Übergang befindliche Ökosystem besitzt nur eine relativ begrenzte Zahl an einheimischen Tierarten. Vor allem scheint es nichts zu geben, was besonders gern *Mnemiopsis* fräße.

1988 hatte der Eindringling aus Amerika sich im gesamten Schwarzen Meer verbreitet; an einigen Stellen fanden russische Biologen Hunderte von Rippenquallen pro Kubikmeter Wasser. Die Tiere fraßen eine Menge: kleine Krebse und anderes Zooplankton, Fischlarven – alles, was sie mit ihren Lappen erreichen konnten. Rippenquallen wie *Mnemiopsis* fressen auch dann weiter, wenn der Darm voll ist; sie würgen das unverdaute Plankton einfach hoch, nachdem es für die anderen Tiere im Wasser ungenießbar geworden ist. Wenn ein so gefräßiger Räuber sich unkontrolliert vermehrt, den

Fischen im Schwarzen Meer die Nahrung stiehlt und ihre Jungen frisst, leiden die Fische natürlich darunter. Zwischen 1988 und 1990 ging der Sardellenfang der russischen und türkischen Flotten um zwei Drittel zurück. Der Fang von «Tylka», einer Art Hering, fiel auf null. Die Verluste für die regionalen Volkswirtschaften gehen in die Hunderte von Millionen. In jüngster Zeit haben sich die Fischbestände im Schwarzen Meer wieder etwas erholt, aber nur, weil der russische Fischfang seit dem Zusammenbruch der Sowjetunion eingebrochen ist.

Mnemiopsis ist jedoch auch ins Mittelmeer gelangt, und Harbison prophezeit, dass die Qualle sich auch dort überall verbreiten wird. Wenn weiterhin Frachter bei der Aussaat behilflich sind, könnte sie die ganze Welt erobern; man hat bereits Exemplare vor Indien gesichtet. Harbison kam durch einen russischen Freund mit den Problemen im Schwarzen Meer in Berührung und hat den Russen geraten, über die Einführung eines kommerziell wertvollen amerikanischen Fisches nachzudenken, um die amerikanische Rippenqualle unter Kontrolle zu bekommen und etwas von ihrer Biomasse in eine Form umzuwandeln, die die Menschen essen können. In Woods Hole hat er mit Butterfischen experimentiert, die *Mnemiopsis* offenbar mögen. «Ich glaube wirklich daran», sagt er. «Ich denke, es ist wichtig, das zu versuchen, denn es ist eine Möglichkeit, etwas Gutes für die Welt zu tun. Das meiste von dem, was wir machen, ist ziemlich akademisch – wie abstrakte Kunst oder so etwas. Hier bietet sich die Chance, etwas Gutes zu tun. Es ist vielleicht die einzige Chance, die ich bekomme.»

Aber jetzt ist gerade nicht viel Geld für diese Art von Forschung da, denn die russische Wissenschaft liegt am Boden wie die russische Fischerei, und das Schwarze Meer interessiert die Amerikaner nicht. Und auch für Harbisons akademischere Arbeit ist nicht viel Geld da, wenn man die Erforschung des Ozeans akademisch nennen kann. In dieser Hinsicht sitzt Harbison im selben Boot wie Madin oder auch jeder andere, der sich wie sie für das Verhalten von Tieren im offenen Meer interessiert, insbesondere im Zwischenwasser. Beispielsweise Edith Widder: Ihre ersten Berufsjahre wurden von der amerikanischen Marine finanziert, die biolumineszente Tiere als Wachposten sah, die vorbeifahrende sowjetische U-Boote hätten melden können; doch seitdem der Kalte Krieg 1991 zu Ende gegangen und bei der Flotte ein von Widder erfundener toller Belichtungsmesser in Betrieb ist, hatte sie kein Geld mehr bekommen, um sich mit Biolumineszenz zu beschäftigen. Stattdessen studierte sie die vertikale Wanderung von Plankton, was für den Fischfang und das Klima von mehr Belang war und damit auch von größerem Interesse für Geldgeber.

In der seit einem Jahrhundert schwelenden Rivalität zwischen den geistigen Nachfahren Viktor Hensens und Ernst Haeckels haben die Hensenianer gegenwärtig Aufwind. Dreißig Jahre, nachdem Bill Hamner die Idee hatte, von einem Boot ins Wasser zu springen, sind zahlreiche Forschungsgruppen seinem Vorbild gefolgt und bedienen sich seiner Sporttauchtechniken, zumeist allerdings in Küstennähe. Doch die Tiere im offenen Meer werden noch immer selten so untersucht, wie er es eingeführt hat; sie werden selten in ihrer natürlichen Umgebung beobachtet, und die Beobachter können sich selten den Luxus leisten, sich auf die Tiere zu konzentrieren statt auf ihre Bedeutung für den Fischfang oder ihre Rolle im Kohlenstoffkreislauf. Das Zwischenwasser jenseits der für Sporttaucher zugänglichen Tiefen wird regelmäßig nur in der kalifornischen Monterey Bay aufgesucht, wo der Computermagnat David Packard das Monterey Bay Aquarium Research Institute gründete und finanzierte und mit einem Tauchroboter für große Tiefen ausstattete. Ein von dem Biologen Bruce Robison mit der *Deep Rover* erstelltes Video hatte Packard davon überzeugt, dass es sich lohnte, die Tiefen der Bucht zu erkunden. Robison hatte als Forscher einiges vorzuweisen: Er gehörte zu denen, die 1969 als Erste mit Hamner in den Kalifornischen Golf gesprungen waren, und später organisierte er nicht nur die Arbeit der *Deep Rover* vor Monterey, sondern gemeinsam mit Alice Alldredge auch das *Wasp*-Projekt im Santa-Barbara-Kanal. Heute ist er dank der Großzügigkeit Packards einer der wenigen Zwischenwasser-Biologen, der sich seinem Forschungsgebiet regelmäßig widmen kann.

Aber selbst Robison kommt nicht tiefer als etwa neunhundert Meter. Das Reich darunter wird überhaupt nicht aufgesucht, ausgenommen diejenigen, die diese Zone auf dem Weg zum Meeresgrund in Tauchbooten wie der *Alvin* mit abgeschalteten Lichtern durchqueren. Die beiden *Johnson Sea Links,* die ideal für die Zwischenwasser-Biologie geeignet wären, werden eigentlich nie dafür eingesetzt und liegen oft still, weil die Biologen nicht das Geld haben, sie zu benutzen. Wir leben in einer Zeit, da die vage Möglichkeit, ein versteinertes Bakterium auf dem Mars zu finden, genügt, eine Woge der Begeisterung – die berechtigt ist, um das klarzustellen – für milliardenschwere Forschungsmissionen zu diesem Planeten auszulösen. Und gleichzeitig geben wir uns in fast völliger Ahnungslosigkeit damit zufrieden, das größte und eigenartigste Habitat der Erde links liegen zu lassen. Es ist merkwürdig, ja eigentlich sogar richtig dumm.

«Es ist irgendwie enttäuschend», sagt Harbison.

«Denn da haben wir da unten diese herrliche, wunderbare Welt, und es ist so schwer, dorthin zu kommen. Es ist ein unzugänglicher Ort, wohin niemand jemals geht – deshalb kümmert sich auch niemand darum, weil niemand etwas darüber weiß. Es ist entmutigend.

Da runtertauchen und Quallen *beobachten* – das ist wirklich das Grundlegendste. Aber dieses falsche Denken in der Ozeanographie hält schon so viele Jahre an. In der Zeit vor der *Challenger* glaubten die Wissenschaftler, das Meer unterhalb der durchlichteten Zone sei im Wesentlichen ohne Leben. Dann bewiesen einige Schleppnetzfänge vom Meeresgrund, dass dort in großer Tiefe sehr viele Tiere leben. Und man sagte sich: ‹Gut, prima, die ganze Nahrung entsteht an der Oberfläche, aber vielleicht sinkt einiges davon nach unten, und die Tiere am Grund können ein karges Leben führen – aber zwischendrin gibt es nichts.› Und dann erfanden einige Leute Netze, die sich öffneten und schlossen, und stellten fest, dass das alles gar nicht stimmt. Da unten gab es durchaus einiges.

Dann hieß es im Wesentlichen: ‹Das, was es da unten gibt, können wir sehr gut auch mit Hilfe von Netzen erkunden.› Selbst heute noch stellen Meereskundler über die Tiere, die da draußen leben, Fragen wie: ‹Wo sind sie? Wie viel Kohlenstoff haben sie im Körper?› Sie sind Objekte, die man mit Netzen in den Griff bekommen kann, und basta. Es ist nichts, was mit dem Leben der Tiere zu tun hätte, wie: ‹Wer frisst sie? Was fressen sie? Wie interagieren sie, wie finden sie in diesem unermesslichen Ozean zueinander, um sich zu paaren?› Wenn man irgendeins der Tiere nimmt, das im offenen Meer lebt, und fragt, was über seine Lebensweise bekannt ist, lautet die Antwort: nichts.

Wir brauchen das, was es im 18. und 19. Jahrhundert gab: Forschung. Das ist heute ein anrüchiges Wort. Von uns erwartet man, dass wir Hypothesen prüfen. ‹Wir sind moderne Wissenschaftler, forschen ist nicht mehr nötig› – das ist die Einstellung. Doch ich bin sicher, dass es auf diesem Planeten noch so viel gibt, wovon wir nichts wissen – wenn wir es einmal wissen, wird es die Art und Weise verändern, wie wir die Welt sehen.»

11. Kapitel DAS MEER GRÜN FÄRBEN

An der Spitze einer felsigen, mit Kiefern bestandenen Halbinsel, neben einem Dock, das hinaus in die Mündung von West Boothbay Harbor in Maine ragt, liegt ein ungewöhnlicher botanischer Garten. Er gehört dem Bigelow Laboratory of Ocean Sciences und ist in einem kleinen, mit Schindeln bedeckten Nebengebäude hinter dem Hauptlabor untergebracht. Im Keller dieses Gebäudes stehen in mehreren Reihen Kühlschränke mit Glastür, die mit Reagenzgläsern und Kolben voll gepackt sind. Einige Reagenzgläser enthalten klares Wasser, in den meisten ist das Wasser jedoch leicht getrübt durch in der Flüssigkeit schwimmende Sprenkel. Das sind die Pflanzen. Einige davon sind grün.

Die Pflanzen sind einzelne lebende Zellen, die größte misst nur einige tausendstel Zentimeter. Ihr eigentliches Zuhause ist der obere durchlichtete Meeresbereich. Es ist Phytoplankton – nach dem griechischen *phyto* für «Pflanze» und *plankton* für «schweben», und genau das tun diese Pflanzen in den Strömungen und Gezeiten. Ihr unauffälliges Aussehen und Verhalten täuscht allerdings über ihre Bedeutung hinweg. Alles tierische Leben im Meer, von den Ruderfüßern bis zu den Quallen, vom Krill bis zu den Walen, ist auf das Phytoplankton angewiesen. Es macht über die Photosynthese die Sonnenenergie nutzbar, unter deren Einwirkung Kohlendioxid und Wasser in Kohlenhydrate umgewandelt werden – die Nahrung des

Lebens – und in Sauerstoff. Selbst die Bewohner der Thermalquellen am Meeresboden sind für ihren Sauerstoff auf Phytoplankton an der Meeresoberfläche angewiesen. Vor allem dem Phytoplankton hat die Erde ihre Sauerstoffatmosphäre zu verdanken.

Fragt man einen Ozeanographen, wie viele Arten Phytoplankton es gibt, bekommt man zum Beispiel dies zur Antwort: «Im Golf von Maine im August irgendwo zwischen 500 und 5000.» Im Klartext, niemand weiß es genau. Die Wissenschaftler katalogisieren diese Vielfalt seit über einhundert Jahren, spätestens seit der *Challenger* und den Expeditionen von Viktor Hensen. Doch gerade in den beiden letzten Jahrzehnten, in denen sie sich mit neuartigen Mikroskopen und Messgeräten auf die Mikrowelt eingeschossen hatten, haben sie ganze Klassen von Phytoplankton entdeckt, von deren Existenz sie nichts ahnten – Zellen, die so winzig sind, dass man sie lange irrtümlich für Schmutz hielt. «Es war eine Frage der Einstellung», erklärt Sallie Chisholm, Meeresbiologin am MIT. «Wir dachten nicht, dass Pflanzen so klein sein können.» Oder so zahlreich: 1988 entdeckten Chisholm und ihre Kollegen eine neue Art, etwa 0,00000008 Zentimeter groß, die in Konzentrationen von bis zu 170 000 Zellen pro Kubikzentimeter das Meer bevölkert.

In solchen Zahlen liegt ökologische Stärke und, was heutzutage besonders wichtig ist, ein gewaltiger Einfluss auf das Weltklima. Während die Planktonökologen eine neue Komplexität im Mikromaßstab gefunden haben, zeigen Satellitenaufnahmen aus den letzten zwei Jahrzehnten ein anderes Bild: Teppiche aus Phytoplankton, die die Weltmeere bedecken. Jedes Jahr entziehen diese unermesslichen Pflanzenmassen gemeinsam mit den Wäldern an Land der Atmosphäre etwa die Hälfte des Kohlendioxids, das wir hineinblasen – Kohlendioxid, das sonst den Planeten über den Treibhauseffekt erwärmen würde. Das Phytoplankton schützt uns also vor uns selbst.

Was wir nicht wissen, ist, ob es das auch weiterhin tun wird, wenn wir den Planeten weiter verschmutzen. «Die Menschen haben keine Ahnung, was sich da draußen tut», sagt Chisholm, «und sie möchten wissen, was passiert, wenn sich die Meeresoberfläche um ein Grad erwärmt. Ich weiß, dass das die Struktur der ökologischen Lebensgemeinschaft verändern wird, aber sie wollen wissen, wie. Und ich erwidere: ‹Wie kann ich Ihnen das sagen, wenn ich nicht einmal weiß, was es da draußen gibt?›»

– – –

Die Sammlung in Bigelow stellt nur eine kleine Auswahl dessen dar, was es da draußen gibt. Sie umfasst ungefähr 1500 Arten, überwiegend Kräuter: die Arten, die schwer zu vernichten sind. Phytoplankton ist generell wählerischer als beispielsweise Tomaten. Die Grundbedürfnisse sind gleich – Nitrate und Phosphate als Nährstoffe und Sonnenlicht für die Energie –, aber jede Art stellt darüber hinaus differenziertere individuelle Anforderungen. Winzige Mengen Metall, etwa Nickel, sind für das Wachstum unentbehrlich, doch ein Bruchteil zu viel kann zum Absterben führen. Wenn man zum ersten Mal eine neue Art zu züchten versucht, erklärt Bob Guillard, einer der Forscher, die die Sammlung in Bigelow aufgebaut haben, «gibt man sie in ein Reagenzglas, sie teilt sich mehrere Male [Phytoplankton vermehrt sich im Allgemeinen ungeschlechtlich, durch Zellteilung], und dann schreien die Kleinen».

In der freien Natur teilt sich das Phytoplankton allerdings ungehemmt. Wie die Landpflanzen blüht es im Frühjahr. Im Winter wird es durch die Turbulenzen des Meeres in große Tiefen befördert, außerhalb der Reichweite der Sonne; einige Arten scheinen einen Winterschlaf zu halten und stellen ihren Stoffwechsel vollkommen ein. Aber wenn die Sonne im Frühjahr an der Oberfläche eine

Schicht warmes Wasser erzeugt, die so leicht ist, dass sie nicht sinkt, erwachen die Planktonten wieder zum Leben. In dieser Schicht kommt für sie alles zusammen: Im Sonnenlicht schwebend suhlen sie sich in Nährstoffen, die durch die winterlichen Turbulenzen aus der Tiefe nach oben gebracht werden. Eine nach der anderen explodieren die Populationen der verschiedenen Arten in einer Zellteilungsorgie und verdoppeln sich manchmal mehrmals pro Tag.

Die Abfolge der Planktonblüte in einer bestimmten Region ist im Allgemeinen immer gleich. Im Golf von Maine zum Beispiel blühen als Erste im April die Diatomeen – grünlich-braune Zellen, umschlossen von einer Kieselsäureschale, die mit verschlungenen Mustern aus Schlitzen und Poren verziert ist. Ein paar Wochen danach kommen die Dinoflagellaten mit ihren peitschenähnlichen Geißeln; diese Propeller ermöglichen einigen Dinoflagellaten, täglich hin und zurück zu pendeln zwischen der Oberfläche, wo sie im Sonnenlicht baden, und einer Tiefe von zwölf Metern, wo sie die Nacht verbringen und die Nahrungsstoffe auflesen, die die Diatomeen verpasst haben. Als Letzte blühen die am sonderbarsten aussehenden Coccolithophoreen, kleine, mit reich verzierten Kalkschilden (Coccolithen) ausgerüstete Zellen. Im Juni sind Teile des Golfs von Maine milchig weiß von diesen Coccolithen, die die Coccolithophoreen aus unbekannten Gründen in ungeheuren Mengen abwerfen.

Bevor Ende der 70er Jahre die ersten Satellitenaufnahmen aufkamen, wurde allgemein angenommen, dass sich die Planktonblüte auf die Küstengewässer beschränkt, wo Flüsse und aufsteigende Strömungen Nährstoffe zur Oberfläche lenken und wo ein lukrativer Fischfang Beleg für ein reiches Angebot an Fischfutter war. Die Satellitenbilder änderten all das. Sie zeigten zum Beispiel, dass der gesamte Nordatlantik im Frühjahr grün von Chlorophyll ist – das Molekül, mit dem Pflanzen das Sonnenlicht einfangen. Die Blüte beginnt im März im Süden entlang einer Linie, die von North Carolina nach Spanien läuft und dann in einer Welle nach Norden schwenkt, parallel zur Welle der Blüte an Land. Die Ozeanographen haben jetzt einen beispiellosen Blick auf dieses Muster, was einem im Sommer 1997 gestarteten amerikanischen Satelliten zu verdanken ist. Der *SeaWiFS* genannte Satellit umkreist die Erde in einer polarnahen Umlaufbahn und kartiert alle zwei Tage die Farbe aller Weltmeere, sofern sie nicht von Wolken verdeckt werden. Die Farbe des Ozeans zeigt an, wie viel Chlorophyll und andere Pflanzenpigmente das Wasser enthält, und damit wie viel Pflanzensubstanz. *SeaWiFS* kann angeben, wie sich die Pflanzenmasse von Jahr zu Jahr, von Jahreszeit zu Jahreszeit, ja von Woche zu Woche ändert.

Aber selbst *SeaWiFS* entgeht vieles von dem, was sich im Meer abspielt. Die Satellitenaufnahmen zeigen nur die Pflanzen an der Meeresoberfläche, während der durchlichtete Lebensraum des Phytoplanktons bis in zweihundert Meter Tiefe reicht. Natürlich waren einige der in der Tiefe besonders wichtigen Planktonten gerade diejenigen, die den mit dem Mikroskop arbeitenden Wissenschaftlern ein Jahrhundert lang entgingen – bis zum Ende der 70er Jahre, als Meereskundler die roten Sprenkel entdeckten, die heute in einigen der Reagenzgläser in Bigelow schwimmen. Bob Guillard hatte diese Sprenkel bereits 1965 als Erster vor der Küste von Surinam aus dem Meer geholt, damals aber nicht groß über den Fund nachgedacht. Er bestimmte die Organismen komischerweise als eine neue Art Blaualgen, die heute besser als Zyanobakterien bekannt sind; sie waren nur deshalb rot, weil sie neben dem üblichen Chlorophyll noch ein ungewöhnliches Pigment enthielten. «Ich habe sie kultiviert, weil sie so schön waren», erinnert sich Guillard.

Fünfzehn Jahre später war aus seinen roten Sprenkeln allerdings mehr als nur ein weiterer schöner Planktont geworden. Inzwischen nahmen die Meereskundler ein neues Gerät mit auf See, das Fluoreszenzmikroskop, und kamen mit verblüffenden Ergebnissen zurück. Unter dem blauen Licht des Mikroskops leuchteten Schwärme winziger Stäubchen auf, die wie Sediment- oder Kotpartikel aussahen. Sie erwiesen sich jedoch als lebende Zellen voller photosynthetischer Pigmente. Eines dieser Pigmente war ungewöhnlich und ließ die Zellen in einem grellen Orange leuchten.

Dieses Pigment ließ Guillard aufmerken. Die leuchtenden Stäubchen waren, wie er erkannte, die gleichen wie die roten Sprenkel in seinen Reagenzgläsern, nur dass sie jetzt den gesamten Ozean bevölkerten, und das in abenteuerlichen Mengen: In einem Milliliter, einem Wasserwürfel mit einem Zentimeter Kantenlänge, tummelten sich Tausende. «Hier», sagte Guillard, als er John Waterbury, einem Kollegen aus Woods Hole, der die Mikroskopie machte, einen Kolben in die Hand drückte, «hier, John – wir sitzen bis zum Hals in diesem Zeug!» Bis zum Hals, das bedeutet bei einem einzelligen Organismus von etwa einem Mikrometer Durchmesser, dass er mit bloßem Auge erst zu erkennen war, wenn Millionen davon in einem Kolben schwammen.

Die Zellen dieses neuen Organismus, *Synechococcus*, unterschieden sich von denen der Blaualgen und aller höheren Pflanzen an Land. *Synechococcus* und andere Zyanobakterien sind evolutionäre Zwischenformen zwischen Pflanzen und Bakterien. Sie sind, wie andere Pflanzen auch, photosynthetisch aktiv, haben jedoch nicht, wie Bakterien, die innere Zellstruktur der höheren Pflanzen: etwa den Kern mit dem genetischen Material der Pflanze und das Chloroplast, in dem die Photosynthese stattfindet. Die höheren Pflanzen haben sich, wie man glaubt, dadurch entwickelt, dass sie Zyanobakterien aufgenommen und sie zu Chloroplasten umfunktioniert haben. *Synechococcus* ist im Wesentlichen ein bloßes Chloroplast, ein kleiner

Photosyntheseapparat. Mit dieser Entdeckung hatten die Planktonforscher die Tür zu einem völlig neuen Gebiet aufgestoßen, über das sie nichts wussten: ein vollkommen neuer Phytoplanktontyp, der unglaublich zahlreich war, eine unbekannte Rolle im marinen Nahrungsgewebe spielte und einen unbekannten Einfluss auf die globale Umwelt hatte. «Einhundert Jahre Ozeanographie», sagt Guillard, «und kein Mensch wusste etwas vom am häufigsten vorhandenen Organismus auf der Erde.»

Erst jetzt kann er diesen Status nicht mehr für sich beanspruchen. Der gegenwärtige Rekordhalter ist der Phytoplanktont, auf den Chisholm, Rob Olson von Woods Hole und Waterbury Ende der 80er Jahre stießen, als sie die Verbreitung von *Synechococcus* untersuchten. Das Gerät, mit dem die Entdeckung gelang, war diesmal nicht ein Fluoreszenzmikroskop; in Chisholms Labor am MIT stehen die Mikroskope abseits am Fenster. («Wir benutzen sie nicht oft», sagt sie. «Nur, um uns inspirieren zu lassen.») Sie und andere Forscher benutzen ein neueres Gerät, den Durchfluss-Zytometer, der die Untersuchung großer Mengen einzelner Planktonten erlaubt, die für das bloße Auge zu klein sind.

Ein Durchfluss-Zytometer komprimiert eine Meerwasserprobe, die verschiedene Zellen enthält, zu einem schmalen Strom, und die Zellen werden in einer Reihe an einem «Vernehmungspunkt» vorbeigeführt, 2000 pro Sekunde. Dort werden sie in blaues Laserlicht getaucht, das sie fluoreszieren lässt. Die Farbe, in der die einzelnen Zellen fluoreszieren, gibt an, welches Pigment sie enthalten; wie sie das Laserlicht streuen, gibt Aufschluss über ihre Größe und Form. Die Zellen können dann in Arten aufgeteilt werden, so wie man beispielsweise Japaner und Schweden anhand ihrer Größe und Haarfarbe unterscheiden könnte, ohne dass man sie sehen muss. Wenn man Ihnen zum Beispiel jemals Informationen über eine Population von Menschen übermitteln würde, die alle leuchtend rote Haare hätten und nicht größer als 1,20 Meter wären, wüssten Sie, dass Sie es mit einem neuen Volk zu tun hätten.

So entdeckten Chisholm und Olson die neue Phytoplanktonart. In etwa zweihundert Metern Tiefe am trüben Rand der durchlichteten Zone fanden sie eine Population Zellen, die noch kleiner als *Synechococcus* waren, etwa 0,8 Mikrometer Durchmesser, und die ebenfalls keinen Kern und kein Chloroplast hatten. Doch diese Zellen fluoreszierten nicht orange wie *Synechococcus*. Sie enthielten überraschenderweise Chlorophyll b, eine Nebenform des Chlorophylls, die sich in allen Grünalgen und höheren Pflanzen findet – aber nicht in anderen Zyanobakterien. Zunächst glaubten Chisholm und ihre Kollegen, die Urpflanze gefunden zu haben: das Cyanobakterium, das in eine größere Zelle aufgenommen und zu einem Chloroplast versklavt worden war. Doch als sie den neuen Planktonten schließlich kultivieren und die Gene untersuchen konnten, stellten sie fest, dass die Evolution sie aufs Glatteis geführt hatte. Obwohl dieser Planktont das gleiche Chlorophyll wie die Chloroplasten hatte, war er nicht ihr Stammvater. Chlorophyll b hat sich offenbar mehrmals selbständig entwickelt.

Chisholm taufte die neue Art *Prochlorococcus*, was «kleine grüne Kugeln» bedeutet. So klein sie auch sind, sie werden wahrscheinlich nicht die letzte Grenze in der Entwicklungsgeschichte des Planktons bleiben. Wer auf dem Meer geforscht hat, weiß, dass diese Grenze immer weiter hinausgeschoben wird. «Die Vielfalt ist unglaublich», sagt Chisholm. «Es gibt Tausende verschiedener Formen. Und doch tun sie im Grunde alle das Gleiche – sie machen aus Licht und Wasser und Kohlendioxid organische Substanz.»

– – –

Das ist in knappster Form das, was der Ökologe G. Evelyn Hutchinson meinte, als er in einem 1961 geschriebenen berühmten Artikel vom «Paradox des Planktons» sprach. Das Meer macht einen ziemlich homogenen Eindruck; schließlich besteht es überall aus Wasser, das zudem noch recht gut durchmischt ist. Und doch kann es in jedem Gebiet Tausende verschiedener Arten von einzelligen Pflanzen geben. Wie ist das möglich?

Die Antwort könnte lauten, dass Meerwasser, wie der Meeresboden, nur scheinbar einheitlich ist. Wenn man genauer hinsieht, erweist es sich als zusammengestoppelt, wie die übrige Welt auch. Der richtige Maßstab, um einen Phytoplanktonten zu untersuchen, ist nach Farooq Azam, Mikrobenökologe an der Scripps Institution, ein Mikroliter. Um sich in diesen Mikrokosmos hineinzuversetzen, verwandelte Azam einmal sein Büro in ein Maßstabsmodell. Ein Mikroliter Meerwasser enthielte normalerweise einen größeren Phytoplanktonten, vielleicht eine Diatomee. In Azams Büro wurde sie durch ein Stück grünen Schaumstoff von der Größe eines Baseballs dargestellt, das von der Decke hing. Es gab außerdem zwischen ein und fünf Protozoen – einzellige, Bakterien fressende Tiere –, im Büro durch orangefarbene, golfballgroße Schaumstoffkugeln verkörpert. Zwischen diesen Ungetümen schwebten Bakterien (Styroporschnipsel) und Viren (farbige Stecknadeln). Davon hätte es je tausend geben müssen, aber Azam sah das Ganze nicht so eng. Er machte sich auch nicht die Mühe, die zehn *Synechococcus* oder die einhundert *Prochlorococcus* einzubeziehen, die ebenfalls hätten vertreten sein müssen.

Selbst wenn er es gemacht hätte, hätten sie nicht Schulter an Schulter gelegen; der Raum in Azams Büro bot noch reichlich Platz. Andererseits waren die Organismen nicht weit voneinander entfernt, wenn man ihre Fähigkeit bedenkt umherzuwandern. Und laut

Azam sind Bakterien und Protozoen recht beweglich: Sie kommen alle mitten im Raum zusammen und bilden einen lebendigen Haufen um den Phytoplanktonten. Der Phytoplanktont ist der Kern, weil er der einzige Organismus ist, der Kohlendioxid in neue organische Substanz umwandeln kann. Aber dazu braucht er beständig Nachschub an Nährstoffen, die er von den Bakterien und Protozoen bekommt. Der Planktont bildet außen einen klebrigen Streifen aus Polysacchariden aus, der anderen organischen Detritus – einzelne Proteine und DNS – aus dem Wasser zieht. Dieses Gemisch ist die tägliche Nahrung der Bakterien, auf die sie zusteuern. Genauer gesagt rennen und taumeln sie, schlagen ihre Geißeln erst in die eine Richtung, dann in die andere und halten nach jedem Takt inne, um abzuschätzen, ob ihr Zickzackkurs sie näher an die Nahrung heranbringt. Überraschenderweise erreichen sie den Phytoplanktonten in wenigen Minuten – obwohl das Wasser für ein 0,2 Mikrometer kleines Bakterium so zähflüssig wie Honig ist.

Am Ziel angekommen, tun sich die Bakterien an der organischen Substanz auf der Oberfläche des Planktonten gütlich, spalten sie mit Enzymen auf und nehmen die Stückchen durch die Membran auf. Aber dabei werfen sie Ammoniak (eine Verbindung aus Stickstoff und Wasserstoff) und Phosphate ab – gerade die Dinge, die der Planktont braucht, um neue organische Verbindungen zu synthetisieren. Durch einfaches Ausstoßen einiger Polysaccharide als Köder ist es dem Planktonten gelungen, sich mit einer eigenen, ganz persönlichen Nahrungswolke zu umgeben. Die Konzentration der Nahrungsstoffe ringsum mag gering sein – tatsächlich könnte ein Meereskundler, der ein ganzes Glas Wasser als Probe nähme, zu dem Schluss kommen, es wäre eine Einöde –, doch der Planktont ist versorgt, und die Protozoen ebenfalls: Sie scharen sich um den Planktonten, knabbern an den Bakterien, vielleicht auch an den *Synecho-*

coccus und *Prochlorococcus*. Dabei geben auch sie gelöste Nährstoffe ins Wasser ab, Brosamen, die vom Tisch fallen.

Diese Idylle kann jedoch jederzeit zerstört werden, wenn ein schrecklich großes, mehrzelliges Tier – sagen wir, ein zwei Millimeter großer Ruderfüßer, der im Modellmaßstab Azams ganzes Büro ausfüllen würde – in sie einbricht und die Diatomee verschlingt. Aber das kommt nicht sehr oft vor. Sehr oft wandert organische Substanz im Meer nicht, wie man angenommen hat, auf geradem Weg vom Phytoplankton über mehrzelliges Zooplankton zum Fisch. Das kann in nährstoffreichen Gewässern in Küstennähe so sein, im offenen Meer aber bleibt, wie man jetzt weiß, viel von der organischen Substanz in der «Mikrobenschleife» von Phytoplankton, Bakterien und Protozoen hängen. Und wenn der Phytoplanktont stirbt, endet der Kreislauf nicht abrupt. Der Planktont sinkt, langsam zunächst, bis er an anderen Planktonten seiner Art oder einer schweren Schleimflocke haften bleibt, die eines der zahlreichen gallertigen Meerestiere abgestreift hat – also an einer Meeresschneeflocke. Dann gleitet er mit diesem schneller sinkenden Partikel in den Abgrund. Aber noch im Tode wird er weiter von Bakterien und Protozoen besiedelt, die fast verzweifelt versuchen, von den noch vorhandenen Resten an organischen Stoffen zu zehren, bevor sie für immer verloren sind.

So seltsam es klingen mag, aber wir alle werden von diesem Ringen im Mikrokosmos tangiert – weil es sich in allen Weltmeeren in jeder Minute unzählige Male wiederholt. Der Phytoplanktont erzeugt organische Stoffe aus gelöstem Kohlendioxid, das letztlich der Atmosphäre entzogen wird. Wenn er stirbt und in die Tiefe sinkt, wird der Kontakt des Kohlenstoffs mit der Atmosphäre für Hunderte von Jahren unterbrochen, bis Meeresströmungen den Kohlenstoff wieder nach oben spülen. Das Phytoplankton wirkt also gemeinsam mit dem Meeresschnee wie eine biologische Pumpe, die Kohlenstoff aus der Atmosphäre in die Tiefen des Meeres befördert. Doch die Bakterien und Protozoen schließen die Pumpe kurz. Durch Aufspalten der organischen Stoffe atmen sie Kohlendioxid ein, so wie wir, und befördern es zurück zur Meeresoberfläche und von dort in die Atmosphäre. Wie gut das Phytoplankton seine Aufgabe wahrnimmt, Kohlenstoff zu fixieren, und die Bakterien und Protozoen ihre Aufgabe, ihn freizusetzen, entscheidet darüber, wie viel Kohlendioxid zurück und hinaus in die Luft gelangt.

Wie sich zeigt, gibt es im Ozean große Gebiete – der Nordpazifik vor Alaska, der äquatoriale Pazifik und das gesamte Südpolarmeer um die Antarktis südlich des 40. Breitengrades –, wo das Phytoplankton nicht so wirksam ist, wie es sein könnte. In diesen riesigen Gebieten sollte es von Rechts wegen planktonische Regenwälder geben, stattdessen ähnelt das Meer dort eher einer Wüste. Wenn die Ökologen an Land nicht erklären könnten, warum es an einem Ort Wüsten und an einem anderen Regenwälder geben sollte, ließe das auf eine grundlegende Lücke in ihrem Verständnis schließen, aber genau dies war jahrzehntelang die Situation in der biologischen Ozeanographie. Aber Ende der 80er, Anfang der 90er Jahre wurde dieses Rätsel vor allem dank John Martin gelöst.

– – –

Als Martin 1993 im Alter von 58 Jahren an Prostatakrebs starb, war er Direktor der Moss Landing Marine Laboratories, eines kleinen Forschungszentrums an der Monterey Bay. Er hatte als Planktonbiologe begonnen, die University of Rhode Island 1966 als promovierter Ozeanograph verlassen, dann jedoch einen lebenslangen Umweg in die Chemie der Spurenmetalle eingeschlagen. Seinen ersten Arbeitsplatz hatte er bei der Atomenergiekommission (AEC), die ihn nach

Panama zur Arbeit am Projekt «Pflugschar» schickte. Martin selbst würde es wahrscheinlich bestreiten, aber diese frühe Überantwortung einer so anspruchsvollen Aufgabe hat ihn offenbar geistig geprägt; als er daher später erklärte, das Versenken von 300 000 Tonnen Eisen im Südpolarmeer könnte eine gute Methode zur Bekämpfung des Treibhauseffekts sein – weil dem Plankton Eisen fehle und es folglich blühen würde wie seit der letzten Eiszeit nicht mehr –, erschien ihm der Vorschlag gar nicht so absurd wie vielen seiner Kollegen. Im Vergleich mit dem Projekt «Pflugschar» erscheint das Düngen des Südpolarmeers fast noch gemäßigt. Das AEC-Projekt hatte immerhin zum Ziel gehabt, mit etwa 150 Atombomben einen zweiten Kanal durch die Meerenge von Panama zu sprengen.

«Man bringt also die Vorrichtungen quer durch Panama an und löst sie aus, und das ist dann so wie eine Grundwelle», erinnerte sich Martin 1990, Jahre danach.

> «Man hat am Ende eine achthundert Meter breite Senke mit einem Damm auf beiden Seiten. Aber wenn man all diese unterirdischen Explosionen auslöst, gibt es an der Meeresoberfläche etwas radioaktiven Niederschlag. Und deshalb wollte man feststellen, wie viel davon in die Nahrungskette gelangen und schließlich beim Menschen landen und seine Gesundheit gefährden würde. In den Anfangszeiten der Atomtests ging man die Sache mit der ‹spezifischen Aktivität› an, die besagte, je mehr von einem stabilen Element vorhanden ist, um das radioaktive Element abzuschwächen, desto sicherer ist man. Anders ausgedrückt, wenn man ein Meerestier ist und ein radioaktives Zinkatom sowie einhundert stabile Zinkatome im Wasser sind, ist die Wahrscheinlichkeit hundert zu eins, dass man das stabile Element aufnimmt. Man wollte also wissen, wie viel stabiles Zink sich im Wasser befindet, wie viel Eisen und all die anderen Sachen.

Entscheidend war letztlich, dass es in Panama einen großen Gebirgszug gibt, und wenn man das Gebirge eingeebnet hätte, wären in Panama City alle Fensterscheiben zu Bruch gegangen. Das verzögerte die Sache ein bisschen. Aber es war ein sehr interessantes Vorhaben, durch das enorm viel Forschung angestoßen wurde.»

Zu Martins Untersuchungen gehörte es, im ganzen Golf von Panama Planktonproben zu nehmen und ihren Metallgehalt zu messen. Er stellte fest, dass das Wasser und Plankton bereits einiges an Metallen enthielten, sodass die AEC zu dem Schluss kam, dass ein geringfügiger radioaktiver Niederschlag nicht viel schaden werde. Martin wurde ziemlich gut im Messen von Metallen oder glaubte es damals wenigstens. Aber als er 1970 eine Stelle an der Hopkins Marine Station annahm, einem Außenposten der Stanford University auf der Halbinsel Monterey, hatte er genug von Plankton («Das ist Dreckszeug», sagte er) und auch von Metallen. Er wollte auf etwas Neues umsteigen.

Ein Kollege machte ihm klar, dass sein Timing völlig falsch sei. Die frühen 70er Jahre waren eine Zeit wachsender allgemeiner Besorgnis über die Auswirkungen von Spurenmetallen in der Umwelt. Vor allem der Caltech-Geochemiker Clair Patterson warnte vor der allgegenwärtigen Verschmutzung mit Blei und den Gefahren der Bleivergiftung. Das Römische Reich, so Patterson, sei nicht den Westgoten und Hunnen erlegen, sondern der Bleivergiftung. Von seinem Kollegen Hopkins animiert, las Martin die Artikel von Patterson. Sie überzeugten ihn, bei den Spurenmetallen zu bleiben. Als er 1972 zu Moss Landing ging, gründete er dort ein Labor für Spurenmetalle.

Aber Patterson erwies sich als ein schwieriges Vorbild.

«Mitte der 70er», erzählte Martin, «fing Patterson an, allen Leuten zu erklären: ‹Eure Zahlen sind alle falsch. Ihr verunreinigt eure Proben. Wenn ihr Blei im Wasser oder Plankton messen wollt, ist alles, wo ihr hinschaut oder was ihr anfasst, mit Blei verseucht, das aus Auspuffrohren kommt, und wenn ihr diese Spezialbrille aufsetzen könntet, würdet ihr überall hier im Saal Blei sehen.› Patterson hatte auch genug Selbstvertrauen, vor einem Saal voller Wissenschaftler zu erklären: ‹Ihr habt alle nur Stroh im Kopf!› Dann gingen alle auf ihn los: ‹Sie alter Esel!› Er brachte halt eine Menge Leute auf die Palme, und deshalb glaubten sie ihm nicht.»

Martin und seine Assistenten beschlossen jedoch, Pattersons Rat zu folgen. Sie zogen ihre Schuhe aus, bevor sie das Labor betraten, um keinen metallhaltigen Schmutz hineinzutragen. Sie wickelten jede Flasche mit Meerwasser in drei Plastiktüten. Sie hielten ihr Labor unter Überdruck, filterten die einströmende Luft und hatten Ventilatoren für die Abluft, sodass keine Staubpartikel hineingelangten, wenn die Tür geöffnet wurde. Sie stiegen bei den Labortüchern sogar auf die Marke um, die Patterson als besonders metallfrei bezeichnete. «Unser großes Ziel war es», sagte Martin, «einen einzigen Bleiwert zu messen, den Patterson akzeptieren würde – im Plankton, bei Seelöwen, im Wasser, egal wo. Deshalb machten wir all das, und es war erstaunlich. Mit einem Mal fügte sich eins ins andere.»

In Panama hatte Martin festgestellt, dass das Meerwasser dort von Hause aus viele Metalle in hoher Konzentration enthielt. Jetzt stellte er fest, dass er sich geirrt hatte. Als er die Verfahren verbesserte und Verunreinigungsquellen ausschloss, erwies sich das Wasser als sehr viel reiner. Außerdem waren die in ihm enthaltenen Metalle gut verteilt. Vorher hatte die Konzentration der Metalle in den Proben von Martin und anderen Forschern aus größeren Tiefen unerklärliche Schwankungen aufgewiesen. Jetzt zeigte sie ein einheitliches Profil, das im Allgemeinen anstieg, je näher man dem metallreichen Schlamm am Grund kam. Die Dinge ergaben einen Sinn.

Martin und seine Gruppe maßen die verschiedensten Metalle: Quecksilber, Kadmium, Mangan, Blei, Zink. Die größte Herausforderung war jedoch das Eisen. Martin hatte es auch in Panama gemessen, doch diese Zahlen waren, wie er nun erkannte, viel zu hoch. Eisen ist in Meerwasser weitgehend unlöslich; es heftet sich meistens an organische Partikel und sinkt zum Grund. In der Wassersäule musste demnach sehr wenig Eisen zu finden sein. Aber niemand hatte bisher genau sagen können, wie wenig, denn wir leben praktisch in einer Wolke aus diesem Zeug. Eisen ist das vierthäufigste Element in der Erdkruste, sodass eine Verunreinigung fast unmöglich zu vermeiden ist. «Sobald du ein Stück Dreck in der Hand hast, hast du fünf Prozent Eisen», meinte Martin, «aber nur eine Spur Zink. Und natürlich verwenden die Menschen Eisen für alles Mögliche. Eine Plastikflasche wird normalerweise in einer Form aus rostfreiem Stahl hergestellt – der heiße Kunststoff fließt über den rostfreien Stahl und nimmt etwas davon auf.» Nicht einmal den Plastikflaschen im Labor konnte man also trauen, wenn es um Eisen ging.

Aber wenn eine Flasche zehn Jahre lang in Salpeter- und Salzsäure gewaschen wird – was Martins Team mit sämtlichen Geräten machte, sogar mit den Wänden in ihrem ganz aus Kunststoff bestehenden Labor –, wird selbst ein dreckiges, mit Eisen verunreinigtes Exemplar ziemlich sauber. Das ist, das Geheimnis des Erfolgs, den Martins Kollege Michael Gordon schließlich errang, als er Anfang der 1980er Jahre das erste zuverlässige Profil von Eisen im Meerwasser erstellte: Er hatte endlich eine Flasche, die sauber genug war. Martin hatte sich inzwischen von der Laborarbeit zurückgezogen. Widerstrebend hatte er auch die Fahrten aufs Meer aufgegeben. Die Kinderlähmung, die er sich 1954 im College zugezogen hatte, hatte seine Mobilität mehr und mehr eingeschränkt und ihn schließlich an den Schreibtisch und in den Rollstuhl verbannt. Gordon und Steve Fitzwater, ein Kollege, hatten die praktische Arbeit übernommen. Es ist langsame, handwerkliche Arbeit, die Geschicklichkeit verlangt. Es ist Arbeit, die durch ein einziges verirrtes Staubkorn zunichte gemacht werden kann. Gordons Eisenprofil, auf einer Fahrt im Nordpazifik erstellt, zeigte, dass die Eisenkonzentration im Oberflächenwasser zumindest in diesem Teil des Ozeans lächerlich gering war: wenige Teile auf eine Billiarde, einige Mikrogramm pro Kubikmeter.

Als Gordon Martin dieses Ergebnis vorlegte, beachtete Martin es zunächst kaum; es war zweifellos eine bemerkenswerte Messung, aber es fehlte ein Zusammenhang, der sie interessant gemacht hätte. Doch dann, bei einem Treffen von Planktonexperten im Dezember 1986, hörte Martin einen Vortrag von Bruce Frost von der University of Washington. Es ging um das alte Rätsel der biologischen Ozeanographie, die «nährstoffreichen/chlorophyllarmen» Meeresgebiete. In allen drei Gebieten, im nördlichen und äquatorialen Pazifik sowie im Südpolarmeer, versorgen, wie Frost erklärte, Auftriebsströmungen aus großen Tiefen das Phytoplankton mit den wichtigsten Nährstoffen – den Nitraten und Phosphaten –, die es braucht. Doch viele Nährstoffe werden nicht genutzt. Das Phytoplankton wandelt sie nicht in Chlorophyll um und blüht auch nie, wie im Nordatlantik und anderen Regionen. Warum? Frost bot die herkömmlichen Erklärungen. Vielleicht gibt es nicht genug Licht, sagte er, oder es ist vielleicht zu kalt, vor allem in der Antarktis. Oder das Phytoplankton wird von aggressiv weidendem Zooplankton in Schach gehalten – der Rasen ist also möglicherweise kurz, weil Schafe auf der Weide sind. Während Martin sich das alles anhörte, kam ihm eine andere Idee. Nach dem Vortrag ging er zu Frost. «Ach, alles Unsinn», sagte er. «Das liegt nur am Eisenmangel.»

– – –

Wie jeder lebende Organismus braucht auch das Phytoplankton Eisen. Die Planktonten brauchen es vor allem, um Chlorophyll zu bilden und Sonnenlicht einfangen zu können; um Nitrat-Reduktase zu bilden, das Enzym, mit dessen Hilfe sie Nitrat zu einer für die Herstellung von Proteinen geeigneten Form reduzieren; und auch, um DNS zu produzieren. Es war also grundsätzlich möglich, dass eine Phytoplanktonpopulation durch einen Mangel an Eisen behindert wird – in der Praxis war das jedoch etwas schwer nachvollziehbar, weil sie so wenig davon braucht. Wie viel das Phytoplankton braucht, weiß man noch nicht einmal heute genau, und vielleicht schwankt es auch von Art zu Art. Aber die beste bisher vorliegende Schätzung, als Martin halb im Scherz diese Bemerkung gegenüber Frost machte, ging dahin, dass der typische Planktont höchstens ein Eisenatom auf je 10000 Kohlenstoffatome, 1500 Stickstoffatome und 100 Phosphoratome verwertet, die er zu Protein, DNS und Ähnlichem zusammenfügt. Das ist nicht viel Eisen.

Und doch fand Martin, als er aus seiner Frotzelei eine ernsthafte Hypothese zu machen versuchte, bald einen Beweis, dass das Phytoplankton tatsächlich nicht genug Eisen bekommt, zumindest nicht in den nährstoffreichen/chlorophyllarmen Gebieten. Irgendwo in einem Stapel auf seinem chronisch unaufgeräumten Schreibtisch lag ein Papier, das Bob Duce, ein jetzt an der A&M University in Texas tätiger Chemiker, ihm vor kurzem geschickt hatte. Darin schätzte Duce, dass etwa die Hälfte des Eisens im offenen Meer aus dem Staub herrührt, der aus der Atmosphäre niedergeht, also nicht mit den anderen Nährstoffen mit dem Auftrieb aus der Tiefe nach oben gelangt. Als Martin sich die gemessenen Eisenwerte von Gordon erneut ansah, erkannte er, dass Duce den Beitrag des Staubs aus der Atmosphäre, wenn überhaupt, unterschätzte. Fernab der Küste enthielt das Tiefenwasser so wenig Eisen, dass Auftriebsströmungen nicht viel nach oben führen konnten. Etwa 95 Prozent des Eisens an der Oberfläche musste dort von dem Staub stammen, der aus der Luft niederging.

Da die Verteilung des Eisens also durch die Geometrie der Winde und Landmassen, insbesondere trockene Landmassen, gesteuert wurde, war es denkbar, dass einige Gegenden des Ozeans dabei erheblich zu kurz kamen. Andere dagegen wurden durch reichlich niedergehendes Eisen begünstigt. Über dem äquatorialen Atlantik etwa tragen die Winde aus der Sahara Staub westlich bis nach Barbados. Auf dem gesamten Weg herrscht im Wasser kein Eisenmangel und, wie Martin interessiert anmerkte, auch kein Mangel an Phytoplankton. Der äquatoriale Pazifik war dagegen, schon bevor Martin sich für das Thema interessierte, als eine Region mit außergewöhnlich geringem Staubniederschlag bekannt. Er ist außerdem das zweitgrößte nährstoffreiche/chlorophyllarme Gebiet. Das größte derartige Gebiet ist das Südpolarmeer, und die Winde, die darüber hinweggehen, überqueren wenig Land, das zudem noch überwiegend mit Eis bedeckt ist. Sie lagern demnach fast keinen Staub und fast kein Eisen auf dem Wasser ab.

Allein die Lektüre der Fachliteratur genügte Martin also, eine ganz einfache Hypothese aufzustellen: Kein Staub bedeutet kein Eisen und kein Plankton, oder weniger, als vorhanden sein sollte. Aber das musste erst vor Ort überprüft werden. Zwischen 1987 und 1990 taten Gordon und Fitzwater genau das, im Golf von Alaska, im äquatorialen Pazifik und in der Antarktis. Bei all diesen Fahrten hatten sie ihr eigenes sauberes Minilabor bei sich – alles Kunststoff, Überdruck, so groß wie ein kleiner Wohnwagen –, das auf dem Deck des Schiffes stand. Sie benutzten spezielle 30-Liter-Probeflaschen, die geschlossen ins Wasser gelassen wurden (damit sie innen nicht mit Bilgenwasser oder Öl verunreinigt wurden) und in der Tiefe automatisch aufgingen. Jede Flasche hing an einer Kevlar-Leine, weil Stahlseile das Wasser in der Umgebung der Flasche hätten verunreinigen können. Wenn die Flaschen dann mit über hundert Pfund Gewicht wieder nach oben kamen, luden Gordon und Fitzwater sie entweder auf einen Kunststoffkarren oder trugen sie eigenhändig direkt in das saubere Labor – auf keinen Fall ließen sie die Flaschen mit dem Deck in Berührung kommen, denn dann hätten sie einige Eisenatome aufnehmen können, die bei der nächsten Probenentnahme mit nach unten gelangt wären.

Mit diesen sauberen Proben unternahmen Martins Kollegen ein einfaches Experiment, wieder und wieder. Als Erstes maßen sie die Eisen- und Nitratkonzentration im Wasser. In allen drei nährstoffreichen/chlorophyllarmen Gebieten stellten sie fest, dass das Plankton offenbar nicht genug Eisen zum Blühen hatte. Dann düngten Gordon und Fitzwater einige der Proben mit einer minimalen Menge Eisen, die übrigen Proben wurden nicht angerührt. Fast ausnahmslos erzielten sie die gleichen Ergebnisse: In den nicht gedüngten Flaschen tat sich kaum etwas. In den gedüngten Flaschen ging die Eisen- und Nitratkonzentration jedoch drastisch zurück, die Chlorophyllkonzentration nahm dagegen zu, bis sie nach sechs Tagen um ein Mehrfaches höher war als in den Kontrollflaschen. Das gedüngte Wasser färbte sich grünlich, und wenn man die Flasche hoch hielt, konnte man sehen, wie das Licht auf zahlreichen im Wasser schwebenden Zellen funkelte. Die Zugabe von Eisen hatte das Phytoplankton zum Blühen gebracht.

Die verblüffendsten Ergebnisse lieferte das Südpolarmeer. Jedes Jahr blüht dort das Plankton in den sechs Sonnenmonaten in einem schmalen Streifen an der antarktischen Küste entlang dem Meereis im Überfluss. Diese Blüte begünstigt riesige Krillschwärme, von denen sich wiederum Seelöwen, Pinguine und Wale ernähren. Als Gordon und Fitzwater Eisen in eine Flasche mit Wasser aus dem Küstenbereich des Ross-Meeres gaben, bewirkte das Eisen nicht sehr viel – weil das Wasser bereits reichlich Eisen enthielt, vieles davon aus dem Schlamm am Meeresgrund. Einige hundert Kilometer von der Küste entfernt sah die Sache ganz anders aus. Eine Eisengabe in das Wasser von dort führte zu einer Vervierfachung der Pflanzenmaterie in der Flasche.

Das offene Südpolarmeer hat zwanzig Millionen Quadratkilometer nährstoffreiches Wasser und wird durch die stärksten Auftriebsströmungen der Erde gespeist, wobei die Temperaturen nicht kälter und das Sonnenlicht nicht schwächer als in Küstennähe sind, doch wegen des Eisenmangels blüht das Phytoplankton nicht. Wie Martin jedoch bald herausfand, war das in der Vergangenheit nicht immer so. Kurz bevor Martins Interesse für dieses Thema geweckt worden war, hatten französische und russische Forscher einen Bohrkern aus dem Eis der Antarktis aus zwei Kilometer Tiefe geholt – eine gefrorene Aufzeichnung der Erdatmosphäre während der letzten Eiszeit und davor. Der Kern belegte, wie schon andere Kerne zuvor, dass die Kohlendioxidkonzentration in der Atmosphäre auf dem Höhepunkt der letzten Vergletscherung vor 18 000 Jahren weit geringer gewesen war: nur zweihundert Teile auf eine Million, im Vergleich mit 280 Teilen auf eine Million im vorindustriellen 19. Jahrhundert und 360 Teilen auf eine Million heute. Gleichzeitig war jedoch der Staubniederschlag über der Antarktis zehn- bis zwanzigmal höher. Die Erde war während der Eiszeit trockener, wies gewaltige tropische Wüsten und stärkere Winde auf, die Staub aus den Wüsten über das Meer trugen. In der gesamten Zeit, die der Bohrkern wiedergab, schwankten, wie Martin bemerkte, das Kohlendioxid und der Staub in der Atmosphäre gegenläufig: Wenn das eine zunahm, nahm das andere ab.

Für Martin lag die Erklärung auf der Hand: Wann immer eisenreicher Staub aus der Luft niedergegangen war, hatte sich das Phytoplankton im Südpolarmeer von seiner Anämie erholt, und die daraufhin einsetzende massive Blüte hatte der Atmosphäre Kohlendioxid entzogen. Das ist der Grund für das Erkalten der Erde in der Eiszeit: Es lag am Phytoplankton. Durch das maximale Aufblühen und die Umwandlung des gesamten vorhandenen Nitrats in organische Substanz entzog es dem Oberflächenwasser zwei Milliarden Tonnen Kohlendioxid, und das Wasser seinerseits entnahm es der Luft. Martin errechnete, dass es keiner großen Menge Eisen bedurft hätte, das Phytoplankton zu erhalten; etwa 300 000 Tonnen, in der Wachstumszeit über das Südpolarmeer ausgestreut, hätten genügt. Und eine Eisendüngung in diesem Ausmaß erfordert, wie er anmerkt, keine geologischen Kräfte. Wir könnten es selbst machen – und wenn es uns ernst mit der Bekämpfung des Treibhauseffekts wäre, sollten wir es in Erwägung ziehen. «Sie geben mir einen halben Tanker voll Eisen», erklärte Martin einem Journalisten von der *Washington Post*, «und ich gebe Ihnen eine neue Eiszeit.»

– – –

Er glaubte nicht wirklich daran. Martin war klar, dass eine Eiszeit schon etwas Komplizierteres ist; wodurch sie ausgelöst wird, wissen wir noch nicht genau. Die Zyklen der Erdumlaufbahn spielen eine Rolle, ebenso die Meeresströmungen (vgl. Kapitel 14). Martin muss wohl auch gewusst haben, dass seine Aussage gegenüber der *Washington Post* dem normalen Meeresbiologen die Haare zu Berge trieben. Ein normaler Meeresbiologe hätte Plankton nicht als «Dreckszeug» bezeichnet, nicht einmal im Scherz, und er glaubt auch nicht, dass man sich dort oder beim Meer leichtfertig einmischen sollte. Selbst von einem rein geistigen Standpunkt – wenn man Martins Anregung zur Lösung der Treibhausfrage einmal außer Acht lässt – war die Eisenhypothese für viele seiner Kollegen zwangsläufig unattraktiv. Sie war so einfach, dass sie schon fast simpel erschien. Wenn man sich Jahre oder Jahrzehnte mit einem kleinen Bereich des Meeres beschäftigt und es als derart kompliziert erfahren hat, dass selbst grundlegende Dinge sich einem nur schwer erschließen, dann reagiert man vermutlich nicht erfreut, wenn ein verschrobener alter Mann im Rollstuhl ankommt und maliziös grinsend erklärt: «Ach, alles Unsinn, das liegt nur am Eisenmangel.»

Aber so war Martin nun einmal. Er zog einfache Argumente den komplexen vor, hatte eine Ader für die Bilderstürmerei und das Temperament eines Außenseiters – er fühlte sich offenbar nicht zu dem Club gehörig, dessen bemerkenswertes Mitglied er war. Als dieser Club Anfang 1991 in einem Hotel in San Diego unter der Schirmherrschaft der American Society of Limnology and Oceanography zu einem Symposium über Martins Hypothese zusammenkam, saß Martin mit Gordon und Fitzwater hinten im Saal. Unruhig zappelnd teilte er gelegentlich Seitenhiebe in Richtung der Redner aus. Einige von ihnen konnten ihren Unmut über seine Idee kaum zügeln, insbesondere auch über die Beachtung, die sie fand; Martin war inzwischen schon in der Talkshow *Good Morning America* aufgetreten. Aber grundsätzlich machte es ihm nichts aus, in einem Saal voller wutschnaubender Kritiker zu sitzen. Schließlich war Clair Patterson sein Vorbild. Nach einigen Tagen Hin und Her erreichte Martin schließlich, was er wollte: die Unterstützung seiner Kollegen für ein Experiment, mit dem seine Hypothese endgültig überprüft werden sollte. Das war sein eigentliches Ziel, wie er einmal gesagt hatte – nicht die Welt vor der globalen Erwärmung zu bewahren, sondern einfach nachzuweisen, dass es dem Phytoplankton tatsächlich an Eisen fehlt. Dann wolle er sich zurückziehen und seinen Lebensabend mit dem Sammeln von Ruderfüßern verbringen.

Hauptkritikpunkt an den früheren Experimenten Martins war, dass die Flaschen zu klein seien und die ganze Realität des Ozeans nicht wiedergeben könnten. Eine 30-Liter-Flasche, so wurde gesagt, könne normalerweise nicht die Zooplanktonten einfangen, die großes Phytoplankton wie Diatomeen abweiden, und gerade Letztere kämen in Martins Flaschen mit dem Schuss Eisen besonders zahlreich vor. Wenn man eine Weide mit Eisen düngt, dann aber die Schafe aussperrt, so die Kritiker, wird das Gras höher, ob das Eisen nun geholfen hat oder nicht. Die einzige Möglichkeit, die Kritik endgültig zu entkräften, bestand also, wie Martin erkannte, darin, das Experiment auf dem offenen Meer durchzuführen. Er war mitten in den Vorbereitungen für dieses Experiment – die erste gelenkte Manipulation eines Patches im offenen Meer –, als er 1993 starb.

Es würde nicht einfach werden, einen turbulenten Patch Meerwasser eine Woche lang zu überwachen, um zu sehen, wie das Plankton auf eine winzige Eisengabe reagierte. Martins Plan sah vor, den Patch mit einer harmlosen Chemikalie zu markieren, Schwefelhexafluorid, das sehr viel leichter aufzuspüren ist als Eisen. Es würde wie eine unsichtbare Färbung wirken. Das Forschungsschiff würde 24 Stunden lang systematisch ein Quadrat von acht mal acht Kilometern abfahren, Meerwasser aufnehmen, es in einem Tank mit Eisensulfat mischen, diese Mischung in einem anderen Tank mit Schwefelhexafluorid versetzen und den Tankinhalt dann in das Kielwasser des Schiffs schütten – insgesamt eine halbe Tonne Eisen, das so fein verteilt war, dass seine Konzentration im Wasser nie über einige Teile auf eine Milliarde hinausgehen würde. Dann würde das Schiff dem treibenden Patch folgen, um festzustellen, wie die Pflanzen reagierten.

Beim ersten Versuch im äquatorialen Pazifik fünfhundert Kilometer südlich der Galapagosinseln reagierten die Pflanzen sofort, aber verhalten. Die Chlorophyllkonzentration im Patch nahm fast auf das Dreifache zu. Das Wasser wurde etwas grüner. Die Pflanzen entzogen der Atmosphäre etwas Kohlendioxid, aber nicht viel. Das schwere Eisen, das zu Beginn des Experiments auf einmal ins Wasser gegeben wurde, sank offenbar aus dem Oberflächenwasser ab, bevor das Phytoplankton darin es restlos verwerten konnte; und am sechsten Tag rückte unglücklicherweise eine Front mit leichtem, weniger salzhaltigem Wasser an und drückte den mit Eisen angereicherten Patch nach unten und aus der Reichweite des Sonnenlichts. Schon das allein hätte jede Planktonblüte im Keim erstickt.

So fuhren Martins Nachfolger in Moss Landing, Kenneth Coale, Kenneth Johnson, Fitzwater und Gordon, 1995 mit einer ganzen Mannschaft weiterer Meereskundler erneut in den äquatorialen Pazifik, um die Eisenhypothese einem noch umfassenderen Test zu unterziehen. Diesmal verteilten sie die halbe Tonne Eisen in drei Etappen im Verlauf einer Woche. Und diesmal zeigte sich das Meer kooperativ. Der mit Eisen angereicherte Patch blieb weitgehend intakt, obwohl er 1500 Kilometer nach Südwesten trieb. Der Patch war wie eine Riesenflasche – und die Ergebnisse der Düngung glichen denen der Flaschenexperimente von Martin: Die Phytoplanktonpopulation explodierte. Dank der Eisenzufuhr bildete jede Zelle augenblicklich mehr Chlorophyll, das ihr ermöglichte, mehr Sonnenlicht aufzunehmen. Die Wachstumsrate des Phytoplanktons im Patch verdoppelte sich auf fast zwei Zellteilungen pro Tag. Die Chlorophyllkonzentration schoss um den Faktor 27 in die Höhe. Es bedurfte keiner hochempfindlichen Messinstrumente oder eines Doktortitels in Meeresbiologie, um diese Veränderungen zu erkennen. «Es war beinahe biblisch», berichtete Johnson dem britischen Magazin *New Scientist.* «Binnen einer Woche veränderte sich das Meer von einer Wüste in einen Dschungel, von reinem Blau in dunkles Grün.»

Doch selbst an Bord des Schiffes war man über den Erfolg geteilter Meinung; die Sorge ging um, dass diese neue Möglichkeit, das Meer zu manipulieren, die Versuchung aufkommen lassen würde, es im großen Maßstab auszuprobieren, mit einem halben Tanker voll Eisen statt mit einer halben Tonne. «Niemand von uns war wirklich darauf vorbereitet, wie das aussehen oder sein würde», sagte Coale den *Science News*. «Einige von uns waren recht zufrieden, andere gingen raus an Deck und brachen in Tränen aus. Für mich war es ein zutiefst verstörendes Experiment. Von der Besatzung kamen einige zu uns und fragten: ‹Liegt das an uns?›»

– – –

Es war Martin darum gegangen zu erklären, warum das Meer an einigen Stellen einer Wüste glich und an anderen einem Dschungel, und die Erklärung hatte sich als ebenso einfach erwiesen wie sie nach seinen Worten war. Es lag einzig am Eisenmangel; die bloße Zufuhr von Eisen hatte die Wüste erblühen lassen. Die Blüte war jedoch selektiv. Vor dem Experiment hatten kleine Zyanobakterien das Wasser beherrscht, *Prochlorococcus* und *Synechococcus*, die offenbar schon so schnell wuchsen, wie sie konnten. Die Diatomeen lechzten wohl eher nach Eisen, denn wie bei den Flaschenexperimenten waren sie es, die wirklich abhoben: Ihre Biomasse stieg um den Faktor 85. Die Ruderfüßer, die sie normalerweise zurechtstutzten, konnten sich gar nicht so schnell vermehren. Es sieht demnach so aus, als ob die Eisenkonzentration im Wasser nicht nur mit darüber bestimmt, wie viel Plankton vorhanden ist, sondern auch, welche Art.

Einige Phytoplanktonarten geben die Verbindung Dimethylsulfid (DMS) ab, und sie gehörten auch zu denen, die durch das Eisen angeregt wurden; die DMS-Konzentration nahm in dem gedüngten Patch um über das Dreifache zu. DMS ist ein Spaltprodukt einer Verbindung, die dem Phytoplankton dabei hilft, den Innendruck zu regulieren und zu verhindern, dass Meerwasser in die Planktonten eindringt und sie vergiftet. Es ist offenbar auch Teil einer chemischen Abwehr, die weidende Zooplanktonten vergiftet. Sobald DMS jedoch in die Atmosphäre gelangt, hat es eine völlig andere Wirkung. Dort wird es in Sulfatpartikel umgewandelt. Sie absorbieren Sonnenlicht und regen auch die Bildung von Wolken an – Wassertropfen kondensieren um die Sulfatpartikel –, die das Sonnenlicht ins All zurückwerfen. Beide Vorgänge tragen, theoretisch, zur Abkühlung des Planeten bei – wirken dem Treibhauseffekt mit einem «Sonnenschirmeffekt» entgegen. Wenn die Düngung mit Eisen den Sonnenschirm der Erde durch mehr DMS kräftigen könnte, wäre das ein zusätzliches Plus, von dem Martin nicht einmal etwas ahnte.

Aber in der Hauptsache hat er offenbar Recht gehabt: Das Abladen von Eisen könnte den Treibhauseffekt verringern. Die massive Blüte, die durch das zweite Experiment ausgelöst wurde, entzog dem Oberflächenwasser etwa 3000 Tonnen Kohlenstoff. Coale und seine Kollegen unternahmen nicht den Versuch zu messen, wie viel von diesem fixierten Kohlenstoff absank und damit den Kontakt mit der Atmosphäre verlor. Viel davon hatte auf jeden Fall die Gestalt von Diatomeen, die zur Haufenbildung neigen und sinken; nach natürlichen Blüten hat man auf dem Meeresboden frische, grüne Diatomeenhaufen beobachtet. In der Antarktis würden sinkende Kaltwasserströmungen mit dazu beitragen, durch Plankton fixierten Kohlenstoff in die Tiefe zu befördern. Auch ein neueres Experiment neuseeländischer Forscher lässt darauf schließen, dass die Düngung mit Eisen das Plankton in der Antarktis anregt. Die wahrscheinlichste Hypothese ist im Moment die, dass eine massive Düngung des Südpolarmeers der Atmosphäre tatsächlich in beträchtlichem Umfang Kohlendioxid entziehen würde.

Genug, um eine neue Eiszeit herbeizuführen oder wenigstens die globale Erwärmung merklich abzuschwächen? Das ist nicht sicher. Bohrkerne aus dem Sediment des Südatlantiks zeigen für den Höhepunkt der letzten Eiszeit Spuren ausgeprägter Planktonblüten – und gleichzeitig die massive Zufuhr von Eisen aus den Wüstengebieten Patagoniens. Die Blüten scheinen jedoch nicht das gesamte Südpolarmeer erfasst zu haben, und es ist daher nicht sicher, ob sie ausgereicht hätten, die Kohlendioxidkonzentration in der Atmosphäre von 280 Teilen pro Million (ppm) auf das Eiszeitniveau (200 Teile auf eine Million) zu senken.

Was die möglichen Auswirkungen einer vom Menschen initiierten Düngung mit Eisen betrifft, versuchte Jorge Sarmiento, ein Meereskundler von der Princeton University, sie mit einem Computermodell vom Meer und der Atmosphäre für eine Tagung 1991 in San Diego zu simulieren. Er errechnete, dass die einhundertjährige, jährliche Düngung des gesamten Südpolarmeeres mit Eisen – das Eisen wird aufgebraucht, muss also immer erneuert werden – etwa 17 Prozent des Kohlendioxids absorbieren könnte, den unsere Schornsteine und Autoauspuffe bei einem «Weiter-wie-gehabt»-Szenario ausstoßen. (In diesem Szenario wachsen die CO_2-Emissionen im gleichen Tempo weiter wie 1990.) Statt etwa 785 Teilen auf eine Million im Jahr 2090 läge die Luftkonzentration bei ungefähr 715 Teilen auf eine Million oder beim Doppelten des gegenwärtigen Niveaus. Wenn es uns dagegen gelänge, unsere Kohlendioxidemissionen auf dem Niveau von 1990 einzufrieren, könnte die Düngung die Luftkonzentration bei etwa 440 ppm statt 500 ppm halten.

Sarmiento und auch vielen anderen Meereskundlern auf dem Treffen in San Diego erschien das als ein relativ kleiner Vorteil und die Risiken nicht wert. 1997 kam eine neue Idee auf, die einen größeren Vorteil versprach: Eisen nicht nur im Südpolarmeer zu verstreuen, sondern in allen Weltmeeren, jedenfalls größtenteils. Urheber der Theorie ist Paul Falkowski vom Brookhaven National Laboratory, einer der Teilnehmer am erfolgreichen Düngeexperiment mit Eisen. Falkowski meint, dass nicht nur die nährstoffreichen/chlorophyllarmen Regionen zu wenig Eisen haben. Auch die Zentralbecken aller Meere weitab vom Festland und Auftriebsströmungen sind arm an Chlorophyll, einfach weil sie wenig herkömmliche Nährstoffe bekommen, Nitrat und Phosphat. Nitrat ist nach Ansicht Falkowskis der tatsächlich begrenzende Faktor in diesen riesigen Regionen und wird seinerseits vom vorhandenen Bestand an Eisen begrenzt.

Die Hauptquelle für neues Nitrat im offenen Meer ist, wie Falkowski erläutert, eine Gattung Zyanobakterien, *Trichodesmium*, die die seltene Fähigkeit besitzt, reinen Stickstoff aus der Luft zu «fixieren». Die Luft besteht zu 78 Prozent aus Stickstoff. Um das Stickstoff fixierende Enzym zu bilden, braucht *Trichodesmium* allerdings viel Eisen. Wenn es also mitten im Meer mehr Eisen gäbe, wären auch mehr *Trichodesmium*, mehr Nitrat und mehr andere Planktonarten vorhanden. Nach Berechnungen von Falkowski könnte eine Düngung der zentralen Meeresbecken und der nährstoffreichen/chlorophyllarmen Regionen mit Eisen der Luft im Prinzip mehr Kohlendioxid entziehen, als wir seit Beginn der industriellen Revolution hineingepumpt haben – falls ein so gewaltiges Projekt machbar wäre, was es wahrscheinlich nicht ist. Etwas in dieser Richtung, so meint er, ist während der letzten Eiszeit vielleicht auf natürlichem Wege geschehen, nämlich durch die Einwirkung von Staub, der vom Wind herbeigetragen wurde.

Falkowski spricht sich nicht für eine massive Düngung mit Eisen aus; wie er sagt, hat er dazu keine Meinung. Den meisten Meeresbiologen graut bei dem Gedanken, den Ozean wie eine riesige Farm zu bewirtschaften. Aber die Frage, ob Düngung oder nicht, wird nicht lange in ihren Händen bleiben – und das ist ihre größte Sorge. Im Gefolge des erfolgreichen Eisenexperiments haben kommerzielle Betreiber in den Vereinigten Staaten und Chile eigene Tests durchgeführt: Sie hoffen, dass die Düngung mit Eisen die Fischbestände erhöht und als Dreingabe auch noch den Treibhauseffekt abschwächt. Und die japanische Elektrizitätswirtschaft, eine treibende Kraft in dem Bemühen, Kohlenstoff aus den Schornsteinen aufzufangen und auf den Meeresgrund zu befördern, hat ein Projekt zur Düngung mit Eisen gestartet. Angesichts der Schwierigkeiten bei der Verringerung der Luftverschmutzung erscheint einigen Leuten selbst die geringe Reduktion des Kohlendioxids in der Luft, die bei einer Düngung der Antarktis vorausgesagt wurde, nicht gänzlich uninteressant zu sein.

Ist es klug oder gar moralisch, wenn wir versuchen, die Natur in einem so gigantischen Maß zu manipulieren? Bewusst an den biogeochemischen Zyklen und dem Klima des gesamten Planeten herumzuspielen? John Martin war bei diesem Gedanken nicht wohl. Doch alles in allem hielt er es für besser als das wahllose und unbekümmerte Herumwursteln, das wir bereits praktizieren. Von seinem Labor in Moss Landing blickte er auf die Zwillingsschornsteine der Gas- und Elektrizitätswerke PG&E, die das kleine Fischerdorf an der Monterey Bay wie die Türme einer Kathedrale überragen. Im Sommer, wenn die Klimaanlagen in Mittelkalifornien auf Hochtouren laufen, blasen die Schornsteine der PG&E täglich über 4000 Tonnen Kohlendioxid in die Luft. Martin äußerte sich skeptisch zu unseren Aussichten, den Hunger der Menschen nach fossilen Brennstoffen in absehbarer Zeit in den Griff zu bekommen. Selbst nach dem wegweisenden Kyoto-Abkommen vom Dezember 1997, in dem die Industrienationen übereinkamen, endlich Verbesserungen einzuführen – Reduzierung der Emission von Treibhausgasen bis zum Jahr 2012 um fünf Prozent unter das Niveau von 1990 –, steht immer noch nicht fest, ob Martin sich geirrt hat. Das Kyoto-Abkommen muss von der Legislative ratifiziert werden und verpflichtet Entwicklungsländer wie China, das Mitte des 21. Jahrhunderts die Vereinigten Staaten als größten Umweltverschmutzer der Welt wahrscheinlich überholen wird, zu nichts. Martin war der Ansicht, dass experimentelle Lösungsversuche wie die Düngung mit Eisen bei aller Irrationalität eines Tages vielleicht notwendig werden könnten.

«Wir stecken bereits mitten im größten Experiment überhaupt», sagte er 1990.

»Wir finden heraus, was geschieht, wenn wir jährlich drei Milliarden Tonnen CO_2 in die Atmosphäre blasen. Das ist der größte Eingriff in die Umwelt, den es je gegeben hat. Ich bin sicher, wir setzen dieses Experiment fort. Und wir sollten uns über Möglichkeiten informieren, wie man der Atmosphäre CO_2 entzieht, falls es einmal notwendig werden sollte.

Die Chinesen verbrennen ihre Kohle jetzt noch nicht – sie besitzen gewaltige Kohlereserven. Mit fortschreitender Industrialisierung werden sie ihre Kohlevorräte nutzen wollen. Sie werden nicht sagen: ‹Also gut, wir nutzen Sonnenenergie, damit wir keine Treibhausgase erzeugen.› Der normale chinesische Bauer möchte Strom habe, und einen Kühlschrank, und vielleicht auch ein Motorrad – diese Leute möchten denselben Kram wie wir haben, und sie werden dafür alles einsetzen, was ihnen zur Verfügung steht. Der CO_2-Ausstoß wird im nächsten Jahr nicht zurückgehen oder auf dem jetzigen Stand bleiben. Er wird um mindestens drei Milliarden Tonnen steigen, und im Jahr darauf um weitere drei Milliarden, vielleicht sogar um fünf. In sechzig Jahren haben wir vielleicht Steigerungsraten von zehn, fünfzehn oder zwanzig Milliarden Tonnen pro Jahr.

Die Puristen sagen, Düngung mit Eisen sei Blödsinn, und wir

sollten an so etwas nicht einmal denken. ‹Das ist schrecklich›, sagen sie. ‹Wir sollten bewahren.› Das ist absolut richtig. Aber was, wenn wir tatsächlich eine globale Erwärmung bekommen? Und mit einem Mal tauen wir den Dauerfrostboden auf und setzen immer mehr CO_2 frei, weil dort all die organische Materie gespeichert ist. Vielleicht müssen wir uns plötzlich sagen: ‹Wir müssen der Atmosphäre CO_2 entziehen.› Wenn man dann etwas über Eisen weiß, kann man sagen: ‹Wir wissen, wie das geht.›

Ich sähe ein ethisches Problem, wenn wir hingehen und die Antarktis düngen und das CO_2 entfernen, dabei aber die Wale und Pinguine ausrotten würden. Dann würde ich sagen: ‹Macht es nicht. Der Mensch hat sich das eingebrockt, jetzt soll er im eigenen Saft schmoren. Lasst die Wale in Ruhe.› Aber wenn es sich herausstellte, dass wir da runterfahren und das Eisen ausstreuen könnten, ohne die Umwelt zu beeinträchtigen, dann würde ich sagen, auf, Jungs, machen wir es.»

– – –

Wenn man ganze Schiffsladungen Eisen ins Meer kippt, wird sich das natürlich irgendwie auswirken, aber dummerweise wissen wir nicht genau wie. Martin behauptete zuweilen im Scherz, das Düngen mit Eisen könnte einen Babyboom bei den Walen im Südpolarmeer auslösen. Wenn das Eisen eine Blüte bei den Diatomeen auslösen würde, wie es das im äquatorialen Pazifik getan hat, könnte das tatsächlich zu mehr Krill führen, der Diatomeen frisst, und damit zu mehr Seelöwen, Pinguinen und Walen. Doch im Südpolarmeer würde vielleicht etwas anderes als Diatomeen am besten auf Eisen reagieren, etwas, das der Krill nicht frisst; oder vielleicht würden die Diatomeen blühen, aber der Krill würde von den Salpen ausgestochen. Vielleicht würde das bestehende Nahrungsgewebe am Ende zusammenbrechen. Der Gedanke, dass das Phytoplankton durch einen Eisenmangel eingeschränkt wird, ist eine einfache Wahrheit, doch das marine Nahrungsgewebe ist zu komplex, als dass Meereskundler im Voraus sagen könnten, wie eine Eisenzufuhr es ändern könnte. In der Simulation von Sarmiento führte eine Düngung mit Eisen dazu, dass ein großer Teil des südlichen Indischen Ozeans anoxisch wurde, also unter Sauerstoffmangel litt. Ein solcher Zustand wäre den dort lebenden Tieren nicht zuträglich.

Wir haben mit solchen Sachen schon einige Erfahrung, denn wir düngen das Meer bereits in großem Stil – zwar nicht mit Eisen, aber mit Stickstoff und Phosphor. Überall auf der Erde fließen häusliche und industrielle Abwässer sowie Düngemittel von den Feldern in einem Umfang in die Küstengewässer, der wie die Bevölkerung ständig wächst. Die Nährstoffe regen die Phytoplanktonblüte an. Im Golf von Mexiko, der über den Mississippi den Abfluss von zwei Fünfteln der angrenzenden Vereinigten Staaten aufnimmt, hat die Stickstoffzufuhr nach Meinung einiger Forscher den Fischbestand erhöht. Doch seit dem Mississippi-Hochwasser von 1993 hat der Golf Bekanntschaft mit einer bedenklicheren Erscheinung gemacht: einer Zone sauerstoffarmen Wassers von der Größe New Jerseys am Meeresgrund im Bereich der Flussmündung. Die «tote Zone» hat sich jeden Sommer gezeigt, was mit durch den Fluss bedingten Stickstoffschüben zusammenzuhängen scheint. Die gesamte durch diesen Stickstoff erzeugte Pflanzenmaterie wird von Tieren gefressen und zu Kot verwandelt oder sinkt so zum Grund; in beiden Fällen wird die organische Materie dort durch Bakterien zersetzt, ein Vorgang, der dem Wasser Sauerstoff entzieht. Bisher sind nur am Grund lebende Tiere betroffen, die nicht wegschwimmen können, wie zum Beispiel Vielborster und andere Würmer. Nicht viele Menschen machen sich Gedanken über Würmer am Meeresgrund.

Manchmal betrifft eine Planktonblüte die Menschen aber auch direkt. Dann handelt es sich um die so genannten Red Tides (rote Gezeiten), auch wenn sie nichts mit Gezeiten zu tun haben und nur einige wenige rot sind. Schädliche Algenblüten, wie die Wissenschaftler sie nennen, sind etwas ganz Natürliches. Es gibt sie seit dem Exodus, als Moses, um dem Pharao die Macht des Herrn zu beweisen, «den Stab hob und ins Wasser schlug, das im Nil war ... Und alles Wasser im Strom wurde in Blut verwandelt. Und die Fische im Strom starben, und der Strom wurde stinkend ...»

Red Tides gibt es seit vorbiblischen Zeiten, wie fossile Zeugnisse belegen. In den letzten Jahrzehnten hat ihre Häufigkeit jedoch dramatisch zugenommen. Vielleicht liegt das zum Teil daran, dass sich unser Bewusstsein geschärft hat und wir jetzt stärker auf sie achten, wo wir wissen, wie die von einigen Red Tide-Organismen freigesetzten Giftstoffe über Schalentiere und Fische bis zum Menschen gelangen können. Viele Wissenschaftler glauben allerdings, dass die starke Vermehrung der schädlichen Algenblüten etwas mit der intensiven Düngung der Küstengewässer durch den Menschen zu tun haben muss. Wir schaffen eine andere Umwelt, in der andere Arten gedeihen, sagen sie – und hin und wieder ist die Veränderung nicht zum Guten.

Fraglos ist die Übersättigung mit Nährstoffen die verbreitetste Annahme, wenn es um die Erklärung für eine der spektakuläreren Red Tides der letzten Jahre geht, den Ausbruch von *Pfiesteria piscicida* vor der Küste von North Carolina und in der Chesapeake Bay. *Pfiesteria* ist kein neuer Organismus, genauso wenig wie anderes Red-Tide-Plankton, aber wenn es auch schon in der Vergangenheit so geblüht hätte wie in den späten 80er und frühen 90er Jahren, wäre uns das wahrscheinlich nicht entgangen. *Pfiesteria* ist zwar ein Dinoflagellat, jedoch nicht von der photosynthetisch aktiven Art; sie ist insofern mehr Tier als Pflanze, als sie andere Organismen wie Bakterien und Phytoplankton frisst. Das machen viele Dinoflagellaten, aber *Pfiesteria* ist ungewöhnlich: In bestimmten Phasen ihres Lebenszyklus erbeutet sie auch Fische, die zehntausendmal größer als sie selbst sind. Ihre Lebensgeschichte gleicht in ihrer Komplexität eher einem Netz als einem einfachen Zyklus. JoAnn Burkholder von der North Carolina State University, die *Pfiesteria* 1988 entdeckte, hat mindestens 24 verschiedene Stadien bestimmt, zwischen denen der Organismus sich offenbar je nach den Umweltbedingungen hin und her bewegen kann.

Ihre Lieblingsumgebung sind seichte, langsam fließende, den Gezeiten ausgesetzte Flussmündungen mit Brackwasser. Dort liegt sie im Schlamm am Grund in Ruhezellen und lauert vorbeischwimmenden Fischen auf. Irgend etwas, das der Fisch ab- oder aussondert, weckt sie auf und verwandelt sie in einen gewöhnlicher aussehenden Dinoflagellaten. Angetrieben durch die langen Geißeln, schwimmt *Pfiesteria* dann auf die Beute zu. Dabei gibt sie einen Giftstoff ins Wasser ab, der stark genug ist, den Fisch zu lähmen und an der Flucht zu hindern; stark genug, dass sich auf der Haut offene Wunden bilden und die Haut sich löst; stark genug auch, um den Fisch direkt zu töten. In Laborexperimenten hat Burkholder keinen Fisch gefunden, der den Kontakt mit *Pfiesteria* überlebt; sie tötet alles, von Blaukrabben bis zum Forellenbarsch. Nachdem Burkholder und einige Kollegen feststellten, dass das Gift des Dinoflagellaten in die Luft gelangen kann – darauf stießen sie durch mehrere ziemlich schwere Erkrankungen, von Asthma über Übelkeit bis zum Gedächtnisverlust –, arbeiteten sie mit Gasmasken und erklärten das Labor zur «biologischen Risikozone III», als würden sie mit einem tödichen Virus umgehen. In der freien Natur haftet sich *Pfiesteria*, sobald sie einen Fisch kampfunfähig gemacht hat, an Fetzen abgelöster Haut und ernährt sich von ihnen. Sie besitzt auch die Fähigkeit, sich in eine Art Amöbe zu verwandeln, um besser auf dem toten Fisch herumkriechen zu können.

Pfiesteria war in North Carolina bereits mit umfangreichem Fischsterben in Verbindung gebracht worden, als sie im Sommer 1997 mit Urgewalt in die Chesapeake Bay einbrach. Nach Berichten nicht nur von toten Fischen, sondern auch von erkrankten Fischern und Schwimmern, sperrten die Behörden Abschnitte von drei Flüssen, die in die Bucht münden. Man ist versucht, eine Lehre aus alldem zu ziehen und in dem Angriff eines so aggressiven und fremdartigen Geschöpfs eine Art Strafe für unsere Vergehen zu sehen. Burkholder ist davon überzeugt, dass die Verschmutzung, insbesondere der Abfluss aus Schweine- und Hühnerfarmen, für den plötzlichen *Pfiesteria*-Ausbruch verantwortlich ist. Die Verschmutzung begünstigt *Pfiesteria* indirekt, sagt sie – die anorganischen Nährstoffe regen die Blüte von Phytoplankton an, das sie frisst, wenn Fische selten sind –, aber auch direkt: Burkholder hat herausgefunden, dass der Dinoflagellat besonders zahlreich bei den Einleitungsrohren von Abwässern auftritt. Sie glaubt, dass er sich von den organischen Stoffen ernähren kann, die aus den Rohren fließen. Bis jetzt hat sie jedoch noch nicht alle Kollegen davon überzeugt, dass das *Pfiesteria*-Problem hausgemacht ist, oder gar davon, dass es für das Fischsterben verantwortlich ist, wie sie meint.

Die meisten Wissenschaftler würden jedoch bejahen, dass eine Verringerung der Verschmutzung der Küstengewässer ein vernünftiger Gedanke ist. Und doch wird er sich wohl kaum durchsetzen. Dennoch erklärt zumindest ein führender Experte, Donald Anderson aus Woods Hole, dass wir die Red Tides wie eine landwirtschaftliche Plage bekämpfen sollten – also etwas gegen die Verschmutzung der Küstengewässer unternehmen, indem wir sie gezielter beeinflussen.

Wir könnten Viren einsetzen, die schädliches Phytoplankton aufs Korn nehmen, oder Parasiten oder gar chemische Unkrautbekämpfungsmittel, wenn sie selektiv genug wirken können. 1996 wurden vor der koreanischen Küste laut Anderson 60 000 Tonnen Ton in ein hundert Quadratkilometer großes Areal im Meer gekippt, um eine Red Tide in den Griff zu bekommen, die die dortigen Fischfarmen bedrohte; dahinter stand die Idee, dass der Ton Plankton aus dem Wasser aufnimmt, wenn er, ohne Schaden anzurichten, zum Grund sinkt. «Die eine oder andere schädliche Algenblüte kann sicher unter Kontrolle gebracht oder beeinflusst werden», schrieb Anderson 1997 in einem Artikel in *Nature*:

> «... wirtschaftlich und ohne verheerende Folgen für die Umwelt. Diese Ansicht wird mich bei meinen Kollegen vielleicht zum Ketzer brandmarken, von denen einige befürchten, dass das Meer durch ungeeignete Versuche des Menschen, Ökosysteme zu beeinflussen, die wir nicht verstehen, weiter geplündert wird.
>
> Im Grunde steht hinter diesem Negativismus die Überzeugung, dass der Mensch nicht die Fähigkeit, das Wissen oder das Recht hat, die marine Umwelt in größerem Maßstab zu beeinflussen. Aber genau das tun wir längst.»

Anderson argumentiert so wie John Martin: Es ergibt keinen Sinn angesichts des Schadens, den wir dem Meer bereits zufügen, davor zurückzuschrecken, ihn zu beheben. Und auch wenn die Argumentation dem kleinen Kreis der Meeresbiologen vielleicht ketzerisch erscheint, ist sie doch sicher nicht unzeitgemäß. Es ist wahrscheinlich unvermeidlich, dass wir versuchen werden, das Meer in den Griff zu bekommen und zu beeinflussen, oder zumindest Teile davon, so wie wir es mit dem Festland tun, mit so unterschiedlichen Ergebnissen. Aber ist es Negativismus oder Realismus anzunehmen, dass sich die technologische Lösung beim Meer, über das wir noch weniger wissen, dem Gesetz der unbeabsichtigten Folgen mit noch größerer Wahrscheinlichkeit beugen wird?

Eines der ausgefalleneren Beispiele für dieses Gesetz kommt zufälligerweise aus der Antarktis, dem wahrscheinlichsten Einsatzgebiet für eine Düngung mit Eisen. In den 30er Jahren, als die Chlorfluorkohlenstoffe erfunden wurden, und in den anschließenden Jahrzehnten, als sie ihren Siegeszug als Wunderchemikalien antraten, die überall sicher verwendet werden konnten, vom Kühlschrank über die Klimaanlage und das Schaumstoffkissen bis zur Spraydose, wer hätte da ahnen können, dass wir eines Tages durch sie das Phytoplankton im Südpolarmeer schwer schädigen würden? Die Tatsache, dass Chlorfluorkohlenstoffe für das Loch in der Ozonschicht über der Antarktis verantwortlich sind, ist inzwischen nachgewiesen, genauso wie die Tatsache, dass das durch das Ozonloch einfallende ultraviolette Licht die Photosynthese behindern und das Plankton auch auf andere Art schädigen kann. Eine 1992 veröffentlichte Untersuchung hat ergeben, dass das Phytoplankton in der fruchtbaren Zone am Rand des Meereises bereits sechs bis zwölf Prozent weniger pflanzliche Materie produziert. Wie sich das auf das übrige Nahrungsgewebe vom Krill bis hin zu den Walen auswirkt, wissen wir noch gar nicht.

– – –

Es gibt, wo wir über die Düngung des Südpolarmeers nachdenken, noch andere Hinweise darauf, dass die Ertragsfähigkeit der Pflanzen dort in letzter Zeit zurückgegangen ist, und zwar aus Gründen, die nichts mit dem Ozonloch zu tun haben. William de la Mare, Forscher am australischen Umweltministerium, berichtete 1997, dass der Ring aus Meereis um die Antarktis zwischen der Mitte der 50er und den 70er Jahren drastisch um fast drei Breitengrade geschrumpft ist;

der Sommerrand hat sich im Schnitt von 61,5 Grad südlicher Breite auf 64,3 Grad nach Süden verlagert. Laut de la Mare sind jetzt 5,7 Millionen Quadratkilometer Südpolarmeer weniger mit Meereis bedeckt – eine Abnahme um 25 Prozent –, und die fruchtbare Zone für das Phytoplankton ist entsprechend kleiner. Man könnte vermuten, dass diese Abnahme auf die vom Menschen verursachte globale Erwärmung zurückgeht, doch das ist nicht sicher. Es kann eine natürliche Schwankung gegeben haben, die dann allerdings überraschend abrupt erfolgt ist.

Die Veränderung war nicht früher bemerkt worden, weil der erste Satellit, der das Meereis überwachen konnte, erst 1973 gestartet wurde. De la Mare entdeckte die Veränderung mit einer genialen Methode, die fast genauso interessant war wie das Ergebnis selbst. Bevor die Satelliten aufkamen, lieferten, wie sich herausstellte, die Walfänger die besten Aufzeichnungen über das Meereis der Antarktis. Der Walfang in der Antarktis begann 1904, die ersten Fabrikschiffe trafen 1905 ein. Die Walfänger entdeckten bald, dass die Wale sich wie das Phytoplankton und der Krill zumeist am Rand des Eises aufhalten. Wenn sie den Standort der einzelnen Fänge eintrugen, machten sie damit auch Angaben über die Ausdehnung des Eises. De la Mare machte sich die Mühe, sich diese Aufzeichnungen von der Internationalen Walfangkommission in Norwegen zu beschaffen und ihnen die südlichsten Fangorte für jedes Jahr und jeden Sektor der Längengrade zu entnehmen. Aus den Daten war zu ersehen, dass die Walfänger sich zwischen den 50er und 70er Jahren immer weiter nach Süden bewegt hatten, weil sie dem zurückgehenden Eisrand gefolgt waren.

Diese klimatologisch wertvollen Aufzeichnungen sind aber auch schon fast alles, was vom Walfang in der Antarktis übrig geblieben ist. Ende der 50er Jahre hatten die Walfänger die Bestände der Blau-,

Buckel- und Finnwale im Südpolarmeer fast ausgerottet. Danach richteten sie ihr Augenmerk auf die Sei- und dann auf die Zwergwale, bis der kommerzielle Walfang 1987 generell verboten wurde. Heute gilt der Fischfang im Südpolarmeer in erster Linie dem Krill, den Organismen, von denen sich die Wale ernähren. All die unbeabsichtigten Schäden, die wir dem Meer durch Verschmutzung zugefügt haben und vielleicht auch noch zufügen, wenn wir damit beginnen, es zu «managen» und zu «kontrollieren», sind nichts im Vergleich mit den vorsätzlichen Auswirkungen des Wal- und Fischfangs. Vor allem ihretwegen ist das Meer am Ende des 20. Jahrhunderts völlig anders als noch hundert Jahre zuvor, auch wenn es noch immer so wild und unberührt wie eh und je aussieht.

12. Kapitel DER UNTERGANG DES KABELJAUS

Im Parlamentsgebäude von Massachusetts, oben über der Galerie im Repräsentantenhaus, direkt gegenüber dem Gemälde, auf dem John Hancock die Bill of Rights einbringt, hängt ein hölzerner, anderthalb Meter langer Kabeljau. Er ist golden angemalt und hat scharlachrote Kiemen und hängt dort seit einhundert Jahren – seitdem er aus der Kammer des alten Hauses entfernt wurde, wo er bereits ein ganzes Jahrhundert gehangen hatte. Der Umzug des «Heiligen Kabeljaus» am 7. März 1895 bot Gelegenheit für Pomp und hehre Reden. Man ernannte eine Abordnung aus fünfzehn Mitgliedern des Hauses, die den Fisch holen sollte. In Zweierreihe folgten sie dem Ordnungsbeamten in die alte Kammer, sahen zu, wie der Kabeljau auf eine mit der amerikanischen Fahne drapierte Bahre gelegt wurde, und gingen dann hinter den vier Pagen, die die Bahre trugen, in die neue Halle zurück. Dort wurden der Kabeljau samt Gefolge mit einer tiefen Verbeugung vom Senator von Gloucester begrüßt, dem wichtigsten Fischereihafen des Bundesstaates. Alle Versammelten erhoben sich und spendeten dem Fisch frenetischen Beifall. «Wer irgendeinen Vorwand fand, seine Flossen zu berühren oder ihn auf der Bahre gerade zu rücken, tat dies», berichtete der *Boston Daily Globe* am nächsten Tag. Der triumphale Einzug des Kabeljaus wurde sowohl vom *Globe* als auch vom *Boston Herald* auf der Titelseite abgehandelt, die dem Ereignis beide eine halbe Seite widmeten.

Die frühen 90er Jahre des 18. Jahrhunderts waren eine gute Zeit für den Kabeljaufang in Massachusetts und insbesondere für Gloucester. Auf der Weltausstellung 1893 in Chicago, wo Amerika mit der Elektrizität Bekanntschaft machte, präsentierte Gloucester ein aufwendiges Ausstellungsstück, ein maßstabsgerechtes Modell seiner so ergiebigen Küste. Im gleichen Jahr vollendeten die portugiesischen Einwanderer an dieser Küste den Bau einer Kirche, *Our Lady of Good Voyage*, und krönten sie mit einer farbenfrohen Statue: einer Madonna mit Schoner. Rudyard Kipling zog sich Ende des 19. Jahrhunderts nach Brattleboro, Vermont, zurück, wo er *Brave Seeleute* schrieb, sein Loblied auf die Seeleute von Gloucester, die mit Schonern und Dorys aufs Meer segelten. Diese Männer befuhren die fischreichen Küstengebiete – von Georges Bank vor Cape Cod bis zur Grand Bank vor Neufundland. Sie blieben monatelang auf See, fischten mit Haken und Leine von kleinen Booten auf großen Wellen und erhielten eine Industrie am Leben, die die ganze Welt umspannte. 1895 fingen Fischer in den Gewässern vor Neuengland 60 000 Tonnen Kabeljau. Im Mai des gleichen Jahres, zwei Monate nach dem Umzug des «Heiligen Kabeljaus», zog ein Fischer den «Patriarchenkabeljau» an Land, ein Meter achtzig lang, 211 Pfund schwer. Einen Fisch wie diesen hat man nie wieder zu Gesicht bekommen.

Der Fischfang hat sich im letzten Jahrhundert stark verändert. An einem nasskalten, graupeligen Morgen Ende 1994 kamen einige Dutzend Nachfahren der braven Seeleute in Peabody zusammen, gut zwanzig Kilometer landeinwärts von Gloucester und so weit von Kiplings Fischpier entfernt, wie es nur möglich ist. Sie trafen sich in Flanellhemden, Jeans und Baseballkappen in einem Holiday Inn, das den Charme eines Einkaufszentrums hatte, an der Route 1. Dort saßen sie in einem rosafarbenen Ballsaal mit abgehängter Decke unter einer spiegelnden Diskokugel und hörten zu, wie einige Männer in

Anzügen über ihr Schicksal diskutierten – der Ausschuss für Grundfische des Rats für Fischereifragen von Neuengland. Sie folgten mehr oder weniger stumm der Darstellung eines Computermodells, das die Optionen aufzeigte, die dieser Ausschuss sah. Die Darstellung war kaum verständlich, nicht einmal für die Wissenschaftler unter den Zuhörern, und die folgende Diskussion des Ausschusses war lustlos, fand zuweilen überhaupt nicht statt. Aber das machte kaum etwas, denn jeder wusste, dass es so gut wie keine Optionen gab. Vor einem Monat hatte der Rat entschieden, dass der Kabeljaufang an der Georges Bank – und auch der Fang von Schellfisch und Gelbschwanz-Flundern, den beiden anderen wichtigen Grundfischen – im Wesentlichen eingestellt werden müsse. Dem Ausschuss oblag es, die Einzelheiten auszuarbeiten.

Anfang des Jahres 2000 berichteten britische Forscher, dass der Kabeljaubestand in der Nordsee ebenfalls kurz vor dem Aus steht; die meisten Fische, die dort gefangen werden, sind so jung, dass sie sich noch nicht einmal vermehren konnten. Überall in der Welt ist es das gleiche Lied. Zu Beginn des 20. Jahrhunderts holten die Fischer weltweit etwa 5 Millionen Tonnen Fisch aus dem Meer, Ende der 80er Jahre waren es insgesamt 86 Millionen Tonnen. Seitdem ist die Fangquote jedoch trotz unverminderter Anstrengungen auf rund 80 Millionen Tonnen zurückgegangen, ein Zeichen, dass die Grenzen erreicht sind. Tatsächlich sind sie für viele uns vertraute Fische schon sehr viel früher erreicht worden; jahrelang war die Fangquote durch aggressive Ausbeutung kleiner Fische wie Pilchards und Sardellen aufrechterhalten worden, die überwiegend zu Tierfutter zermahlen werden. Der Fang von Schellfischen, einem engen Verwandten des Kabeljaus und langjährigen Rivalen um die Vormachtstellung auf den Tellern in Neuengland, erreichte in den 20er Jahren seinen Höhepunkt. Die Blütezeit des Heilbutts, eines platten, monströsen

Grundfisches, der in der Bucht von Massachusetts bis zu vierhundert Pfund schwer wurde, war um die Mitte des 19. Jahrhunderts. Heute geht vor Neuengland niemand mehr auf Heilbuttfang; diese Bestände sind restlos leer gefischt.

Und jetzt droht auch dem Kabeljau, der nie eine Delikatesse, sondern immer ein Massenfisch war, das gleiche unrühmliche Ende. An jenem ausgelassenen Nachmittag vor einhundert Jahren im Parlamentsgebäude hätte das niemand für möglich gehalten. «Dieser bedächtige, einsame Fisch», hatte der Volksvertreter James Gallivan aus Boston der Versammlung gesagt, und er meinte den Fisch aus Holz, «... erinnert an die Demokratie. Er feiert den Aufstieg der freien Institutionen. Er unterstreicht den Fortschritt. Er verkörpert Massachusetts.» Das war kein bloßes Posieren. Amerika, das waren einmal unerschöpfliche Vorräte, jedermann frei zugänglich, und es begann mit dem Kabeljau. Der Kabeljau hat mit dazu beigetragen, die Besiedlung der Neuen Welt voranzutreiben, von Neufundland bis hinunter nach Neuengland. Er war der Grundstock der ersten Industrie und der erste Exportartikel. Von ihm ernährten sich die ersten Siedler Neuenglands. Doch jetzt, nach fünfhundert Jahren, ist der Kabeljau von der Georges Bank bis zur Grand Bank so gut wie verschwunden.

– – –

Der Atlantische Kabeljau, *Gadus morrhua,* ist schon um einiges länger auf der Welt als wir, wahrscheinlich mehr als zehn Millionen Jahre. Der Pazifische Kabeljau erschien erst später, vor ungefähr drei bis vier Millionen Jahren, als die Kontinentalverschiebung Asien und Nordamerika auseinander driften ließ; damals schwamm eine kleine Gruppe unternehmungslustiger Kabeljaue aus dem Atlantik durch die Beringstraße in den Pazifik und gründete dort eine neue Art.

Nicht lange danach wurde die Erde in die Eiszeit des Pleistozän gestürzt, und das Nordpolarmeer wurde für den Kabeljau zu kalt. Durch das Eis voneinander getrennt, kreuzten sich der atlantische und sein pazifischer Ableger nicht mehr und entwickelten sich auseinander.

Der Kabeljau überlebte sogar die Eiszeiten, vermutlich weil er nach Süden wanderte. Im Atlantik lebt er heute von der Barentssee nördlich von Norwegen bis hinunter zum südeuropäischen Golf von Biscaya und vom nördlichen Labrador und Grönland bis hinunter zum Kap Hatteras an der Küste Nordamerikas. Soweit die Biologen das sagen können, bilden die Kabeljaue, die auf den gegenüberliegenden Seiten des Atlantiks und selbst an verschiedenen Stellen der nordamerikanischen Küste leben, eigene Rassen oder Populationen. Aber sie kommen immer noch gelegentlich miteinander in Berührung und gehören immer noch zur selben Art. So wurde etwa 1961 ein Fisch, der vier Jahre vorher von britischen Forschern in der Nordsee markiert worden war, vor Neufundland gefangen, nachdem er über 3000 Kilometer gewandert war.

Kabeljaue leben in Küstengewässern in bis zu dreihundert Metern Tiefe, weil sie dort Nahrung finden: das Nahrungsgewebe aus Kleintieren, das sich auf das Phytoplankton stützt. Im Flachwasser können Gezeiten und Strömungen ohne weiteres Nährstoffe aus dem Schlamm am Grund nach oben an die Oberfläche wirbeln, wo das Phytoplankton blüht. Die Kette flacher Bänke, die sich von Neuengland bis Neufundland die Küste entlang erstreckt, ist besonders planktonreich; seit der letzten Eiszeit war sie eine Insel der Fruchtbarkeit, vor allem was Kabeljaue betraf.

Diese Bänke sind bei früheren Vergletscherungen entstanden, wann, ist nicht sicher. In diesem fernen Irgendwann, vor 100 000 bis vielleicht fünf Millionen Jahren, war der Meeresspiegel sehr viel niedriger als heute, weil das Wasser in kontinentalen Eisplatten aufgeschichtet war. Der Schelf, der heute unter Wasser liegt, war damals eine flache Küstenebene, die sanft zum Meer hin abfiel. Durch diese Ebene mäanderten zahlreiche Flüsse, deren gewundene Betten im Verlauf der Jahrtausende mehrere Becken in die Ebene gruben. An der alten Küste hinterließen die Flüsse eine Kette flacher Hügel, zum Festland hin steil, zum Meer hin sanft abfallend und von einigen großen Mündungen durchbrochen. In der letzten Eiszeit schoben sich die Gletscher bis hinauf zum Rand der Hügel und gruben die Becken noch tiefer aus. Als die Eisplatten schließlich schmolzen und der Meeresspiegel stieg, wurden die Becken überflutet, und aus den Hügeln wurden submarine Bänke vor der Küste. Der Golf von Maine ist ein solches Becken, Georges Bank an der Mündung des Golfs von Maine ist eine solche Bank. Die Kämme der Bänke liegen oft nur wenige Meter unter der Oberfläche, die Bänke selbst nie mehr als hundertfünzig bis zweihundert Meter. Sie sind mit Sand- und Kiesschichten bedeckt, die das letzte Eis dort abgelagert hat.

Kabeljaue sind Grundfische – Bodenbewohner – und haben die gesprenkelte Färbung von Sand oder Kies. Auch sonst gehören sie nicht zu den Fischen, über die Gedichte geschrieben werden. Sie sind groß, meistens sechzig bis neunzig Zentimeter lang, ausgewachsen um die acht Pfund schwer, aber nicht ungewöhnlich groß; starke Schwimmer, mit kräftiger Schwanzflosse; wendige Schwimmer dank der Rücken- und Bauchflossen, die als Ruder dienen, und Seitenflossen für den horizontalen Vortrieb. Wenn man sich einen Kabeljau in einem Bassin ansieht und er den Blick mit seinen großen, runden Augen erwidert, denkt man: Fisch. Der Kabeljau ist der Fisch schlechthin, eine Sparausgabe, im Vergleich zu der andere Fische extravagante Ausführungen sind. Kabeljaue sind Generalisten. Und sie sind Überlebensmaschinen.

Zum einen sind sie Allesfresser. Ausgewachsene Kabeljaue bevorzugen kleine Schwarmfische – Kapelane vor Neufundland, Heringe an der Georges Bank –, fressen aber auch Krabben, Garnelen, Kalmare und Muscheln. (Sie verschlingen fünfzehn Zentimeter große Muscheln und verdauen nur das Fleisch; im Magen eines Kabeljaus kann man ein halbes Dutzend Schalen finden, schön säuberlich übereinander gestapelt.) Zum andern leben sie sehr lange, zwanzig bis fünfundzwanzig Jahre, wenn man sie lässt, und erreichen ziemlich schnell ihre volle Körpergröße – mit etwa drei Jahren bei der Georges Bank und mit etwa sieben in den kälteren Gewässern vor Neufundland.

Sobald er ausgewachsen ist, laicht der Fisch ausgiebig ab. Zur Laichzeit besteht das Körpergewicht eines Kabeljauweibchens zu einem großen Teil aus Eiern. Es legt mehrere Millionen auf einmal, ein Ausstoß, dem der Partner hinsichtlich der Spermien in nichts nachsteht. Vor einigen Jahrzehnten beobachtete die Biologin Vivien Brawn auf Neufundland das Laichen eines Kabeljaus in einem Bassin (was nicht einfach ist, denn die Fische benötigen dabei fast völlige Dunkelheit). Ihre Schilderung ist erstaunlich anrührend – überhaupt nicht unpersönlich:

> «Das Fischmännchen richtete, als es das Weibchen sah, augenblicklich die Rückenflossen auf oder hielt inne und näherte sich dann langsam dem Weibchen. Das Männchen baute sich in etwa dreißig Zentimetern Entfernung vor dem Weibchen auf und begann, es mit allem Pomp zu umwerben... Alle Mittelflossen waren voll aufgerichtet, und das Männchen vollführte zahlreiche übertriebene Seitwärtsbewegungen mit dem Körper... Das Männchen schwamm, sich erregt, ruckartig, wellenförmig bewegend, mit vielen unnötigen Kreisen und entfernte sich dann allmählich vom Weibchen... Das Weibchen schwamm langsam in

die allgemeine Richtung des Männchens, machte jedoch nicht den Versuch, seinem umständlichen Weg zu folgen ... Wenn sie zum Rand des Territoriums schwamm, wurde sie verfolgt und eingeholt ... Die Zurschaustellung des Männchens wurde von einem tiefen Grunzlaut begleitet ... Bei jedem Grunzen zeigte das Weibchen Zeichen gesteigerter Erregung ...

Manchmal folgte das Weibchen dem Männchen immer träger werdend, bis es in Bodennähe innehielt. Das Männchen ... schwamm daraufhin unter das Weibchen, stieß ihm mit der Schnauze in den Bauchbereich und gab ein lautes Grunzen von sich ... Ein paarungsbereites Weibchen schwamm immer rasch zur Oberfläche ... dicht gefolgt vom Männchen, und beide Fische beschrieben viele vertikale Kreise zur Oberfläche und wieder nach unten ... Schließlich kam das Weibchen oben im Bassin zur Ruhe, sodass sein Rücken soeben die Wasserfläche durchbrach. Das Männchen, das sich dem Weibchen von hinten oder von der Seite näherte, presste den Unterkiefer auf den Rücken des Weibchens und schwamm, es nach unten drückend, auf seinen Rücken, packte das Weibchen mit den Bauchflossen unmittelbar hinter dem Kopf ...

Sobald das Männchen den Rücken bestiegen hatte, glitt es augenblicklich seitlich am Weibchen hinab, die Bauchseite immer noch dicht an seinen Körper gepresst und das Weibchen mit den Bauchflossen umklammernd. Das Männchen kam in Rückenlage unter dem Weibchen zu liegen, wobei die Bauchseiten beider Fische und ihre Geschlechtsöffnungen sich fest aneinander pressten.

Bei der Begattung machte das Weibchen den Körper steif, vollführte eigenartige Seitwärtsbewegungen mit dem Schwanz, zog den Körper bauchseits zusammen und laichte fast augenblicklich ab. Das Männchen schwamm und laichte, noch Bauch an Bauch, ab. Die gemeinsamen Bewegungen der Schwänze trieb die beiden Fische an der Oberfläche in einen horizontalen Kreis, was zweifellos dazu diente, Eier und Spermien zu vermischen.»

Der gesamte Vorgang dauert etwa fünfzehn Minuten.

Man hat es auch in der freien Natur beobachtet, allerdings nicht annähernd so genau. Laichende Kabeljaue kommen in riesigen Schwärmen am Meeresboden zusammen, die mit Sonargeräten deutlich auszumachen sind – oder waren, als es nämlich noch Kabeljaue in großen Mengen gab. George Rose vom kanadischen Department of Fisheries and Oceans (DFO) in St. Johns, Neufundland, hat diese Schwärme noch erlebt, Hunderte von Millionen Fischen im Abstand von etwa einer Körperlänge, in dreihundert Metern Tiefe direkt nördlich der Grand Banks. Der letzte Schwarm, den er sah, im Jahr 1992, hatte einen Durchmesser von zweieinhalb Kilometern und die Gestalt einer umgedrehten Untertasse mit einer Wölbung in der Mitte. In den ersten zehn Tagen, nachdem Rose den Schwarm entdeckt hatte, verweilten die Fische mehr oder weniger an einer Stelle am Rand des Schelfs. Aber hin und wieder stiegen aus dem Hauptschwarm schlanke, durchsichtige Säulen zur Oberfläche auf. Rose glaubt, dass jede Säule aus jeweils einigen Kabeljaupaaren bestand, die sich in dem dichten Schwarm gefunden und umworben hatten und nun aufstiegen, um sich abseits zu paaren.

1991 beobachtete Rose einen Schwarm, der abgelaicht hatte, bei einem ähnlich bemerkenswerten Vorgang. Der Schwarm setzte sich gezielt über den Schelf zur Nordostküste Neufundlands hin in Bewegung. Die älteren und größeren Fische – Rose nannte sie Scouts – übernahmen die Führung. Aber als der Haufen in Fahrt kam, strömten von allen Seiten Jungfische hinzu, die noch nicht hatten laichen können, und reihten sich hinter den Älteren ein. Bald darauf begannen die Fische auseinander zu streben, horizontal wie vertikal, bis der Abstand zwischen ihnen im Durchschnitt acht oder zehn Körperlängen betrug – gerade so weit, wie Rose schätzte, dass sie den Nachbarn noch sehen konnten. Rose glaubt, dass die Kabeljaue das Meer nach Beute durchforsteten.

Während er noch seinen Sonarschirm beobachtete, fanden sie sie: einen Schwarm Kapelane auf einer Seite, aber ebenfalls auf dem Weg zur Küste. Die Scouts drehten bei, um ihr Mittagsmahl abzufangen; die ganze Truppe bis hin zu den Jungen am Ende folgte ihnen. Die Nachhut der Kapelane bemerkte die Gefahr, die Fische stiegen in einer Wolke vom Grund auf und schwammen um ihr Leben. Aber die Scouts der Kabeljaue fielen ein, wie Wölfe in eine Schafherde, wie Kampfflugzeuge, die aus der Sonne kamen, gut getarnt mit ihrer gesprenkelten Haut vor dem mit Kies bedeckten Grund; zigtausend Kapelane müssen in diesen wenigen Minuten ein jähes Ende gefunden haben. Solche Dramen spiegeln sich in ein paar Flecken auf einem Echogramm, wenn man es zu lesen versteht. All diese Einzelheiten im Verhalten waren noch bis vor kurzem unbekannt, verborgen durch den düsteren Atlantik, obwohl wir den Kabeljau seit über einem Jahrhundert erforschen und schon sehr viel länger essen.

Rose war nicht überrascht von den Massenwanderungen der Kabeljaue. «Die Fischer wussten seit Jahrhunderten, dass der Kabeljau nicht zufällig irgendwo auftaucht», sagt er.

«Er zeigt sich an bestimmten Stellen, und das immer auf einmal. Es ist also anzunehmen, dass sie in Gruppen wandern. Es ist wie bei der Ankunft der Wanderdrosseln im Frühjahr, oder der Gänse, man weiß, dass sie nicht einzeln kommen. Aber die Gänse können wir über unseren Köpfen am Himmel sehen, die Kabeljaue sehen wir nicht.»

Doch Rose kam eine Idee, wo man sie beobachten könnte. So wie die Kabeljaue auf der Suche nach Kapelanen flache Küstengewässer ansteuern, halten sie auch auf die kalten Gletscherabschmelzungen des Labradorstroms zu. Und so überqueren sie den Schelf am Grund eines Grabens entlang – einstmals wahrscheinlich ein Flussbett, doch heute eine Kabeljauautobahn. Das erlaubt ihnen, möglichst lange möglichst tief im etwa zwei Grad warmen, salzhaltigen und daher schweren Wasser des tiefen Atlantiks zu bleiben, das am Boden durch den Graben strömt.

Die wandernden Kabeljaue hinterlassen ihren Laich: Milliarden oder Billionen befruchtete Eier, durchsichtige kugelartige Gebilde von etwa einem Millimeter Größe. Die schwimmfähigen Eier steigen zur Oberfläche und treiben mit der Strömung. Dort lernen die Myriaden die Auslese der Natur kennen: Eine Meeresströmung ist etwas Wechselhaftes, und es ist keinerlei Verlass darauf, dass sie ein Kabeljauei dorthin trägt, wo ein junger Kabeljau gern wäre. In manchen Jahren und an manchen Stellen werden die Eier eventuell vom Schelf fort und hinaus in den Abgrund getrieben. Das ist ihr Untergang. Doch ein paar Eier kommen immer durch, und auch wenn man ihren Weg zum Erfolg vor Neufundland nicht bis ins letzte Detail kennt – an der Georges Bank haben die Forscher im Verlauf der letzten zehn Jahre am Labor des National Marine Fisheries Service (NMFS) in Woods Hole große Fortschritte gemacht. Die Fortpflanzung der Kabeljaue ist ein kleines Wunder der Anpassung.

Georges Bank ist ein Oval, etwa 240 Kilometer lang und 120 Kilometer breit, das sich quer durch die Mündung des Golfs von Maine von Südwesten nach Nordosten erstreckt. Wenn der Labradorstrom von Norden in den Golf fließt, folgt er dem Küstenverlauf, bis er am landwärtigen Rand der Bank nach Nordosten abschwenkt. Gleichzeitig strömen die starken Gezeiten über die Bank hinweg in den Golf und wieder heraus. Das alles zusammen führt zu einer Strömung im

Uhrzeigersinn außen um die Bank herum – eine Strömung, die sich die Kabeljaue zunutze machen. Überall auf der Bank laichen sie ab, haben aber eine besondere Vorliebe für das nordöstliche Ende. Im Spätwinter und beginnenden Frühjahr steigen zahllose Kabeljaueier zur Oberfläche auf, wo sie in diese Strömung geraten. Die Larven, mit Käferaugen und kopflastig, schlüpfen binnen weniger Wochen. Sie bilden Mund, Darm und Anus aus; Flossen, beginnend mit dem so wichtigen Schwanz; und zum Schluss Schuppen und Zähne. Derweil treiben sie an der seewärtigen Seite der Bank nach Südwesten und dann an der landwärtigen Seite entlang nach Nordosten. Und dabei werden sie immer schwerer und sinken in der Wassersäule immer tiefer nach unten.

Im August haben die Larven, wenn alles gut geht, die Bank teilweise oder ganz umrundet und sind soweit, sich auf dem Kiesgrund anzusiedeln. Greg Lough vom NMFS-Labor hat sie dort durch die Bullaugen eines Tauchboots beobachtet, fünf Zentimeter lang, stemmen sie sich gegen die starke Gezeitenströmung, wie Forellen in einem Fluss. Die jungen Kabeljaue halten sich vom Schlimmsten in der Strömung fern, indem sie sich an den Boden schmiegen und energisch mit dem Schwanz schlagen, um ihren Platz zu behaupten. Wenn allerdings etwas Fressbares vorbeitreibt – etwa eine Garnele –, schnellen sie vor, schnappen zu und lassen sich dann von der Strömung ein Stück forttragen, bevor sie sich wieder in Bodennähe begeben. Wenn ein Haufen Biologen in einem Tauchboot vorbeikommt und die Scheinwerfer einschaltet, reagieren die Fische genauso: Sie schnellen empor in die Strömung und treiben dann fort in die Dunkelheit.

Etwa 99,9 Prozent der Larven siedeln sich jedoch nirgendwo an. Vielleicht werden sie von Wasser mitgerissen, das von der Bank fort ins offene Meer strömt oder dem es nicht gelingt, am Südwestende einen Bogen zu machen, und das stattdessen dem Fegefeuer von Long Island zustrebt. Vielleicht fällt ein Schwarm hungriger Makrelen über sie her. Die Fischereibiologen wissen nicht, was aus den Kabeljaularven wird, die es an der Georges Bank nicht schaffen – und noch weniger, was mit denen vor Neufundland geschieht, wo die Lebensgeschichte der Kabeljaue noch viele Lücken aufweist. Sie wissen auch nicht, warum in manchen Jahren sehr viel mehr Larven überleben als in anderen.

Was sie allerdings wissen, ist, dass der Unterschied zwischen einem guten und einem schlechten Jahr früher nicht so ins Gewicht fiel wie heute. Eine Population von Fischen, die 25 Jahre alt werden und fast jedes Jahr jeder mehrere Millionen Eier legen, ist durch gelegentliche Umweltfrevel nicht gefährdet. Wenn die Larven eines Jahres sich als Blindgänger erweisen, sind noch 24 andere Jahrgänge da, um die Scharte auszuwetzen. Und nicht nur gegen zufällige Umweltveränderungen haben sich die Kabeljaue als immun erwiesen. In Jahrmillionen haben sie wiederholt die langsame Zerstörung ihrer natürlichen Umwelt durch vorrückende oder sich zurückziehende Gletscher überstanden und sich trotzdem vermehrt.

Dennoch sind Kabeljaue in einer Hinsicht nicht perfekt an ihre aktuelle Umwelt angepasst. Sie weisen einen verhängnisvollen Nachteil auf: festes, weißes Fleisch, ohne Öl und Gräten, das sich durch Einsalzen oder Tiefgefrieren gut aufbewahren lässt und eine ideale Grundlage für die verschiedensten Rezepte bietet. Dafür, dass *Gadus morrhua* mit zur Ernährung der wachsenden Zivilisation Europas beiträgt, zahlt er heute einen hohen Preis.

– – –

Der Kabeljaufang durch Europäer in der Neuen Welt begann im 15. Jahrhundert. Die ersten Fischer, die den Atlantik überquerten, waren wahrscheinlich Basken, die allerdings keine schriftlichen Zeugnisse hinterließen. Die erste dokumentierte Begegnung Europas mit den reichen Fischbeständen der Neuen Welt erfolgte 1497, fünf Jahre nach der ersten Seereise des Kolumbus. Damals stieß ein anderer italienischer Seefahrer, der für die englische Krone arbeitete, zufällig auf Neufundland. Vielleicht war es auch Neuschottland; es ist nicht gesichert, wo Giovanni Caboto, bei den Engländern John Cabot, an Land gegangen ist. Sicher ist jedoch, dass er reichlich Fisch sah. Den Beweis dafür liefert ein berühmter Brief eines italienischen Reisenden in England an den Herzog von Mailand. «Sie versichern, dass dieses Meer mit Fischen bedeckt ist», schrieb der Reisende, ein Gespräch wiedergebend, das er mit Cabot und seinen Männern nach deren Rückkehr geführt hatte,

> «die nicht nur mit dem Netz gefangen werden, sondern auch mit Körben, an die ein Stein gebunden wird, damit sie im Wasser sinken können. Und das hörte ich ebenjenen Kapitän John berichten. Und die zuvor erwähnten Engländer, seine Kameraden, sagen, dass sie so viele Fische bringen werden, dass dieses Königreich nicht länger auf Island angewiesen ist.»

Englische Schiffe hatten schon vor dem 15. Jahrhundert vor Island «Stockfisch» gefangen, wie der Kabeljau damals genannt wurde. Die Männer, die bei Island auf Fischfang gingen, waren bereit, dem stürmischen Nordatlantik in kleinen, offenen Booten zu trotzen, weil es ihnen vergolten wurde; es wurde ihnen vergolten, denn Kabeljau essen war eine Pflicht gegenüber Gott. Die katholische Kirche verlangte von ihren Schäfchen, an den Freitagen und anderen Abstinenztagen sowie den vierzig Tagen der Fastenzeit auf Fleisch zu verzichten. Auch nachdem Heinrich VIII. mit Rom gebrochen hatte und eine eigene Kirche gründete, ging die Nachfrage nach Fisch in England nur kurze Zeit zurück. 1548, als Heinrichs Sohn Eduard VI. regierte, wurde das Essen von Fisch zur allgemeinen Pflicht erhoben, zum Teil um Vollbeschäftigung in der Fischerei zu gewährleisten. «In Erwägung, dass gebührende und gottesfürchtige Enthaltsamkeit ein Weg zur Tugendhaftigkeit ist», heißt es in der Gesetzespräambel,

> «und um den Körper des Menschen seiner Seele und dem Geist zu unterwerfen; und in Erwägung auch, dass Fischer dadurch umso zeher in Arbeit gesetzt werden, wodurch viel Fleisch gespart und vermehrt wird; und auch aus verschiedenen anderen Erwägungen wurde verfügt … dass niemand Fleisch isst an Freitagen, Samstagen … noch in der Fastenzeit, und auch an keinem anderen Tag, der ein Fasttag ist und zu einem solchen erklärt worden ist …»

Uneinsichtige Fleischesser wurden mit zehn Shilling Strafe belegt und zehn Tage eingesperrt; Wiederholungstäter erhielten jeweils das Doppelte. Zur weiteren Förderung des Fischfangs verbot England im selben Jahr der eigenen Marine, von den Fischern vor Neufundland und Island Schutzgeld zu erpressen.

Im katholischen Frankreich waren keine derartigen königlichen Eingriffe zugunsten des Fischverzehrs nötig, und Frankreich tat anfangs auch mehr als England für die Entwicklung des Fischfangs bei Neufundland. Um die Mitte des 16. Jahrhunderts überquerten jedes Jahr mindestens hundertfünfzig französische Schiffe den Atlantik. Es war jedoch ein englisches Schiff, das den Fischfang in der Neuen Welt nach Süden ausweitete. Im Mai 1602 tauchte die *Concord* auf der Suche nach Sassafras vor Massachusetts auf – Sassafrasextrakt war damals ein gefragtes Mittel gegen Syphilis. Während sie bei einer «mächtigen Landspitze» vor Anker lagen, gingen Bartholomew Gosnold und seine Männer auf Fischfang und fingen reichlich Kabeljau. Sie tauften die Landspitze Cape Cod (Kabeljaukap), obwohl sie dort auch Sassafras fanden. Zwei Jahrzehnte später überlebten die ausgewanderten englischen Puritaner in der Nähe von Plymouth dank der Kabeljaue, und der Kabeljau erlangte eine Art geheiligten Status, den er später auch in Massachusetts genießen sollte.

Bei Neufundland hatten die Engländer und Franzosen sich mittlerweise auf einen jahrhundertelangen Kampf um die Vorherrschaft beim Kabeljaufang eingelassen, in dem die Franzosen zunächst die Oberhand behielten, dann aber doch allmählich zurückwichen. 1783 räumte der Friede von Paris, der den Amerikanischen Freiheitskrieg beendete, auch den amerikanischen Fischern das Recht ein, vor Neufundland Fischfang zu betreiben. John Adams, einer der Verhandlungsführer und ein Mann aus Massachusetts, hatte gedroht, die gesamte Vereinbarung zu torpedieren, wenn die Briten dieses Recht nicht gewährten. Im 19. Jahrhundert beherrschten die amerikanischen «Banker», die hauptsächlich von Gloucester aus bei den Bänken fischten, zusammen mit den Franzosen den Fischfang an den Grand Banks. Beide Länder unterstützten den kapitalintensiven Hochseefischfang mit Zuschüssen. Die englischen Siedler auf Neufundland hielten sich überwiegend an die Buchten und Meeresarme, ließen die Kabeljaue im Frühjahr und Sommer zu sich kommen, wenn die Kapelane zum Laichen in Massen direkt bis vor die Strände schwimmen und die Kabeljaue Jagd auf sie machen.

In den ersten drei Jahrhunderten nach Cabots Fahrt änderte sich die Technik des Kabeljaufangs in der Neuen Welt überhaupt nicht, und im Jahrhundert darauf kaum. Es war mehr oder weniger wie Sportfischen heute, allerdings ohne Ruten und bei schlechterem Wetter. Die Männer standen oder saßen in einem Boot und ließen an den Seiten Leinen mit Haken ins Wasser. (Starke Getränke waren ab 1743 verboten, zumindest auf französischen Schiffen, da sie Meutereien Vorschub leisteten.) Die französischen Fischer bei den Grand Banks standen in an Deck festgeschnallten Fässern, um gegen die Witterung geschützt zu sein, und trugen Lederschurze, die bis zum Hals reichten. Jeder Fischer hatte acht oder zwölf etwa hundertfünfzig Meter lange Hanfleinen mit einem Bleigewicht und Eisenhaken; und jeder konnte einhundert Kabeljaue am Tag fangen, gelegentlich bis zu vierhundert. Andere Männer köpften die Kabeljaue, schnitten sie auf, nahmen sie aus und warfen sie in den Laderaum, wo sie gesalzen wurden. Mit genügend Salz konnten die Fische für die Rückfahrt nach Frankreich konserviert werden. Oder man fischte mit kleinen Booten vom Ufer aus und kehrte am selben Tag dorthin zurück, um die Fische zu trocknen. In dem Fall brauchte man weniger Salz, aber mehr Platz – die aufgeschnittenen Fische wurden am Strand oder auf hölzernen Regalen ausgelegt. Die Engländer, die über kein eigenes Salz verfügten und es von anderen Ländern (wie Frankreich) kaufen mussten, bevorzugten letztere Methode. Das ist einer der Gründe, warum sie, und nicht die Franzosen, die Neufundländer wurden.

Im 19. Jahrhundert begannen die amerikanischen, französischen und portugiesischen Bankfischer, mit Dorys zu fischen, die in der Morgendämmerung, oder was man beim ständigen Nebel auf den Bänken dafür halten mochte, von den Schonern ausschwärmten und schon gegen Mittag voll beladen wieder zurückkamen. Im Sommer wurde die Grand Bank zu einer kleinen Stadt vor der Küste, wie Kipling schrieb, mit Hunderten von Männern in Dorys, die außer Sichtweite des Landes arbeiteten, aber oft in Sichtweite untereinander, zumindest aber in Hörweite der Glocken und Muschelhörner, die im Nebel die Rettungsleine aller waren. Doch dann gaben die Männer in den Dorys die Handleinen zugunsten der Langleinen auf: kilometerlange Leinen mit Hunderten von köderbesetzten Haken, die viele

Stunden auf dem Grund lagen und dann eingeholt wurden. Einige Küstenfischer stiegen derweil auf Kabeljaureusen um, Begrenzungen aus Netzen, die vom Land ins Meer hinausliefen und die Fische in eine boxartige Einfriedung lenkten, wenn sie die Küste entlangschwammen.

Mit diesen einfachen Vorrichtungen war es möglich, beeindruckende Mengen an Fisch zu fangen, wie jener 60 000-Tonnen-Fang 1895 vor Neuengland bewies. So entfaltete sich die nordamerikanische Fischerei in den ersten vier Jahrhunderten langsam, aber stetig. Aber die nordamerikanischen Kabeljaue überstanden das 19. Jahrhundert relativ unbeschadet. Noch fehlten den Fischern die Instrumente, den Kabeljau auszurotten; noch gab es Gebiete, in die sich die Fische zurückziehen konnten. «Ich glaube, der Kabeljaufang ... und wahrscheinlich der gesamte Hochseefischfang sind unerschöpflich», schrieb Thomas Huxley, einer der großen Biologen des 19. Jahrhunderts, «das heißt, dass nichts, was wir tun, die Anzahl der Fische ernsthaft gefährdet.» Selbst 1883, als Huxley diese Aussage machte, traf sie nicht auf Fische generell zu; der Heilbuttbestand zum Beispiel nahm vor der Küste von Massachusetts bereits ab, nachdem der Fisch nur wenige Jahrzehnte unter der Beliebtheit auf den Bostoner Esstischen hatte leiden müssen. Und gegen Ende des 20. Jahrhunderts sollte Huxleys Aussage sich selbst für den Kabeljau als geradezu aberwitzig falsch erweisen. Denn da hatte sich die Technologie des Fischfangs erheblich geändert.

– – –

Die wichtigste Änderung kam aus dem England Huxleys. Dort waren bereits die mit Dampfkraft betriebenen Schleppnetzfischer im Einsatz, als die Schoner vor Neuengland 1895 noch ihre Rekordfänge machten. Heute wird überall dort, wo man Grundfische fängt, mit

Schleppnetzen gefischt. Es ist ein 50 oder 65 Meter langes Netz, das in etwa die Form eines Sacks hat. An beiden Seiten der Netzöffnung befinden sich große Holzplanken, so genannte Scherbretter. Wenn das Netz geschleppt wird und über den Grund schleift, hält die auf die Scherbretter wirkende Kraft des Wassers das Netz offen, und die Fische werden in das geschlossene Ende getrieben, den Stert.

Der erste amerikanische Dampfer, der mit einem Schleppnetz ausgerüstet war, stach 1905 von Boston in See – zum nicht unerwarteten Entsetzen der traditionellen Fischer. 1914 ernannte der Leiter des amerikanischen Amtes für das Fischereiwesen einen Ausschuss, der untersuchen sollte, welche Schäden der Schleppnetzfang den Fischbeständen zufügt. Der Ausschuss berichtete, dass die neue Technik bereits zu einem Rückgang der Fischbestände in der Nordsee führe – möglicherweise noch nicht bei den Kabeljauen, die sich sehr stark vermehren, aber mit Sicherheit bei Schollen und Schellfisch. Der Beweis wurde 1919 erbracht, als englische Fischer nach dem Ersten Weltkrieg in großer Zahl in die Nordsee zurückkehrten; sie stellten fest, dass der Tagesfang sich seit 1913 mehr als verdoppelt hatte. Die Fischbestände hatten sich dank der kriegsbedingten Unterbrechung des Fischfangs erholen können. Doch weder England noch die Vereinigten Staaten ließen sich dazu bewegen, Beschränkungen für den Schleppnetzfang zu erlassen.

Der Schleppnetzfang führte zur Dezimierung des Schellfischbestandes an der Georges Bank. Obwohl der Schellfisch ein enger Verwandter des Kabeljaus ist und ihm im Geschmack ähnelt, übertraf in den USA nach dem Ersten Weltkrieg die Nachfrage nach Schellfisch die nach Kabeljau bei weitem, insbesondere nach der Einführung der abgepackten, gefrorenen Filets in den 1920er Jahren. Sie bildeten eine beliebte Abwechslung gegenüber dem zähen, gesalzenen Kabeljau. Die Fischer von Neuengland beeilten sich, die Nachfrage zu befriedigen; 1929 landeten sie 120000 Tonnen Schellfisch von der Georges Bank an. In einer Fieberkurve des Schellfischfangs im 20. Jahrhundert markiert das Jahr 1929 einen schrecklichen Ausschlag nach oben – eine Warnung, die nie beachtet worden ist. 1934 war der Schellfischfang bereits auf 28000 Tonnen gesunken. Danach zog er bis in die 60er Jahre noch einmal leicht an, wo der Schellfisch an der Georges Bank erneut ausgemerzt wurde.

In der Hochzeit des Schellfischs erfreute sich der Kabeljau einer Zeit der Nichtbeachtung; 1953 wurden vor der Georges Bank nur 8100 Tonnen gefangen, ein Rekordtief. Auch vor Neufundland verzeichnete der Kabeljaufang in der ersten Hälfte des 20. Jahrhunderts eine Phase relativer Ruhe. Die französischen und portugiesischen Schleppnetzfischer wandten sich den Grand Banks zu, während die Neufundländer weiterhin ihre traditionelle Küstenfischerei betrieben (wenngleich viele der Fischer inzwischen einen Motor in ihrer Dory hatten). Die Fänge nahmen weiter zu, schossen jedoch erst ab 1954 in die Höhe. In dem Jahr tauchte das britische Schiff *Fairtry* am Horizont auf.

Die *Fairtry* war ein neuartiger Fischtrawler, ein Fabrikschiff. Es war 85 Meter lang und verdrängte 2600 Tonnen und war damit einige Male größer als die größten Fischtrawler jener Zeit, jedoch weit kleiner als einige der Schiffe, die bald folgen sollten. Wie William Warner in seinem Buch «Distant Water» erzählt, war die *Fairtry* von einem schottischen Schifffahrts- und Walfangunternehmen in Auftrag gegeben worden, das sich neben dem Fabrikfang von Walen ein zweites Standbein schaffen wollte, da die Walbestände schwanden. Die Jungfernfahrt, auf der Kabeljaue bei den Grand Banks gefangen werden sollten, war ein Erfolg; das größte Problem bestand darin, dass das riesige Netz manchmal so viele Tonnen Fisch barg, dass der Antrieb beim Einholen unter der Belastung zuweilen versagte.

«Nichts ist ärgerlicher», schrieb der Kapitän der *Faitry* in einem seiner Berichte, «als wenn das passiert oder der Stert platzt und das Meer mit sterbenden Fischen bedeckt ist.»

Bis zu den 60er Jahren hatten sich bei den nordamerikanischen Bänken zahlreiche weitere Fabrikschiffe zur *Fairtry* gesellt, nicht aus Nordamerika, sondern aus der Sowjetunion, Deutschland und anderen Ländern. Das größte hatte eine Verdrängung von 8000 Tonnen. Alle waren so ausgerüstet, dass die Fische sofort filetiert und eingefroren werden konnten; und alle waren so gebaut, dass sie ungeheure Mengen Fisch fangen konnten. In nur einer Stunde konnte ein Fabrikschiff rund 100 Tonnen Kabeljau einholen – so viel, wie ein normales Fischerboot aus dem 16. Jahrhundert in einer ganzen Saison anlandete. 1968 wurden vor Labrador und bei den nördlichen Grand Banks 810000 Tonnen Kabeljau gefangen – fast dreimal mehr, als jemals in einem einzigen Jahr vor dem Aufkommen der Fabrikschiffe gefangen worden waren.

Das Ergebnis erscheint rückblickend absolut vorhersehbar. Es mag sogar erstaunen, dass Amerikaner und Kanadier es zuließen, dass ausländische Schiffe im Verlauf von zwei Jahrzehnten eine ihrer großen natürlichen Ressourcen beinahe auslöschten. Doch die Freiheit der Meere war eine Tradition, die sich nicht so ohne weiteres über Bord werfen ließ. Zudem hielt sich, außer bei Fachwissenschaftlern, und selbst dort nicht durchgängig, noch immer die alte vorgefasste Meinung von der unerschöpflichen See. Niemand glaubte, den Kabeljau bei den Bänken überfischen zu können. Mitte der 70er Jahre war jedoch klar, dass etwas geschehen war. Der Kabeljaufang war vor Neufundland auf unter 200000 Tonnen und bei der Georges Bank auf unter 30000 Tonnen eingebrochen. Bei der Georges Bank gab es so gut wie keine Schellfische mehr. Als die eigenen Fischer nach Hilfe riefen, weiteten Kanada und die USA ihre Hoheitsgewässer 1977 auf die jetzige Grenze von 200 Seemeilen entlang der Küste aus. Die Exklusive Wirtschaftszone sollte ausländischen Schiffen den Zugang zu den meisten Fischgründen verwehren.

Wirklich erstaunlich ist, was als Nächstes geschah. Nachdem die Fabrikschiffe verschwunden waren, hatte sowohl Kanada als auch die Vereinigten Staaten die Chance, wieder für eine nachhaltige Kabeljaufischerei zu sorgen. Keines der beiden Länder ergriff sie. Und die Tatsache, dass die Biologen noch immer dabei waren, den Kabeljau zu erforschen – und noch immer lernten, die alles andere als unerschöpflichen Bestände zu zählen –, sollte bei diesem Versagen eine wichtige Rolle spielen, insbesondere auf Neufundland.

– – –

«Der Grundgedanke ist der: Sobald man alle Fische gegessen hat, weiß man, wie viele es waren», sagt Ransom Myers, Populationsbiologe und Fischereifachmann an der Dalhousie University in Neuschottland. So erklärt Myers die «virtuelle Populationsanalyse», das Neueste auf dem Gebiet der Fischzählung. Stellen wir uns vor, die einzigen Informationen, die Demographen über die amerikanische Bevölkerung hätten, wären die Zahl der jährlich begangenen Morde und die Ergebnisse der gelegentlichen Gallup-Erhebung. Wahrscheinlich wäre es kaum möglich zu schätzen, wie viele lebende Amerikaner es gibt. So ist es auch bei den Fischbestands-Sachverständigen: Sie haben keine direkten Informationen darüber, wie viele Fische jedes Jahr geboren werden, und auch nicht darüber, wie viele eines natürlichen Todes sterben. Die einzigen Fische, die sie zählen können, sind die toten an Deck oder auf dem Dock. Aber sie müssen bestimmen, wie viele Fische im Meer leben, damit die politisch Verantwortlichen entscheiden können, wie viele gefangen werden können, ohne dass die Population zugrunde geht.

Die virtuelle Populationsanalyse (VPA) ist die Lösung der Bestandssachverständigen für dieses Problem. Sie funktioniert folgendermaßen: Obwohl die Forscher nicht direkt feststellen können, wie viele Kabeljaue in einem bestimmten Jahr geboren werden, können sie doch die Entwicklung dieses Jahrgangs verfolgen, sobald dessen Angehörige so groß sind, dass sie in den Netzen der Fischer auftauchen. Dazu nehmen sie eine kleine, aber repräsentative Probe aus dem Fang, wenn er im Hafen ausgeladen wird. Im Labor bestimmen sie das Alter jedes Fisches, indem sie ein Ohrknöchelchen herausschneiden, das so genannte Otolith, das Jahresringe wie ein Baum aufweist (allerdings mikroskopisch fein). Wenn sie die Proben eines Jahres gesammelt, seziert und die Ringe gezählt haben, können die Biologen abschätzen, wie viele von den Kabeljauen, die die Fischer gefangen haben, drei Jahre alt waren, vier Jahre alt und so weiter.

Wenn sie das Jahr für Jahr wiederholen, kommen sie schließlich an einen Punkt, wo keine Kabeljaue eines bestimmten Jahrgangs mehr auf dem Kai auftauchen, weil alle tot sind. Einige von diesen Fischen sind nie auf dem Kai aufgetaucht, weil sie von Robben gefressen wurden oder eines natürlichen Todes gestorben sind, bevor Fischer sie fangen konnten. Die Forscher nehmen eine auf gewisse Sachkenntnisse gestützte Schätzung dessen vor, wie hoch die natürliche Sterblichkeitsrate der Kabeljaue sein könnte, die sie normalerweise bei etwa zwanzig Prozent ansetzen. Addiert man sie zur fischereilichen Sterblichkeit – der Prozentsatz der Kabeljaupopulation, der jährlich von Fischern gefangen wird – und zählt alle Jahre zusammen, kann man alle Kabeljaue zählen, die beispielsweise 1989 geboren wurden und jetzt tot sind.

Das allein nützt den Sachverständigen natürlich wenig, denn sie wollen ja wissen, wie viele Fische aller Jahrgänge im Moment im Meer leben und darauf warten, noch gefangen zu werden. Die genaue

Zählung der Toten durch die VPA erlaubt den Forschern jedoch, ihre weniger genauen Informationen über die Lebenden zu eichen. Es gibt zwei solche Quellen, die beide auf ihre Art lausig sind.

Die erste Informationsquelle sind Forschungsübersichten – für den Fischfang das Gegenstück zur Gallup-Erhebung. Der National Marine Fisheries Service (NMFS) in Woods Hole und das kanadische Department of Fisheries and Oceans (DFO) in St. Johns erstellen sie jedes Jahr. Anders als die Fischer suchen die «Stimmenzähler» jedoch nicht nach Fischen, sondern gehen zu hunderten zufällig ausgewählter Stationen, Netze, und schauen, was gefangen wird. Dadurch, dass die gleiche Prozedur Jahr für Jahr mit den gleichen Instrumenten vorgenommen wird, lassen sich Veränderungen in einer Population verfolgen. Die Übersicht verhilft allerdings nicht zu absoluten Stückzahlen, denn man weiß nicht, wie vollständig die Stichprobe ist – wie viele Fische den Netzen entkommen. Die Daten der VPA geben einen Anhaltspunkt. Da alle Kabeljaue, die 1989 im Meer schwammen, inzwischen verzehrt sind, wissen die Forscher, im Nachhinein, inwieweit die Forschungsübersicht aus diesem Jahr mit der Realität übereinstimmt. Angenommen, die Übersicht wurde 1999 genauso erstellt, vermittelt das eine Vorstellung von den tatsächlichen Zahlen des Jahres 1999.

Eine zweite Methode, Zahlen über die lebende Fischpopulation zu erhalten, besteht darin, die kommerziell gefangenen Fische zu erfassen – oder genauer, wie schwer die Fischer arbeiten mussten, um sie zu fangen. Je weniger Fische im Meer sind, so die Logik, desto länger braucht man, um eine bestimmte Anzahl Fische zu fangen. Wenn man Jahr für Jahr registriert, wie viel Fisch die Fischer täglich auf See fangen, kann man Veränderungen beim Fischbestand graphisch darstellen. Mit Hilfe der VPA kann man diese Informationen dann in eine Schätzung des gegenwärtigen Bestandes übertragen. Beide Methoden, Fische zu zählen – die Forschungsübersichten und der kommerzielle Fang pro Arbeitseinheit – wurden auf Neufundland angewandt.

Myers und sein Kollege Jeffrey Hurchings von Dalhousie verwandten neben ihrer Arbeit in der DFO in St. John's mehrere Jahre darauf, das entstandene Chaos zu durchforsten. Sie befragten kritisch die Kollegen, die für das Zählen der Kabeljaue verantwortlich waren, und machten sich dadurch in der DFO unbeliebt. «Man kann nicht auf Neufundland leben und unbeeindruckt bleiben von dem, was geschehen ist», erklärte Hutchings 1994, nachdem der Kabeljaufang bei den Grand Banks eingestellt worden war.

> «Meine Familie lebt seit sieben Generationen hier. Der Fischfang ist das Ein und Alles. Schluss. Es gibt fast keine Industrie, keine anderen natürlichen Ressourcen, bis auf etwas Wascherz und Papier, etwas Bergbau. Es war immer der Fischfang, und da hängt alles dran. Diese Arbeit hier unterscheidet sich folglich sehr von anderer wissenschaftlicher Arbeit – wenn wir etwas falsch machen, hat das für viele Menschen Folgen.»

Und auf Neufundland hatten die Bestandssachverständigen in den 80er Jahren einiges gründlich falsch gemacht. Nachdem die ausländischen Fangflotten von den Bänken bei Neufundland verbannt waren, herrschte in der Provinz kurze Zeit Euphorie. Endlich sollte Neufundland seine Chance erhalten. Die Neufundländer waren immer noch arm, immer noch ohne Arbeit und lebten zum Teil immer noch in abgelegenen Dörfern, die nicht auf der Straße zu erreichen waren. Bisherige Bemühungen, die Wirtschaft zu diversifizieren, waren mehr oder weniger fehlgeschlagen. Vielleicht führte der Weg in die Neuzeit am Ende ja doch über den Kabeljau. Der Markt für gesalzenen Kabeljau war nicht mehr das, was er einmal war, aber der Markt für frischen und gefrorenen Fisch boomte, vor allem in den Vereinigten Staaten, wo gesundheitsbewusste Verbraucher mehr Fisch aßen denn je. Die Ausländer hatten vorgemacht, wie viel Fisch man bei den Bänken vor der Küste fangen konnte; jetzt würden diese Fische Neufundland gehören. Die Regierung ging gezielt daran, den Ausbau der Hochseefischerei zu fördern und erwarb sogar ein eigenes größeres Unternehmen, das den Fisch mit Schleppnetzen fing und verarbeitete.

Inmitten all dieses Jubels bat man die DFO-Biologen um eine Vorhersage, wie schnell der Kabeljaubestand jetzt zunehmen würde, da er nicht mehr in ausländischen Fabrikschiffen verschwand. Die Bestandssachverständigen standen vermutlich unter erheblichem Druck, und die allgemeine Hochstimmung erfasste wohl auch sie. Auf jeden Fall gaben sie ihr weitere Nahrung. Um die Zunahme des Kabeljaubestands vorherzusagen, mussten sie schätzen, wie viele Jungfische jährlich «rekrutiert» würden. Sie beschlossen, für diese künftige Rekrutierung ab 1977 einen Durchschnittswert wie in den 60er und 70er Jahren anzusetzen. In all jenen Jahren war der Bestand kontinuierlich zurückgegangen, da die Fabrikschiffe die Bänke leer fischten; 1977 belegt die Untersuchung der Daten durch Myers und Hutchings, dass die Zahl der laichenden Kabeljaue vor Neufundland gegenüber 1962 um 94 Prozent niedriger war. Wenn die DFO also für all diese Jahre einen Durchschnittswert annahm, war das äußerst optimistisch.

Es wurde insbesondere angenommen, dass die geringe Zahl laichender Kabeljaue die Größe der neu rekrutierten Jahrgänge nicht verringern würde – mit anderen Worten, dass die Zahl der Mütter nicht mit der der Neugeborenen zusammenhänge. Einem Laien erscheint diese Annahme widersinnig. Sie ist jedoch nicht so unsinnig, wie es sich anhört, wenn man sie auf eine Art wie den Kabeljau anwendet, wo jedes Weibchen mehrere Millionen Eier legt, von denen die meisten eingehen. Begreiflicherweise hängt die Zahl der Eier, die durchkommen, unter Umständen nur von einem glücklichen Zufall in der Umwelt ab – vielleicht davon, wie kalt das Wasser in dem Jahr ist –, gar nicht von der Zahl der gelegten Eier. Es ist ein Zeichen dafür, wie wenig wir über den Kabeljau wissen, dass eine so grundlegende Frage noch immer nicht ausdiskutiert ist; einige Biologen erklären noch immer, dass es kaum einen Zusammenhang zwischen dem Kabeljaunachschub und dem Bestand an laichenden Fischen gibt. Jedenfalls glaubten die Sachverständigen der DFO dies Ende der 70er Jahre und sagten voraus, dass der verringerte Bestand sich rasch wieder erholen werde. Sie erklärten, der Kabeljaufang, der 1978 auf 139 000 Tonnen gefallen war, könne bis 1985 ohne weiteres wieder auf 350 000 Tonnen gesteigert werden – und all das für Neufundland.

Ein paar Jahre hatte die DFO Glück. Die Jahre von 1978 bis 1981 erwiesen sich zufällig als eine Zeit mit vergleichsweise guter Rekrutierung – auch wenn diese nicht so gut war, wie die DFO vorausgesagt hatte. Während dieser Jahre, in denen keine ausländischen Fangschiffe mehr vor Neufundland fischten, nahm dort die Zahl der Kabeljaue zu. Aber das tat auch die Fähigkeit der Neufundländer, Kabeljaue zu fangen. Angelockt durch staatliche Zuschüsse und die optimistischen Einschätzungen der DFO, expandierte die Branche. Die Neufundländer hatten jetzt Schleppnetzfischer – keine Fabrikschiffe, aber doch Schiffe, die groß genug für den Fischfang auf offener See auch bei schlechtem Wetter waren. Und diese Schiffe waren auch mit moderner Navigations- und Sonartechnik ausgestattet, die es den Fischern ermöglichte, Kabeljaue überall aufzuspüren – die großen Laichschwärme zu orten und abzuschöpfen. Das Ziel von 350 000 Tonnen vor Augen, erhöhte die DFO die Fangquote Anfang der 80er Jahre mehrere Male. Doch die Fische waren einfach nicht in den Mengen da, die die DFO angab. Die Behörde spielte den Einpeitscher, weniger den Regulierer.

Obwohl die Fischer nicht einmal so viel Kabeljau fingen, wie die DFO ihnen erlaubte, stellten Myers und Hutchings später fest, dass sie mehr fingen, als die Population verkraften konnte. Die DFO hatte mit einer zu optimistischen Voraussage über die Entwicklung des Kabeljaubestandes begonnen und überschätzte dessen Größe von da an regelmäßig. Da die Behörde 1978 zunächst nur zufällige Forschungserhebungen durchgeführt hatte, verließ sie sich anfangs auf die kommerziellen Fischfangdaten – den Fang pro Arbeitseinheit. Das Problem dabei ist, dass die Fischer ihre Fangrate selbst dann steigern können, wenn die Fischpopulation gleich bleibt oder gar zurückgeht. «Es sind geschickte Leute, die sehr schwer arbeiten, um ihren Unterhalt durch den Fischfang zu maximieren», erklärt Myers. «Ihre Leistungsfähigkeit nimmt daher mit der Zeit zu. Die Bestandsprüfer glaubten, die Kabeljaupopulation werde merklich wachsen; sie hielten die Fischsterblichkeit für gering. Aber die Kanadier wurden zunehmend vertrauter mit der Hochseefischerei, und die Fischtrawler wurden immer leistungsfähiger.»

Mitte der 80er Jahre wurde das Problem mit den DFO-eigenen Daten offenkundig – jedenfalls den Kritikern außerhalb. Nachdem die meisten Fische der späten 70er und frühen 80er Jahre tot waren, enthüllte die VPA, dass es weit weniger gewesen waren, als die DFO seinerzeit behauptet hatte. Das hieß, dass die Fischer einen sehr viel höheren Prozentsatz der Kabeljaupopulation gefangen hatten, als die DFO angenommen hatte – einen so hohen Prozentsatz, dass die Population kaum in dem Tempo wachsen konnte, das die DFO prognostiziert hatte. 1985 nahm der Kabeljaubestand, wie Myers und Hutchings glauben, vermutlich überhaupt nicht mehr zu. Der lange Weg in die Katastrophe hatte begonnen.

In den nächsten drei Jahren sprach die DFO weiterhin von einem wachsenden Bestand. Erst 1989 erkannte die Behörde ihren Irrtum, aber da war es zu spät. Nirgendwo in der Welt geben Wissenschaftler vor, wie viel Fisch gefangen werden muss; das ist letztlich eine politische Entscheidung. Die politische und wirtschaftliche Dynamik hinter der expandierenden Fischerei Neufundlands war 1989 zu stark. Der Minister für das Fischereiwesen, der nicht Tausende von Menschen arbeitslos machen wollte, lehnte den schockierenden Rat seiner Bestandssachverständigen ab, die Kabeljauquote für 1989 sofort um über die Hälfte auf 125 000 Tonnen zu kürzen. Stattdessen kürzte er sie nur auf 235 000 Tonnen. «Politisch ist es sehr schwer, den Fischfang zu reduzieren», sagt Myers.

«Zum Teil deshalb, weil Unsicherheit herrscht – man beschwört große wirtschaftliche Not herauf und ist sich nicht sicher. Es gibt zahlreiche Möglichkeiten, sich zu irren. Der Irrtum wies jedoch in die andere Richtung – es gab noch weniger Fische und eine noch höhere Sterblichkeit, als die DFO angenommen hatte.»

Selbst nach ihrem Sinneswandel 1989 schätzte die DFO den Kabeljaubestand weiterhin zu hoch ein. «Die Forschungserhebungen sind offenbar zu hoch gewesen», erklärt Myers.

> «Doch dem Anschein nach waren sie in Ordnung, und die kommerziellen Fangdaten wurden nicht genau untersucht. Sie waren zwar nicht sehr klar, zeigten aber einen Rückgang. Die Analyse dieser Daten war total verpfuscht. Man fing also bereits zu viel Fisch, aber aufgrund des Fehlers wurde sogar erheblich zu viel Fisch gefangen.
>
> Und als die Kabeljaupopulation schließlich abnahm, versuchten die Leute, ihre Fangraten aufrechtzuerhalten, um ihr Einkommen zu halten. Also intensivierten sie ihre Fangbemühungen. Die Küstenfischer fuhren in kleinen Booten 150 Kilometer

aufs Meer und setzten Grundwandnetze – sie arbeiteten unter unglaublich gefährlichen Bedingungen. Der Fischbestand ging folglich noch schneller zurück, was die Fischer zwang, noch intensiver zu fischen. Viele waren der Meinung, dass die fischereiliche Sterblichkeit zu hoch sei. Aber niemand ahnte, in welchen Größenordnungen sich das abspielte. Statt des Zweieinhalbfachen dessen, was erwünscht gewesen wäre, war die Sterblichkeit fünfmal zu hoch. Und bei einer so hohen Sterblichkeit kann der Bestand ganz schnell zugrunde gehen.»

1991 fingen die neufundländischen Fischer nach Berechnungen von Myers und Hutchings über die Hälfte der Kabeljaue in ihren Gewässern, etwa 180000 Tonnen. Im Dezember desselben Jahres empfahl die DFO, für 1992 die gleiche Mange als Fangquote zuzulassen.

Doch dazu kam es nie: Im Juli 1992 sah sich der Minister gezwungen, die Kabeljaufischerei vollkommen einzustellen. Zu dem Zeitpunkt gab es so gut wie keine Kabeljaue im Laichalter mehr, also Tiere, die sieben Jahre und älter gewesen wären. Es wurden noch 22000 Tonnen gefangen, nicht einmal ein Viertel dessen, was man 1977 gefangen hatte, nachdem die Fabrikschiffe sich ausgetobt hatten, und vielleicht ein Achtzigstel dessen, was es 1962 gegeben hatte. Neuere Untersuchungen haben offenbar bestätigt, dass die ursprüngliche Annahme der DFO – dass es trotz weniger Mütter viele junge Kabeljaue geben kann – Wunschdenken war. Zum Ende des Jahrtausends hatte der Kabeljaubestand einige Anzeichen einer Erholung gezeigt, und das Stillhalteabkommen blieb in Kraft, ausgenommen ein kleiner Fischereibereich vor der Südküste Neufundlands. 30000 Menschen von insgesamt 570000 verloren ihren Arbeitsplatz.

Diejenigen, die für die Einschätzung und Bewirtschaftung des neufundländischen Kabeljaubestandes verantwortlich waren, sehen das Ganze nicht so wie Ransom Myers und Jeffrey Hutchings. Sie meinen, 1991 sei etwas Unvorhergesehenes geschehen – «ein plötzlicher, drastischer und unerwarteter» Rückgang bei den Kabeljauen, wie einige DFO-Biologen es in ihrem Abschiedsbericht nannten. Vielleicht wurde das Wasser für Kabeljaue zu kalt; vielleicht wurden sie die Beute von Sattelrobben. «Einige meinen, es habe wirklich sehr viele Fische da draußen gegeben», sagt Myers. «Und ganz unvermittelt gingen sie dann ein oder sonst was, ohne dass Kadaver gefunden worden wären. Unser Verschulden war es nicht, es lag an der Umwelt – die Umwelt änderte sich. Ich halte das für totalen Unsinn.»

Für diese Aussage gegenüber einem kanadischen Journalisten wurde Myers von der DFO offiziell gerügt. 1997 verließ er das Ministerium und folgte Hutchings nach Dalhousie. Inzwischen hatte die DFO beschlossen, die Robbenjagd zu subventionieren; 1996 erhöhte sie die Quote für Sattelrobben auf 250000 Tiere, zum Teil aus Sorge, die wachsende Robbenpopulation könne eine Rückkehr des Kabeljaus verhindern. Bei den wenigen noch verbliebenen Kabeljauen war das keine ganz unvernünftige Annahme. Aber sehr viele Daten, die sie gestützt hätten, gab es nicht.

– – –

Neuengland blieben zwei Jahre, von Neufundland zu lernen, aber die Verantwortlichen dort lernten nichts. Dort waren die Anteile immer kleiner gewesen. Die Georges Bank und der Golf von Maine hatten nie auch nur annähernd so viel Kabeljau aufzuweisen wie die Grand Banks, wo die Fischer von Gloucester ohnehin fingen. Außerdem war es lange her, dass der Fischfang für die Wirtschaft Neuenglands so wichtig war wie für die neufundländische. An Orten wie Gloucester und New Bedford hat er allerdings immer noch einiges Gewicht. Die lange Geschichte des Kabeljaufangs hätte Grund genug sein sollen, ihn nicht einfach untergehen zu lassen.

Nach 1977 und der Einrichtung der 200-Meilen-Zone erlebte die Fischwirtschaft in Neuengland die gleiche Euphorie wie Neufundland. Die Fischer von Neuengland hatten den Kongress massiv bearbeitet, die ausländischen Fischtrawler zu verjagen, und erwarteten nun, eine Goldgrube vorzufinden. Zwischen 1977 und 1983 stieg die Zahl der Boote, die von Häfen in Neuengland aus fischten, von 825 auf 1423. Die neuen Boote waren größer und mit den modernsten elektronischen Geräten zum Orten von Fischen ausgestattet. Wie vor Neufundland hatten die Fische keine Chance. Allein an der Georges Bank erreichte der Kabeljaufang 1982 einen Spitzenwert von über 53 000 Tonnen. Danach ging es bergab. Als der Bestand abnahm, stieg die durch den Fischfang bedingte Sterblichkeit, genau wie in Neufundland. Der Unterschied liegt darin, dass die Fischereibiologen in Neuengland wussten, dass es die ganze Zeit so war, und es auch sagten.

Der Magnuson Fishery Conservation and Management Act von 1976 verpflichtete den NMFS, die verschiedenen Fischbestände zu überprüfen und ihre Bewirtschaftung zu überwachen. Empfehlungen zu Beschränkungen des Fischfangs wurden jedoch, wenn überhaupt, acht regionalen beratenden Räten überlassen, die überwiegend aus Vertretern der Fischindustrie bestanden – Fischverarbeiter, führende Mitglieder des Fischereiverbandes und Fischer selbst. In den 80er Jahren erwies sich der Rat von Neuengland als entweder nicht bereit oder nicht fähig, den Fischfang zu regeln. Eine der ersten Maßnahmen bestand 1982 sogar darin, Fangquoten auszusetzen. Ziel, so hieß es, sei ein einfacheres System von Bestimmungen, das der Fischerei erlaube, «nach Maßgabe der eigenen inneren Kräfte vorzugehen».

Genau das tat die Fischindustrie auch, je weiter das Jahrzehnt fortschritt, und als Wissenschaftler des NMFS vor rückläufigen Beständen an Kabeljau, Schellfisch und Gelbschwanz-Flundern warnten, ergriff das beratende Gremium keine wirksamen Maßnahmen. Das änderte sich erst 1991, als eine Klage der Conservation Law Foundation den Rat zum Handeln zwang. Auf richterliche Verfügung begann er, sich mit Bestimmungen zu befassen, die von den Fischern verlangten, die Zahl der auf See verbrachten Tage fünf Jahre lang um zehn Prozent zu verringern – das Ziel war, die Fangbemühungen und vermutlich auch die fangbedingte Sterblichkeit zu halbieren. Die Fischer protestierten; das System der regionalen Räte lasse die Füchse in den Hühnerstall und schaffe es gleichzeitig, dass die meisten Fischer sich nicht vertreten fühlten. Dennoch traten die neuen Bestimmungen, der Ergänzungsantrag 5, im Mai 1994 in Kraft.

Drei Monate später erklärte der NMFS, dass diese Beschränkungen in keiner Weise ausreichten, den Kabeljau an der Georges Bank zu retten – vom Schellfisch und den Gelbschwanz-Flundern ganz zu schweigen, deren Bestände bereits vernichtet waren. 1993 hatte eine Erhebung des NMFS ergeben, dass die Fischer 55 Prozent der auf der Bank lebenden Kabeljaue gefangen hatten. Nur eine sofortige Fangbeschränkung «auf gegen null tendierende Werte» konnte den Bestand jetzt noch retten. Im Dezember 1994 führte der NMFS Notbestimmungen durch, um große Teile der Georges Bank – die Bereiche, wo sich die letzten Kabeljaue zusammendrängten – für die gesamte Grundfischerei zu sperren, während das beratende Gremium von Neuengland sich um eine langfristige Lösung bemühte. Darum ging es beim Treffen des Rats in Peabody Ende 1994, darum, wieder auf die Beine zu kommen.

Unter den Zuhörern saß an diesem Tag auch der NMFS-Wissenschaftler Andrew Rosenberg, der kurz zuvor zum Leiter der Abteilung für Fischereifragen in Gloucester ernannt worden war. Erfahrungen mit der Situation in Neuengland hatte er jedoch schon seit längerem; Anfang der 90er Jahre war er der Verbindungsmann des NMFS zum Fischereirat gewesen und hatte die Aufgabe gehabt, die Ratschläge der Wissenschaftler weiterzugeben. In der Mittagspause der ganztägigen Sitzung machte Rosenberg sich Gedanken über das ernüchternde Scheitern, dessen Zeuge er geworden war. «Als der Magnuson Act erlassen wurde», sagte er,

> «war das Hauptanliegen die Amerikanisierung der Fischerei. Das Gesetz brachte alle Voraussetzungen mit, mehr als das zu erreichen. Es hatte die Möglichkeit, starke Bestimmungen durchzusetzen. Doch in Neuengland herrschte die Einstellung: ‹Jetzt sind wir die Ausländer los, jetzt sind wir dran.› Und so kam es zu einem sehr schnellen Ausbau der Fischfangkapazitäten. Und jetzt sind wir an dem Punkt angekommen, wo man, wenn man nicht völlig blind ist, nicht mehr behaupten kann, der Bestand sei in guter Verfassung, denn er hat sich fast völlig aufgelöst. Und doch gibt es immer noch Leute, die sagen: ‹Wir wollen keine direkte Kontrolle darüber, wie viel wir fangen.›»

Die schreckliche Ironie beim Überfischen ist, wie Rosenberg oder jeder andere Fischereiwissenschaftler erklären wird, die: Wenn man das Überfischen irgendwie stoppen könnte, sodass die Fischbestände wieder zunähmen, und wenn die Fischer mit einer Quote fingen, die unter der Wachstumsrate der Bestände läge, könnten sie mit weniger Mühe mehr Fische fangen. In Neuengland haben der NMFS-Wirtschaftler Steven Edwards und der Populationsbiologe Steven Murawski geschätzt, dass Überfischung die Volkswirtschaft im Jahr hundertfünfzig Millionen Dollar an Grundfischen kostet, die nie eine Chance hatten geboren, geschweige denn gefangen zu werden. Für die gesamten Vereinigten Staaten ist dieser Verlust auf ungefähr zwei Milliarden Dollar pro Jahr beziffert worden. «Es ist wie mit den Zinsen bei einem Bankkonto», erklärte Rosenberg.

«Wenn Ihr Konto fünf Prozent Zinsen abwirft und Sie jedes Jahr zehn Prozent entnehmen, was passiert dann mit dem Konto? Es fällt wie ein Stein. Wenn Sie jährlich drei Prozent entnehmen und fünf Prozent Zinsen bekommen, wächst es an. Und drei Prozent von einem hohen Betrag ist mehr als zehn Prozent von einem sehr kleinen.

Als der Ergänzungsantrag 5 zum ersten Mal erörtert wurde, hätte er wahrscheinlich etwas für den Kabeljau bewirken können. Es gab Ende der 80er Jahre einige gute Jahrgänge, die der Produktion hätten helfen können. Wenn damals schnell irgendein Schutz erlassen worden wäre, wenn irgend jemand gesagt hätte: ‹Halt, da tut sich etwas, lasst uns, statt noch intensiver zu fischen, eine Pause machen, damit uns das beim Aufbau eines neuen Bestands hilft› – wenn sie das getan hätten, sähe es heute vergleichsweise gut aus. Doch als der Ergänzungsantrag 5 in Kraft trat, waren die guten Jahrgänge vorbei. Es ist wieder wie bei dem Bankkonto. Wenn man sein Geld auf der Bank hat und plötzlich eine kleine Erbschaft macht, kann man entweder alles in einem Jahr durchbringen oder es zusammenhalten. Mit der Zeit ergeben fünf Prozent von der Erbschaft ein hübsches Sümmchen, und man kann lange davon zehren. Im vorliegenden Fall hat man sich entschlossen, alles durchzubringen.»

– – –

Was ist zu tun? Die wenigen Kabeljaue, die noch übrig sind, geben bereits ihr Bestes – sie jagen immer noch Kapelane und Heringe, sie stemmen sich immer noch gegen die Strömung bei den Bänken, sie steigen immer noch paarweise aus ihren dezimierten Schwärmen auf, um sich im grauen, unruhigen Atlantik zu paaren. Zumindest bei der Georges Bank reagieren sie, so wie die Biologen es erwarten würden, auf einen Räuber, der sie abschlachtet: Sie laichen früher – jetzt schon mit zwei Jahren statt mit drei. Aber trotz fünfjähriger Fangbeschränkungen hat sich der Bestand nicht erholt. Seit Frühjahr 2000 ist der größte Teil der Georges Bank für den Fischfang gesperrt, und auch im benachbarten Golf von Maine gelten einschneidende Beschränkungen. Auch dort steht der Kabeljaubestand kurz vor dem Zusammenbruch. Vor Neufundland wird die Erholung nach Aussagen Myers' noch zwanzig Jahre dauern.

Unterdessen ist Neuengland von einer weiteren Fischereikrise betroffen worden. Mitte der 90er Jahre gingen Fischer, die keinen Kabeljau mehr fangen konnten, dazu über, den Gemeinen Dornhai zu jagen, einen Hai, der vorher als «nicht lukrativ» gegolten hatte. «Es hat nie eine Strategie für ein Dornhai-Management gegeben», erklärte ein Fischereibiologe aus Massachusetts kürzlich gegenüber dem *Boston Globe*. «Wir haben diese Fischer dazu angehalten, den Druck vom Kabeljau zu nehmen.» Der amerikanische Dornhai landete immer häufiger in britischen Fish-and-Chips-Buden und asiatischer Haifischflossensuppe. 1999 holten die Fischer 50 Millionen Pfund Dornhai aus dem Atlantik. Aber wie sich herausstellte, vermehrt sich der Dornhai langsam – die Weibchen, auf die die Fischer es besonders abgesehen haben, weil sie größer sind, werden erst mit dreizehn Jahren geschlechtsreif, und ihre Tragezeit beträgt fast zwei Jahre. Jetzt erklären die Sachverständigen, der Dornhaibestand sei gefährdet. Im April 2000 verkündeten sie, dass die Fangquote um über neunzig Prozent gekürzt werden müsse.

Überfischen vernichtet nicht nur einzelne Bestände, es kann ganze Ökosysteme verändern. Ein Bericht von Wissenschaftlern aus Britisch-Kolumbien und von den Philippinen aus dem Jahr 1998 hat mit Nachdruck veranschaulicht, in welchem Ausmaß das zu einem weltweiten Problem geworden ist. Über die Hälfte der kommerziell lohnenden Fischbestände der Welt sind durch Überfischen bedroht, wenn sie nicht schon erschöpft sind wie die Kabeljaubestände. Das war bereits allgemein bekannt. Aber Daniel Pauly von der University of British Columbia und seine Kollegen kamen einem anderen Trend auf die Spur: der Tendenz, das «Nahrungsgewebe nach unten zu fischen» und kleinere, Plankton fressende Tiere wie Kapelane, Hering oder gar Krill zu fangen statt der höher angesiedelten Raubfische wie Kabeljaue. Die Forscher untersuchten globale Statistiken der Food and Agricultural Organization (FAO), der Ernährungsbehörde der Vereinten Nationen, aus den Jahren 1950 bis 1994, und kamen zu dem Schluss, dass es beim Nahrungsgewebe der Fische, die gefangen werden, einen allmählichen, aber stetigen Abstieg in der durchschnittlichen Rangordnung gegeben hat. «Wenn es ungehindert so weitergeht, haben wir am Ende vielleicht einen marinen Schrottplatz, auf dem das Plankton herrscht», erklärte Pauly gegenüber *Science*. Dann würde es bestimmt schwieriger, zusammengebrochene Bestände der größeren Fische wiederherzustellen.

Die Verbraucher in Nordamerika haben noch nicht sonderlich unter dem Zusammenbruch der Kabeljaubestände im Atlantik zu leiden; als Alternative stehen gegenwärtig Kabeljau und Schellfisch aus dem Pazifik zur Verfügung, die von Fabrikschiffen vor Alaska abgefischt werden. Als Steuerzahler haben sie allerdings für das Missmanagement im Fischereiwesen bezahlen dürfen. Die US-Regierung hat über 60 Millionen Dollar für verschiedene Programme bereitgestellt, mit denen die Not der Fischer von Neuengland gelindert werden sollte, darunter auch ein Programm zum Aufkauf ihrer Boote, also Geld dafür, dass sie nicht fischen. Kanada mit dem größeren Problem und einer langen Tradition in Ausgleichszahlungen für arbeitslose oder saisonal unbeschäftigte Fischer hat über eine Milliarde Dollar ausgegeben. Wenn öffentliche Naturreichtümer einer Personengruppe anvertraut werden, die sie exklusiv ruinieren darf und der man dann Geld geben muss, damit sie damit wieder aufhört, kommt natürlich ein tiefes Unbehagen auf. Darin sind sich die meisten Menschen einig, nicht aber darin, was man tun soll.

Die Wirtschaftswissenschaftler sagen, das Problem mit der aktuellen Fischereiwirtschaft sei der offene Zugang: Solange die Ressource frei und für jeden zugänglich ist, wird sie von niemandem geachtet, und rücksichtlose Ausbeutung ist die zwangsläufige Folge. Fische sind in den Vereinigten Staaten tatsächlich die einzige natürliche Ressource, die noch in großem Stil verschenkt wird; selbst Viehzüchter und Nutzholzunternehmen zahlen, wenn auch geringe, Gebühren für die Nutzung öffentlicher Ländereien. Viele Ökonomen sehen die Lösung darin, die Fische ein für alle Mal wegzugeben oder sie zu versteigern: irgendeine Form des Privateigentums zuzulassen, entweder an den Fischen selbst oder am Recht, eine bestimmte Menge fangen zu dürfen. Diese Eigentumsrechte könnten dann frei ge- und verkauft werden. Mit der Zeit würden die leistungsfähigeren Fischer – oder wahrscheinlich Fischereiunternehmen – vermutlich die weniger leistungsfähigen aufkaufen, sodass die gesamte Leistungsfähigkeit theoretisch letztlich den Verbrauchern zugute käme. Gleichzeitig könnte man von Fischern, die etwa einen Eigentumsanteil an Kabeljauen der Georges Bank haben, einen sorgsameren Umgang mit den Ressourcen erwarten.

Anthropologen, die sich mit Fischerei beschäftigen, werden sich wahrscheinlich eher als Wirtschaftler Sorgen wegen der Auswirkungen von zu viel wirtschaftlicher Leistungsfähigkeit machen – etwa darüber, was aus den traditionellen Fischereigemeinden wird, wenn Großunternehmen die Fangrechte aufkaufen. Aber auch sie neigen zu der Meinung, dass der Fischfang vernünftiger verwaltet würde, wenn weniger Macht von Behörden wie der DFO und NMFS ausgeübt würde und mehr in den Händen lokaler Fischergruppen läge. Das Problem bei einem solchen Vorgehen in einer so mannigfaltigen Fischereiwirtschaft wie der von Neuengland liegt darin, dass die Fischerei nicht lokal ist und die dortigen Fischer sich in vielem nicht einig sind. Bei der Georges Bank und im Golf von Maine fischen Neuengländer aus Maine, Italiener aus Gloucester und Portugiesen aus New Bedford. Madeleine Hall-Arber, Anthropologin am MIT, untersuchte vor einigen Jahren diese Vielschichtigkeit und fragte die Fischer unter anderem, warum die Bestände ihrer Meinung nach zurückgegangen seien. «Fischer geben im Allgemeinen der Umweltverschmutzung und globalen Erwärmung die Schuld», schloss sie, aber auch «Fischern, die anderes Gerät benutzen, und Fischern anderer ethnischer Gruppen.» Bei der Zusammenkunft Ende 1994 in Peabody meldete sich ein Fischer von Cape Cod zu Wort und empfahl, durchaus einleuchtend, eine mandatierte Rückkehr zum Fischfang mit Haken und Leine; ein mit Wandnetz arbeitender Fischer aus Maine verlangte ein Verbot der Schleppnetzfischerei im Golf von Maine; und die Schleppnetzfischer aus Gloucester verwahrten sich vehement gegen derartige «diskriminierende» Versuche.

Die meisten Fischer in Neuengland und auf Neufundland müssen sich darüber klar werden, dass ihre Lebensart gefährdet ist. Aber die meisten sind alles andere als wohlhabend, und viele wettern gegen Einschränkungen. Die Freiheit zu arbeiten, wann und wie man will, ist einer der Aspekte, die den Menschen überhaupt zur Fischerei ziehen, und in einer Zeit, in der «Rechte» Hochkonjunktur haben, ist das «Recht» auf den Fischfang eines der älteren. Die Kabeljaukrise macht leider klar, dass die Welt zu klein und wir selbst zu viele geworden sind, als dass ein solches Recht noch anerkannt werden kann. Es ist ein Vorrecht, das missbraucht worden ist, und das ist schwer hinzunehmen.

«Sie sprechen vom Lebensunterhalt der Menschen», sagt Andrew Rosenberg vom NMFS.

«Ein Wissenschaftler sieht es stark vereinfacht: ‹Die Fangquote sollte so sein, aber das ist sie nicht, und deshalb müsste sie herabgesetzt werden.› Aber wenn man sie herabsetzt, wer verlässt dann die Branche, wer muss wegziehen und wer wird arbeitslos? Der Blick des Wissenschaftlers ist stark vereinfachend, und ich glaube, die meisten Wissenschaftler erkennen das auch. Sie erwarten nicht, dass sich jeder jedes Mal tief verneigt, wenn es heißt: ‹Ihr solltet dies oder das tun›.

Die Schwierigkeit ist allerdings die, dass es irgendwo eine biologische Grenze gibt. Als ich noch Verbindungsmann zum Rat von Neuengland war, nannte ich meine Arbeit ‹Eintausend Arten, wie man sagt, Ihr fangt zu viele Fische›.Von mir wurde erwartet, die wissenschaftlichen Empfehlungen weiterzugeben – und das hieß immer: ‹Ihr fangt zu viele Fische. Zu viele Fische sterben infolge des Fischfangs. Die Fische sterben schneller als sie sich fortpflanzen.› Man kann es auf tausend Arten sagen, aber es läuft immer auf dasselbe hinaus.»

Überall in der Welt haben die Menschen versäumt, auf diese Botschaft zu hören; überall in der Welt stoßen die Menschen durch eine Mischung aus Verzweiflung und Gier, Unwissenheit und Missmanagement auf die Grenzen der Fischbestände, die einmal grenzenlos schienen. Trotzdem ist es immer noch unfassbar, dass es dem Kabeljau widerfahren sollte – dem unerschütterlichen, fruchtbaren, unverwüstlichen, nicht zu zählenden Kabeljau, dem Rind der Meere. Es ist unfassbar, gerade weil wir den Kabeljau nie wirklich heilig gehalten haben, die echten Tiere aus Fleisch und Blut ohnehin nicht. Obwohl wir sie kaum kannten, hielten wir sie für selbstverständlich – so wie die Jäger einst den Büffel für selbstverständlich hielten, als die Prärie schwarz von ihnen war. Es ist kein großes Geheimnis, was mit den Büffeln geschehen ist, auch nicht, was mit dem Kabeljau vor der Nordostküste Amerikas geschehen ist. Männer wie die in jenem Ballsaal des Holiday Inn – die letzten Büffeljäger – haben sie gefangen. Und wir übrigen haben sie verspeist.

13. Kapitel WIE DIE WASSER FLIESSEN

Vor unserem geistigen Auge können wir sie fast komplett verfolgen, die Reise, die das Meerwasser rund um die Welt macht. Wir können uns auch vorstellen, uns selbst auf diese Reise zu begeben.

Die Reise beginnt nördlich von Island, sagen wir 150 Kilometer vor der Küste von Grönland, an einem schwarzen Winterabend. Der Westwind heult schon seit Tagen vom Eiskap her, treibt uns auf wild schäumende Brecher zu, saugt uns das letzte Bisschen Wärme aus dem Körper, stiehlt es für Skandinavien. Wir frieren und sind erschöpft und nur noch mit der einen Erinnerung beladen, die uns von der Nordpassage durch die Tropen geblieben ist: eine große Ladung Salz. Es lastet jetzt auf uns, verlockt uns aufzugeben, genauso wie die grimmige Kälte. Schließlich kommt jener Abend, an dem wir, so dicht und kalt, dass wir fast so weit sind, uns im Nu in Eis zu verwandeln, nicht länger widerstehen können: Wir beginnen zu sinken. Langsam zuerst, aber mit zunehmender Geschwindigkeit, da immer mehr von uns hinzukommen, und als klar wird, dass nichts uns mehr hält – kein Wasser unter uns, das dichter wäre als wir. Wir fallen frei durch das stille Dunkel, bis wir den Grund erreichen, zweieinhalb Kilometer tief.

Dort stoßen wir auf einen Pool mit unseresgleichen – ein Pool mit kaltem, salzhaltigem Wasser, welches das Grönland- und das norwegische Becken füllt. Von Zeit zu Zeit schwappt der Pool über die Beckenränder, ein untermeerischer Rücken, der sich zwischen Grönland, Island und Schottland erstreckt. Dann beginnt der Fall aufs Neue. Nur ist es jetzt kein Gleiten mit dem Fallschirm mehr, sondern ein Sturz kopfüber, den Hang hinunter und rasend wie ein Gebirgsbach, aber sehr viel mächtiger, mächtiger noch als selbst der Niagara: ein gigantischer Wasserfall unter Wasser, der in Stufen über Lavahaufen und Sedimentablagerungen in den atlantischen Abgrund stürzt. Während wir fallen, ziehen wir flacheres Wasser hinter uns her. Als wir die Breite von Neufundland erreichen, gesellt sich auf unserer rechten Flanke eine Kohorte aus der Labradorsee zu uns, wo die Winter ebenfalls gnadenlos sind; dieses Wasser ist nicht ganz so dicht wie wir, siedelt sich über uns an, strebt nach Süden den nordamerikanischen Hang entlang. Bei den Bermudas werden unsere Reihen von links verstärkt durch warme Wasserwirbel aus dem Mittelmeer, die noch salzhaltiger sind als wir; wie Frisbees segeln sie aus der Straße von Gibraltar quer über das Meer, um sich uns anzuschließen. Wasser aus Grönland, Wasser aus Labrador, Wasser aus dem Mittelmeer – alle treten wir an, und allmählich vermischen wir uns: Wir sind jetzt nordatlantisches Tiefenwasser. Salz aus dem Mittelmeer tränkt uns wie ein Farbstoff. Bei jedem Schritt auf dem Weg verlässt einige von uns der Mut, und sie kehren um – zurück nach Norden, hinauf zur Oberfläche. Dennoch rückt unser mächtiges Heer vorwärts, 80 Amazonas marschieren über den Meeresboden, zum Äquator und über ihn hinaus.

Auf dem ganzen Weg durch den Südatlantik bleibt unsere Armee intakt, hält sich nahe am Westhang des Meeresbeckens. Doch diese beruhigende Führung hört dort auf, wo auch Südamerika aufhört, und im stürmischen Südpolarmeer werden wir von der großen Zentrifuge zerstreut, der Moulinex, der Kreissäge – welches Bild könnte dem Antarktischen Zirkumpolarstrom gerecht werden? Er treibt von

Westen nach Osten um den gefrorenen Kontinent, berührt alle Meere, aber nie Land, das ihn aufhalten könnte, führt das Wasser nicht von 80, sondern von 800 Amazonas mit sich. Er vermischt die Gewässer der Erde, verwischt ihre regionalen Wurzeln. Diejenigen von uns, die aus dem Nordatlantik kommen, werden vor der Antarktis an die Oberfläche gezerrt, wo wir einen Schwall Kälte mitbekommen und rasch wieder sinken. Jetzt verteilen wir uns nach Norden in alle Meere, meistens in einer Tiefe von etwa 800 Metern – einige zurück in den Atlantik, einige in den Indischen Ozean und viele von uns in den Pazifik. In diesem riesigen, leeren Becken treiben wir nordwärts, halten uns nah an Westhänge, wo wir können, bis wir den Äquator erreichen; dort teilen die Passatwinde die Wasser, und tropische Hitze mischt sich unter uns, treibt uns an die Oberfläche. Es wird Zeit, sich wieder heimwärts zu wenden.

Jetzt kommt das Gewirr bei Indonesien: Wir werden südlich an den Philippinen vorbei und durch die Makassarstraße zwischen Borneo und Sulawesi geschleust, nur um auf eine fast lückenlose Wand aus Inseln zu prallen. Einige von uns nehmen den Weg an Bali vorbei durch die unglaublich enge Lombokstraße, wir übrigen entscheiden uns für den östlichen Umweg um Timor herum. Dann endlich in den offenen Indischen Ozean – wir halten auf Afrika zu, nehmen Salz auf aus den warmen Untiefen des Arabischen Meeres wie einst aus dem Mittelmeer. Nun nach Süden die Küste von Mosambik hinunter, wo wir beschleunigen und uns vorbereiten auf die Rückkehr in den heimatlichen Ozean; doch die Umrundung des Kaps der Guten Hoffnung ist für Wasser nicht einfacher als die Fahrt um Kap Horn für Seeleute. Wieder und wieder werden wir zurückgeworfen. Nur dadurch, dass wir uns in Wirbeln von der Hauptströmung lösen, gelingt es einigen von uns, sich verschämt in den Südatlantik zu schleichen. Dort gesellt sich Wasser zu uns, das sich nie mit Indonesien und Afrika abgeben musste, sondern den kälteren und kürzeren Weg um Südamerika durch die Drakestraße genommen hat.

Ein letztes Hindernis bleibt uns allen: der Äquator, wo wir die zwölfspurige Autobahn der von Osten nach Westen ziehenden Oberflächenströmungen queren müssen, die durch die Passatwinde hervorgerufen werden. Wir schaffen es wieder in riesigen Wirbeln, die uns an der brasilianischen und venezolanischen Küste entlang nach Norden drehen und uns schließlich in der Karibik zerreißen. Dabei kippen sie uns in den Golfstrom an dessen Ursprung vor Florida. Das ist nun endlich der Weg nach Hause; vor uns wird Island sichtbar. Tausend Jahre sind vergangen seit unserer Abreise.

Die Meereskundler nennen diese Reise um die Welt die thermohaline Zirkulation, weil sie vor allem von Temperatur und Salzgehalt bestimmt wird, den beiden Eigenschaften, welche die Dichte des Meerwassers ändern und dafür sorgen, dass es steigt oder sinkt und sich oben oder unten im Meer ausbreitet. Die thermohaline Zirkulation ist weit mehr als eine Besonderheit der Natur. Sie bringt Sonnenwärme aus den Tropen in die hohen Breitengrade und hält damit zum Beispiel Europa warm und bewohnbar. Es spricht einiges dafür, dass sie im Wesentlichen schon seit dem Miozän aktiv ist, mindestens aber seit drei Millionen Jahren, als der Isthmus von Panama auftauchte und den Atlantik vom Pazifik trennte. Wenn man ihr Alter und ihre enorme Kraft bedenkt, möchte man meinen, dass nichts außer einer Kontinentalverschiebung die thermohaline Zirkulation ändern könnte. Und man könnte den Gedanken als abwegig abtun, dass ausgerechnet der Mensch ihr etwas anhaben könnte. Tatsächlich aber sind wir vielleicht schon dabei, die Zirkulation zu unterbrechen, mit Folgen, die wir nur dunkel erahnen können.

– – –

Die wichtigen wissenschaftlichen Grundlagen der thermohalinen Zirkulation sind seit zweihundert Jahren bekannt. Entdeckt wurde sie 1797 von Benjamin Thompson, Graf Rumford, der trotz seines Titels ein in Armut aufgewachsener Amerikaner war. 1774 war Thompson von einer aufgebrachten Menge aus Rumford (heute Concord) in New Hampshire verjagt worden, die ihn der Sympathien für die Tories verdächtigte – zu Recht, wie sich herausstellte – und ihn teeren und federn wollte. Thompson verließ seine Frau und die kleine Tochter (er hatte wegen des Geldes geheiratet) und wurde britischer Spion, bis er ein Jahr später nach London fliehen musste. In London pflegte er die Beziehung zu den richtigen Leuten und gelangte zu Ansehen; Georg III. schlug ihn sogar zum Ritter. Doch erst in Bayern, wohin er 1784 ging, um dem lokalen Herrscher als Kriegsminister zu dienen, wurde er Graf des Heiligen Römischen Reichs. Er wählte den Titel Graf von Rumford. Nach allem, was man weiß, war er kein besonders ansehnlicher Mann und auch kein Mann mit einem besonders ausgeprägten Schamgefühl.

Aber Rumford war ein einfallsreicher Mann. Zu seinen zahlreichen Verdiensten gehören das Crouton, eine Filterkaffeemaschine, ein Küchenherd und die Kartoffel, das heißt deren Einführung in Europa. Die Einkleidung und Ernährung der bayerischen Truppen gehörten zu Rumfords Aufgaben – die Croutons sollten die Soldaten daran hindern, die dünne Suppe hinunterzukippen –, aber seine Arbeit hatte auch einen konsequenten geistigen Anspruch: Er interessierte sich für Wärme. Als er sich einmal den Mund an einem Apfelkuchen verbrannte, beschloss er, der Sache auf den Grund zu gehen. Eine zufällige Beobachtung brachte ihn schließlich auf den Weg zu seiner großen Entdeckung.

Rumford hatte ein riesiges Thermometer erhitzt – die kugelförmige, kupferne Erweiterung des Kapillarröhrchens war zehn Zentimeter groß – und dann zum Abkühlen an ein Fenster gestellt. Der Alkohol im Thermometer war flockig, und als Sonnenlicht durch das Glas fiel, bemerkte Rumford etwas Eigenartiges: Die flockigen Partikel bewegten sich – aber nicht einfach so, sondern in einer lebhaften Säule im Zentrum des Thermometers nach oben und an den Seiten wieder nach unten. Rumford hatte Konvektionsströmungen entdeckt. Sie waren sicher schon vorher beobachtet worden, wenn von niemandem sonst, dann von Köchen, die an Töpfen mit kochender Suppe standen, aber Rumford war offenbar der Erste, der wissenschaftliche Notiz von ihnen nahm. Auf jeden Fall erfasste er als Erster, wie sich Konvektionsströmungen im Meer verhalten könnten und beschrieb sie 1797 in einem Artikel:

> «Wenn das Wasser des Ozeans, das, sobald es von kalten Winden eines großen Teils seiner Wärme beraubt wird, zum Meeresgrund hinabsinkt, beginnt es augenblicklich, sich auf dem Meeresgrund auszubreiten und zum Äquator zu fließen, und das muss notwendigerweise an der Oberfläche eine Strömung in die entgegengesetzte Richtung erzeugen; und es gibt höchst unzweifelhafte Beweise für die Existenz dieser beiden Strömungen.»

Einen dieser Beweise hatte 1751 ein britisches Sklavenschiff vor der drückend heißen Küste Westafrikas erbracht. Kapitän Henry Ellis von der *Earl of Halifax* hatte ein Thermometer in einem Eimer ins Wasser gelassen und festgestellt, dass das Wasser in 1600 Metern Tiefe nur 11 °C hatte. (Tatsächlich liegt die Temperatur, wie wir heute wissen, näher bei 5 °C; das Thermometer von Ellis hatte sich auf dem Weg nach oben wieder erwärmt.) Das kalte Tiefenwasser eignete sich bestens zum Kühlen von Wein und für das Bad des Kapitäns, das, wie Ellis später erklärte, «in diesem sengenden Klima höchst angenehm» war. Rumford erkannte die tiefere Bedeutung der Beobachtung: Es gab keine andere Möglichkeit, so kaltes Wasser in die Tropen zu bekommen, als es von den Polen heranzubringen. Tief unten im Meer musste Wasser zum Äquator strömen, das in hohen Breiten an der Oberfläche abgekühlt worden war.

In den anderthalb Jahrhunderten nach dem weitsichtigen Beitrag Rumfords wuchsen die Kenntnisse der Ozeanographen von der Physik der Tiefseeströmungen nur geringfügig, dafür aber ihr Datenarchiv. Die *Challenger* folgte auf ihrer bahnbrechenden Weltumseglung in den 70er Jahren des 19. Jahrhunderts als Erste der Vorarbeit von Ellis systematisch und umfassend und maß die Temperaturen des Tiefenwassers an Stationen überall in der Welt. Aus Systematisierungsgründen konnten die Expeditionen der *Challenger* und der deutschen *Meteor* allerdings nicht verglichen werden; die *Meteor* dampfte zwischen 1925 und 1927 auf 13 Breitengraden über den Atlantik hin und her, in regelmäßigen Abständen vom 20. Grad nördlicher Breite – unmittelbar unterhalb von Kuba – bis zur Spitze Südamerikas. (Die höheren nördlichen Breitengrade waren damals bereits ziemlich gut erfasst.) Die Mannschaft nahm an 310 Punkten über 9000 Messungen von Wassertemperatur und Salzgehalt vor.

Auch wenn andere Forschungsschiffe auf die *Meteor* folgten, waren es doch vor allem ihre Messungen, die zu dem Bild von der Anatomie des Atlantiks führten, das auch heute noch gilt. Nach diesem Bild entsteht Tiefenwasser nur in wenigen begrenzten Regionen – dort, wo das Oberflächenwasser so dicht wird, dass es sinkt. Und nur an zwei Orten wird Wasser so dicht, dass es bis auf den Meeresgrund sinkt: vor Grönland und im Weddellmeer vor der antarktischen Halbinsel. Der Atlantik gleicht einer Badewanne mit einem Hahn an beiden Enden, der ständig mehr oder weniger stark läuft und sie von unten her füllt. Die beiden Wassermassen, das Tiefenwasser des Nordatlantiks und das Bodenwasser der Antarktis, treffen im Südatlantik aufeinander, wobei Letzteres als das dichtere der beiden den Kampf um den Boden gewinnt. (Es hat eine Temperatur von ungefähr –1 °C, also unter dem Gefrierpunkt von Süßwasser, nicht jedoch von Salzwasser.) Das antarktische Wasser gleitet am Meeresboden in den Nordatlantik; das Wasser des Nordatlantiks strömt nach Süden und schiebt sich über die abfallende Front der kälteren Wassermassen, bis es in der Antarktis an die Oberfläche gelangt. Dort kühlt ein Teil sofort ab, sinkt nach unten und bildet in etwa 800 Metern Tiefe eine neue Wassermasse, antarktisches Zwischenwasser. Auf diese Weise wird der Atlantik zu einer Schichttorte aus Wassermassen, die alle aufgrund ihrer speziellen Kombination von Temperatur und Salzgehalt leicht zu unterscheiden sind.

Die Messungen der *Meteor* deckten all diese Schichten auf. Sie konnten allerdings nur in groben Zügen angeben, wie die Schichten entstanden – wie das Wasser durch die Tiefen des Meeres wanderte. Da ihnen jedes echte physikalische Verständnis fehlte, hielten sich die Ozeanographen an die einfachste Annahme: dass die polaren Wassermassen sich in breiten Fronten und mit der Geschwindigkeit eines Gletschers über das gesamte Meeresbecken zum Äquator wälzten. Tatsächlich schienen die Schichten des Ozeans im Verlauf der Jahre praktisch geologisch in ihrer Beständigkeit zu sein. Auf die Idee, dass es in den Tiefen des Meeres starke Strömungen geben könnte, kam man gar nicht, bis der Ozeanograph Henry Melson Stommel die Szene betrat.

– – –

«Es war ein Tollhaus aufbrausender… zänkischer Frauen. Unter ihnen herrschte kein Frieden.» So weit Henry Stommel über seine Kindheit in Wilmington, Delaware, und später in Brooklyn, wo er während der Weltwirtschaftskrise ohne Vater in der Gesellschaft einer armen, verbitterten Mutter, einer Großmutter, einer geschiedenen Tante und einer Urgroßmutter aufwuchs. «Ich weiß, woher der wilde Dämon in mir kommt, der mich nicht ruhen lässt», schrieb Stommel, «und warum ich mir eine eigene Zuflucht in mir selbst und in der Wissenschaft suchen musste.» Als Stommel Mitte der 80er Jahre dazu bewegt wurde, einen autobiographischen Bericht zu verfassen, war er unter Ozeanographen bereits eine Legende. Niemand hatte in diesem Jahrhundert Grundlegenderes zu dem Gebiet beigetragen, niemand war auf persönliche und kluge Weise auch nur halb so einflussreich gewesen. Die Ozeanographen pilgerten zu Stommel in seinem Farmhaus in Cape Cod, wo er Jahrzehnte an der Woods Hole Oceanographic Institution arbeitete, und erinnerten sich in späteren Jahren lebhaft an ihre kurze Begegnung mit ihm. Er stand nur wenigen von ihnen nahe, war aber mit vielen befreundet, und seine Freundschaft fand oft Ausdruck in geistiger Großzügigkeit – wenn er etwa Ideen weitergab, damit andere daran arbeiten konnten. Stommels Dämon hielt es nie lange bei einem ozeanographischen Problem aus, die ganz großen ausgenommen.

Wenn er sich mit ihnen beschäftigte, kam ihm seine Fähigkeit zur Vereinfachung zugute, die Fähigkeit, den realen aufgewühlten Ozean auf eine formbare mathematische Substanz zu reduzieren. In seiner Autobiographie kam er kurz auf die Frage zu sprechen, woher diese Gabe kommen könnte. «In den Jahren auf der High School entwickelte ich eine Ader für einfache Ideen, die mit nur wenigen Tatsachen wechselwirken, Dinge, die ich komplett im Kopf behalten konnte, ohne dass ich Notizen durchlesen oder sie aufschreiben musste», schrieb er. «Der Grund war wohl die Schwierigkeit, mit einer Brille lesen zu müssen, die falsch verschrieben worden war.» Die Kopfschmerzen, die er vom Lesen bekam, hielten ihn später davon ab, Jura zu studieren, was ein Studienberater in Yale ihm empfohlen hatte (ein Eignungstest für Erstsemester hatte Stommels mangelnde

Befähigung für Naturwissenschaften enthüllt). Als er im Zweiten Weltkrieg aus Gewissensgründen den Wehrdienst verweigerte, trug er sich eine Zeit lang mit dem Gedanken, ein geistliches Amt zu übernehmen. Schließlich entschied er sich doch für eine Arbeit in Woods Hole, wo er Forschung im Rahmen der U-Boot-Abwehr betrieb. Von da war es nach Kriegsende nur ein Katzensprung zu einer Laufbahn in der physikalischen Ozeanographie.

Eine schlechte Brille und eine unglückliche Kindheit sind eine nur unzureichende Erklärung für kreative Genialität – andererseits begünstigt eine Vorliebe für einfache Gedanken nicht zwangsläufig eine aufschlussreiche Autobiographie (Stommels Verleger lehnte seine Bemühungen ab). Vereinfachung war jedoch genau das, was man brauchte, um Fortschritte im Verständnis von etwas so Großem und Fraktalem wie der Meereszirkulation zu erzielen. Als Stommel daran ging, bei seinem praktisch ersten Ausflug in die Ozeanographie die Existenz des Golfstroms zu erklären, stellte er sich das Meer wie einen rechteckigen Kasten mit einem flachen Boden vor.

Damals, im Jahr 1946, wussten die Ozeanographen seit Jahrzehnten, dass Oberflächenströme wie der Golfstrom hauptsächlich von den Winden angetrieben werden. In allen Meeresbecken schieben Passatwinde nahe dem Äquator das Wasser nach Westen, während Westwinde in den mittleren Breiten es nach Osten schieben; das Ergebnis sind mächtige Strömungswirbel, die sich auf der nördlichen Halbkugel im Uhrzeigersinn drehen, auf der südlichen in entgegengesetzter Richtung. Prinz Albert von Monaco, ein begeisterter Meereskundler, hatte bereits in den 80er Jahren des 19. Jahrhunderts den nordatlantischen Wirbel nachgewiesen, und zwar mit Hilfe einer Art Flaschenpost. Er ließ Hunderte von Flaschen und Fässern von seiner Yacht *Hirondelle* in den östlichen Atlantik werfen und machte die Erfahrung, dass viele der darin eingeschlossenen Botschaften von südlich gelegenen Stellen beantwortet wurden. Ein paar Flaschen wurden sogar bei den Westindischen Inseln aufgefischt. Sie waren vom Nord-Äquatorialstrom eingefangen worden, dem südlichen Arm des Wirbels, der den Golfstrom mit Wasser versorgt.

Der Golfstrom ist also gar kein richtiger Strom, sondern lediglich der westliche Rand einer gewaltigen, sich drehenden Wasserlinse. Aber – und das war eines der großen Rätsel der Oberflächenströme, bis Stommel kam – der westliche Rand ist nicht so wie der östliche. Das Zentrum des nordatlantischen Wirbels liegt nicht im Zentrum des Ozeans, genau in der Mitte zwischen Europa und Nordamerika; es ist nach Westen verschoben, in die westliche Sargassosee. Östlich von diesem Zentrum strömt Wasser in einer breiten, trägen, kaum wahrnehmbaren Drift nach Süden – diejenige, die Prinz Albert entdeckt hat. Sie bewegt sich mit einer Geschwindigkeit von lediglich anderthalb Knoten. Im Westen drängt sich die gleiche Wassermasse durch einen sehr viel engeren Kanal und fließt somit schneller, bis zu fünf Knoten an einigen Stellen: Das ist der Golfstrom. Der Golfstrom ist nicht einmalig. Die gleiche Art der starken «westlichen Randströmung» gibt es auch in anderen Meeresbecken. Der Kuro Schio, der an der Küste Japans und Sibiriens nach Norden fließt, ist ein Beispiel, der Agulhasstrom, der an der Ostküste Südafrikas nach Süden fließt und ähnliche Geschwindigkeiten wie der Golfstrom erreicht, ein anderes. Stommel hörte zum ersten Mal etwas von westlichen Randströmungen als einem Problem, über das nachzudenken sich lohne, als er 1946 mit seinem Kollegen Ray Montgomery mit dem Auto von Woods Hole nach Rhode Island fuhr. Wie Montgomery sich später erinnerte, löste Stommel das Problem während einer Raststättenpause bei einer Tasse Kaffee.

– – –

Das heißt nicht, dass seine Überlegungen für den Laien leicht zu verstehen sind; professionelle Ozeanographen haben noch heute gelegentlich Schwierigkeiten, es zu erklären. Aber im Grunde stellte sich Stommel nur vor, wie man ein allgemein gültiges physikalisches Gesetz, den so genannten Satz von der Erhaltung des Drehimpulses, auf die Meereszirkulation anwendet. Den Drehimpuls von allem, was sich dreht, erhält man durch Multiplikation von drei seiner Eigenschaften: seiner Masse, des Quadrats seines Radius und seiner Winkel- oder Drehgeschwindigkeit. Nach dem Erhaltungssatz bleibt der Drehimpuls eines Körpers konstant, solange keine äußeren Drehmomente auf den Körper einwirken. Die Eiskunstläuferin zum Beispiel, die ihre Arme anlegt, verkleinert ihren Radius und muss sich, damit ihr Drehimpuls erhalten bleibt, deshalb schneller drehen. (Wenn sie sich aufgrund des Drehens übergeben müsste und dadurch ihre Masse verringerte, würde sie ebenfalls etwas an Geschwindigkeit zulegen.)

Das marine Gegenstück zur Eiskunstläuferin ist eine vertikale Wassersäule. Da es schwer ist, die Masse und den Radius einer sich bewegenden Wassersäule in einem bewegten Meer festzustellen, sprechen die Ozeanographen von der «Wirbelbewegung» oder Vortizität der Wassersäule, die erhalten wird, statt vom Drehimpuls an sich. Man kann sich die Wirbelbewegung als eine Tendenz zur Rotation denken, und alles Meerwasser hat diese Tendenz, selbst Wasser, das sich nicht im Kreis bewegt, sondern lediglich auf einer gekrümmten Bahn. Es kann eine Tendenz im Uhrzeigersinn oder eine gegenläufige Tendenz sein, und eine Wassersäule kann beide Tendenzen gleichzeitig aufweisen, auch wenn am Ende nur eine sich durchsetzt. Jede Wassersäule bezieht ihre Wirbelbewegung aus zwei Quellen, die sich gelegentlich bekämpfen. Erstens kann der Wind oder eine Kollision mit einem Küstenstrich die Säule relativ zur übrigen Erdoberfläche in eine Drehbewegung um ihre Achse versetzen. Und zweitens hat die Wassersäule einfach aufgrund dessen, dass sie sich auf einem rotierenden Planeten befindet, teil an einer planetarischen Vortizität, die auf der nördlichen Halbkugel gegen den Uhrzeigersinn verläuft, auf der südlichen jedoch im Uhrzeigersinn. Relative plus planetarische Vortizität ergibt die absolute Vortizität der Wassersäule – und sie wird erhalten, solange die Tiefe der Säule unverändert bleibt.

Die zentrale Erkenntnis Stommels bestand darin, dass die planetarische Wirbelbewegung sich mit dem Breitengrad ändert und damit einen großen Einfluss auf die Meeresströmungen hat. (Es ist üblicher, diese Wirkung anhand der Coriolis-Kraft zu beschreiben, aber da diese Kraft fiktiv ist, dreht sich einem dabei der Kopf noch mehr als beim Konzept der Vortizität.) Die planetarische Vortizität einer Wassersäule ist umso größer, je mehr die eigene Drehachse, die senkrecht zur Erdoberfläche steht, mit der Erdachse übereinstimmt – das heißt, je dichter sie an einen der Pole herankommt. Am Äquator beträgt sie null, weil die Achse der Wassersäule dort rechtwinklig zur Erdachse steht. Wenn also eine Wassersäule sich von einem Breitengrad zu einem anderen bewegt, ändert sich ihre planetarische Vortizität. Da ihre Gesamtvortizität gleich bleiben muss, muss sich die relative Vortizität ändern – um den gleichen Betrag wie die planetarische Vortizität, allerdings in die entgegengesetzte Richtung. Die Wassersäule dreht sich schneller oder langsamer, wie die Eiskunstläuferin, die ihre Arme anlegt oder ausbreitet.

Stellen wir uns nun vor, der nordatlantische Wirbel setze sich aus unzähligen derartigen Wassersäulen zusammen, die sich alle im Uhrzeigersinn drehen, wie der Wirbel selbst, wenn die Winde sie antreiben. Die Winde sind eine äußere Kraft, die den Drehimpuls des gesamten Systems erhöht. Aber natürlich können der Wirbel und die

Wassersäulen im System sich nicht einfach ohne Ende immer schneller und schneller drehen. Der Wirbel, den wir heute sehen, hat einen stabilen Zustand erreicht, in dem die Kraft der Winde durch eine andere äußere Kraft ausgeglichen wird: die Reibung. Je schneller die Strömung, desto größer die Reibung. Wenn der Wirbel sich an den Küsten Europas und Amerikas reibt, geht etwas von der rechtsläufigen Wirbelbewegung verloren; das verhindert, dass die Drehbewegung außer Kontrolle gerät.

Wie Stommel gezeigt hat, wird dieser Ausgleich allerdings auf der Ost- beziehungsweise Westseite des Wirbels auf unterschiedliche Art erreicht, dank der Erhaltung der Wirbelbewegung. Wenn sich ein Wirbel auf der Ostseite südwärts zum Äquator bewegt, verliert er *linksläufige planetarische* Vortizität. Damit die Gesamtvortizität aber erhalten bleibt, muss er auch etwas von seiner *rechtsläufigen, relativen* Vortizität verlieren. Die Erdrotation trägt mit anderen Worten dazu bei, dem Wasser etwas von der rechtsläufi-gen, von den Winden vermittelten Drehung zu nehmen. Somit muss die Reibung nicht mehr so viel arbeiten, was erklärt, warum die Strömung in dieser Hälfte des Ozeans breit und träge dahintreiben kann.

Auf der Westseite des Atlantiks – und der anderen Meere – ist die Situation jedoch genau umgekehrt. Wenn Wasser an der amerikanischen Küste nach Norden strömt, vom Äquator fort, nimmt seine linksläufige planetarische Vortizität zu, und um diese auszugleichen, muss auch seine rechtsläufige Vortizität zunehmen. Hier verstärkt der Planet mit anderen Worten die Kraft der Winde und verschärft das Problem, eine ausgeglichene Wirbelbewegung aufrechtzuerhalten. Die einzige Möglichkeit, dass der Wirbel all diese rechtsläufige Vortizität verliert, besteht darin, viel Reibung aufzubauen, was eine starke Strömung verlangt. Ohne sie müsste das Gesetz von der Erhaltung der Vortizität und damit des Drehimpulses verletzt werden.

Kein Eiskunstläufer, geschweige denn ein Physiker, könnte das gutheißen. Deshalb gibt es einen Golfstrom.

– – –

Stommel veröffentlichte diese Theorie (wenn auch nicht ganz in dieser Form) 1948 in einem kurzen Beitrag. Der Versuch zu erklären, warum die berühmteste Meeresströmung existiert, die erstmals von Benjamin Franklin kartiert wurde, war ein außergewöhnlicher Einstieg in den Beruf als physikalischer Ozeanograph, aber es war nur der Anfang. In den 50er Jahren wandte sich Stommel vermehrt den Tiefenströmungen zu, die alles andere als berühmt waren und an deren Existenz überhaupt kaum jemand glaubte. Er stellte fest, dass die gleiche Erkenntnis, die zu seinem Durchbruch in der Frage des Golfstroms führte – die Bedeutung der sich mit den Breitengraden ändernden planetarischen Vortizität –, eine überraschende Voraussage ergab, wenn man sie auf den Tiefseebereich anwandte.

Die *Meteor* und andere Expeditionen hatten nachgewiesen, dass kaltes Wasser vor allem in der Nähe der beiden Pole in die Tiefsee sinkt, wo es aber nicht auf eine dünne Schicht am Meeresboden begrenzt ist. Vielmehr ist das warme Meereswasser auf eine dünne Schicht an der Oberfläche begrenzt. Selbst in den brütend heißen Tropen ist die warme Schicht nicht stärker als dreihundert Meter; darunter liegt eine Schicht, die so genannte Thermokline, in der die Temperatur rapide sinkt, sodass sie in einer Tiefe von ungefähr achthundert Metern nur mehr fünf Grad beträgt. Offensichtlich wird die Sonnenwärme nicht ungehindert durch das Meer geleitet, wie man das vielleicht erwarten könnte; irgend etwas stützt diese Thermokline von unten ab. Stommel entschied, dass es kaltes Wasser sein müsse, das überall im Ozean aus dem Tiefseebereich aufsteigt.

Das führte ihn zu einer phantastischen Schlussfolgerung. Das

Aufsteigen im Ozean ist gleichbedeutend mit der Annäherung an den Äquator, wobei das Wasser weiter von der Drehachse der Erde entfernt und seine planetarische Vortizität dadurch verringert wird. Um diese Wirkung auszugleichen und die Wirbelbewegung zu erhalten, muss sich das aufsteigende Wasser auch vom Äquator *weg*bewegen; im tiefen, offenen Meer, weitab aller Winde und Küsten, kommt als Quelle für die Drehung nur der Planet selbst in Frage. So widersprüchlich es klingen mag, muss doch im größten Teil des Ozeans kaltes Wasser *zu* den Polen *hin* fließen, nicht von ihnen weg.

Aber dazu muss sich das kalte Wasser erst einmal von den Polen wegbewegt haben. Wo tut es das? Auf der Landkarte dachte Stommel an den Nordatlantik; kaltes Wasser sank vor Grönland in die Tiefe und kam in Mäandern über den Tiefseebereich im Süden gegen den Uhrzeigersinn nach Grönland zurück. Es gab nur eine Möglichkeit, diesen Kreislauf zu schließen. Wasser musste in einem schmalen Strom an der amerikanischen Küste entlang nach Süden fließen, direkt unter dem Golfstrom, aber in entgegengesetzter Richtung. Und um ein ganzes Meeresbecken mit kaltem Wasser zu versorgen, musste dieser schmale Strom schnell fließen.

Diese Voraussage Stommels aus dem Jahr 1955 wird von den physikalischen Ozeanographen noch immer mit großer Anerkennung betrachtet, weil sie eben das war – eine Voraussage. Die Golfstrom-Theorie war schon bemerkenswert genug, aber sie war in gewisser Hinsicht herkömmliche Ozeanographie: Stommel hatte eine Er klärung für bekannte Tatsachen angeboten. Seine Theorie von der Tiefen zirkulation dagegen sagte neue Tatsachen voraus, die noch niemand beobachtet hatte. Sie barg die Möglichkeit, sich als falsch zu erweisen, was vermutlich das Wesen guter Wissenschaft ist, für die Ozeanographie aber neu war. Stommel hielt seinen Kopf hin.

Das musste er jedoch nicht lange tun. Laboruntersuchungen mit rotierenden Behältern bestätigten schon bald, dass seine Vorstellung einleuchtend war. Stommel regte daraufhin eine Methode an, die Tiefenströmungen tatsächlich zu messen, und zwar mit einem Schwimmkörper, der weniger kompressibel als Meerwasser. Wäre der Schwimmkörper dichter als das Wasser an der Oberfläche gewesen, wäre er zunächst gesunken, aber dann in einer bestimmten Tiefe schweben geblieben – der Tiefe, in der das Meerwasser von der gesamten Wassermasse über ihm dichter zusammengepresst worden wäre als der Schwimmkörper. Der Schwimmkörper sollte in dieser Tiefe mit der Strömung treiben und Signale aussenden, die es ermöglichten, seinen Weg aus der Ferne zu verfolgen. Stommel stellte sich vor, vielleicht einmal pro Woche kleine Bomben am Schwimmkörper zünden zu lassen, die durch den halben Ozean zu hören waren.

Als er diese Idee gerade veröffentlichte, baute ein britischer Forscher, den er noch nie gesehen hatte, bereits einen solchen Schwimmkörper, jedoch ohne die Bomben. John Swallow war Ozeanograph durch und durch, ein Mann, der die Beschäftigung mit der See liebte. Er hatte seine Neigung im Zweiten Weltkrieg entdeckt, als er zur britischen Marine eingezogen wurde. Später erinnerte er sich: «Ich war recht glücklich, zur See zu fahren und auf einem Schiff herumzukriechen und elektronische Geräte auszubessern.» Nach dem Krieg war er noch glücklicher, vier ganze Jahre zur See fahren zu können, bei einer Weltumseglung an Bord einer modernen *Challenger*. Bis zu seinem Tod – er starb 1994 – verbrachte Swallow im Schnitt ein Drittel des Jahres auf dem Wasser, auch noch, als er angeblich schon im Ruhestand war. Er empfahl es als eine Methode, den Geist zu schärfen und den Zerstreuungen des Alltagslebens zu entgehen, sofern man für mindestens einen Monat hinausfuhr. Swallow war ein freundlicher Mann, bescheiden in seinen Einsichten in Fragen von großer Tragweite, meereskundlicher oder anderer Natur, ein Mann, der zufrieden war, nicht an irgendetwas «Wichtigem» zu arbeiten, der die Ruhe liebte und gern an Geräten herumbastelte – und der die große Gabe besaß, sie auf See auch zum Laufen zu bringen.

Das Gerät, das er zur Messung von Tiefenströmungen im Meer und insbesondere zur Überprüfung der Stommelschen Theorie entwarf, bestand aus zwei zusammengebundenen drei Meter langen Rohrgestellen aus Aluminium. Ein Rohr diente allein dem Schwimmen, in das andere stopfte er die Batterien und Elektrokabel, die er für den Betrieb eines Wandlers brauchte, der unten aus dem Rohr ragte. Wenn dieser Nickelring in 10000 Schwingungen pro Sekunde versetzt wurde, konnte der Ton noch in mehreren Kilometern Entfernung mit Unterwasserhorchgeräten aufgefangen werden, die seitwärts von einem Forschungsschiff ins Wasser hingen. Durch mehrere solche Messungen von verschiedenen Positionen konnte Swallow die Lage des Schwimmkörpers in Relation zum Schiff orten. Wenn es hinter dem Schwimmkörper hertrieb, konnte das Schiff durch das Abprallen eines Radarstrahls von einer in der Nähe verankerten Boje die eigene Position bestimmen (damals gab es noch keine Satellitennavigation).

Das alles war nicht einfach, auch wenn Stommel die Arbeit Jahrzehnte später in seiner Autobiographie so hinstellte. «Die Existenz des tiefen Unterstroms, der nach Süden floss, war rasch bestätigt», schrieb er in der Schilderung der Fahrt, die er mit Swallow im März 1957 von den Bermudas nach Charleston unternommen hatte. Der zeitgleiche Bericht Swallows vermittelt eine bessere Vorstellung von der besonderen Art der Arbeit und von der physikalischen Ozeanographie im Allgemeinen:

«Während des ersten Teils der Reise... war das Wetter schlecht, und beide Schiffe lagen an zwei der acht Tage beigedreht... Drei

> Schwimmkörper mit neutralem Auftrieb wurden eingesetzt, aber nur einer erbrachte eine brauchbare Messung. Der erste wurde nach einer Standortbestimmung aufgegeben, nachdem die *Discovery II* mit der verankerten Boje kollidiert war und eine Nacht beilag, weil die Boje und ihre Schwimmer sich um die Schraube gewickelt hatten … Der neue Schwimmkörper konnte bei der ersten Ortung nicht gefunden werden …

Und der Schwimmkörper, den sie verfolgen konnten, trieb nicht nach Süden. Erst nach dem Auftanken in Charleston, wo Stommel von Bord ging, hatte Swallow mehr Glück. Auf dem nächsten Abschnitt der Fahrt ließ er unterhalb und etwas östlich des Golfstroms acht Schwimmkörper zu Wasser. Sieben davon trieben nach Süden. Stommels Voraussage einer tiefen, westlichen, gegen den Golfstrom laufenden Randströmung wurde auf überwältigende Weise bestätigt.

– – –

Seitdem ist sie ein ums andere Mal bekräftigt worden. Tiefe Randströmungen mit Kurs Äquator sind auf der ganzen Welt entdeckt worden: vor Südamerika im Atlantik, vor Madagaskar und an einigen submarinen Rücken im Indischen Ozean sowie vor Japan und Neuseeland im Pazifik. Sie sind, kurz gesagt, überall dort gefunden worden, wo man nach ihnen gesucht hat, an jeder plausiblen westlichen Begrenzung. Obwohl die Größe des Ozeans bekannt ist, entdecken Ozeanographen immer noch derartige Strömungen und messen ihre Stärke. Das geschieht inzwischen mit sehr viel ausgeklügelteren Nachfolgemodellen des Swallowschen Schwimmkörpers, deren Weg von Satelliten verfolgt wird. Außerdem nutzt man das Vorhandensein einiger Schadstoffe.

Zwei Formen der Verschmutzung, die in den 50er und 60er Jahren aufkamen, haben sich als sehr bedeutsam für die Meereskunde erwiesen. Erstens haben die Vereinigten Staaten und die Sowjetunion bis zur Unterzeichnung des Atomaren Teststoppabkommens von 1963 zahlreiche überirdische Versuche mit Atom- und Wasserstoffbomben durchgeführt und dabei verschiedene radioaktive Verbindungen in die Umwelt entlassen. Zweitens haben alle Industriestaaten in etwa der gleichen Zeit bereitwillig zu Chlorfluorkohlenstoffen als Treibmittel für Deodorants und andere Aerosole aus Sprühdosen gegriffen, aber auch zum Kühlen von Kühlschränken, Automobilen und ähnlichem. Sowohl die Kernexplosionen als auch die Chlorfluorkohlenstoffe hatten, was die Ozeanographen betraf, ihre positiven Seiten. Die Bombenexplosionen verfrachteten Hunderte von Pfund radioaktives Tritium – überschwerer Wasserstoff – in die Atmosphäre, unter anderem schätzungsweise zweihundert Pfund im Spitzenjahr 1962, dem Jahr vor dem Testverbot. Mit einer Halbwertszeit von nur zwölf Jahren ist Tritium auf der Erde äußerst selten; die Bombentests erhöhten die Tritiumkonzentration in der Atmosphäre um das Hundertfache. Chlorfluorkohlenstoffe gab es dagegen auf der Erde erst, als wir sie produzierten. Beide Substanzen drangen praktisch unvermittelt in diskreten Impulsen in die Atmosphäre und rieselten von dort auf die Meere (die meisten Chlorfluorkohlenstoffe befinden sich jedoch noch in der Atmosphäre und vernichten Ozon). Die Ozeanographen haben festgestellt, dass sie die Ausbreitung dieser Impulse gut verfolgen können und damit auch die Meeresströmungen. Die Schadstoffe sind eine Art Färbemittel, das erkennen lässt, wohin das Wasser fließt.

Beide Schadstoffe dringen am schnellsten dort in die Tiefsee vor, wo sich Tiefenwasser bildet, vor Grönland und Labrador, aber die Ozeanographen stellten erstaunt fest, wie schnell das geht. 1972, als eine von Stommel angeregte Expedition zum ersten Mal systematische Messungen von Tritium im Atlantik vornahm, hatte die tiefe Randströmung den Fallout der Bomben bereits bis zum 40. Grad nördlicher Breite nach Süden transportiert. Fünf Jahre später stellten William Jenkins und Peter Rhines aus Woods Hole fest, dass das Tritium bereits den 30. nördlichen Breitengrad erreicht hatte, in 3000 Metern Tiefe vor South-Carolina in dem Gebiet, wo Swallow die Strömung zum ersten Mal gemessen hatte. Und zu Beginn der 80er Jahre wiesen Scripps-Forscher unter der Leitung von Ray Weiss nach, dass Chlorfluorkohlenstoffe aus der Labradorsee den Äquator überquert hatten, in 23 Jahren also etwa 9 600 Kilometer zurückgelegt hatten.

Den Laien beeindruckt das vielleicht nicht sonderlich: Die Messungen der Tracer oder Spurstoffe deuten darauf hin, dass die tiefe Strömung sich nur mit Geschwindigkeiten zwischen 90 und 450 Metern pro Stunde bewegt. Aber bis Stommel die Strömung voraussagte, hielt man wegen des enormen Drucks in der Tiefsee selbst solche Bewegungen für unmöglich, und man nahm an, dass das Wasser am Grund des Nordatlantiks eher Jahrhunderte statt Jahrzehnte keinen Kontakt mehr mit der Atmosphäre hatte. Außerdem sind die durch die Spurstoffe vermittelten Strömungsgeschwindigkeiten langfristige Durchschnittswerte. Es spricht einiges dafür, dass die Tiefenströmung zumindest vor der amerikanischen Küste sehr lebhaft ist.

Den Hinweis liefern die Tiefseestürme, die von Charles Hollister von Woods Hole und seinen Kollegen beobachtet worden sind. Hollister hatte als graduierter Student von Bruce Heezen am Labor von Lamont in den 60er Jahren mitgeholfen, mit einer automatischen Kamera Tausende von Fotos vom Meeresboden zu machen. Dabei hatte er festgestellt, dass viele Aufnahmen kleine Wellen im weichen Sediment zeigten, die ihm und auch den meisten anderen Ozeanographen damals so vorkamen, als stammten sie von starken Strömungen. Ab 1979 bekam Hollister Gelegenheit, seine Vermutung zu überprüfen. In den darauf folgenden zehn Jahren ließen er und seine Kollegen verschiedene Geräte – nicht nur Kameras, sondern auch Strömungsmesser und Geräte zur Messung schwebender Sedimente – auf einer Fläche am Kontinentalhang 720 Kilometer vor der Küste Neuenglands bis in Tiefen von 4800 Metern ins Wasser.

Die Ergebnisse waren dramatischer, als alle erwartet hatten. Immer wieder wurde das Kamerabild durch Sedimentstürme verdunkelt, oft tage- oder gar wochenlang; und immer wieder zeigte der Strömungsmesser in diesen Sturmphasen Fließgeschwindigkeiten von bis zu einem Knoten. Ein Knoten ist eine Menge in 4800 Metern Tiefe, entspricht von der Energie her einem Wind von 35 Knoten in der Atmosphäre. Ein Tiefseesturm konnte nach Schätzungen von Hollister und seinen Kollegen mit der Randströmung mehr als 6 Tonnen Sediment in der Minute transportieren. Gelegentlich konnte er sogar das Kamerastativ umwerfen. Wenn die Kamera nach einem solchen Ansturm noch stand und der Sand sich gesetzt hatte, zeigte sie einen blank geputzten Meeresboden mit langen Wellen in Strömungsrichtung – Bodenstrukturen, die vor dem Sturm nicht dort gewesen waren, die aber denen glichen, die Hollister vor zwei Jahrzehnten erstmals zum Nachdenken veranlasst hatten.

Selbst damals hatte es aber schon Beweise für derartig heftige Vorkommnisse auf dem Meeresboden gegeben; John Swallow hatte sie 1959 gesammelt. Nachdem er zwei Jahre zuvor die tiefe westliche Randströmung gefunden hatte, suchte er nach Beweisen für die andere Hälfte von Stommels System der Tiefenzirkulation: dem Fluss des Tiefenwassers zu den Polen. Dieser Fluss war vermutlich sehr langsam, und Swallow war klar, dass er seine Schwimmkörper ziemlich lange würde verfolgen müssen, um ihn zu registrieren – länger als er vielleicht vorhatte, auf See zu bleiben. Er beschloss, für ein Jahr mit seiner Familie auf die Bermudas zu ziehen, die östlich der Randströmung liegen und innerhalb des großen Meeresbereichs, wo Stommel eine Strömung Richtung Pol vorausgesagt hatte. Stommel half ihm, eine 21-Meter-Yacht von Woods Hole zu leihen. Swallow beabsichtigte, verschiedene Punkte in Inselnähe anzulaufen, dort jeweils mehrere Schwimmkörper auf bis zu 3900 Meter Tiefe abzulassen und dann wieder nach Hause zu segeln. Ein paar Tage oder auch eine Woche später fuhr er wieder aufs Meer und horchte nach den Signalen der Schwimmkörper. Da die Schwimmkörper nach seinen Berechnungen nur etwa 800 Meter am Tag oder weniger zurücklegten, durften sie eigentlich nicht schwer zu finden sein. Im Verlauf eines Jahres würde der Weg nach Norden anhand der Spuren der Schwimmkörper erkennbar werden.

Er gab nur ein Problem: Swallow konnte die Schwimmkörper nicht verfolgen, jedenfalls zunächst nicht. Von einer Woche zur anderen verschwanden sie nämlich. Und wenn er sie dann wiederfand, stellte er fest, dass sie acht Kilometer am Tag zurückgelegt hatten statt achthundert oder eintausend Meter. Manchmal schafften sie achthundert Meter in der Stunde. Noch schlimmer war, dass sie keine erkennbare Neigung zeigten, nach Norden oder in eine bestimmte andere Richtung zu treiben. Sie streuten über den gesamten Kompass.

Swallow war es zwar nicht gelungen, Stommels polwärtige Strömung zu finden, aber er hatte etwas genauso Wichtiges entdeckt: eigenständige Wirbel. Genauer gesagt, hatte er Wirbel auf der «Mesoskala» entdeckt, wie die Ozeanographen sagen. Man wusste, dass der Ozean im großen wie im kleinen Maßstab rotiert – dass er quasi permanente, das ganze Becken umspannende Wirbel aufwies, aber auch vorübergehende Strudel auf jeder sich brechenden Welle. Die Wege, die Swallows Schwimmkörper nahmen, waren allerdings die ersten direkten Messungen der Rotation, die auf der Zwischen- oder Mesoskala erfolgte – von Meereswirbeln, die zwar langlebig aber nicht permanent waren und Durchmesser zwischen etwa fünfzehn und hundertfünfzig Kilometern hatten. Diese Wirbel entsprechen physikalisch den lokalen Wettersystemen in der Atmosphäre. Swallow hatte das Meereswetter entdeckt.

In den darauf folgenden drei Jahrzehnten war die Untersuchung des Meereswetters eines der zentralen Themen der physikalischen Ozeanographen. Die Tiefseestürme, die Hollister entdeckte, sind nur eine ihrer spektakulären Seiten. Genauso spektakulär und auf Satellitenbildern von der Meeresoberfläche zu sehen sind die geschlossenen Ringe aus warmem oder kaltem Wasser, die sich ständig aus dem Golfstrom lösen; sie können die abyssischen Störungen sogar mit auslösen, indem sie das Meer bis zum Boden aufwirbeln. In mittleren Tiefen von etwa eintausend Metern treibt das Mittelmeer unterdessen ununterbrochen rotierende Linsen aus warmem Salzwasser in den Atlantik. 1984 ließ ein Team von Ozeanographen einen modernen Swallow-Schwimmkörper in einen dieser «Mittelmeerwirbel» hinab. Sie hatten ihn nordwestlich der Kanarischen Inseln etwa 1300 Kilometer südwestlich des portugiesischen Kap São Vicente aufgespürt, von wo die meisten dieser Wirbel ausgehen sollen. Der Wirbel war damals bereits etwa zwei Jahre alt. Den Forschern gelang es jedoch, ihn weitere zwei Jahre zu verfolgen, in denen er fast 1100 Kilometer zurücklegte. Er drehte sich alle fünf oder sechs Tage einmal im Uhrzeigersinn und gab dabei nach und nach seine Ladung aus zweieinhalb Milliarden Tonnen überschüssigem Salz ab, bis er schließlich erschöpft war und eins mit dem Atlantik wurde – und zwar mit dem Tiefenwasser des Nordatlantiks.

Im Vergleich mit atmosphärischen Stürmen, die nur Wochen statt Jahre bestehen, sind Meereswirbel bemerkenswert langlebig.

Philip Richardson von Woods Hole, eines der Mitglieder des Teams, das die Wirbel erforschte, trug später sämtliche verfügbaren Daten der Schwimmkörper über die Golfstromringe, die Mittelmeer- und andere Wirbel zusammen. Nach seinen Schätzungen trieben im Nordatlantik ständig rund eintausend Wirbel, im Abstand von durchschnittlich etwa einhundertneunzig Kilometern und mit jeweils ungefähr achtzig Kilometer im Durchmesser. Das Meer ist offenbar ein Mosaik aus Wirbeln, und wenn Meereskundler einen Haufen Schwimmkörper in eine Strömung wie den Golfstrom werfen, den wir uns normalerweise als einen breiten Pfeil quer durch das Meer vorstellen, erhalten sie als Ergebnis keinen breiten Pfeil aus parallel verlaufenden Schwimmkörperbahnen. Sie bekommen ein «Spaghettidiagramm» aus verschlungenen, Schleifen bildenden, sich kreuzenden Spuren, auf dem der Strom selbst kaum auszumachen ist.

Aber er ist da, und auch die globale Zirkulation, die Stommel sich dort vorstellte und die in dieser oder jener Form aus dem Gewirr von Mäandern und Wirbeln hervorgeht. Auch heute ist es noch niemandem gelungen, Stommels zum Pol fließendes Tiefenwasser aufzuspüren, aber es muss in der einen oder anderen Form da sein; die physikalischen Gesetze verlangen das. Und in den letzten etwa zehn Jahren hat sich das Augenmerk vieler Ozeanographen wieder auf dieses allgemeine Zirkulationsmuster gerichtet. Nachdem sie sich mehrere Jahrzehnte auf das Meereswetter konzentriert haben, haben sie erneut festgestellt, wie wichtig es ist. Sie haben wiedererkannt, was zuerst von Graf Rumford erkannt wurde, dass nämlich das Klima des gesamten Planeten vom Meeresklima abhängt.

Stommel selbst hat sich nie besonders für die Auswirkungen der Meeresströmungen auf das Klima interessiert. «Die allgemeine Zirkulation der Weltmeere ist eine Angelegenheit von großem Interesse», schrieb er 1955, direkt nachdem er zum ersten Mal seine Theorie von der Tiefenzirkulation angedacht hatte, «nicht nur aus verschiedenen praktischen Erwägungen heraus – Klima, Fischfang, Versenken radioaktiver Abfälle und so fort –, sondern vor allem um die Dynamik und die Geschichte des Planeten zu verstehen, auf dem wir leben.» Andererseits gestattete Stommel sich am Ende desselben Artikels im *Scientific American*, darüber zu spekulieren, was mit dem Klima geschehen könnte, wenn man einen Damm durch die Straße von Gibraltar bauen würde, um vielleicht Spanien und Nordafrika mit aus Wasserkraft gewonnenem Strom zu versorgen. (Dieser Vorschlag war tatsächlich gemacht worden.) Die Unterbrechung des Zustroms von salzhaltigem Wasser aus dem Mittelmeer in den Atlantik würde nach Beobachtung Stommels den Salzgehalt und die Dichte des Wassers im Atlantik zwangsläufig verringern. Das Wasser vor Grönland wäre dann vielleicht nicht mehr dicht genug, um zum Meeresgrund absinken zu können, was die Tiefenzirkulation total umkrempeln würde. Wenn das Wasser vor Grönland nicht mehr absinken würde, könnte das warme Wasser des Golfstroms vielleicht nicht mehr in die hohen nördlichen Breiten gelangen. Das Meer dort könnte zufrieren. Nach einer Überlegung, die Stommel nicht weiter ausführte, hätte das zu einer allgemeinen Erwärmung des Planeten führen können, nicht zu einer Abkühlung.

Stommel glaubte das alles nicht wirklich selbst. «All diese Spekulationen», schloss er, «zeigen lediglich, wie wenig wir tatsächlich wissen …» Und doch kam er einige Jahre danach noch einmal auf die Klimafrage zurück, als er über die Ergebnisse eines einfachen Gedankenexperiments berichtete. In diesem kurzen Beitrag, der damals wenig Beachtung fand, heute aber immer öfter zitiert wird, stellte sich Stommel zwei Reservoirs mit Salzwasser vor, die eine gemeinsame Oberfläche haben und am Boden durch ein Rohr verbunden sind. Dichteunterschiede zwischen den Reservoirs aufgrund unterschiedlicher Temperaturen und Salzgehalt konnten Wasser von einem Reservoir durch das Rohr am Boden in das andere treiben. Modelle der thermohalinen Zirkulation des Meeres sind äußerst einfach, weshalb Stommel es einer mathematischen Analyse unterziehen konnte. Die Analyse erbrachte ein interessantes Ergebnis: Wenn sich am Anfang in einem Reservoir warmes, salzhaltiges Wasser befand und im anderen kaltes, weniger salzhaltiges Wasser – die beiden die Dichte regulierenden Variablen also im Streit lagen –, konnte das System in zwei verschiedene und gleich stabile Fließmuster übergehen. Entweder floss Wasser von kalt zu warm oder von salzhaltig zu weniger salzhaltig. Außerdem konnte der Fluss ziemlich einfach von einem Fließmuster zum anderen überspringen.

Gegenwärtig ist der Nordatlantik insgesamt wärmer und salzhaltiger als der Pazifik, und Tiefenwasser fließt aus dem Atlantik in den Pazifik. Könnte diese thermohaline Zirkulation so gestört werden, dass sie in ein anderes Fließsystem überspringt? «Wenn ja», schrieb Stommel, «ist das System von Natur aus mit Möglichkeiten für Spekulationen über klimatische Veränderungen belastet.» Ozeanographen und andere Forscher haben in den letzten zehn Jahren gerade in dieser Richtung einige Spekulationen angestellt. Sie haben darüber hinaus eine Menge Beweismaterial gesammelt – Beweise dafür, dass die thermohaline Zirkulation in der Vergangenheit tatsächlich von einem System in ein anderes übergesprungen ist und es auch in Zukunft tun könnte, womöglich mit unserer Hilfe. Selbstverständlich gibt es noch keine ernsthaften Pläne für einen Damm bei Gibraltar. Aber wir sind vielleicht dabei, mit subtileren und tückischeren Mitteln eine ähnliche Wirkung auf das Meer zu erzielen.

14. Kapitel DER KLIMAWANDEL

Wallace Broecker oder Wally, wie ihn fast alle nannten – wie in «The Glacial World According to Wally», dem Titel eines seiner Bücher –, machte sich erstmals 1975 Gedanken über die globale Erwärmung. Mit den Eiszeiten beschäftigte er sich schon länger – seit er Ende der 50er Jahre in seiner Doktorarbeit am Geological Observatory von Lamont darüber geschrieben hatte. Broecker ist immer noch in Lamont, in einem geräumigen Büro, in dem auch Danny DeVito als lebensgroße Abbildung anwesend ist, ferner eine bärtige weibliche Schaufensterpuppe, ein Poster von Dolly Parton, an eine Heumiete gelehnt, eine Rettungsjacke – es ist schwer zu sagen, welche der zahlreichen Kinkerlitzchen als Schlüssel zu Broeckers Charakter Beachtung verdienen. Vielleicht die Kappe vom Mickey-Mouse-Club? Oder das Foto eines Orang-Utans mit der Überschrift «Große Denker wie ich brauchen keinen Computer»? (Broeckers Sekretärin beantwortet seine E-Mails.) Bedeutsamer, wenn auch weniger ungewöhnlich, ist zweifellos die veraltete Karte vom Meeresboden unter einer Glasplatte auf seinem riesigen Schreibtisch.

Broecker fing in Lamont etwa zu der Zeit an, als Bruce Heezen und Marie Tharp mit der Arbeit an der Karte im alten Pfarrhaus von Lamont begannen, das einen Blick auf den Hudson bietet. Er stammt aus einer Zeit, als die Ozeanographie noch jung war und ein Junge große Fragen über das Meer stellen konnte, ohne dass dicke Technikwälzer aus den Regalen quollen und ihn zu erschlagen drohten – Fragen wie: Wie sieht der Meeresboden aus? Warum gibt es einen Golfstrom? Was ist die Ursache für die Eiszeiten? Broeckers Studienberater drängte ihn, diese letzte Frage im Abschlusskapitel seiner Doktorarbeit zu beantworten. «Man könnte sagen, ich sitze immer noch am letzten Kapitel», sagt Broecker. Auch als 70-Jähriger ist er in manchen Dingen noch wie ein kleiner Junge, etwa in seiner nicht nachlassenden Respektlosigkeit und seiner belebenden Begeisterungsfähigkeit.

Broecker beschäftigt sich seit jetzt vierzig Jahren mit der thermohalinen Zirkulation, nur dass er einen anderen Namen für sie hat: Er nennt sie das Förderband. Für einen Beitrag in *Natural History* 1987 ließ Broecker einen Künstler ein Bild von einem Förderband zeichnen. Es zeigte ein breites Band aus tiefem Wasser, das mitten durch den Atlantik hinunter zur Antarktis strömte, sich in den Indischen und den Pazifischen Ozean ergoss, dort zur Oberfläche aufstieg und als ein ebenso breites und fortlaufendes Band zum Nordatlantik zurückkehrte. Dieses Bild treibt einige physikalische Ozeanographen zum Wahnsinn, weil sie Jahrzehnte damit verbracht haben zu erkennen, wie überaus kompliziert der Weg des Wassers im Ozean in Wirklichkeit ist.

Ein großer Teil des Wassers, das im Nordatlantik absinkt, verlässt dieses Becken nie; es kehrt im Kreis zur Quelle zurück. Das Wasser, das den Atlantik tatsächlich verlässt, ist gar nicht mehr wiederzuerkennen, wenn es den Indischen Ozean erreicht, denn es ist in der Antarktis gründlich mit Wasser anderer Herkunft durchmischt worden. Und das Wasser, das zum Atlantik zurückkehrt, tut dies, indem es sich durch ein Räderwerk aus Mäandern und Wirbeln dreht, nicht auf einem Förderband. Das Bild vom Förderband ist vollkommen schief, bestenfalls eine grobe Vereinfachung – und Broecker weiß das natürlich. Er weiß aber auch, dass, ungeachtet des komplizierten Räderwerks, die thermohaline Zirkulation etwas sehr Einfaches und Wichtiges bewirkt: Sie befördert Wärme in den Nordatlantik und Salz aus ihm heraus. So gesehen unterscheidet sie sich gar nicht so sehr von einem Förderband.

Broecker ist chemischer, nicht physikalischer Ozeanograph. Sein Interesse an der thermohalinen Zirkulation wurde geweckt, als Stommel ihn und ein paar andere Chemiker anregte, die Expedition «GEOSECS» zu organisieren, die als Erste die Konzentration von Tritium und anderen Spurstoffen im Meer gemessen hat. Richtig erwachte sein Interesse, als ihm erstmals klar wurde, dass sich das Klima abrupt und drastisch ändern könnte, wenn das Förderband einmal stehen bleiben sollte. Broecker weiß noch genau, wann das war. Es war 1984 in Bern, als er dem Physiker Hans Oeschger von der dortigen Universität zuhörte. Oeschger sprach über die Klimazeugnisse, die in einem zwei Kilometer langen Bohrkern enthalten waren, den man aus dem grönländischen Inlandeis gezogen hatte.

Das grönländische Inlandeis ist, wie das der Antarktis, ein Überbleibsel der letzten Eiszeit, und als Oeschger seinen Vortrag hielt, gab es bereits eine ausgereifte Theorie über die Ursachen der Eiszeiten, die extremsten Klimaschwankungen überhaupt. Die Theorie schrieb sie zyklischen Veränderungen in der Umlaufbahn der Erde zu – den so genannten Milankowitsch-Zyklen –, welche die jahreszeitliche Verteilung des Sonnenlichts ändern, das die nördliche Halbkugel erreicht. Die wichtigsten Beweise lieferte das Verhältnis der Sauerstoffisotope, schwerer Sauerstoff 18 und leichter Sauerstoff 16, in Tiefseesedimenten. Während einer Eiszeit, wenn viel Wasser aus den Meeren verdampft und zu kontinentalem Inlandeis gefriert, bleibt das Wasser, das die schweren Isotope enthält, meistens zurück. Die Schalen der Meerestiere, vor allem der sehr kleinen Foraminiferen oder Wurzelfüßer, reichern sich damit an, ebenso die Sedimente, die diese Tiere nach ihrem Tod bilden – je mehr Eis es auf der Erde gibt, desto größer ist die Anreicherung im Schlamm des Meeresbodens mit Sauerstoff 18. Bei Untersuchungen von Sedimentbohrkernen hatten die Ozeanographen festgestellt, dass die nördliche Halbkugel in den letzten etwa 700 000 Jahren alle 100 000 Jahre von einer Eisdecke überzogen wurde, und zwar in sporadischen Einfällen von mehreren zehntausend Jahren. Die Milankowitsch-Theorie erklärte dieses Muster mehr oder weniger.

Sie konnte allerdings nicht erklären, was Oeschger im Eiskern von einer Dye 3 genannten Bohrstelle in Südgrönland entdeckte, nämlich den Beweis für sehr viel schnellere Klimaschwankungen während der letzten Vergletscherung. Eine Beweiskette lieferte wieder das Verhältnis der Sauerstoffisotope. Wenn der Meeresboden im Verlauf einer Eiszeit mit Sauerstoff 18 angereichert wird, geht das Eis an Orten wie Grönland zurück: Je kälter die Luft ist, desto unwahrscheinlicher ist es, dass Wasserdampf mit dem schweren Isotop den Weg bis Grönland schafft, ohne vorher als Niederschlag abzuregnen. Das Verhältnis der Sauerstoffisotope im Grönlandeis ist somit wie ein Thermometer. Es misst, wie kalt die Luft über Grönland war, als sich das Eis gebildet hat.

Oeschgers zweite Beweiskette waren echte Proben dieser alten Luft – winzige Bläschen, die im Eis eingeschlossen wurden, als es sich bildete. Er und seine Kollegen hatten herausgefunden, dass man die chemische Zusammensetzung dieser Bläschen analysieren kann, indem man einen kleinen Eiswürfel in eine Vakuumkammer gab und zwischen Nadelbetten zerdrückte; das alte Eis gab dann den Atem der Vergangenheit frei für das Spektrometer. Oeschgers Gruppe berichtete 1982 als eine der ersten, dass die Atmosphäre während der letzten Vergletscherung sich entscheidend von der präindustriellen

Atmosphäre unterschied, also der Atmosphäre, wie sie war, bevor wir anfingen, massiv fossile Brennstoffe zu verfeuern: Sie enthielt nur ungefähr zwei Drittel so viel Kohlendioxid. Das ergab einen Sinn, denn Kohlendioxid tendiert dahin, die Erde zu erwärmen, weil es Wärme festhält. Aber es war nicht einfach zu erkennen, wie kleine Schwankungen in der Umlaufbahn der Erde den CO_2-Gehalt ändern konnten.

Und die Ergebnisse, von denen Oeschger 1984 in dem Vortrag berichtete, den Broecker hörte, schienen noch weiter von der Milankowitsch-Theorie entfernt zu sein. Zu dem Zeitpunkt hatten er und seine Kollegen einen Abschnitt des Dye-3-Kerns eingehend untersucht und Veränderungen über kleine Zeiträume gemessen. Eiskerne lassen das zu, Sediment größtenteils nicht, weil Eis nicht mit Würmern durchsetzt ist. In den meisten Bereichen des Meeresbodens ist der Schlamm mehrere Zentimeter tief von Würmern und anderen Grabetieren aufgewühlt und vermischt. Setzt sich das Sediment mit einer Geschwindigkeit von weniger als 2,5 Zentimetern pro tausend Jahre ab, was in der Tiefsee die Norm ist, vernichten die Tiere jeden Hinweis auf klimatische Schwankungen, die kürzer als ein paar tausend Jahre sind. Das Eis in Grönland und der Antarktis setzt sich dagegen in klaren, jährlichen Schichten ab, die oft nicht zerstört werden. An einigen Stellen lassen sich die Schichten wie Baumringe zählen, Tausende von Jahren zurück in die Vergangenheit.

Oeschgers Gruppe hatte einen Abschnitt des Dye-3-Kerns auf diese Art untersucht. Das Eis in diesem Abschnitt hatte sich vor 40000 bis 30000 Jahren gebildet, auf dem Höhepunkt der letzten Vergletscherung. Die dort enthaltenen Sauerstoffisotope zeigten jedoch erstaunlicherweise, dass das Klima während dieser Periode nicht durchweg kalt gewesen war. Abrupte Schwankungen im Isotopenverhältnis belegten, dass die mittlere Jahrestemperatur über Grönland innerhalb nur eines oder zweier Jahrzehnte um ganze 7 °C gestiegen war, dann tausend Jahre hoch blieb, um dann ebenso rasch wieder zu sinken. Und als die Schweizer Forscher die Luftbläschen im Eis untersuchten, stießen sie auf etwas noch Erstaunlicheres. Die Konzentration des Kohlendioxids in der alten Luft hatte offenbar im Gleichschritt mit den Lufttemperaturen geschwankt. In nur etwa tausend Jahren war sie um bis zu einem Viertel gestiegen und gefallen.

Die Temperaturschwankungen waren schon vorher erkannt worden. Willi Dansgaard, ein dänischer Forscher, der als Erster erklärt hatte, dass Eisbohrkerne gute Klimaaufzeichnungen abgeben, hatte bei Sauerstoffisotopen Schwankungen festgestellt, die mit denen Oeschgers auf der gesamten Länge des Dye-3-Kerns und auch mit denen eines anderen grönländischen Eiskerns übereinstimmten. Dansgaard hatte gemeint, «Verschiebungen zwischen zwei verschiedenen quasistationären atmosphärischen Zirkulationsformen» könnten die deutlichen Temperaturänderungen erklären. Doch die Kohlendioxidmessungen von Oeschger ließen vermuten, dass etwas anderes am Werk sein musste. Die Atmosphäre konnte sicher nicht die eigene Kohlendioxidkonzentration um 25 Prozent verändern. Bei seinem Vortrag in Bern deutete Oeschger an, dass die Antwort im Meer liegen könnte, das ein riesiges Reservoir an gelöstem Kohlendioxid ist. An dem Punkt machten Broeckers Gedanken einen Sprung in eine andere quasistationäre Form, aus der sie erst noch wieder auftauchen müssen. Vielleicht, so dachte er, änderte sich die *Meeres*zirkulation: «Um Gottes willen, sagte ich zu mir, wenn man das Förderband an- und abschaltete, würde es genau das machen, was man will.»

– – –

Selbst heute kann niemand, auch Broecker nicht, genau sagen, wie Veränderungen in der thermohalinen Zirkulation zu dramatischen Veränderungen beim CO_2 der Luft hätten führen können. Und im Moment ist die Frage ohnehin müßig – weil niemand, Oeschger inbegriffen, imstande war, die schnellen CO_2-Schwankungen in Eiskernen aus anderen Regionen der Erde nachzuweisen. Auch wenn niemand daran zweifelt, dass die CO_2-Konzentrationen während der Eiszeit sehr viel niedriger waren, bestehen doch beträchtliche Zweifel an ihren starken Schwankungen; die Ergebnisse von Dye 3 sind vielleicht die Folge irgendeines lokalen Umweltereignisses. Die starken Ausschläge bei den Sauerstoffisotopwerten nach oben und unten sind andererseits Realität; sie sind in Bohrkernen weltweit beobachtet worden. Während der letzten Eiszeit taumelte das Klima im Bereich des Nordatlantiks zwischen kalten und relativ warmen Bedingungen definitiv hin und her. Broecker nennt diese tausendjährigen Torkeleien Dansgaard-Oeschger-Ereignisse. Und seiner Erklärung dieser Ereignisse ist es, obwohl sie durch Oeschgers zweifelhafte CO_2-Ergebnisse angeregt wurde, besser ergangen als den Ergebnissen selbst. Das Förderband hat offenbar tatsächlich in der Vergangenheit seinen Zustand gewechselt und dabei auch die Wärmemenge verändert, die es zum Nordatlantik transportiert.

Der am besten dokumentierte Fall stammt verständlicherweise aus der jüngeren Zeit. Er wartete bereits fertig verpackt auf Broecker, als dieser den Vortrag Oeschgers hörte. Lange bevor irgend jemand von Dansgaard-Oeschger-Ereignissen träumte, hatten europäische Paläobotaniker entdeckt, dass der endgültige Rückzug des Inlandeises nicht reibungslos vonstatten ging. Er begann zügig und durchaus vielversprechend vor rund 16 000 Jahren, doch dann sank die Temperatur vor etwa 12 500 Jahren erneut kräftig. Über tausend Jahre war Europa zurückgeworfen in eiszeitliche Bedingungen. Die Wälder, die sich gerade erst ausgebreitet hatten, wichen wieder arktischen Sträuchern und Gräsern und einer wilden Blume, *Dryas octopetale* oder Achtblättrige Silberwurz, die – vermutlich dank der gut erhaltenen Überreste – der gesamten unwirtlichen Periode den Namen gab: Dryas-Zeit.

Die Ursache für die Dryas-Zeit war ein Geheimnis (wenn auch eins, das nicht sehr vielen Menschen den Schlaf geraubt hat). Ausgehend von einem Gedanken, den der Ozeanograph Claes Rooth als Erster geäußert hatte, erklärte Broecker, dass das erneute Aufleben der kalten Bedingungen in Europa durch einen Ausfall des Förderbandes hervorgerufen worden sei. Während der kältesten Perioden der Eiszeiten, als das Meereis bis südlich von Island und in das Gebiet reichte, wo sich heute das Tiefenwasser bildet, war die Bildung von Tiefenwasser und damit das gesamte Förderband aufgehalten worden. Als die Eiszeit vor 16 000 Jahren ihren raschen Rückzug antrat – letztlich angetrieben durch die Milankowitsch-Schwankungen beim Sonnenlicht –, strömte wieder warmes, salzhaltiges Wasser in die Region nördlich von Island. Dort gab es seine Wärme an die kalten Westwinde ab, die den größten Teil davon nach Europa transportierten. Das abgekühlte, salzhaltige Wasser sank zum Meeresgrund und ließ so das Förderband wieder anlaufen. Als das Förderband immer mehr Wärme in den Norden transportierte, beschleunigte das auch den Rückgang des Eises.

Dann geschah etwas Eigenartiges. In Nordamerika, im heutigen Südmanitoba, hatte sich aus dem Schmelzwasser von Gletschern westlich der Zunge des Inlandeises ein riesiger See gebildet, der nach Süden bis in die Mitte der Vereinigten Staaten reichte. Dieser Agassiz-See, benannt nach dem in der Schweiz geborenen Naturwissenschaftler aus dem 19. Jahrhundert, der die Realität der Eiszeiten erkannt hatte, war größer als die heutigen Großen Seen zusammen. Anfangs floss das Wasser mit dem Mississippi in den Golf von Mexiko; dort haben Ozeanographen im Sediment die eindeutige Isotopenhandschrift vorgefunden – wenig Sauerstoff 18, wie im Inlandeis generell. Als der Eisschild sich jedoch bis nördlich der Großen Seen zurückzog, öffnete sich ein neuer, kürzerer Weg zum Meer: durch das Becken der Großen Seen und in den St.-Lorenz-Golf. Aus dieser neuen Quelle strömten fortan 30000 Tonnen Süßwasser pro Sekunde in den Nordatlantik, direkt in den nach Norden weisenden Arm des Förderbandes. Dieses Süßwasser durchmischte das Wasser des Förderbandes beträchtlich; das Meerwasser war definitiv nicht mehr salzhaltig genug, um in der Zeit, in der es Grönland erreichte, zum Meeresboden abzusinken. Ohne dieses Absinken war das Förderband unterbrochen, und damit auch die Wärme, die es in die Region des Nordatlantiks transportiert. Das Eis rückte erneut vor, und auf den Ebenen Nordeuropas begann wieder die Achtblättrige Silberwurz zu blühen.

Sedimente im Atlantik belegen das Abwürgen des Förderbandes. Aus dem St.-Lorenz-Strom, dem Hudson und anderen amerikanischen Flüssen wird Schlamm mit der lebhaften, tiefen Randströmung nach Süden befördert und ein Teil davon auf die Hänge des Bermuda-Rückens geschwemmt, eine breite Erhebung des Meeresbodens 650 Kilometer nordöstlich der Inseln. Dort setzt sich Sediment zehnmal schneller ab als auf einem normalen Patch Meeresboden – so schnell, dass selbst die eifrigsten Würmer die Zeugnisse der tausendjährigen Klimaschwankungen nicht ausmerzen können. 1987, nicht lange nachdem Broecker erstmals seine Theorie vorlegte, berichteten Ed Boyle vom MIT und Lloyd Keigwin von Woods Hole, dass die Dryas-Zeit in diesen Sedimenten deutlich erkennbar sei. In den warmen Perioden wie heute nehmen demnach im Schlamm auf dem Bermuda-Rücken lebende Wurzelfüßer die charakteristische chemische Prägung des nordatlantischen Tiefenwassers in ihre Schalen auf, das sie umspült. In der Dryas-Zeit wurden die Wurzelfüßer jedoch durch die rivalisierenden Wassermassen geprägt: antarktisches Bodenwasser, das von Süden eindrang und anscheinend auf wenig Widerstand traf. Das Tiefenwasser des Nordatlantiks war damals wohl noch schwach – was ein anderer Ausdruck dafür ist, dass das Förderband schwach war und vielleicht sogar völlig still stand. Dieses Ergebnis war für Wally Broecker äußerst erfreulich.

Es unterschied sich auch gar nicht so sehr von dem Ergebnis, das Stommel vorgeschwebt hatte, als er sich die Folgen eines Damms in der Straße von Gibraltar vorstellte. Stommel hatte eine Möglichkeit beschrieben, einen der wichtigsten Salzlieferanten für das Förderband auszuschalten; Broecker verdünnte stattdessen das Salz mit Süßwasser. Die zufällige Ablenkung eines einzigen großen Flusses konnte, wie es schien, das Klima eines großen Teils der Erde gewaltig verändern. Computermodelle der thermohalinen Zirkulation bestätigten bald, dass dies möglich war. Man brauchte dazu nicht einmal ein so großes Süßwasserreservoir wie den Agassiz-See.

Die Dryas-Zeit war allerdings nur die jüngste in der langen Reihe der tausendjährigen Klimaschwankungen, die die letzte Eiszeit markierten und im grönländischen Eisschild genau festgehalten sind. Wie sieht es mit den anderen aus? Nachdem Boyle und Keigwin ihre Ergebnisse veröffentlicht hatten, entdeckten Ozeanographen bald auch andere Stellen im Meer, wo die Sedimentation so schnell erfolgte – oder die im Grund bohrenden Würmer so träge waren –, dass schnelle Klimaschwankungen registriert werden konnten. Sie stellten bald fest, dass die Sedimentzeugnisse die gleichen Ausschläge aufwiesen wie die Zeugnisse im Eis. Die vielleicht vollständigsten Zeugnisse lieferten 1995 Delia Oppo und Scott Lehman von Woods Hole. In der Sedimentkernbibliothek von Lamont fanden sie einen

Bohrkern, der vor dreißig Jahren entnommen worden war und in seinen neun Metern Schlamm die minuziöse Klimageschichte von 200 000 Jahren barg. Der Kern stammte unmittelbar südlich von Island. Heute wird diese Stelle von nordatlantischem Tiefenwasser umspült, das sich in Kaskaden aus der Grönland-See ergießt.

Aber so war es nicht immer. Oppo und Lehman entnahmen dem Schlamm Wurzelfüßer, ermittelten bei ihnen das Verhältnis der Kohlenstoffisotope – eines der Kennzeichen einer Wassermenge – und stellten dabei fest, dass der Hahn des nordatlantischen Tiefenwassers während der letzten Eiszeit mehrere Dutzend Male fast oder ganz abgedreht worden war. In diesen Pausen war das antarktische Wasser anscheinend bis zum 60. nördlichen Breitengrad vorgedrungen und hatte den Fuß Islands umspielt. Dem Sedimentkern nach zu urteilen hat es nie Frieden in diesem hunderttausendjährigen Nord-Süd-Krieg der Wassermassen gegeben; die Front wogte ständig vor und zurück, rasch – im zeitlichen Maßstab von Jahrhunderten natürlich –, wobei jedem Umschwung des Schicksals ein größerer Umschwung im Betrieb des Förderbandes entsprach.

Für all diese Umschwünge konnte man offensichtlich nicht den launenhaften Abfluss des Aggasiz-Sees verantwortlich machen. Auch hat es während der letzten Eiszeit anscheinend kein Überangebot an anderen großen Seen gegeben, die darauf warteten, in regelmäßigen Abständen in den Nordatlantik abgelassen zu werden und dort einen Deckel über das sich bildende Tiefenwasser zu legen. Auf der anderen Seite gab es bestimmt ein Überangebot an Eis. Weitere Sedimentkerne in den Archiven von Lamont lassen darauf schließen, dass das einen enormen Einfluss auf die Arbeitsweise der Förderbandzirkulation hatte und damit auf das Klima.

– – –

«Sedimentkerne lassen darauf schließen ...» – diese Worte werden den Mühen der Sedimentologen und der beschwerlichen Arbeit kaum gerecht, die es kostet, einer Säule aus Schlamm vom Meeresboden auch nur einen einzigen Hinweis auf die Klimageschichte der Erde zu entlocken. Den Bohrkern herauszuziehen ist das Wenigste. In den 50er und 60er Jahren hatten Wissenschaftler aus Lamont von Maurice Ewing, ihrem Labordirektor, den Auftrag, an jedem Tag auf See einen Bohrkern zu sichern, egal wo sie sich befanden. Als Ergebnis liegen heute in den Archiven von Lamont 18000 Kerne im Zustand unterschiedlicher Austrocknung und Kühlung.

Den richtigen Kern für die eigenen Zwecke zu finden ist ein Problem, doch Gerard Bond hat einen Vorteil: Sein Büro liegt direkt neben dem Bohrkernarchiv, und seine Frau Rusty Lotti verwaltet es. Weit schwieriger ist es, dem Kern Klimainformationen zu entnehmen, wenn man ihn schließlich gefunden hat. Nichts als Hartnäckigkeit hilft einem über die vielen mühseligen Stunden hinweg – und der Glaube, dass ein paar Sandkörner und winzige Gehäuse in einer Petrischale so nett sind und einem verraten, welcher dramatische Klimawechsel sich vor Zehntausenden von Jahren auf der Erde ereignet hat. Neu angeordnete Meeresströmungen und Winde, das Vordringen von Eisschilden – all das liegt da in einer Hand voll Sand, wenn man genau hinsieht. Bond und Lotti zerlegen seit Jahren Sedimentkerne mit einem Skalpell; Bond schätzt, dass er schon 700000 Sandkörner, Korn für Korn, unter dem Mikroskop gezählt und sortiert hat. «Kein Geologe, der noch alle Tassen im Schrank hat, würde jemals so etwas machen», sagt er, außer vielleicht ein Geologe, der sich in die Nähe von Wally Broecker verirrt hat.

Bond ist spät zur Untersuchung von Meeressedimenten gekommen, zumindest der neuzeitlichen. Er hatte sich ganz der Untersuchung von Sedimentgestein an Land gewidmet, überwiegend fünfhundert Millionen Jahre alte kambrische Formationen aus den kanadischen Rocky Mountains. Ende der 80er Jahre kam er jedoch auf den Gedanken, in den sich ändernden Farben der Schichten Beweise für die Milankowitsch-Zyklen zu suchen. Als Test untersuchte er zunächst Sedimentkerne, in denen Milankowitsch-Zyklen eindeutig nachgewiesen waren. Die ausgetrockneten Kerne gaben die Farbänderungen nicht sehr gut wieder, aber zum Glück für Bond hatten die Forscher, die die Kerne erbohrt hatten, sie in noch frischem und feuchtem Zustand routinemäßig fotografiert und diese Aufnahmen in Büchern veröffentlicht – Seite für Seite, Kernabschnitt für Kernabschnitt. Bond schnitt einen Beitrag aus, der sich mit einem bestimmten Kern mit der Bezeichnung DSDP 609 beschäftigte, und heftete die Fotos nebeneinander an eine Wand vor seinem Büro. Er hatte jetzt 700000 Jahre Klimageschichte auf neun Metern Korridor vor sich. Wenn er den Korridor entlangging und die Fotos von der Seite betrachtete, konnte er ohne weiteres die Abfolge der Eiszeiten und wärmeren Interglazialzeiten in einer Art Binärcode erkennen: dunkel, hell, dunkel, hell, dunkel, hell. Und als er die Aufnahmen digitalisierte und die Farbe des Bohrkerns mit bis zu zweihundert Graustufen genauer maß, konnte er angeben, dass sie sehr stark und in einem sehr viel schnelleren Zeitmaßstab als dem der Eis- und Interglazialzeit variierte.

Bond kam zu dem Schluss, dass diese Abweichungen eine Untersuchung wert wären, und stellte einen Antrag, um den notwendigen Zuschuss zu bekommen. Er hielt das Projekt noch immer für kaum mehr als einen kurzen Ausflug aus dem Kambrium. Und er erwartete nicht viel, als er, mehr aus Höflichkeit, eine Kopie des Antrags an Broecker schickte, auf dessen berufliches Territorium er sich womöglich begab. Broecker war absolut nicht verstimmt über dieses Eindringen. «Wally wusste alles über Eiskerne und die Probleme der abrupten Klimaschwankungen – ich hatte von alldem damals überhaupt keine Ahnung», erinnert sich Bond. «Er kam in mein Büro gerannt. Er sah die Grauskalenverschiebungen und sagte: ‹Das ist genau wie bei den Eiskernaufzeichnungen.› Das hat zu der Zusammenarbeit zwischen uns geführt, die schon seit einiger Zeit besteht. So hat es bei mir angefangen. Wally hat mich richtig unter Druck gesetzt.»

Unterdessen hatten die Lamont-Wissenschaftler längst herausgefunden, was die hellen und dunklen Streifen in den atlantischen Sedimentkernen bedeuteten. Das helle Sediment bestand vornehmlich aus den Kalkschalen von Wurzelfüßern, die sich in einer klimatisch relativ ausgeglichenen Zeit abgelagert hatten. Das dunkle Sediment kam dagegen von weit her: Es bestand aus Gesteinskörnern, die vorrückende Eisschilde vom Festland abgeschabt hatten; dann waren sie von Eisbergen aufs Meer hinausgetragen und auf dem Grund abgelagert worden, als die Eisberge schließlich schmolzen. Kein anderer Vorgang konnte erklären, wie sandkorngroße Partikel mitten ins Meer kamen; Winde oder Strömungen hätten sie nicht so weit tragen können. Starke Streifen von Eisbergen abgelagerter Sedimente am 50. nördlichen Breitengrad, woher auch der DSDP 609 von Bond stammte – der Breitengrad, auf dem die Südküste Englands liegt –, mussten offensichtlich in ziemlich kalten Perioden abgelagert worden sein. Aber bis Bond damit begann, die feineren Farbabstufungen in seinem Bohrkern zu quantifizieren, hatte niemand erkannt, dass sie auf sehr viel schnellere Klimaschwankungen hinwiesen.

Broecker trieb sie an, und Bond und Lotti sezierten gemeinsam mit einigen Technikern den DSDP 609, wie noch kein Bohrkern je seziert worden war. Aus jedem zweiten der achthundert Zentimeter entnahmen sie Proben – aus jeweils eineinhalb Jahrhunderten Klimageschichte. Jeder Teelöffel Schlamm wurde durchgesiebt, um die

Schalen und Gesteinskörner auszusondern. Dann wurden diese Partikel auf einem handtellergroßen Brett mit Unterteilungen ausgebreitet und verschiedenen Analysen unterzogen. Zuerst ging ein Techniker die Probe auf planktonische, an der Oberfläche lebende Wurzelfüßer durch; gehörten sie überwiegend zu einer polaren Art mit linksgewundener Schale, bedeutete dies, dass die Meeresoberfläche über dem Sedimentkern in jener Periode sehr kalt gewesen war. Dann nahm sich ein zweiter Techniker die Probe vor und suchte die bodenbewohnenden Wurzelfüßer heraus, prüfte eingehend die verstreuten Körner unter einem Binokular-Mikroskop und holte vorsichtig mit der angefeuchteten Spitze eines feinen Pinsels die weißen, einem Zahn ähnelnden Schalen heraus. Für eine Probe brauchte man eine Stunde, und es konnte passieren, dass man keinen einzigen Wurzelfüßer entdeckte; aber wenn man wenigstens zwei oder drei gefunden hatte, konnte man das Verhältnis der Sauerstoff- und Kohlenstoffisotope messen. Schließlich untersuchte Bond selbst die Probe, um die Gesteinskörner auszusortieren. Diese Körner verrieten dem Sedimentpetrologen mit der jahrzehntelangen Erfahrung, woher die Eisberge gekommen waren, die diese Körner abgelagert hatten. Es hätte Jahre gedauert, einem Techniker diese Arbeit beizubringen.

Als Bond die Untersuchung der Proben von DSDP 609 aufnahm, fiel ihm gleich zu Anfang auf, dass es nicht richtig war, die hellen Sedimente mit Wurzelfüßern und die dunklen mit von Eis transportiertem Gestein gleichzusetzen. Es gab Stellen im Bohrkern, die vergleichsweise hell waren und trotzdem keine Wurzelfüßer aufwiesen – weil sie voll mit Körnern aus weißem Kalkstein waren. «Es hat mich regelrecht entsetzt», erinnert sich Bond. «Man denkt, dass man bei den von überallher kommenden Eisbergen ein Gemisch aus allem bekommt. Und die Schichten darüber und darunter wiesen die normale Mischung aus Quarz und Feldspat und ganz geringen Mengen von Kalkstein auf. Und dann mit einem Mal – Rumms! – diese Riesenmenge Kalkstein, eine völlig andere Zusammensetzung der Mineralkörner. Es gibt nicht sehr viele Plätze, wo solche Sachen herkommen können.»

Eigentlich gab es nur einen Platz, der in Frage kam, einen Platz am Rand des Nordatlantiks, wo ein vorrückender Eisschild wahrscheinlich über Kalkstein geschrammt ist: die Hudsonstraße an der Mündung der Hudsonbai im Norden von Labrador. Als Bond sich mit einem anderen Forscher in Verbindung setzte, John Andrews von der University of Colorado, der Sedimentkerne aus der Labradorsee untersucht hatte, erfuhr er, dass die Kalksteinschichten auch in diesen Bohrkernen vorkamen, und da sie näher am Ursprungsort lagen, waren sie auch sehr viel stärker als die in DSDP 609. Und von Broecker, einem unersättlichen Bücherwurm in Sachen Klimaliteratur, erfuhr Bond, dass der deutsche Ozeanograph Hartmut Heinrich ein paar Jahre zuvor die gleichen Schichten in einem Bohrkern gefunden hatte, der einige hundert Kilometer südöstlich von DSDP 609 heraufgeholt worden war.

In Bonds Kopf entstand ein überraschendes Bild, das Bild von einem riesigen Eisschild, der sich durch die Hudsonstraße schiebt, dabei an der Unterseite schmilzt und um zermalmten Kalkstein wieder gefriert; und von einer gewaltigen Flotte von Eisbergen, die mit Getöse am Rand dieses Eisschildes abbrechen, durch die Labradorsee treiben und mit der vorherrschenden Strömung hinaus auf den Nordatlantik, wo sie allmählich schmelzen und dabei Kalksteinkörner ablagern. Einige Gletscherforscher versuchten später zu schätzen, wie viel Sediment bei einem einzigen solchen «Heinrich-Ereignis» abgelagert worden sein könnte, und kamen auf rund eine Billiarde Tonnen. Bond schätzte, wie viel Süßwasser die schmelzenden

Eisberge an die Oberflächenschicht des Nordatlantiks abgegeben haben könnten. Er gab die Konzentration mit «ein Teil auf dreißig» an, was etwa dem entspräche, wenn man in jeden Liter Meer einen Eiswürfel gäbe. Das würde mehr als ausreichen, das Förderband einzufrieren.

Heinrich-Ereignisse gab es während der letzten Eiszeit etwa alle 7000 bis 10000 Jahre. Aber als Bond und Lotti sich weiter in DSDP 609 und in einen anderen Kern aus dem Ostatlantik vorarbeiteten, bemerkten sie, dass die Heinrich-Ereignisse sozusagen nur die Spitze des Eisbergs waren. Dichte Schichten aus dunklen Gesteinskörnern zwischen den Heinrich-Schichten deuteten darauf hin, dass häufiger kleinere Eisbergflotten ausgelaufen waren – aber nicht von der Hudsonstraße, weil die Körner nicht von Kalkstein stammten. Bond unterteilte sie in fünfzehn verschiedene Arten und stellte fest, dass zwei Arten in jeder dunklen Schicht hervorstachen: schwarzes vulkanisches Glas aus Island, dessen aktive Vulkane damals aus der dicken Eiskappe ragten, und roter Sandstein aus dem Golf von St. Lorenz. Anscheinend waren alle 1500 Jahre Eisbergflotten aus diesen Häfen aufgebrochen, und jede dritte oder vierte davon war auf eine noch größere Armada aus der Hudsonstraße gestoßen. Fast alle Eisbergflotten fielen mit Dansgaard-Oeschger-Ereignissen zusammen, also mit Perioden wesentlich kälterer Luft über Grönland.

Alle 1500 Jahre ereignete sich im Gebiet des Nordatlantiks demnach Folgendes: Die Luft über Grönland kühlte, nachdem sie sich plötzlich bis auf fast interglaziale Temperaturen erwärmt hatte, innerhalb eines Jahrzehnts drastisch ab. Eisschilde in Nordamerika und Island und vielleicht auch anderswo schickten Eisbergflotten los, die über das Meer und im Süden bis zum 45. nördlichen Breitengrad trieben. Und die Bildung von Tiefenwasser im Nordatlantik wurde gestoppt oder stark reduziert. «Sedimentkerne lassen darauf schließen», insbesondere diejenigen, die von Boyle, Keigwin, Oppo und Lehman untersucht wurden, dass das Förderband während der letzten Eiszeit langsamer lief, aber nie ganz still stand. Wasser sank weiter im Nordatlantik ab, aber es war offenbar nicht salzhaltig genug, um bis auf den Grund zu sinken. Es blieb stattdessen in einer Zwischentiefe, floss nach Süden, und darunter strebte antarktisches Wasser nach Norden.

All diese Ereignisse wiederholten sich während der letzten Eiszeit mehrere Male – aber die Forscher können leider nicht genau sagen, in welcher Reihenfolge. Wenn sie von den Sediment- oder Eiskernen aufblicken, narrt sie das Trugbild vom Huhn und dem Ei. Vielleicht schickten die Eisschilde, dem eigenen inneren Rhythmus von Werden und Vergehen folgend, ihre Eisbergflotten immer dann aus, wenn sie zu fett geworden waren; das schmelzende Eis brachte dann das Förderband zum Stocken, und das geschwächte Band transportierte weniger Wärme zum Nordatlantik, sodass die Luft über Grönland abkühlte. Aber warum kalbten dann mindestens zwei verschiedene Eisschilde gleichzeitig, wie Bond festgestellt hat? Vielleicht wurde stattdessen zuerst die Luft kälter, was alle Eisschilde am Nordatlantik veranlasste, ins Meer zu drängen, was seinerseits das Förderband beeinträchtigte, sodass es noch kälter wurde. Aber wodurch wurde überhaupt die Atmosphäre abgekühlt?

Fügen wir diesem Dilemma noch ein weiteres hinzu: die Geographie. Als Broecker sich erstmals mit tausendjährigen Klimaschwankungen und insbesondere mit der Dryas-Zeit beschäftigte, suchte er nach einer Erklärung dafür, warum die Temperaturen im Bereich des Nordatlantiks überhaupt einen so plötzlichen Sturzflug hatten machen können – viel zu plötzlich, als dass es etwas mit den Milankowitsch-Zyklen zu tun haben konnte. Computermodelle des Erdklimas, vor allem das von Syukuro Manabe vom Geophysical Fluid Dynamics Laboratory in Princeton entwickelte Modell, bestätigten Broeckers Verdacht, dass das Förderband selbst dazu in der Lage sein könnte, indem es abrupt in einen abgeschwächten Zustand umschaltet. Die Modelle gaben sogar wieder, wie stark die Abkühlung in der Dryas-Zeit war, von der man annahm, dass sie sich hauptsächlich in Europa bemerkbar gemacht hat, weniger dagegen im östlichen Nordamerika. Die Beweislage hat sich in den letzten zehn Jahren jedoch geändert. Die Dryas-Zeit und die anderen Dansgaard-Oeschger-Ereignisse sind keine reinen nordatlantischen Besonderheiten mehr. «Auf keinen Fall kann ich überall eine gigantische Abkühlung erreichen», wendet Manabe ein. Aber genau das legen die Beweise nahe, und ihre Herkunft ist ungewöhnlich.

– – –

Huascarán in Peru ist sicher nicht der Ort, an den Forscher als Erstes denken würden, die nach den Ursachen oder Auswirkungen von Veränderungen im Nordatlantik suchen. Es ist ein von Gletschern bedeckter Berg in den Anden, neun Breitengrade südlich des Äquators und 320 Kilometer nördlich von Lima. Der höhere der beiden Gipfel misst 6768 Meter. So hoch ließ Lonnie Thompson von der Ohio State University sein Bohrteam jedoch nicht klettern; sie machten mit ihren sechs Tonnen Ausrüstung kurz vor 6000 Metern Halt, im Sattel zwischen den beiden Gipfeln, wo das Eis über zweihundert Meter dick ist. Thompson nimmt seit über zwanzig Jahren Bohrproben aus Berggletschern, seit ihn das Bohren in Grönland und der Antarktis nicht mehr reizte. Skepsis aus Kollegenkreisen ist er gewohnt. Kurz nachdem er sich den Bergen zuwandte – er war noch nicht einmal mit seinem Doktor fertig –, schrieb Willi Dansgaard, Pionier der Bohrungen im Polargebiet, ihm und seinen Geldgebern einen Brief des Inhalts, dass es für das, was Thompson vorhabe, gar keine Technologie gäbe. Das half Thompson nicht gerade weiter. Aber Dansgaard hatte Recht, wie Thompson bereits wusste, denn er hatte es auf seiner ersten Expedition 1979 zum Quelccaya-Gletscher in Südperu am eigenen Leib erfahren.

«Wir waren blauäugig», erinnert er sich. «Wir dachten, wir könnten uns einen zweimotorigen Bell-212-Hubschrauber nehmen, ein Bohrgerät aus der Antarktis einfliegen, auf den Berg transportieren, die Bohrung niederbringen und fertig. Aber wie wir merkten, ging das nicht. Die Höhen, in denen wir arbeiten, liegen oberhalb von 5700 Metern und damit außerhalb der Reichweite der meisten Hubschrauber, und wenn in den Bergen viel Konvektionstätigkeit herrscht, wird Fliegen sehr schwierig und gefährlich. Wir flogen in 5700 Metern, und der Hubschrauber sackte einfach ab. Der Pilot bekam ganz große Augen, und wir, glaube ich, auch! Es gab keinen Weg, ganz nach oben zu kommen.» Weil keine Technologie existierte, ein schweres Eisbohrgerät auf einen Andengipfel zu fliegen, zog Thompson einen logischen Schluss: Er würde ein Bohrgerät bauen, das so leicht war, dass man es hinauftragen konnte – er selbst, seine graduierten Studenten und ein paar Dutzend Träger und Maultiere. Wenn es keine Technologie gab, würde er sie erfinden.

1993, vierzehn Jahre nach dem ersten gescheiterten Versuch, kampierte Thompson auf dem Huascarán, ausgerüstet mit einem leichten Kohlenstofffaser-Bohrer und sechzig Solarzellen für den Antrieb des erwärmten, ringförmigen Bohrkopfs. Die jeweils 1,5 Meter langen Eisbohrkerne wurden aus dem Bohrloch geholt, in Isoliermaterial verpackt und in einer Speicherkammer gelagert, die Thompson und seine Mannschaft in den Gletscher geschlagen hatten. Wenn die Kammer voll war, wurden die Träger gerufen. Um drei Uhr in stockfinsterer Nacht, der kältesten und geeignetsten Tageszeit, packten sie sich das Eis auf den Rücken und trugen es über eine fünfzehn Meter lange Leiter hinunter, die eine 25 Meter tiefe Gletscherspalte überbrückte; dann ging es weiter zum Gletscherrand, wo Maultiere warteten, um es zum Fuß des Berges zu transportieren, wo Lkw warteten, um es zu einem Kühlwagen für Fisch in der Ortschaft Huaraz zu bringen. Einige von Thompsons Studenten hatten keinen Sinn für die Schönheit dieser Gletscherspalte, die im Verlauf der Expeditionsarbeit immer breiter wurde. («Manchmal wünschten sie sich einen anderen Beruf, wenn sie die Leiter sahen», berichtet Thompson.) Glücklicherweise waren genügend Träger da. «Zufällig machten wir diese Bohrung, als die Guerillaaktivitäten des Leuchtenden Pfades in Peru auf dem Höhepunkt waren», erklärt Thompson. «Das war einerseits ein Problem, weil es Gefahren mit sich brachte. Aber andererseits hatten wir ein ganzes Hotel für uns, sodass wir ein Labor einrichten konnten. Und wir hatten so viele Träger, wie wir brauchten.» Es war nicht so, dass Thompson sich lange im Hotel aufgehalten hätte: Er kampierte 45 Tage draußen am Huascarán, arbeitete von Sonnenauf- bis Sonnenuntergang bei Sturm, der die Zelte zerriss, und in Luft, die nur halb so dicht wie das angenehme Gas war, das wir auf Meereshöhe atmen.

Wozu diese übermäßigen Anstrengungen? In Quelccaya hatte Thompson seine Bohrkerne schließlich bekommen, und Dansgaard hatte, nach einer versöhnlichen Kehrtwendung, doch noch einige der Isotopanalysen vorgenommen. Aber die Bohrkerne lieferten nur Klimahinweise auf die letzten 1500 Jahre. Sie belegten zum Beispiel eine intensive landwirtschaftliche Nutzung der Gegend um den Titicaca-See in der Zeit vor den Inkas; Blütenstaub von den Feldern war vom Wind auf dem Quelccaya abgelagert worden. Aber präinkaisch bedeutete immer noch erstes Jahrtausend nach Christus. Am Huascarán, dem höchsten Berg in den Tropen, hoffte Thompson auf Zugang zu einer früheren Vergangenheit. Und als er dort bis auf das Gestein bohrte, bekam er ihn: Das Eis am Grund war 20000 Jahre alt. Es hatte sich, an den Berg gepresst, seit dem letzten Höhepunkt der letzten Vergletscherung gut gehalten.

Bis in die jüngste Zeit hatte die Ansicht geherrscht, die Eiszeit habe die Tropen weitgehend unberührt gelassen. Die Bohrproben vom Huascarán strafen diese Ansicht Lügen: Die Sauerstoffisotope in den Bohrkernen belegen, dass die Temperatur auf dem Berg auf dem Höhepunkt der Vergletscherung acht bis elf Grad unter der von heute lag. Extrapoliert man diese Temperatur hinunter auf Meereshöhe, was Thompson gemacht hat, kommt man zu dem Ergebnis, dass die Oberfläche des tropischen Atlantiks, von wo die Schneefälle auf dem Huarascán kommen, mindestens fünf Grad kälter war. Wie die Atmosphäre in höheren Breitengraden, war auch die tropische Atmosphäre während der Eiszeit sehr viel trockener: Die untersten Schichten der Huarascán-Kerne enthalten zweihundertmal mehr Staub, als heute auf dem Berg niedergeht. Dieser Staub stammte nicht von Feldern. Er war anscheinend von Venezuela und Kolumbien herübergeweht worden, wo damals Dünen weite Landstriche bedeckten.

Besonders überrascht, dass die Dryas-Zeit in den Zeugnissen vom Huarascán so deutlich zutage tritt. Aber nicht nur sie, sondern auch andere tausendjährige Klimaereignisse, und das nicht nur am Huarascán: Thompson hat sie auch in China vorgefunden. 1992, im Jahr, bevor er am Huarascán bohrte, war er im Kunlun-Shan-Gebirge im äußersten Westen Chinas und nahm Bohrproben aus der Eiskappe des Guliya Shan in 6100 Metern Höhe. Er suchte nach der Geschichte des Monsunsystems, bekam jedoch Daten, die bis zurück in die Eiszeit reichten. Und die Sauerstoffisotope in dem Teil des Bohrkerns verrieten ihm, dass das Klima in Westchina in der Eiszeit – wie in den peruanischen Anden und wie am Nordatlantik – gewaltigen Schwankungen ausgesetzt war.

Der Beweis für diese Schwankungen kommt heute aus der ganzen Welt. Die eine oder andere davon ist in dieser oder jener Form festgehalten, im Vordringen und Rückzug von Gletschern in Chile und Neuseeland, in Sümpfen von Feuerland, in Korallen auf Barbados, in Eiskernen aus der Antarktis und in Meeressedimenten von beiden Seiten des Nordpazifiks. Das in seiner Genauigkeit vielleicht spektakulärste Zeugnis wurde Anfang 1996 von James Kennett von der University of California in Santa Barbara vorgelegt. Kennett, der Meeresgeologe, der schon vor langer Zeit Beweise dafür entdeckte, dass Gletscherschmelzwasser in der Dryas-Zeit vom Mississippi zum St.-Lorenz-Strom abgeflossen war, hat die Dryas-Zeit jetzt auch im Becken von Santa Barbara entdeckt – die Dryas-Zeit und neunzehn von den zwanzig tausendjährigen Zyklen, die aus den grönländischen Eiskernen bekannt sind. In den plötzlichen Phasen der Erwärmung dieser Zyklen – als der Nordatlantik warm war und das Förderband auf Hochtouren lief – wurde, dem Plankton in Kennetts Sedimentkern nach zu urteilen, auch das Becken von Santa Barbara warm. Anscheinend war das Erwärmungssignal sehr schnell vom Atlantik zum Pazifik gelangt.

– – –

Oder umgekehrt. Die Frage vom Huhn und dem Ei wird nur noch schwieriger, da der Klimawandel, der einer Erklärung bedarf, global wird und die Schwankungen in unterschiedlichen Regionen des Erdballs offenbar mehr oder weniger gleichzeitig stattgefunden haben. Gleichzeitig und außergewöhnlich schnell: Zwei neue Eiskerne, die zu Beginn der 90er Jahre aus dem Gipfel der grönländischen Eisdecke erbohrt wurden, belegen, dass die tausendjährigen Schwankungen, die die letzte Eiszeit unterbrachen, selbst von noch weit schnelleren Ausschlägen des Thermometers unterbrochen wurden. In der

Erwärmungsphase der tausendjährigen Zyklen kletterte zum Beispiel die Durchschnittstemperatur auf Grönland im Verlauf weniger Jahrzehnte um fünf bis zehn Grad. Die Dryas-Zeit scheint noch schneller beendet gewesen zu sein: Die Temperaturen auf Grönland stiegen um sieben Grad, und die Schneefälle verdoppelten sich in nur drei Jahren, als die Erde sich aus der staubigen, eisigen Trockenheit in die warme Feuchtigkeit von heute schwang. Sowohl das Tempo als auch die Globalität der Veränderungen lässt vermuten, dass die Atmosphäre in irgendeiner Form aktiv beteiligt war und nicht nur passiv auf Veränderungen im Meer reagierte; schließlich bewegt sich die Atmosphäre schneller.

Die Atmosphäre, das Meer und das Eis, von den Orbitalzyklen ganz zu schweigen: Es ist noch schlimmer als beim Huhn und dem Ei. «Ich kann Ihnen nicht sagen, was was verursacht», sagt Lloyd Keigwin, der Spezialist für Sedimentkerne. «Ich bin niemand, der mit Modellen arbeitet. Es fällt mir wirklich schwer, diese Dinge zu kapieren. Auch denen, die mit Modellen arbeiten, fällt es schwer.»

«Es ist nur ein Modell», räumt Syukuro Manabe ein, dessen Modell die Beweise für die raschen globalen Veränderungen während der letzten Vergletscherung nicht erklären kann und der diese Beweise mit Skepsis betrachtet. «Wir wissen nicht, ob sie zutreffen.»

«Ich habe keine klare Vorstellung davon, ob das Förderband Teil eines breiten Symptomenkomplexes ist oder der Krankheitserreger», sagt Scott Lehman, Spezialist für Sedimentkerne, der nebenbei ein bisschen mit Modellen arbeitet. «Wir sind noch nicht so weit, viel über die Reihenfolge der Ereignisse sagen zu können.»

«Wir wissen nicht, wie viel von der Verbindung auf die Atmosphäre zurückgeht und wie viel auf die Veränderungen in der thermohalinen Zirkulation», sagt Kennett. «Es hängt alles zusammen. Das ist das Wichtige.»

Genauso wichtig ist aber sicher zu verstehen, welches die Verbindungen sind. Vor nicht allzu langer Zeit hatte Broecker den Anflug einer Idee. 1992, als er «The Glacial World According to Wally» schrieb, hatte er mit einer massiven Schreibblockade beim letzten Abschnitt zu kämpfen, in dem er seine großartige Hypothese darüber fortsetzen wollte, was all die Klimaveränderungen während der letzten Vergletscherung verursacht hat. Es war mehr oder weniger das letzte Kapitel, das er für seine Doktorarbeit hatte schreiben wollen, was ihm jedoch nicht gelungen war, aber inzwischen war die Sachlage sehr viel komplizierter geworden. Broecker erkannte, dass er noch immer keine schlüssige Hypothese vorlegen konnte. 1996 schien es jedoch soweit zu sein. Die Anregung lieferte die Arbeit von Lonnie Thompson über Huascarán.

Dieser Eiskern liefert den stärksten von mehreren Beweissträngen, dass die tropische Atmosphäre während der Eiszeit extrem trocken war. Nach Schätzungen von Thompson und Broecker enthielt sie an der Oberfläche zwanzig Prozent weniger Wasserdampf als heute und in großen Höhen sechzig Prozent weniger. Heute sind die Tropen die größte Wasserdampfquelle der Erde; der Wasserdampf steigt dort von der Meeresoberfläche auf und wird von den Winden zu den Polen befördert. Unterwegs schlägt er sich in Form von Regen und Schnee nieder, hat aber noch eine andere wichtige Funktion: Er ist das wichtigste Treibhausgas, noch wichtiger als Kohlendioxid. Wäre die Konzentration des Wasserdampfes in der letzten Eiszeit deutlich niedriger gewesen, hätte allein schon das zu einer erheblichen Abkühlung des Planeten geführt.

Nach Broeckers Hypothese erzeugten rasche Veränderungen in der Konzentration des Wasserdampfes, die auf irgendeine Weise durch Änderungen beim Förderband hervorgerufen wurden, die tausendjährigen Klimazyklen der letzten Eiszeit. Wahrscheinlichster

Auslöser ist nach seinen Worten immer noch ein Zufluss von Süßwasser in den Nordatlantik – genau wie bei seiner ursprünglichen Erklärung für die Dryas-Zeit. Vom Eisschild des Laurentides-Parks wegtreibende Eisberge konnten das Förderband im Verlauf von Jahrhunderten schwächen, bis zum Höhepunkt mit der gewaltig anschwellenden Heinrich-Armada; aber als der letzte Eisberg geschmolzen war und die Atmosphäre sich am kältesten und trockensten Tiefpunkt eines Dansgaard-Oeschger-Zyklus befand, sodass an den nördlichen Breitengraden nicht viel Schnee fiel, wurde der Nordatlantik schnell wieder salzhaltiger, vor Grönland bildete sich wieder Tiefenwasser, und das Förderband lief wieder an. Modelle wie das von Manabe zeigen, dass das Förderband problemlos wieder anspringen kann, wenn es nicht mehr mit Süßwasser beschickt wird. Und eine Hypothese wie die von Broecker erklärt, wie eine plötzliche Erwärmung des Nordatlantiks, die durch ein Wiederanlaufen des Förderbandes verursacht wurde, sich außerordentlich schnell durch die Atmosphäre nach Süden ausbreiten kann – bis nach Santa Barbara, Neuseeland und in die peruanischen Anden –, vorausgesetzt, das Förderband kann irgendwie Wasserdampf zurück in die tropische Atmosphäre pumpen.

Das entscheidende Wort ist «irgendwie». Das äquatoriale Meer ist eine Zone wichtiger Auftriebsströmungen, von denen man annehmen könnte, dass sie die Wassermenge beeinflussen, die an der Meeresoberfläche verdampft, und die ihrerseits unter dem Einfluss des Förderbandes stehen könnten. Und zumindest im äquatorialen Pazifik vor Peru versiegt der Auftrieb von Zeit zu Zeit, und zwar während des El Niño. Das bringt Broecker zu der Annahme, dass auch die tropische Atmosphäre geheime Betriebszustände kennt, genau wie das Förderband, und auf einen Ruck des Förderbandes ebenfalls mit einem Ruck reagiert. Aber er gerät ein bisschen außer sich, wenn man von ihm Genaueres über eine Verbindung zwischen den beiden Zuständen wissen will. «Der einzige Teil des Systems, über den wir etwas wissen und der mehrere Zustände hat, ist die thermohaline Zirkulation», erklärt er. «Einverstanden? Und wir wissen aus Sedimentfunden, dass die thermohaline Zirkulation sich tatsächlich geändert hat. Einverstanden? Die Arbeitshypothese muss also lauten, dass diese Änderungen in der thermohalinen Zirkulation weit reichende Auswirkungen haben. Und ich versuche, Ihnen klar zu machen, dass wir nicht wissen, wie das zusammenhängt. Sie fragen nach dem großen fehlenden Teil im gesamten Puzzle. Alle anderen Teile haben wir, denke ich, beisammen, aber uns fehlt ein wichtiges Teil.»

Schön, wenn es nur eins wäre: Da ist auch noch die Frage, wie das Kohlendioxid hineinpasst – schließlich war seine Konzentration während der Eiszeit erheblich geringer. Vielleicht ist es zur Eiszeit gekommen, weil die Orbitalzyklen die Erde etwas trockener und staubiger werden ließen, sodass die Winde über Patagonien das Südpolarmeer mit Eisenstaub düngten und das Phytoplankton blühte und das Kohlendioxid aufsaugte – genau wie John Martin es annahm. Vielleicht breitete sich der Klimawechsel von der südlichen zur nördlichen Halbkugel aus, nicht umgekehrt, und vielleicht kam das Förderband erst ins Stottern, nachdem der Planet so kalt geworden war, dass das Meereis das Gebiet bedecken konnte, wo sich heute das Tiefenwasser bildet. Und vielleicht konnte eine ähnliche Abfolge von Veränderungen irgendwie sogar die schnellen Klimaschwankungen während der Eiszeit erklären. Es gibt viele Vielleichts und viele Irgendwies in der Klimaforschung und viele mögliche Szenarien, für die Vergangenheit wie für die Zukunft.

– – –

Als Lonnie Thompson 1991 wieder zum Quelccaya ging, dem peruanischen Gletscher, den er vor zwölf Jahren zum ersten Mal bestiegen hatte, stellte er fest, dass der Gletscher abschmolz. Unterhalb der Eiskappe gab es drei Seen, die vorher nicht da gewesen waren. Thompson war enttäuscht, aber nicht sehr überrascht. In Venezuela sind seit den frühen 70er Jahren drei Gletscher vollkommen verschwunden. Die Gletscher auf dem 5200 Meter hohen Kenia in Afrika haben seit Anfang der 60er Jahre zwei Fünftel ihrer Masse verloren. «Überall in den Tropen ist es so», sagt Thompson. «Alle Gletscher, über die wir Informationen haben, schrumpfen sehr schnell. Man muss sich fragen, warum das so ist.» Es könnte sein, dass der Rückgang der Gletscher ein frühes Anzeichen für eine vom Menschen ausgelöste globale Erwärmung ist. Selbst eine leichte Erwärmung durch das Kohlendioxid, das wir in die Atmosphäre freigesetzt haben, könnte genügen, sehr viel mehr Wasser aus den tropischen Meeren zu verdampfen; der Wasserdampf könnte die Erwärmung dann so weit verstärken, dass das Eis schmilzt.

Vor zehn Jahren unternahm Syukuro Manabe ein Experiment mit seinem Klimamodell, das eine weitere mögliche Wirkung des Wasserdampfes veranschaulichte. Manabe ließ die Konzentration von Kohlendioxid im heutigen Tempo steigen, also um ein Prozent pro Jahr, bis sich die Konzentration nach 140 Jahren vervierfacht hatte. Dann hielt er sie konstant. In dem Maß, wie die Erdtemperatur stieg, nahm auch die Menge des Wasserdampfes in der Atmosphäre zu, und die Winde beförderten viel von diesem Wasser in hohe Breitengrade, wo es als Regen und Schnee niederging. In Manabes Modellwelt schwollen die Flüsse im hohen Norden – Mackenzie, Ob und Jenissei – zu reißenden Strömen an, die sich in die Arktis ergossen. Von dort nahm das Wasser seinen Weg nach Süden in die Grönland-See. Im zweihundertsten Jahr der Simulation war etwas Alarmierendes geschehen: Die thermohaline Zirkulation war völlig zum Erliegen gekommen.

In der Realität wird das vielleicht nie passieren. Manabes Modell ist möglicherweise falsch. Wie empfindlich die thermohaline Zirkulation ist, die vor vier Jahrzehnten erstmals von Henry Stommel angedacht wurde, ist in jüngster Zeit auch durch andere Modelle als das von Manabe bestätigt worden, aber es ist durchaus denkbar, dass alle falsch sind. Selbst wenn sie richtig sind, könnten die Annahmen falsch sein, die den Modellen zugrunde liegen: Die Konzentration von Kohlendioxid vervierfacht sich vielleicht nicht in den nächsten anderthalb Jahrhunderten; die zerstrittene Staatengemeinschaft einigt sich vielleicht doch noch auf die drastischen wirtschaftlichen und technologischen Änderungen, die notwendig sind, um angesichts des rapiden Bevölkerungswachstums die Zunahme der Kohlenstoffemissionen zu begrenzen. Wenn sich die CO_2-Konzentration nur verdoppeln sollte, sagt Manabes Modell voraus, dass das Förderband nur zwei oder drei Jahrhunderte langsamer laufen und sich dann wieder erholen würde, wie es das vielleicht ähnlich in der Dryas-Zeit getan hat. Der Planet könnte mit einer gemäßigten kleinen Eiszeit davonkommen – und in Gegenden wie Nordeuropa würde das vielleicht sogar als Mittel gegen die globale Erwärmung begrüßt. Andererseits hat Manabes Modell nicht die Möglichkeit berücksichtigt, dass das grönländische Inlandeis in einer CO_2-erwärmten Welt schmelzen könnte. Das würde nicht nur die Küstenstädte überfluten, sondern auch dem Förderband einen ernsthaften Süßwasserschlag verpassen, genau auf die schwache Stelle. Wie Manabe sagt, könnte er das Szenario des «Zum-erliegen-Kommens» nicht ausschließen.

So viele Vielleichts: Vielleicht schrecken wir doch davor zurück, in die Meeresströmungen einzugreifen. Vielleicht machen einige phantastische technische Entwicklungen unsere Ängste bezüglich des Klimas hinfällig. Vielleicht lachen unsere Ururenkel in einhundert Jahren über unsere Bedenken wegen der Kohlenstoffverschmutzung, so wie wir heute über die Prophezeiungen aus der Zeit vor dem Automobil lächeln, die die Straßen der Städte in Pferdedung versinken sahen. Wir wissen es nicht. Wir wissen nicht, was als Folge der vom Menschen verursachten Klimaänderungen mit der Meereszirkulation geschieht; wir wissen auch nicht, wie sich ein Zusammenbruch der Zirkulation auf das Klima auswirken würde. Aber etwas Grundsätzliches gibt es: Wir wissen, sowohl aus den Modellen als auch aus den Sedimentproben, dass es zu abrupten Klimaänderungen kommen kann, die wahrscheinlich mit Änderungen am Förderband zusammenhängen, auch wenn der Planet sich nicht mitten in einer Eiszeit befindet.

So hat zum Beispiel James Kennett in einem Sedimentkern aus der Antarktis Anzeichen für einen plötzlichen und dramatischen Wandel in der thermohalinen Zirkulation entdeckt, der sich vor 57 Millionen Jahren ereignet hat, kurz vor dem Ende des Paläozäns, als die Erde wärmer war, als sie heute ist. Im Verlauf von nur zweitausend Jahren kehrte sich das Muster der Zirkulation um: Das Meer wurde in der Tiefe wärmer als an der Oberfläche, als es sich mit warmem, salzhaltigem Wasser aus den Tropen füllte statt mit kaltem Wasser von den Polen. Ein solcher Ozean erscheint uns heute beinahe unvorstellbar, doch in der Physik der Meeresströmungen gibt es nichts, was dies verhindern könnte. Eine Folge der Verlagerung im Paläozän war ein Massensterben unter den bodenbewohnenden Foraminiferen. Vermutlich hat sie weit größere Auswirkungen auch auf das Leben des Planeten gehabt.

Der Untergang von Foraminiferen im Paläozän – eine abstrakte Besorgnis. Wirklich Sorge macht uns das Holozän, die warme Periode, in der wir uns jetzt befinden und die nach der letzten Vergletscherung begann; die Zeit, in der sich die gesamte Geschichte des Menschen entfaltet hat, von den ersten Feldern und Städten bis zur Mondlandung und geklonten Schafen. Diese Geschichte hatte sich nach unserer Vorstellung vor dem Hintergrund eines stabilen Klimas ereignet. Doch das Klima im Holozän war, wie erst jetzt klar geworden ist, keineswegs stabil. Es wies ganz eigene, plötzliche Schwankungen auf. Die letzte dieser Schwankungen ist die so genannte kleine Eiszeit, die ungefähr vom 15. bis zum Ende des 18. Jahrhunderts dauerte. In dieser Zeit froren die Themse in London und die Kanäle in Amsterdam zu, und Washington bibberte mit seinen Truppen bei Valley Forge. Lonnie Thompson hat jüngst Zeugnisse der kleinen Eiszeit im Eis am Huarascán gefunden, und Lloyd Keigwin hat sie in Sedimentproben vom Bermudarücken entdeckt.

Anscheinend hatten die kleine Eiszeit und andere Klimaschwankungen im Holozän etwas mit dem Stillstand oder der Schwächung des Förderbandes zu tun, so wie die Schwankungen in der großen Eiszeit. Gerard Bond hat festgestellt, dass seine nordatlantischen Eisbergzyklen sich in abgeschwächter Form mit kleineren Eisbergflotten von der Glazialzeit bis ins Holozän fortgesetzt haben. Eine dieser Kaltzeiten im Nordatlantik war vor 4200 Jahren. Sie ist offenbar mit einer jahrhundertelangen Dürreperiode im Nahen Osten zusammengefallen; den Beweis liefert eine Ansammlung durch Wind angewehter Staubpartikel in einem Sedimentkern aus dem Golf von Oman, die vom Lamont-Wissenschaftler Peter de Menocal analysiert wurde. Die Dürreperiode fiel wiederum mit dem Zusammenbruch des akkadischen Reiches zusammen, einer mesopotamischen Frühkultur. Vielleicht hat ein Zusammenbruch den anderen verursacht, vielleicht hat eine Änderung der Meeresströmungen den Untergang eines Reiches herbeigeführt.

Seither haben wir einen langen Weg zurückgelegt.

15. Kapitel DIE ZEIT UND DAS MEER

Wasser ist keine Besonderheit unseres Planeten. Es taucht nach und nach überall auf. Ein 1995 von der Europäischen Weltraumbehörde in eine Planetenumlaufbahn gebrachtes Teleskop, das Infrared Space Observatory, hat den Beweis erbracht, dass es im All reichlich Wasser gibt, vor allem im Umkreis sterbender Sterne, die unserer Sonne ähneln. Wenn diese Sterne ihren Vorrat an Wasserstoff und Helium verbraucht haben, explodieren sie nicht wie ein großer Stern, sondern schwellen einfach gewaltig an – sie werden zu einem roten Riesen – und schleudern dabei sauerstoffreiche Gaswinde ins All. Wo dieses Gas mit interstellarem Wasserstoff kollidiert, bildet sich an der Schockwellenfront Wasser. Dieses Wasser kann später als eine Art Geburtshelfer dienen: Dadurch, dass es Wärme aus der interstellaren Wolke hinausbefördert – in Form der infraroten Strahlung, die der europäische Satellit entdeckt hat –, hilft das Wasser der Wolke zu kollabieren und zum Kern eines neuen Sterns zu werden. Ohne Wasser gäbe es auf der Erde sicher kein Leben, aber vielleicht gäbe es nicht einmal ein Sonnensystem.

Planeten sind keine Besonderheit unserer Sonne. Wenn Astronomen am Modell die Entstehung eines Sterns mit Hilfe eines Computers mathematisch nachvollziehen, stellen sie fest, dass ein neugeborener Stern normalerweise von einer Scheibe aus Staub und Gas umgeben ist und dass etwas von diesem Staub und Gas sich normalerweise auch zu Planeten verdichtet. In den letzten Jahren haben sie jedoch damit begonnen, sich nicht mehr nur mit wohlbegründeten Erwartungen abzugeben, sondern tatsächlich Planeten bei fernen Sternen zu entdecken. Die Planeten sind zu lichtschwach, als dass man sie direkt sehen könnte, doch ihre Schwerkraft zieht den Mutterstern hin und her, und diese regelmäßige Bewegung hinterlässt ihre Spuren im Sternenlicht. Bis Anfang 1998 hatte man im Umkreis von mindestens acht anderen Sternen wie der Sonne Planeten entdeckt. All diese Planeten sind mindestens halb so groß wie der Jupiter; die Instrumente sind noch nicht empfindlich genug, etwas so Kleines wie die Erde aufzuspüren. Einige der Planeten haben schwindelerregend enge Umlaufbahnen und umkreisen ihren Mutterstern in nur vier Tagen. Auf einer riesigen Gaskugel, die so dicht bei einer Sonne steht, bestünde keine Chance, ein Meer zu finden, und kaum eine Chance, Leben zu entdecken.

Doch Leben ist wahrscheinlich keine Besonderheit für unser Sonnensystem. Die ersten extrasolaren Planeten, die entdeckt werden, sehen vielleicht ganz anders als unsere eigenen aus, aber bei einhundert bis zweihundert Milliarden Sternen allein in unserem Milchstraßensystem wird es wahrscheinlich schon einige Erden und einige Ozeane da draußen geben. Der Gedanke, dass unsere Erde etwas Besonderes ist, hat zwar einen immer neuen Reiz, aber keine tragfähige Grundlage. Selbst die neuen Sonnensysteme, die bereits entdeckt worden sind, haben, wenn schon keine Erden, dann doch vielleicht Welten, die feucht und bewohnbar sind. Forscher an der Penn State University, unter ihnen auch James Kasting, haben darauf hingewiesen, dass mindestens zwei der neuen Planeten ihre Sonne in einer aussichtsreichen Entfernung umkreisen; die Planeten selbst sind zweifellos gasförmig, haben aber wahrscheinlich massive Monde. Wenn diese Planeten in größerer Entfernung von ihrem Stern entstanden und dann auf ihre jetzige Umlaufbahn eingeschwenkt sind – wie eine neuere Theorie meint –, könnten die Monde ohne weiteres genügend Wasser für ein Meer angesammelt haben.

Wenigstens ein derartiger bewohnbarer Mond könnte in unserem eigenen Sonnensystem existieren. Europa, der zweitgrößte Mond des Jupiters, der bereits 1610 von Galileo Galilei entdeckt wurde, ist mit Wassereis bedeckt. Lange hat man angenommen, dass sich darunter ein flüssiger Ozean befinden könnte; die Gezeitenwirkung der Schwerkraft des Jupiters könnte Europa warm genug halten. 1997 lieferte die den Jupiter umkreisende Raumsonde *Galileo* jedoch das bisher beste Material. Auf den Fotos von Europa waren Regionen zu sehen, die einem Flickenteppich aus Eisblöcken glichen, die geschmolzen und etwas umhergetrieben und dann in ihrer neuen Lage wieder gefroren waren. So verhält sich Packeis auf antarktischen Meeren. Die NASA hat Pläne angekündigt, 2003 eine weitere Raumsonde zum Jupiter zu schicken, die die Dicke des Eises auf Europa messen und herausfinden soll, ob der Satellit tatsächlich den zweiten Ozean des Sonnensystems hat. Es ist sogar die Rede davon, ein unbemanntes U-Boot mitzuschicken, das sich durch die Eisdecke bohren und den Ozean darunter erkunden soll. Es ist nicht ausgeschlossen, dass auf dem Grund dieses Ozeans heiße Quellen existieren, und auch nicht ausgeschlossen, dass diese Quellen eventuell primitive Lebensformen beherbergen. Ein Traum vieler Forscher ginge in Erfüllung.

Aber bis jetzt haben wir nur diesen Planeten, diesen Ozean und dieses Leben.

So grenzenlos das Meer vom Strand aus erscheint, so grenzenlos ist es zweifellos als Gegenstand der Forschung. Aber das Meer hat dennoch seine Grenzen, wie wir heute feststellen, wo sich, vor allem im letzten Jahrhundert, zur Erforschung immer stärker die Ausbeutung gesellt, und unsere Fähigkeit, in die Natur einzugreifen, globale Ausmaße annimmt. Die fundamentalste Grenze überhaupt hat allerdings nichts mit uns zu tun. Der Ozean wird uns und unsere Eingriffe überleben, er wird jedoch nicht ewig leben. Wie die Erde insgesamt wurde er zu einem bestimmten Zeitpunkt geboren und wird auch zu einem solchen sterben.

Seine Vergänglichkeit hat ihre Wurzeln in der Sonne, die immer heller wird; das geschieht mit Sternen, die ihr mittleres Alter durchlaufen. In ungefähr sieben Milliarden Jahren wird die Sonne zu einem roten Riesen. Vorher, wenn sie anschwillt und rot wird, können eisbedeckte Monde im äußeren Sonnensystem tauen. Neben Europa ist auch der große Saturnsatellit Titan ein interessanter Fall; seine Atmosphäre ist etwas dichter als die der Erde, besteht ebenfalls überwiegend aus Stickstoff, allerdings mit einer größeren Beimischung von Methan. Wenn die Sonne heller und roter wird, kommt, vielleicht in sechs Milliarden Jahren, ein Zeitpunkt, wo so viel Sonnenlicht die Atmosphäre des Titans durchdringt und in seinem Methantreibhaus gefangen wird, dass die eisbedeckte Oberfläche des Trabanten schmilzt – das haben jedenfalls die beiden Astronomen Ralph Lorenz und Jonathan Lunine von der University of Arizona jüngst berechnet. Ammoniakeis wird nach ihren Worten zuerst schmelzen und wie eine Art Frostschutzmittel wirken, das dem Wassereis ermöglicht, bei einer Temperatur von –97 °C zu schmelzen. In diesem eisigen Ozean von der Konsistenz eines Bodenreinigers könnte Leben beginnen und sich entwickeln – eine andere Art von Leben als auf der Erde, eine Art, für die eine Mischung aus Wasser und Ammoniak nicht giftig wäre. Doch die Lebensdauer des Titans wird kürzer als die der Erde sein. Schon nach fünfhundert Millionen Jahren, wenn die Sonne die eigene Atmosphäre mit extrem schnellen Winden ausstößt, fliegt das Dach vom Treibhaus des Titans fort.

Etwa zu diesem Zeitpunkt wird die Erde wahrscheinlich aufhören zu bestehen. Wenn die Sonne zu einem roten Riesen anschwillt, macht sie vielleicht kurz vor unserer Umlaufbahn Halt, aber wahrscheinlicher ist, dass sie unseren Planeten erfasst und verdampft. Das Leben hier ist allerdings schon sehr viel früher erloschen. Vor einigen Jahren haben Kasting und sein Kollege Ken Caldeira an der Penn State versucht, diesen Zeitpunkt zu errechnen – sich das Ende auszumalen, so gut die Wissenschaft das zulässt. Es ist natürlich keine Rede davon, dass oder wann ein Riesenkomet uns erwischen und den Planeten vorzeitig entvölkern könnte. Lässt man diesen unglücklichen Zufall einmal außer Acht, sind Wärme und Kohlendioxid auf lange Sicht die Feinde des Lebens auf der Erde – oder eher ein Mangel an Kohlendioxid. Im Moment machen wir uns Sorgen über zu viel von diesem Gas in der Atmosphäre, aber das ist lediglich ein kurzfristiges und hausgemachtes Problem. Rechnet man in geologischen Zeitdimensionen, hat die Erde die Möglichkeit, das Kohlendioxid in der Luft loszuwerden: Es löst sich im Regenwasser und zerfrisst Gestein, wird zu Karbonat, fließt mit den Flüssen ins Meer und sinkt zum Meeresboden ab. Wenn die Sonne heißer wird, fällt mehr Regen, und die Verwitterung von Gestein verstärkt sich. In fünfhundert Millionen Jahren wird die Konzentration von Kohlendioxid so gering sein, dass die meisten Pflanzen nicht mehr zur Photosynthese in der Lage sind.

Einige Hartgräser und widerstandsfähige Sträucher, Pflanzen, die hinsichtlich Kohlendioxid besonders genügsam sind, werden sich danach noch etwa eine Milliarde Jahre halten. Das Festland ähnelt vielleicht Teilen des australischen Buschs, vereinzelte Vegetation, die aus rotem Staub ragt. In anderthalb Milliarden Jahren wird die Durchschnittstemperatur auf der Erde nach dem Szenario von Kasting und Caldeira bei etwa fünfzig Grad liegen – heiß genug, alles außer Mikroben auszulöschen – und rasch weiter steigen. Das nur mehr spärlich belebte Wasser bedeckt immer noch über sieben Zehntel der Erde. Das Leben begann vor vier Milliarden Jahren im Wasser, und viele Forscher glauben heute, dass Bakterien bei den Thermalquellen am Meeresgrund zu den ersten Organismen gehörten. Sollten wir jemals einen Ozean auf Europa erforschen, würden wir nach Leben dieser Art suchen. Diese Mikroben sind vielleicht die letzten Überlebenden auf der Erde. Und irgendwann wird auch der Ozean zu heiß für sie.

In den nächsten eine Milliarde Jahren nach dem Aussterben der Pflanzen wird sich die Atmosphäre mit Dampf füllen, wie bei der Geburt des Planeten. Aber dann wird Sonnenlicht auf den Dampf niederbrennen, das sehr viel intensiver ist. Der ultraviolette Anteil dieses Lichts spaltet die Wassermoleküle in der Stratosphäre in Wasserstoff- und Sauerstoffatome auf, und der Wasserstoff treibt unwiederbringlich hinaus ins All. Dort trifft er auf anderen Sauerstoff, Sauerstoff, der von der sterbenden Sonne abgestoßen wurde, und gemeinsam bilden sie vielleicht auf irgendeinem anderen Planeten bei einem anderen Stern Wasser. In zweieinhalb Milliarden Jahren werden die letzten Wassermoleküle von der Erde verschwunden sein. Das Meer ist aus dem All gekommen, ins All wird es zurückkehren. Selbst die Mikroben am Meeresgrund gehen dann zugrunde. Der Planet ist aus Staub gemacht, zu Staub wird er wieder werden. Noch einige Milliarden Jahre bis zum endgültigen Verglühen wird die Erde eine heiße, tote Welt sein, wie die Venus, ein Planet, der seiner Sonne zu nahe gekommen ist. Zum ersten Mal in ihrer Geschichte wird die Erde trocken sein.

ANHANG

AUSGEWÄHLTE LITERATUR

Die meisten Informationen in diesem Buch stammen aus Interviews mit Ozeanographen sowie aus ihren Artikeln in Fachzeitschriften. Bei einigen geschichtlichen Passagen bin ich besonders den Werken von Susan Schlee und Margaret Deacon verpflichtet. Im Folgenden eine Auswahl der Quellen, die einige der Hauptpunkte im Buch abhandeln und für alle von Nutzen sein könnten, die sich eingehender mit der Materie beschäftigen möchten.

Vorwort: Weitab vom Ufer

Carson, Rachel. *The Sea Around Us.* New York, Oxford University Press, 1951.

Dayton, Paul K. «Reversal of the Burden of Proof in Fisheries Management.» *Science,* 279 (1998): 821–822.

Kapitel 1: Das All und der Ozean

Bartusiak, Marcia. *Thursday's Universe: A Report From the Frontier On the Origin, Nature and Destiny of the Universe.* Redmont, Washington, Tempus Books, 1988.

Kasting, James F., Oben B. Toon und James B. Pollack. «How Climate Evolved on the Terrestrial Planets.» *Scientific American,* Februar 1988: 90–97.

Matsui, Takafumi, und Yutaka Abe. «Evolution of an Impact-induced Atmosphere and Magma Ocean on the Accreting Earth.» *Nature,* 319 (1986): 303–305.

Matsui, Takafumi, und Yutaka Abe. «Impact-induced Atmospheres and Oceans on Earth and Venus.» *Nature,* 322 (1986): 526–528.

Schopf, J. William. «Microfossils of the Early Archean Apex Chert: New Evidence for the Antiquity of Life.» *Science,* 260 (1993): 640–646.

Wetherill, George W. «Formation of the Earth.» *Annual Review of Earth and Planetary Science,* 18 (1990): 205–256.

Kapitel 2: Die Tiefe loten

Deacon, Margaret. *Scientists and the Sea, 1650–1900: A Study of Marine Science.* New York, Academic Press, 1971.

Drubba, H., und H. H. Rust. «On the First Echo-Sounding Experiment.» *Annals of Science,* 10:1 (1954): 28–32.

Maury, Matthew Fontaine. *The Physical Geography of the Sea, and Its Meteorology.* Herausgegeben von John Leighly. Cambridge, Massachusetts, Belknap Press of Harvard University Press, 1963. Erstveröffentlichung 1855.

Schlee, Susan. *The Edge of an Unfamiliar World: A History of Oceanography.* New York, Dutton, 1973.

Kapitel 3: Der Zentralgraben im Atlantik

Allègre, Claude. *The Behavior of the Earth: Continental and Seafloor Mobility.* Cambridge, Massachusetts, Harvard University Press, 1988.

Fox, Paul J. «Bruce C. Heezen: A Profile.» *Oceanus,* 34/4 (1991): 100–107.

Heezen, Bruce C. «The Rift in the Ocean

Floor.» *Scientific American*, Oktober 1960: 98–110.

Hess, H. H. «History of Ocean Basins.» In Petrologic Studies – A Volume in Honor of A. F. Buddington, Hrsg. A. E. G. Engel, Harold L. James und B. F. Leonard. Geological Society of America, 1962: 599–620.

Le Pichon, Xavier. «Introduction to the Publication of the Extended Outline of Jason Morgan's April 17, 1967 American Geophysical Union Paper on ‹Rises, Trenches, Great Faults and Crustal Blocks›.» *Tectonophysics*, 187 (1991): 1–22.

Menard, H.W. *The Ocean of Truth: A Personal History of Global Tectonics.* Princeton, Princeton University Press, 1986.

Kapitel 4: Eine Weltkarte

Heezen, Bruce C. «The Origin of Submarine Canyons.» *Scientific American*, August 1956: 36–41.

Smith, Walter H. F. und David T. Sandwell. «Global Sea Floor Topography from Satellite Altimetry and Ship Depth Soundings.» *Science*, 277 (1997): 1956–1962.

Tharp, Marie. «Mapping the Ocean Floor – 1947 to 1977.» In *The Ocean Floor.* Herausgegeben von R. A. Scrutton und M. Talwani. New York, John Wiley and Sons Ltd., 1982: 19–31.

Tharp, Marie, und Henry Frankel. «Mappers of the Deep.» *Natural History*, Oktober 1986: 48–62.

Kapitel 5: Der Meeresboden bei der Geburt

Oceanus, 34 (1991) Nummer 4: Mid-Ocean Ridges.

Oceanus, 35 (1992) Nummer 4: Marine Geology and Geophysics.

Macdonald, Ken C. et al. «It's Only Topography.» *GSA Today*, 3/1 (Januar 1993): 1, 24–25; und 3/2 (Februar 1993): 29–31, 34–35.

Macdonald, Kenneth C., und Paul J. Fox. «The Mid-Ocean Ridge.» *Scientific American*, Juni 1990: 72–79.

Macdonald, Ken C. et al. «Volcanic Growth Faults and the Origin of Pacific Abyssal Hills.» *Nature*, 380 (1996): 125–129.

Kapitel 6: Das Königreich der Seegurken

Gage, J. D., und P. A. Tyler. *Deep-Sea Biology: A Natural History of Organisms at the Deep-Sea Floor.* Cambridge, England, Cambridge University Press, 1991.

Moseley, H. N. «Deep-Sea Dredging and Life in the Deep Sea.» *Nature*, 21 (1980): 543–547, 569–572, 591–593.

Piccard, Jacques, und Robert S. Dietz. *Seven Miles Down: The Story of the Bathyscaph Trieste.* London, Longmans, Green and Co., 1962.

Report on the Scientific Results of the Voyage of H.M.S. Challenger During the Years 1873–76. Narrative – Vol. I. London, 1885.

Wolff, Torben. «The Hadal Community, An Introduction.» *Deep-Sea Research*, 6 (1960): 95–124.

Kapitel 7: Inseln in der Tiefe

Grassle, J. Frederick. «Species Diversity in Deep-Sea Communities.» *Trends in Ecology and Evolution*, 4 (1989): 12–15.

Grassle, J. Frederick, und Nancy J. Maciolek. «Deep-Sea Richness: Regional and Local Diversity Estimates from Quantitative Bottom Samples.» *The American Naturalist*, 139 (1992): 313–341.

Heezen, Bruce C., und Charles D. Hollister. *The Face of the Deep.* New York, Oxford University Press, 1971.

Levin, Lisa A. und Cynthia L. Thomas. «The Ecology of Xenophyophores (Protista) on Eastern Pacific Sea-

mounts.» *Deep-Sea Research*, 35 (1988): 2003–2027.
Priede, I.G., et al. «Direct Measurment of Active Dispersal of Food-falls by Deep-sea Demersal Fishes.» *Nature*, 351 (1991): 647–649.
Smith, Craig R., Peter A. Jumars und David J. Demaster. «In Situ Studies of Megafaunal Mounds Indicate Rapid Sediment Turnover and Community Response at the Deep-sea Floor.» *Nature*, 323 (1986): 251–253.

Kapitel 8: Leben auf einem Vulkan

Cavanaugh, Colleen M., et al. «Prokaryotic Cells in the Hydrothermal Vent Tube Worm *Riftia pachyptila* Jones: Possible Chemoautotrophic Symbionts.» *Science*, 213 (1981): 340–342.
Corliss, John B., et al. «Submarine Thermal Springs on the Galapagos Rift.» *Science*, 203 (1979): 1073–1083.
Edmond, John M., und Karen von Damm. «Hot Springs on the Ocean Floor.» *Scientific American*, April 1983: 78–93.
Hessler, Robert, Peter Lonsdale und James Hawkins. «Patterns on the Ocean Floor.» *New Scientist*, 117 (24. März 1988): 47–51.
Kaharl, Victoria A. *Water Baby: The Story of Alvin.* New York, Oxford University Press, 1990.
Kunzig, Robert. «Between Hone and the Abyss.» *Discover*, Dezember 1993: 66–75.
Lutz, Richard A., und Rachel M. Haymon. «Rebirth of a Deep-sea Vent.» *National Geographic*, 186 (November 1994): 114–126.
Mullineaux, L.S., P.H. Wiebe und E.T. Baker. «Larvae of Benthic Invertebrates in Hydrothernmal Vent Plumes over Juan de Fuca Ridge.» *Marine Biology*, 122 (1995): 585–596.
Turner, Ruth D. «Wood-Boring Bivalves, Opportunistic Species in the Deep Sea.» *Science*, 180 (1973): 1377–1379.
Van Dover, Cindy Lee. *The Octopus's Garden: Hydrothermal Vents and Other Mysteries of the Deep Sea.* Reading, Massachusetts, Addison-Wesley, 1996.

Kapitel 9: Phantastische Quallen

Alldredge, Alice. «Appendicularians.» *Scientific American*, Juli 1976, 94–102.
Gilmer, Ronald W. «Free-Floating Mucus Webs: A Novel Feeding Adaptation for the Open Ocean.» *Science*, 176 (1972): 1239–1240.
Haeckel, Ernst. «Plankton-Studien.» *Jenaische Zeitschrift*, 18 (1890–1891): 232–336.
Hamner, William M. «Blue-Water Plankton.» *National Geographic*, 146 (Oktober 1974): 530–545.
Hamner, W.M., et al. «Underwater Observations of Gelatinous Zooplankton: Sampling Problems, Feeding Biology, and Behavior.» *Limnology and Oceanography*, 20 (1975): 907–917.
Harbison, G.R., L.P. Madin und N.R. Swanberg. «On the Natural History and Distribution of Oceanic Ctenophores.» *Deep Sea Research*, 25 (1978): 233–256.
Hensen, Viktor. *Die Plankton-Expedition und Haeckels Darwinismus; über einige Aufgaben und Ziele der beschreibenden Naturwissenschaften.* Kiel, Lipsius & Tischer, 1891.
Madin, Katherine A.C., und Laurence P. Madin. «Sex (and Asex) in the Jellies.» *Oceanus*, 34/3 (Herbst 1991): 27–35.
Madin, L.P. «Aspects of Jet Propulsion in Salps.» *Canadian Journal of Zoology*, 68 (1990): 765–777.

Kapitel 10: Tierlichter

Harbison, G. Richard. «The Structure of Planktonic Communities.» In *Oceanography: The Present and*

Future. Herausgegeben von Peter G. Brewer, New York, Springer Verlag, 1983; 18–33.
Harbison, G. Richard. «The Gelatinous Inhabitants of the Ocean Interior.» *Oceanus*, 35/3 (Herbst 1992): 18–23.
Widder, E. A. «Bioluminescence.» In *Adaptive Mechanisms in the Ecology of Vision.* Herausgegeben von S. N. Archer et al. Kluwer Academic Publishers, Dordrecht, Niederlande, 1999: 555–581.

Kapitel 11: Dar Meer grün färben

Anderson, Donald M. «Turning Back the Harmful Red Tide.» *Nature*, 388 (1997): 513–514.
Chisholm, Sallie W., et al. «A Novel Free-living Prochlorophyte Abundant in the Oceanic Euphotic Zone.» *Nature*, 334 (1988): 340–343.
Coale, Kenneth H., et al. «A Massive Phytoplankton Bloom Induced by an Ecosystem-scale Iron Fertilization Experiment in the Equatorial Pacific Ocean.» *Nature*, 383 (1996): 495–501. Vgl. auch die verwandten Artikel auf den Seiten 475–476 und 508–517.
Hardy, Allister. *Great Waters: A Voyage of Natural History to Study Whales, Plankton, and the Waters of the Southern Ocean.* New York, Harper & Row, 1967.
de la Mare, William K. «Abrupt Mid-Twentieth Century Decline in Antarctic Sea-ice Extent from Whaling Records.» *Nature*, 389 (1997): 57–60.
Martin, John H. «Glacial-Interglacial CO_2 Change: The Iron Hypothesis.» *Paleoceanography*, 5 (1990): 1–13.
Martin, John H., Steve E. Fitzwater und R. Michael Gordon. «Iron Deficiency Limits Phytoplankton Growth in Antarctic Waters.» *Global Biogeochemical Cycles*, 4 (1990): 5–12.

Kapitel 12: Der Untergang des Kabeljaus

Brawn, Vivien M. «Reproductive Behavior of the Cod (*Gadus Callarias* L.). *Behavior*, 18 (1961): 177–198.
Cushing, D.H. *The Provident Sea.* Cambridge, Cambridge University Press, 1988.
Hutchings, Jeffrey A., und Ransom A. Myers. «What Can Be Learned from the Collapse of a Renewable Resource? Atlantic cod, *Gadus morhua*, of Newfoundland and Labrador.» *Canadian Journal of Fisheries and Aquatic Sciences*, 51 (1994): 2126–2146.
Jensen, Albert C. *The Cod*, New York, Thomas Y. Crowell Company, 1972.
Lough, R. Gregory, et al. «Ecology and Distribution of Juvenile Cod and Haddock in Relation to Sediment Type and Bottom Currents on Eastern Georges Bank.» *Marine Ecology Progress Series*, 56 (1989): 1–12.
Pauly, Daniel, et al. «Fishing Down Marine Food Webs.» *Science*, 279 (1998): 860–863.
Rose, George A. «Cod spawning on a migration highway in the north-west Atlantic.» *Nature*, 366 (1993): 458–461.
Serchuk, Fredric M., und Susan E. Wigley. «Assessment and Management of the Georges Bank Cod Fishery: An Historical Review and Evaluation.» *Journal of Northwest Atlantic Fisheries Sciences*, 13 (1992): 25–52.
Warner, William W. *Distant Water: The Fate of the North Atlantic Fisherman.* Boston, Little, Brown, 1983.

Kapitel 13: Wie die Wasser fließen

Armi, Laurence, et al. «Two Years in the Life of a Mediterranian Salt Lens.» *Journal of Physical Oceanography*, 19 (1989): 354–370.
Brown, Sanborn C. *Benjamin Thompson, Count Rumford.* Cambridge, Massachusetts, MIT Press, 1979.

Gordon, Arnold L. «Interocean Exchange of Thermocline Water.» *Journal of Geophysical Research*, 91 (1986): 5037–5046.

Gordon, Arnold L., und Rana A. Fine. «Pathways of Water Between the Pacific and Indian Oceans in the Indonesian Seas.» *Nature*, 379 (1996): 146–149.

Huyghe, Patrick. «The Storm Down Below.» *Discover*, November 1990, 70–75.

Jenkins, William J., und Peter B. Rhines. «Tritium in the Deep North Atlantic Ocean.» *Nature*, 286 (1980): 877–880.

Rumford, Benjamin Thompson, Count. «Of the Propagation of Heat in Fluids.» In *Collected Works of Count Rumford*. Herausgegeben von Sanborn C. Brown. Cambridge, Massachusetts, Belknap Press of Harvard University Press, 1968.

Stommel, Henry. «The Westward Intensification of Wind-driven Ocean Currents.» *Transactions of the American Geophysical Union*, 29 (1948): 202–206.

Stommel, Henry. «The Circulation of the Abyss.» *Scientific American*, Juli 1958: 85–90.

Stommel, Henry M. «Autobiography: The Sea of the Beholder.» In *Collected Works of Henry M. Stommel*, Band I. Herausgegeben von Nelson G. Hogg und Rui Xin Huang. Boston, Massachusetts, American Meteorological Society, 1995.

Weiss, R. F., et al. «Atmospheric Chlorofluoromethanes in the Deep Equatorial Atlantic.» *Nature*, 314 (1985): 608–610.

Whitehead, John A. «Giant Ocean Cataracts.» *Scientific American*, Februar 1989: 50–57.

Kapitel 14: Der Klimawandel

Behl, Richard J., und James P. Kennett. «Brief Interstadial Events in the Santa Barbara Basin, NEPacific, During the Past 60 Kyr.» *Nature*, 379 (1996): 243–246.

Bond, Gerard C., und Rusty Lotti. «Iceberg Discharges into the North Atlantic on Millenial Time Scales During the Last Glaciation.» *Science*, 267 (1995): 1005–1010.

Broecker, Wallace S. «The Great Ocean Conveyor.» *Oceanography*, 4/2 (1991): 79–89.

Broecker, W.S. *The Glacial World According to Wally*. Palisades, New York, Eldigio Press, 1993.

Manabe, Syukuro, und Ronald J. Stouffer. «Simulation of Abrupt Climate Change Induced by Freshwater Input to the North Atlantic Ocean.» *Nature*, 378 (1995): 165–167.

Oceanus, 37 (1994): Nummer 1: Atlantic Ocean Circulation.

Taylor, K. C., et al. «The ‹Flickering Switch› of Late Pleistocene Climate Change.» *Nature*, 361 (1993): 432–436.

Thompson, L. G., et al. «Late Glacial Stage and Holocene Tropical Ice Core Records from Huascarán, Peru.» *Science*, 269 (1995): 46–50.

Kapitel 15: Die Zeit und das Meer

Caldeira, Ken, und James F. Kasting. «The Life Span of the Biosphere Revisited.» *Nature*, 360 (1992): 721–723.

Lorenz, Ralph D., Jonathan L. Lunine und Christopher P. Mckay. «Titan Under a Red Giant Sun: A New Kind of ‹Habitable› Moon.» *Geophysical Research Letters*, 24 (1997): 2905–2908.

William, Darren M., James F. Kasting und Richard A. Wade. «Habitable Moons Around Extrasolar Giant Planets.» *Nature*, 385 (1997): 234–236.

DANKSAGUNG

Das vorliegende Buch ist eine überarbeitete Fassung von *The Restless Sea*, das 1999 von W. W. Norton herausgebracht wurde. Die Änderungen gehen in erster Linie auf die Energie und Einsicht von Natania Jansz und Mark Ellingham von Sort Of Books zurück, denen ich herzlich danke.

Ich hätte dieses Buch nie ohne meinen Freund und Lektor Joe Wisnovsky bei W. W. Norton geschrieben, der mich geduldig bei der Hand nahm und mir mit zeitlich genau berechneten Mittagessen und Büchern von Patrick O'Brian Kapitel um Kapitel entlockte, aber auch nicht ohne meine Agentin Regula Noetzli, die den allerersten Anstoß gab.

Danken möchte ich außerdem:

den vielen Forschern, die mir bei Interviews so bereitwillig von ihrer Zeit zur Verfügung stellten, und vor allem denen, die Teile des Manuskripts kommentierten, unter ihnen Colleen Cavanaugh, Penny Chisholm, Chris Chyba, Fred Grassle, Bill Hamner, Rachel Haymon, Jim Kasting, Ken Macdonald, Larry Madin, Lauren Mullineaux, Phil Richardson, Charles Townes und George Wetherill;

ferner allen, die in ihren Unterlagen gestöbert haben, um uns bei der Bebilderung des Buchs zu helfen, unter anderem Larry Madin und Shelley Lauzon von der Woods Hole Oceanographic Institution; Edith Widder, Jan Petri und David Smith von der Harbor Branch Oceanographic Institution; William Haxby, William Ryan und Kurt Sternoff am Lamont-Doherty Earth Observatory; Marie Tharp; Jeremy Young und Marcus Geisen vom British Natural History Museum; Wim van Egmond; Pam Talbot vom Southampton Oceanography Center sowie Peter Sloss und Walter Smith von der National Oceanic and Atmospheric Administration;

dem Marine Biological Laboratory in Woods Hole für die wiederholte Benutzung der wunderbaren Bibliothek und für eine großherzige Kameradschaft in einer schwierigen Zeit;

meinen Kollegen bei *Discover*;

Rich Lutz, dass er mich mit der *Atlantis II* mit aufs Meer genommen hat, und der Woods Hole Oceanographic Institution, dass ich mit an Bord durfte;

dem Sort-Of-Team, insbesondere Henry Iles, Peter Dyer, Anne Hegerty, Becky Shaw, Paul Nobbs und Barbara Ellingham, sowie bei Penguin Liz Statham, Shaun Snow, Julie Anderson und Cress Rolfe;

allen Mitarbeitern bei Norton, die an diesem Buch beteiligt waren, unter anderem Lucinda Karter, Andy Marasia, Catherine Melnicki, Bill Rusin und Ariadne van de Ven;

Tim Appenzeller, Tim Ballard, Tony Dajer, Dennis Flanagan, John Horgan, Jeff Kluger, Anne Lougée, Dan McShea, Sarah McShea und Marc Zabludoff für viele Jahre Freundschaft und geistigen Austausch;

meinen Eltern und Geschwistern für ihre Liebe und Unterstützung, vor allem aber meiner Frau Nancy Maynes dafür, dass sie trotz dieses Buches meine Frau geblieben ist – und für vieles andere mehr.

REGISTER

A

Abe, Yutaka 25, 27, 30, 31
Adams, John 288
Afrikanische Grabenzone 55, 65
Ägäisches Meer, Meeresbiologie im 102–103, 105, 107
Agassiz-See 350, 352–353
Agulhasstrom 325
Albert, Prinz von Monaco 324–325
Aldrin, Buzz 111
Aleuten-Graben 64
All, Wasser im 19–22, 375
Alldredge, Alice 206–208, 227, 231
Alvin 128–130, 133–134, 139, 149–152, 160–161, 163, 174, 180, 185, 215–216
Alvin-Proviant 150
Amazonas, biologische Vielfalt 118–119
American Society of Limnology and Oceanography 255
Anderson, Donald 268–269
Andrews, John 358
Antarktis, Ring aus Meereis 270–271
Antarktischer Zirkumpolarstrom 316–317
Apollo Raumfahrtmission 30
Apostelgeschichte 40
Appendicularien 227
Armstron, Neil 111
Artenvielfalt 101–102, 115–119, 144–149, 234, 241
Asseln 115
Atlantic Telegraph Company 43
Atlantis 47
Atlantis 51
Atlantischer Ozean
- Entwicklung 63–65, 94–96, 176
- Gräben 60, 95
- Guyots 127–129
- Kartierung des Meeresbodens 41–43, 54, 67–68, 72–74
- Ost-West-Symmetrie des Beckens 54
- Strömungen 315–318, 320–322, 324–341
- Temperaturen 321–322
- Tiefseeberge 71–72
- tiefste Stelle im 60
- zentraler Rücken, vgl. Mittelatlantischer Rücken 43–46, 53–54, 67, 94, 98, 316

Atomenergiekommission (AEC) 244–245
Atomtests 334–335
Azam, Farooq 241–243
Azoische Zone 103–106, 111

B

Backarc-Spreading-Center 184
Bakterien
- als früheste Lebensform 33
- Anpassung an Druck 123–124
- Chemosynthese durch 162–173, 191

Basalt 57, 59, 61, 93, 98, 155, 160, 190
Bathocyroe fosteri 216, 219
Bathybius 109–110, 198
Bathymodiolus thermophilus 167
Bathyskaph 111
Bathysnap 122
Bayda Kupfermine, Fund fossiler Röhrenwürmer 176
Beacon, HMS 103
Belyaev, G. M. 120–121
Bengalischer Schwemmkegel 70
Berann, Heinrich 68
Bigelow Laboratory of Ocean Sciences 233, 235
Bimini, Forschungsversuche bei 200–203

Biolumineszenz 216, 220–223, 230
Bohrmuscheln 180–181
Bond, Gerard 354–361, 373
Bonneycastle, Charles 38–39, 48
Borstenwürmer 134–136, 145
Borstenwürmer 134–136, 145
Boxcorer 143–144
Boyle, Ed 351, 359
Brawn, Vivien 279–280
British Association for the Advancement of Sciences 102
British Institue of Oceanographic Sciences 86, 142
Broecker, Wallace 343–352, 354–361, 367–368
Brooke, John Mercer 41–42
Bruchzonen 93, 62–64, 80
Burkholder, JoAnn 267–268

C

Cabot, John (Giovanni Caboto) 286, 288
Caldeira, Ken 379
Calyptogena magnifica 160, 167, 172–173
Carlsberg-Rücken 47
Carson, Rachel 8, 23
Cavanaugh, Colleen 165–169, 171–173
Chain 211–212
Challenger HMS
- biologische Proben, gesammelt von 44–48, 222
- Entdeckung des Mittelatlantischen Rückens durch 43–45
  Entdeckung des pazifischen Grabens durch 45–46
- Tiefenlotungen durch 44–45, 51, 56
- Entdeckung des Mittelatlantischen Rückens durch 43–45
- Entdeckung des pazifischen Grabens durch 45–46
- Messung von Wassertemperaturen 321
- technische Angaben 44–46

Challenger-Tief 46, 73, 111
Chemosynthese 162
Chemosynthetische Bakterien 162–173
Cheung, Albert 19–21
Chisholm, Sallie 234–235, 239–240
Chlorfluorkohlenstoffe 270, 334–336
Chlorophyll 162, 236–240, 249, 257, 261
Chyba, Christopher 32–33
Coale, Kenneth 258–259
Coccolithophoreen 236
Coleridge, Samuel Taylor 101
Colladon, Jean Daniel 38–40
Computertechnologie 85, 90
Conservation Law Foundation 305
Coriolis-Kraft 327
Corliss, John 152, 160–161, 178
Coryphaenoides 138
Crane, Kathy 152
Cuvier, Georges de 203
Cyclops HMS 109–110

D

Damm, Karen von 155, 158
Dansgaard, Willi 348–349, 361–362
Dansgaard-Oeschger-Ereignisse 349, 359–364, 368
Darwin, Charles 109
Dayton, Paul 10
de la Mare, William 270–271
Deep Rover 222
Deep Tow 128–129, 151–152
Department of Fisheries and Oceans 281, 296–303
Deuterium 31
Diatomeen 236, 241
Dietz, Robert 60
Dimethylsulfid 258–259
Dinoflagellaten 222, 236, 266–267
Dinosaurier, Aussterben 177–179
Distant Water 292
Dolphin Rise 42, 46
Dredschen 102–108, 113–116, 144
Druck 123–125, 128
Dryas-Zeit 350–352, 360–361, 364–371
Duce, Bob 250
Durchflusszytometer 239

E
Echolotung 38–40, 48–51
– Kartierung von Streifen 83–90
Ecological Theater and the Evolutionary Play, The (Hutchinson) 159
Edmond, John 152, 160–161, 163
Edwards, Steven 306
«Eingang zur Hölle» 189–191
Eisen, Einsatz für Phytoplankton 248–265
Eiskerne, Klimazeugnisse in 345–348, 361–365
Eiszeiten 253, 260–261
– globale Meeresströmungen und 343–373
Elektronenakzeptor 162
Ellis, Henry 320
Endosymbiose 167–168
Epibenthonischer Schlitten 115
Epifauna 115
Erdbeben
– Epizentren am Meeresboden 55–56, 123
– Suspensionsströme, ausgelöst durch 69–70
– Theorie der Plattentektonik 64–66
Erde
– Entstehung 22–25
– Entstehung der Meere 26–32
– Magnetfeld 61
– Schwerkraftfeldveränderungen 77–79
– Zerstörung 379–380
– zyklische Orbitalschwankungen 345
Europa 377–378, 380
Ewing, Maurice 53, 56–57, 65, 69, 132, 354
Exklusive Wirtschafszone 87, 294
Exodus 266

F
Fabrikschiffe 292–294, 309
Face of the Deep, The (Heezen und Hollister) 132
Fadenwürmer, chemosynthetische Bakterien als Nahrung für 172
Falkowski, Paul 260–261
Farr, Harold 83–85
FCKW 334–335
Fessenden, Reginald A. 49
Fessenden-Oszillator 49
Field, Cyrus 43
Fischbestände
– Einfluss von Quallen auf 227–228
– Klimaauswirkungen 227
– Planktonvorrat für 195–196
– schädliches Plankton 266–269
– Überfischen 227, 274–276, 293–294, 299–313
Fitzwater, Steve 249, 251–253, 255, 257
Flächenecholot 86–87, 89
Flohkrebse 124, 137–138, 140, 225–226
Florida Escarpments 169–170
Flügelschnecken 202–206
Flundern, Fang von 275, 305
Fluoreszenzmikroskop 238
Flüsse, Suspensionsströme und 69–70
Forbes, Edward 102–108
Formaldehyd, in Kometen 32
Fornari, Dan 154–156, 191
Fossile Brennstoffe 11, 170
Fotosynthese
– Chemosynthese und Ende der 161–163
– durch Phytoplankton 233–239
Foundation Seamounts 79
Fox, Jeff 99, 153
Franklin, Benjamin 329
Friede von Paris 288
Froelich, Paul 83
Frost, Bruce 249–250

G
Gabbro 93
Galapagosrücken
– Erdbeben bei 100, 151, 153
– Fauna der Thermalquellen 152, 158–175, 177–179
Galathea 110, 119–120, 122
Galileo Galilei 377
Gallertige Tiere 193–232
– Biolumineszenz 216, 220–223
– Klimatische Auswirkungen 227

– Rippenquallen 212–217, 228–229
– Fresswerkzeuge 204–206
– Auswirkungen auf Fischbestand 227–228
– Abhängigkeit anderer Tiere von 225–226
– Flügelschnecken 202–206
– Manteltiere 206–211
Gallivan, James 276
Gelbschwanz-Flunder 275, 305
General Instruments Corporation 83, 86
Genin, Amatzia 128
Geologie, Meeresboden als Zentrum der 63–66
Geopoesie 59
Georges Bank
– Entwicklung 277–278
– Fischfang bei 227, 274–275, 283–284, 291–293
Geosat 76–79
Gilmer, Ron 202–206, 210
Glacial World According to Wally, The (Broecker) 343, 367
Gleba cordata 202–205
Gletscher, Rückgang der 370
Global Ocean Ecosystem Dynamics (GLOBEC) 227
Globale Erwärmung 260, 271, 369–372
Globales Positionierungssystem 85
Gloucester, Massachusetts, Kabeljaufischer 273–274, 288, 303
Godzilla 175
Golf von Mexiko, Sauerstofferschöpfung 10, 265
Golfstrom 324–325, 328–336, 338–339
Gordon, Michael 284–253, 255, 257
Gosnold, Bartholomew 287
Graf, Gerd 143
Grassle, J. Frederick 143–152, 158, 159, 180
Guillard, Bob 235, 237–239
Guyots 79–80, 88, 127–131

H

Haeckel, Ernst 109–110, 195–200, 214, 230
Haie 201–202
Haldane, J. B. S. 145
Hale-Bopp 31–32
Hall-Arber, Madeleine 311
Halleyscher Komet 29–32
Hamner, Peggy 201
Hamner, William M. 193–194, 200–202, 205, 214, 219, 230
Hämoglobin 173
Harbison, G. Richard 198, 205–206, 210–217
Harbor Branch Oceanographic Institution 216, 220
Harris, Wilbur 83
Hawaii-Inseln, Entstehung 127, 131
Hawkes, Graham 222
Haxby, William 78
Hayes, Harvey C. 49–51
Haymon, Rachel 153–158, 174–176, 191–192
Hecker, Barbara 169
Heezen, Bruce
– Herkunft 53–54
– Kartierung des Meeresbodens 53–61, 65–72, 343
– Postulat mittelatlantischer Rücken mit Senkungsgraben 55–65
– Theorie von der Ausweitung der Erde 85
– Tiefseefotografie 132, 134, 161, 335
– Tod 53, 98
Heilbuttfang 275–276
Heinrich, Hartmut 358–359
Heinrich-Ereignis 358–359, 368
Hensen, Viktor 194–200, 215, 230, 234
Hess, Harry 58–65
Hessler, Robert 114–116, 137, 143–144, 185–186
Hillary, Sir Edmund 111
Himalaja 65–70
»History of Ocean Basins« (Hess) 59
Hollister, Charles 132, 134, 147, 335–336

Holmes, Arthur 59
Holozän, Klimaänderungen im 372–373
Holzbohrer 180–181
Hot Spot 79–80, 96, 127
Huascarán, Eiskerne aus
361–364, 367–373
Hudson-Canyon 69
Hutchings, Jeffrey 297–303
Hutchinson, G. Evelyn 159, 241
Huxley, Thomas 45, 109–110
Hyakutake 31–32
Hydrothermale Schlote 153–191
– Ausbruch 153–159
– biologische Reihenfolge der Arten 189–191
– chemosynthetische Bakterien 161–173
– Dichte der Fauna 160–161
– Entdeckung 151–152
– geographisches Muster 182–183
– Reaktoren 176–178
– Schwarze Raucher und 174–176
– Ursprung des Lebens 177–178
– Vergänglichkeit 179
– Vermehrung der Fauna und Ausbreitung 180–189
Hyperiidea 225

I
Igelwürmer 133–134
Indien, Suspensionsströme bei 70
Indischer Ozean, mittelozeanischer Rücken 74–80
Infauna 115
Infrared Space Observatory 375
Inger 140
Institute of Marine Coastal Sciences, Rutgers University 144
International Hydrographic Bureau 48
Internationale Weltraumstation 88
Isaacs, John 137

J
Jannasch, Holger 167
Japangraben 64
Jasper Seamount 128–131
Jenkins, William 335
Johnson Sea Link 216, 222, 231
Johnson, Kenneth 257
Jones, Meredith 165–167
Juan-de-Fuca-Rücken 175, 183–184, 188
Jumars, Peter 133–134, 143
Jupiter
– Entstehung 29–31
– Wasser auf Mond des 377–378

K
Kabeljau 127–128, 273–313
– Dezimierung 300–313
– Entwicklung 276–277, 300–312
– Entwicklung der Larven 283–285
– Fressgewohnheiten 279, 282, 277
– Geschichte des Kabeljaufangs 273–276, 286–294, 299–300
– Habitate 276–278
– kanadische Politik 298–303
– Laichgewohnheiten 279–281
– Populationszählung 294–302
Kalkklippen 45–47
Kalkstein 170, 357–358
Kalter Krieg 67, 76–77, 230
Kaltes Sickerwasser 170
Kappel, Ellen 97
Karten vom Meeresboden
– Arbeit von Heezen und Tharp 53–58, 65–72
– Einsatz des Mehrstrahl-Echolots 83–90
– erste Bemühungen 48
– Erstellung mit dem Computer 90
– Größe des Ozeans und 89–90
– Höhenlinienkarten und physikalische Karten 67–68
– Mangel an Daten für 75
– Satellitenmessungen 76–82
– staatliche Finanzierung 87–88
– vertikale Verzerrung 72–74
– vom Mittelatlantischen Rücken 54–58, 74–75, 90
– von typischen Regionen 90
Kasting, James 376, 379
Katholische Kirche 286–287

Keigwin, Lloyd 351–360, 366–373
Kennett, James 365–366, 372
Kipling, Rudyard 274, 289
Kleine Eiszeit 373
Klima
- Einfluss auf Fischbestände durch 227–228
- Eiszeitschwankungen 345–373
- Phytoplankton und 233–235, 245, 254–255, 259–262
- Schwankungen im Holozän 372–373
- thermohaline Zirkulation und 318–319, 339–340, 344–349, 366–373
Köder, Reaktion der Tiefseetiere 137–142
Kohlendioxid
- Luftkonzentration in der Eiszeit 347–349, 369–370
- Phytoplankton Wirkung auf 242–244, 260–265
- Umweltkontrolle 371
Kohlenhydrate, Chemosynthese gegen Fotosynthese 162
Kohlige Chondrite 31
Kometen
- Hale-Bopp 31–32
- Halleyscher 29–32
- Hyakutake 31–32
- organische Verbindungen in 32–33
- Ursprung des Meeres und 29, 32
Kontinente
- Driften der 48, 57–58, 60–61, 66, 80–82
- versunkene 47
Konvektionsströmungen 320
Korallen 128–129, 165, 200
Krill 271
Krustenplatten 91–93
Kunststoff, Verschmutzung der Meere mit 10
Kuro Schio 325

L

Lamont Geological Observatory 53, 343
Lamont-Doherty Earth Observatory 72, 78, 154, 169, 353–354
Lampea pancerina 213
Langschwanz 138–139
Langschwänze 138–139
Larven, Verbreitung im Meer 181–182, 186–188
Leben
- Ende des 379
- extraterrestrische Habitate für 34–35, 376–378
- Ursprung 32–36, 177–178, 380
Lehman, Scott 353, 360, 366
Lemuria 47
Leucothea multicornis 214
Levin, Lisa 136, 142
Lithosphäre 91
Lohmann, Hans 206–207
Loihi Seamount 127
Lonsdale, Peter 186
Lorenz, Ralph 378
Loten 38–43, 48–51
- bei Unterwasserhindernissen 49–50
- Echolot 38–43, 48–51
- frühe Karten vom Meeresboden 48
- Messung der Meereskruste 57
- mit Leine und Senkblei 40–42, 45–46
Lotti, Rusty 354, 356, 359
Lough, R. Gregory 284
Lunine, Jonathan 378
Lusitania 49
Lutz, Richard 154, 157, 187, 189–190
Lyell, Charles 45
Lysianassidae 138

M

Macdonald, Ken 92–100, 151, 153, 158, 174
Maciolek, Nancy 144–145
Madin, Laurence P. 118, 206, 208–217, 225, 227–228, 230
Magellan 81, 87, 89

Magellan, Ferdinand 40
Magnuson Fishery Conservation and Management Act (1976) 304, 306
Manabe, Syukuro 360–361, 366, 368–371
Marianengraben 46, 111, 123–125, 185
Mars 15, 34–36
Martin, John H 244–263, 269, 369
Maser 19–21
Matsui, Takafumi 25, 27, 30, 31
Maury, Matthew Fontaine 42, 45–46, 51, 67, 74
McKenzie, Dan 62, 64
Meeresboden
– Artenvielfalt 115–118, 145–149
– erste Fotos 132
– Lavaeruptionen 153–158
– Sedimentdecke 57, 65, 134
– tektonische Aktivität und Vulkanismus 91–100
Meeresgräben
– im Atlantik 60, 95–96
– im Pazifik 110–111, 119
– Sea-Floor-Spreading und 59–61
Meeresleuchten 221–222
Meeresschnee 141–142, 227–243
Meeresströmungen 316–341
– Auswirkungen von Guyots 131
– Klima und 318, 339–340, 345, 348, 366–373
– Larvenausbreitung und 188
– Oberflächenströmungen 324–329
– Sauerstoffvorrat und 130–131
– Schadstoffe zum Verfolgen der 333–335
– Tiefenwasser 329–340
Mehrstrahl-Echolot 83–87, 89–90
Meteor 51, 321–322, 329
Meteoriten, Bombardement der Erde durch 30–31, 178
Meteoritenschauer 32–33
Methan 170–171, 264
Milankowitsch-Zyklen 345
Mississippi, Verschmutzung an der Mündung 10, 265
Mittelatlantischer Rücken
– Abhang 71, 96
– Ausweitung des Atlantiks 65
– Entdeckung 43, 45–46
– Erdbebenepizentren am 55–66
– Fauna 184
– Ostpazifischer Rücken und 95–98
– Zentralgraben 54–58, 74–75, 94–95
Mittelmeer
– atlantische Wirbel aus dem 339
– Fischbestände 229
– Ursprung 176
Mittelozeanischer Rücken 8
Mnemiopsis 228–229
Molekülwolken 22
Mond
– Krater 30
– Ursprung 27–28
Monde anderer Planeten
– Beschaffenheit 29
– Kometen und 29–30
– Wasser und Leben auf 377–378
Monsterkamera 137
Monterey Bay Aquarium Research Institute 230–231
Monterey Canyon 70
Montgomery, Ray 325
Morgan, Jason 62–64
Moseley, H. N. 144, 117, 143
Moss Landing Marine Laboratories 244, 246, 257, 262
Müller, Johannes 196
Mullineaux, Lauren 188
Murawski, Steven 306
Muscheln 120, 151–152, 159–160, 167–168, 172, 183
Myers, Ransom 294, 297–303, 308

N

National Aeronautics and Space Administration (NASA) 12, 28, 35, 78, 377
National Marine Fisheries Service (NMFS) 283–284, 296, 305–306
National Oceanographic and Atmospheric Administration (NOAA) 12, 78

Nature 149, 151, 269
Navigation, Stellitentechnologie 85
Neufundland, Fischfang 287–289, 293, 297–304, 308–309
Nitrat, Quellen im Meer 261
Nordatlantischer Wirbel 324–329
Nordsee, Dezimierung des Fischbestandes 291
Norgay, Tenzing 111
NR-1 53

O

Oeschger, Hans 345–349
Oikopleura 207
Olson, Rob 239–240
Oortsche Wolke 30
Ophiolith 176
Oppo, Delia 353, 360
Optimale Nahrungssuche 139
Organische Verbindungen, interstellare Quellen 32–35
Orion, Molekülwolken auf 20–22
Ostafrika, Senkungsgraben 55–56, 65
Ostpazifischer Rücken 65, 94–96, 99–100, 184
Ozean/Meer
– Eisenkonzentration im 248–258
– Eisniveaus 270–271
– im globalen Temperatursystem 14, 343–363
– Oberfläche 76–79
– Salzgehalt 123
– Temperatur 104, 123, 156, 174, 320–322, 329–330, 380
– Ursprung 18, 27–36
– Vergänglichkeit 378, 380
– Volumen 7–8, 199
Ozonschicht 19, 270, 334

P

Packard, David 230–231
Pangaea 95
Panthalassa 95
Passatwinde 318, 324
Patterson, Clair 246–247, 255
Paull, Charles 169
Paulus, Heiliger 40
Pauly, Daniel 309
Pazifscher Ozean
– Entwicklung 95
– Guyots 79–80, 127–128
– Tiefseeberge 70–72
– Tiefseegräben am Rand 46, 96, 110–111, 119
– Tierleben in der Tiefe 110–111, 119–125
– Verkleinerung 64–65, 95
Permafrost 264
Péron, François 104, 203
Peterson, Roger Tory 200
Pfahlwürmer 180–182
Pfiesteria piscicida 266–268
Philippinengraben 110, 137
Phytodetritus 142
Phytoplankton 141, 233–272
– Abfolge der Blüte 236–237
– Artenvielfalt 234–240
– Bereitstellung von Sauerstoff durch 234
– Eisendüngung 248–265
– Entdeckungen 236–240
– Fotosynthese durch 233–238
– globale Verteilung 244–258, 270–272
– ökologische Auswirkungen 234–235
– schädliche Blüten 266–269
– Verarbeitung von Kohlenstoff durch 242–244
Piccard, Auguste 111
Piccard, Jacques 111–112, 120, 124
Planeten
– Entstehung 19–25
– von fernen Sternen 375–376
Planetesimale 29–32
Plankton (*vgl. auch* gallertige Tiere; Phytoplankton) 122, 130, 141–142, 194–199, 204–206, 210
– Untersuchungsverfahren 195–199, 214–215
– Verteilung im Meer 194–195, 198–199
– vertikale Wanderung 230

Plattentektonik 51–61, 100, 176
– Bildung von Meeresboden und 90–100
Plinius der Ältere 102
Pollack, James 28–29, 35
Polymorphismus 187
Polypen 129, 165
Porcupine HMS 106–109, 113
Porcupine Seabight 142
Porcupine-Tiefsee-Ebene 106
Priede, Imants 138–139
Primordialer Feuerball 17
Prochlorococcus 240–243, 258
Projekt Pflugschar 245
Proteus 193
Puerto Rico-Graben 60, 96

Q
Quallen 206, 212, 222–223
Quelccaya 362–363

R
Rank, David 20
Red Tides 266
Regenwälder, biologische Vielfalt 117–118, 145
Rhines, Peter 335
Rice, Anthony 142
Richardson, Philip 339
Riesenkalmar 8
Riftia pachyptila 164–167, 172–173, 176
Rippenquallen 212–217, 228
Robison, Bruce 231
Röhrenwürmer 153–157, 159, 164–168, 170–173, 176–183, 189–190
Röhrenwurm-Grill 150
Rooth, Claes 350
Rose Garden 100
Rose, George 281–282
Rosenberg, Andrew 305–307, 312
Ross, Sir John 105
Rossoff, Arthur 83
Rubin, Ken 156
Rücken, mittelozeanische (*vgl. auch* Mittelatlantischer Rücken)
– Abschnittsmuster 93–94, 99
– Anstieg 70–71
– globales Muster 71–72, 182–184
– Tiefseebiologie 158
– Unterschiede 94–99
– Ursprünge des Meeresbodens und 91–99
Ruderfüßer 243
Rumford, Benjamin Thompson, Graf 319–321, 339
Rutgers University 144
Ryan, Bill 72, 89, 97

S
Salpe 7, 206–210, 213, 225–226
San-Andreas-Störung 182–183
Sanders, Howard 114–118, 144–145, 148–150
Sandwell, David 78–81
Santa Catalina-Becken
– Erforschung von Aasfressern 139–143, 147
– Igelwurm-Hügel 133–134, 147
Sarmiento, Jorge 260, 265
Satellitennavigation 85
Saturn
– Entstehung 29
– Mondoberfläche aus Wasser und Ammoniak 378
Sauerstoff
– chemosynthetische Bakterien und 162, 171
– im Wassermolekül 13–14, 18
– Isotope 345
– Konzentration im Meer 265
– Phytoplanktonproduktion 234
– Vorräte unter Wasser 130
Schall, Geschwindigkeit unter Wasser 38
Schellfischfang 227, 275, 291–293, 305
Schlangensterne 136, 140, 142
Schnecken
– bei den Mariana-Thermalquellen 185
– mit geflügeltem Fuß 202–206
Schopf, J. William 33
Schwarze Raucher 157, 174–176, 190

Schwarzes Meer, Rippenquallen im 228–229
Schwefelbakterien 161–173
Schwemmkegel des Indus 70
Schwerkraftkarten, Berechnung der Topographie des Meeresbodens 76–82
Scientific American 160
Scripps Institution of Oceanography 10, 86, 123, 128, 137–138, 144, 151, 169, 186, 241, 335
Sea Around Us, The (Carson) 8
Sea Beam 86–87, 99
Sea-Floor-Spreading 57–61, 66, 79–82, 95–96
Seasat 78
SeaWiFS 237
Sedimentkerne, Klimazeugnisse 345–348, 351–361, 365, 373
Seegurken 120–122, 128, 142
Seescheiden 211
Seestern 120–121
Seewespen 226
Shemtschug Canyon 88
Sipunculiden 143
Smith, Craig 133–134, 140, 142, 147
Smith, Ken 138–139
Smith, Walter 78–81
Solarnebel 22,34
Solemya reidi 168, 172
Sonarkartierungsgeräte 83–87, 89–90
– Mehrstrahl-Echolot-Technologien 83–87
Sonnenlicht
– bei Fotosynthese 161–162, 250
Eindringen ins Meer 14
Sonnensystem
– äußere Planeten 29–30, 34
– Ursprung 22–25, 29–30
Sonobojen 100
Sprengseismik 57
Staatsquallen 206, 221, 223
Stachelhäuter 120
Staub, Eisengehalt 250–251, 253–254
Sterne, Entstehung 18–22, 375, 378
Stewart 50, 54
Stommel, Henry Melson 322–337, 345, 352, 371
Stygiomedusa fabulosa 211–212
Submarine Signal Company 49
Süd-Sandwich-Schwelle 96
Südostindischer Rücken 186
Surtsey, Entstehung durch Eruptionen 98
Suspensionsströmungen 69–71, 147
Swallow, John 331–333, 335–338
Synechococcus 238–240, 258

T

Tal des Todeschattens (Tal der Krabben) 190–191
Tauchtechniken 201, 220–221, 230–231
Tektonische Aktivität, Vulkanismus 91–98
Telegrafie, überseeische 43, 48, 69, 105–106
Tethys 176
Tevnia 189, 191
Tharp, Marie 53–55
Kartierung des Mittelatlantischen Rückens 54–55, 59, 63, 65, 98, 343
Kartierungsverfahren 53–58, 67–72
Thermohaline Zirkulation 315–341, 345–348, 367–373
Thermokline 329
Thomas Washington 86
Thompson, Lonnie 361–364, 367, 370, 373
Thomson, Charles Wyville 106–110, 222
Tiefe Randströmungen 329–337
Tiefenkarte 48
Tiefseeberge 70–72, 97–98
Tiefseebiologie
– Anpassung an Druck 123–125
– Artenvielfalt 115–118, 143–152
– azoische Zone und 103–109
– Epifauna und Infauna 115
– Forschungstauchboote und 111–112, 128–130, 215–216
– Guyots 127–131
– historische Entwicklung 102–112

– langsame Lebensprozesse 149–152, 160
– mittelozeanische Rücken 158–159
– Nahrungsangebot 140–143, 162–173, 191
– Pazifik-Gräben 110–111, 119–125
– spärliche Besiedlung 116
– Thermalquellen 158–192
Tiefseeebenen 68–71
Tierleben 115–117, 121–122
Tiefseefauna 119–121
Tiefseestürme 147–148, 335–338
Tindaria callistiformis 151
Titan 378
Titanic 49
Toon, Owen 35
Tote Zone 9–10
Townes, Charles 19–21
Transform-Störung 64, 72, 96–98
Treibhauseffekt 227, 234–235, 245, 254–55, 259, 262, 367
Tricodesmium 261
Trieste 111, 120, 125
Tritium 334, 345
Trophosom 155, 166–167
Tunnicliffe, Verena 183
Turekian, Karl 159
Turner, Ruth 180–181
Tuscarora 46

U
Überfischen 9, 274–276, 290–313
Überseekabel 43, 48, 69
U-Boote 67, 71, 76–77, 100, 125
Uranus 29–30
Ursuppe 178
US-Marine
– Aufnahme des Meeresbodens durch 41–42, 67, 86
– Einsatz von Mehrstrahl-Echolot 83–87
– Sonobojen 100
– Stellitenkartierung durch 76–78, 85

V
Vening Meinesz, Felix Andries 59–61
Venus
– Oberflächentemperatur 34–35
– Radarkartierung 15, 75, 88
– Ursprung 25
– Wasserverdampfung 34–35, 380
Verschmutzung
– der Küstengewässer 265–269
– internationale Kontrollen 262–263, 371
– Kunststoffabfall 10
– Verfolgen von Strömungen im Tiefenwasser durch 333–335
Vibilia 226
Virtuelle Populationsanalyse 294–296, 300–301
Vityaz 119–121
Volksrepublik China, Luftverschmutzung 263
Vortizität/Wirbelbewegung 326–330
Vrijenhoek, Robert 187
Vulkan 7 129–131, 136, 142
Vulkane
– Abkühlung des Meeresbodens abgemildert durch 79–80
– Entstehung von Senkungsgräben durch 56–57
– Erlöschen 127
– Plattentektonik Erklärung für 63–65
– Rückkehr von Kohlendioxid in die Atmosphäre 36
– unter Wasser 36, 79, 88, 129–131
Vulkanismus, tektonische Aktivität 91–98

W
Wale 10, 264, 271–272
Walsh, Don 111–112, 125
Warner, William 292
Wasp 220–222, 231
Wasser
– auf Europa 377–387
– im interstellaren Raum 19–28, 375
– in äußeren Solarnebeln 28–29

– lebensnotwendig für Organismen 34
– Molekularstruktur 13–14, 19, 31
– und Entstehung des Universums 17–22
Wasserstoffbrücke 13–14
Wasserstoffsulfid 14, 163, 166–173
Waterbury, John 238–239
Wegener, Alfred 48, 55, 61, 66
Weiss, Ray 335
Welch, Jack 20
Westliche Randströmungen 325
Wettbewerbsausschluss 114
Widder, Edith 220–223, 230
Wiebe, Peter 188
Wilson, J. Tuzo 62
Wirbel 337–339
Wishner, Karen 129–130, 142
Wissenschaftliche Autoren 11
Wolff, Torben 120
Woods Hole Oceanographic Institution 51, 114, 141, 144, 217, 239, 323–324
Würfelquallen 226
Wurzelfüßer 142

X

Xenophyophoria 130, 135–136
Xylophagainae 181

Y

Yayanos, Art 123–125, 137

Z

Zooplankton 141
Zooxanthellen 165
Zyanobakterien 237–240, 261
Zypern, Kupferminen auf 176